高 等 学 校 教 材 6

大学数学

COLLEGE MATHEMATICS

张彪 张超 主编

哈爾濱工業大學出版社
HARBIN INSTITUTE OF TECHNOLOGY PRESS

内 容 简 介

本书是为高等学校文科专业本科生编写的一本数学教材。全书共分10章，包括函数与极限，微分学，积分学，二元函数微积分学，微分方程，无穷级数，线性代数，概率论等。本书在保留传统高等数学教材结构严谨、逻辑清晰、系统完整等风格的基础上，积极吸收近年来高校教材改革的成功经验，将教学中的有益探索融入其中，努力从各个角度自然地引入数学的基本概念，以简练的语言揭示数学知识的本质，力求做到难度适中、例证恰当，便于文科学生掌握所学内容。

本书可作为大学国际经济与贸易、哲学、新闻、社会学、法学、中文、外语等文科专业学生的数学课教材和参考书。

图书在版编目(CIP)数据

大学数学/张彪，张超主编.—哈尔滨：哈尔滨工业大学出版社，2012.4(2024.1重印)
ISBN 978-7-5603-3531-5

Ⅰ.①大… Ⅱ.①张… ②张… Ⅲ.高等数学-高等学校-教材 Ⅳ.①013

中国版本图书馆CIP数据核字(2012)第056078号

策划编辑 刘培杰 张永芹
责任编辑 张永芹 王 慧
出版发行 哈尔滨工业大学出版社
社 址 哈尔滨市南岗区复华四道街10号 邮编 150006
传 真 0451-86414749
网 址 http://hitpress.hit.edu.cn
印 刷 哈尔滨圣铂印刷有限公司
开 本 787mm×960mm 1/16 印张 17.5 字数 329千字
版 次 2012年4月第1版 2024年1月第5次印刷
书 号 ISBN 978-7-5603-3531-5
定 价 38.00元

前　言

在信息时代,人文社科领域中许多研究对象量化的趋势更加明显,为大学文科类学生开设数学课已经成为普遍现象。人们逐渐认识到:数学不仅是一种重要的“工具”或“方法”,更是一种思维模式,即数学方式的理性思维。

美国数学家、数学史家 M·克莱因曾经这样描述:“音乐能激发和抚慰情怀,绘画使人赏心悦目,诗歌能动人心弦,哲学使人获得智慧,科技可以改善物质生活,但数学却能提供以上的一切。”其精辟的阐述生动地表明了数学教育的价值所在。文科生学习数学理论很有必要。事实上,数学是一门逻辑性极强的学科。数学在其发展的漫漫征程中不断地奔向人文科学和社会科学,这也是当今科学发展的一个明显的趋势。现代科学技术突飞猛进,各学科相互交叉渗透不断形成新的学科门类。数理语言学、计量经济学、定量社会学、计量历史学等学科均大量运用数学工具解决各自领域的问题。因为把数学应用于各门社会科学可以大大提高社会研究的质量和效率,可以使社会科学精确化,并使之提高到一个现代化的新水平,成为更加完善的科学。新的形势已经迫切需要文科生也具备较好的数学基础。同时,数学教育对大学生素质培养有着其他学科不可替代的作用。数学可以训练人的抽象思维、逻辑思维和辩证思维能力。通过数学基本知识和基本技能的学习,有利于提高文科学生的量化意识、量化能力、逻辑思维和推理能力,有利于培养学生严谨、求实的态度,有利于综合素质的提高。从纷繁复杂的事物中找出一般规律和一般方法,并将之创造性地用于各种具体问题的解决,取得更多更为科学严谨、水平更高的研究成果,这是文科学生中开展数学培养的主要目标。

我们的文科学生在今后的工作中不可避免地要涉及对各种事物和现象进行数量分析或数学思考的问题。特别是数学作为先进思想方法的源泉,文科学生吸收一些常见的重要思想方法,能够帮助他们分析解决实际问题。基于这种认识,我们编写了这本文科数学教材。

在本教材地编写过程中,我们在保留传统高等数学教材结构严谨、逻辑清晰、系统完整等风格的基础上,积极吸收近年来高校教材改革的成功经验,并将我们教学中的有益探索融入其中,努力从各个角度自然地引入数学的基本概念,以简练的语言揭示数学知识的本质，力求做到难度适中、例证恰当，便于文科学生掌握所学内容。

本书可作为大学国际经济与贸易、哲学、新闻、社会学、法学、中文、外语等文科专业学生的数学课教材和参考书。

由于编者水平有限，书中的疏漏和不足之处在所难免，恳请各位专家、同行和广大读者批评指正。

编　者

2012 年 1 月

目　　录

第 1 章　函数与极限

函数是微积分的研究对象，而极限是研究函数的主要工具，是微积分的理论基础，以后将要介绍的函数的连续性、导数、定积分等重要概念都是通过极限来定义的.本章将逐次介绍函数、极限以及函数的连续性.

1.1　函　数

1.1.1　函数的概念

1.常量与变量

数学是研究数量关系和空间形式的一门科学.我们在观察各种自然现象或研究实际问题时会遇到许多不同类型的量，例如，时间、面积、温度、速度等.这些量在度量单位选定之后，度量结果所取的数值均可用实数表示.在考察的过程中，数值保持不变的量称为常量，习惯用英文字母表的前几个字母 a,b,c 等表示；数值变化的量称为变量，习惯用英文字母表的后几个字母 x,y,z 等表示.例如，自由落体在下落过程中，下落时间和下落距离是变量，而落体质量是常量.

一般说来，常量是表示相对静止的事物的某种量；变量则是表示运动的事物的某种量.当然，常量与变量的区分不是绝对的，如果条件变了，常量可以转化为变量，变量也可能转化为常量.例如，对不同的地区，重力加速度 g 就不再是常量.又如，有时虽然已知某一量是变量，但如果它的变化微小到可以忽略不计时，就可以将它当作常量来处理，这样可使问题得以简化.

2.数集与区间

以数为元素的集合叫数集，常用大写英文字母 A,B,C 等表示.数集 A 中的每一个数 x 称为数集 A 的一个元素，并用记号 $x \in A$ 表示，读作 x 属于 A.

例如，方程 $x^2 - x - 2 = 0$ 的根组成一个数集，它只包含两个元素 -1 和 2；正整数的全体 $1,2,3,\cdots$ 组成一个数集；满足不等式 $-1 < x < 2$ 的一切实数 x 也组成一个数集.

全体实数构成的数集叫实数集，习惯用 $\mathbf{R}$ 表示.今后常常用到区间这一概念，它是 $\mathbf{R}$ 的一类子集.

设 $a,b \in \mathbf{R}$，且 $a < b$，以 a,b 为端点的有限区间有

开区间:$(a,b)=\{x \mid a<x<b\}$;

闭区间:$[a,b]=\{x \mid a \leqslant x \leqslant b\}$;

半开区间:$[a,b)=\{x \mid a \leqslant x<b\}$; $(a,b]=\{x \mid a<x \leqslant b\}$.

在数轴上它们都表示一个线段,其中开区间(a,b)不包含a,b两点,闭区间$[a,b]$包含a,b两点,半开区间$[a,b)$包含点a但不包含点b,而半开区间$(a,b]$不包含点a但包含点b.这几种区间的长度均规定为$b-a$.

此外,还有五种无穷区间

$(a,+\infty)=\{x \mid x>a\}$;

$[a,+\infty)=\{x \mid x \geqslant a\}$;

$(-\infty,b)=\{x \mid x<b\}$;

$(-\infty,b]=\{x \mid x \leqslant b\}$;

$(-\infty,+\infty)=\mathbf{R}$.

上述各种区间统称为区间,在没有必要指明哪种区间时,常用大写字母I表示.

设$\delta>0$,称开区间

$(x_0-\delta,x_0+\delta)=\{x \mid |x-x_0|<\delta\}$

为点x_0的δ邻域.它是以x_0为中心,长为2δ的开区间(图1.1).有时,我们不关心δ的大小,常用“邻域”或“x_0附近”代替x_0的δ邻域.

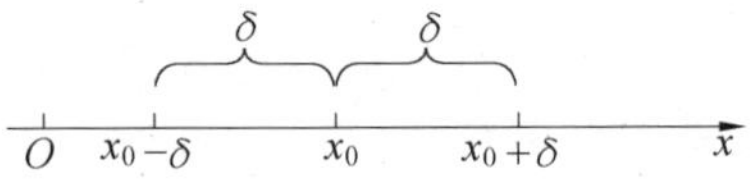

图1.1

称集合

$$(x_0-\delta,x_0)\cup(x_0,x_0+\delta)=\{x \mid 0<|x-x_0|<\delta\}$$

为点x_0的去心δ邻域.

3.函数的定义

函数是描述变量间相互依赖关系的一种数学模型.

【例1】 圆的面积公式为$S=\pi r^2$,此公式表示变量S与变量r之间数值的对应关系,对于每一个变量$r \in(0,+\infty)$,通过公式$S=\pi r^2$总有一个确定的S的值与它对应.

【例2】 自由落体的下落距离h和时间t之间有依赖关系:$h=\frac{1}{2}gt^2$,若以T表示物体降落到地面所需的时间,则对于每一个变量$t \in[0,T]$,通过公式$h=\frac{1}{2}gt^2$总有一个完全确定的h值与它对应.

通过以上两个例子可以看出,虽然它们所反映的客观事实和实际意义各不相同,但它们却有一个共性:一个过程中的两个变量之间存在着一定的对应规律,对于一个变量在一定范围内所取的每一个数值,另一个变量就有完全确定的值与之对应.

现在,我们就以这个共同的本质为基础,抽象出数学中的一个重要概念——函数.

定义 1.1　若在变量 x 与 y 之间存在着一种对应规律,使得变量 x 在其可取值的数集 X 中每取一个值时,变量 y 均有确定的值与它相对应,则称 y 是 x 的函数,记作

$$y = f(x), \quad x \in X$$

其中 x 称为自变量,y 称为因变量.

自变量 x 可取值的数集 X 称为函数的定义域;所有函数值构成的集合 Y 称为函数的值域.

函数概念中有两个要素:其一是对应规律,即函数关系;其二是定义域. 由此可知函数 $y = \ln x^2$ 与 $y = 2\ln x$ 是两个不同的函数.

【例 3】　确定 $y = \sqrt{25 - x^2} + \arctan \dfrac{1}{x}$ 的定义域.

解　因为负数不能开平方,所以有 $25 - x^2 \geqslant 0$ 等价于 $|x| \leqslant 5$;又因零不能做分母,所以 $x \neq 0$. 故所求的定义域是集合 $[-5,0) \cup (0,5]$.

若在定义域的不同部分上用不同的式子来表达一个函数关系,则这样的函数称为分段函数. 例如,$y = \begin{cases} \ln x, & x > 1 \\ 1 + x, & x \leqslant 1 \end{cases}$.

1.1.2　函数的几种特性

1. 函数的奇偶性

设函数 $y = f(x)$ 的定义域 X 关于原点对称(即当 $x \in X$ 时,必有 $-x \in X$),若对任何 $x \in X$,都有

$$f(-x) = -f(x)$$

则称 $y = f(x)$ 为奇函数;若对任何 $x \in X$,都有

$$f(-x) = f(x)$$

则称 $y = f(x)$ 为偶函数.

奇函数的图形关于原点对称,偶函数的图形关于 y 轴对称.

2. 函数的周期性

设函数 $y = f(x)$ 的定义域为 X,若存在常数 $T \neq 0$,对任何 $x \in X$,都有 $x \pm T \in X$ 且

$$f(x + T) = f(x)$$

则称 $y = f(x)$ 为周期函数,并称常数 T 为它的一个周期.

例如,大家所熟悉的三角函数 $y = \sin x$, $y = \cos x$, $y = \tan x$, $y = \cot x$ 都是

周期函数.前两个函数周期为 2π,后两个函数周期为 π.

一个周期函数的周期有无穷多个,例如,常数 $2k\pi(k \in \mathbf{Z}, k \neq 0)$ 都是 $y = \sin x$ 的周期,2π 是它的最小正周期.一个周期函数,若有最小正周期 T_0,则说 T_0 为此函数的基本周期.此外,并不是每个周期函数都有基本周期.

【例 4】 狄利克雷(Dirichlet) 函数

$$D(x) = \begin{cases} 1, & \text{当 } x \text{ 为有理数时} \\ 0, & \text{当 } x \text{ 为无理数时} \end{cases}$$

是一个周期函数.因为任何非零有理数都是它的周期,所以它无基本周期.

3.函数的单调性

设函数 $y = f(x)$ 在区间 I 上有定义,$x_1 < x_2$ 是区间 I 上任意两点,若恒有

$$f(x_1) \leqslant f(x_2) \quad (f(x_1) \geqslant f(x_2))$$

则称 $f(x)$ 在区间 I 上单调增加(单调减少).若上述不等式中总不出现等号,则称 $f(x)$ 在区间 I 上严格单调增加(严格单调减少).

在定义域上,单调增加或单调减少的函数统称为单调函数;严格单调增加或严格单调减少的函数统称为严格单调函数.

例如,在 $(-\infty,0]$ 上,$y = x^2$ 是严格单调减少的;在 $[0,+\infty)$ 上,$y = x^2$ 是严格单调增加的,所以 $y = x^2$ 不是单调函数.而 $y = x^3$ 是严格单调增加的函数.

4.函数的有界性

设函数 $y = f(x)$ 在区间 I 上有定义,若存在常数 A(或 B),使得对任何 $x \in I$,都有

$$f(x) \leqslant A \quad (f(x) \geqslant B)$$

则称 $f(x)$ 在区间 I 上有上(下) 界.若存在常数 $M > 0$,使得对任何 $x \in I$,都有

$$|f(x)| \leqslant M$$

则称 $f(x)$ 在区间 I 上有界,否则称 $f(x)$ 在区间 I 上无界.

在定义域上有界的函数叫有界函数.

例如,$y = \sin x$ 是有界函数;$y = 1/x$ 是无界函数,但它在区间 $(0,+\infty)$ 上是有下界的,在 $(1,+\infty)$ 上是有界的.

1.1.3 反函数与隐函数

1.反函数

一个函数中的自变量 x 与因变量 y 的地位并不是固定的,有时根据研究问题的角度不同,也可以让二者互换地位.例如,当我们考虑圆的面积 S 与圆的半径 r 之间的函数关系有两种表示方法:一是通过 r 来表示 S,此时 r 是自变量,S 是因变量,二者的函数关系是 $S = \pi r^2$;二是通过 S 来表示 r,此时 S 是自变量,r 是因变量,

二者的函数关系是 $r = \sqrt{S/\pi}$. 像这样同一个事物中的两个变量，只是由于自变量和因变量转换地位而构成的两个函数，互称为反函数.

一般来说，设已给 y 是 x 的函数 $y = f(x)$，若将 y 当作自变量，x 当作因变量，则由 $y = f(x)$ 所确定的函数

$$x = \varphi(y)$$

叫函数 $y = f(x)$ 的反函数；同样的，$y = f(x)$ 也叫 $x = \varphi(y)$ 的反函数. 显然它们的图形是同一条曲线.

由于照顾到人们已经习惯用 x 表示自变量，y 表示因变量，所以也常将 $y = f(x)$ 的反函数 $x = \varphi(y)$ 改记为 $y = \varphi(x)$. 这样 $y = \varphi(x)$ 与 $y = f(x)$ 互为反函数，中学中已经证明过，它们的图形关于直线 $y = x$ 对称(图 1.2).

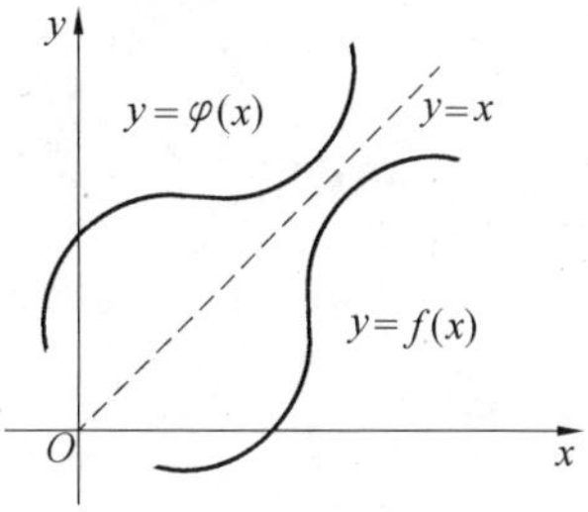

图 1.2

2. 隐函数

若变量 x 与 y 之间的函数关系是由包含 x, y 的一个方程

$$F(x, y) = 0$$

给出，则称 y 是 x 的隐函数. 相应地，把由自变量的算式表示出因变量的函数叫显函数.

例如，由方程 $x^2 + 4y^2 = 1$，$e^x - e^y - xy = 0$ 所确定的函数都是隐函数；而 $y = x^2$，$y = \ln(1 + x + x^2)$ 都是显函数.

1.1.4　初等函数

1. 基本初等函数及其图形

(1) 常数函数

形如

$$y = C \quad (C \text{ 为常数})$$

的函数叫常数函数，其定义域为 $(-\infty, +\infty)$，图形为平行于 x 轴截距为 C 的直线.

(2) 幂函数

形如

$$y = x^{\mu}$$

的函数叫幂函数，其定义域与 μ 的取值有关. 例如，μ 为正整数时，定义域为 $(-\infty, +\infty)$，μ 为负整数时，定义域为 $(-\infty, 0) \cup (0, +\infty)$，$\mu = 1/3$ 时，定义域为 $(-\infty, +\infty)$，$\mu = 1/2$ 时，定义域为 $[0, +\infty)$，μ 为正无理数时，定义域为 $[0, +\infty)$，等等.

所有的幂函数都在 $(0, +\infty)$ 上有定义. 它们的图形都通过点 $(1,1)$. 在 $(0,$

$+\infty$)上,$\mu > 0$ 的幂函数都是单调增加的;$\mu < 0$ 的幂函数都是单调减少的. $\mu > 0$ 和 $\mu < 0$ 时的图形分别如图 1.3 和图 1.4 所示.

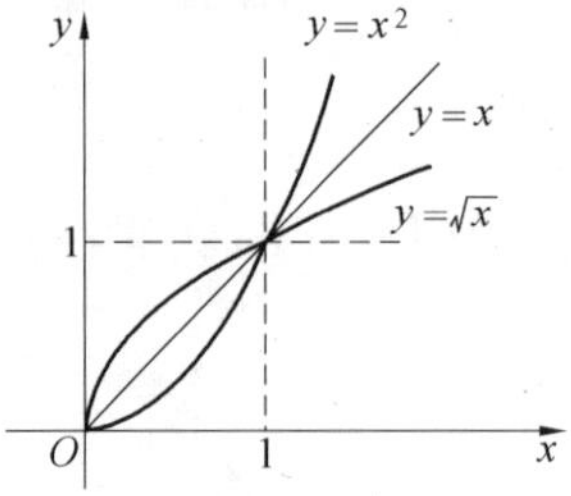

图 1.3

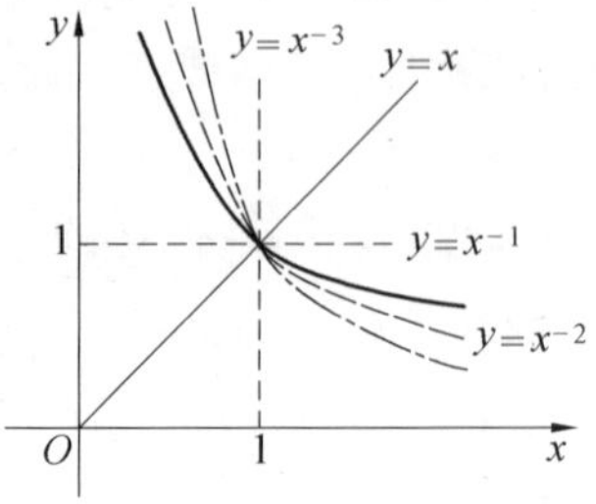

图 1.4

(3) 指数函数

形如

$$y = a^x \quad (a > 0, a \neq 1)$$

的函数叫指数函数,其定义域为$(-\infty, +\infty)$. 它们的图形都通过点(0,1). 当 $a > 1$ 时,函数单调增加;当 $0 < a < 1$ 时,函数单调减小,如图 1.5 所示. 函数 $y = a^x$ 与 $y = (1/a)^x$ 的图形关于 y 轴对称.

以无理数 $\mathrm{e} = 2.718\,281\,828\,459\,045\cdots$ 为底的指数函数 $y = \mathrm{e}^x$ 是最常见的指数函数.

(4) 对数函数

形如

$$y = \log_a x \quad (a > 0, a \neq 1)$$

的函数叫对数函数,其定义域为$(0, +\infty)$. 它们的图形都通过点(1,0). 当 $a > 1$ 时,函数单调增加;当 $0 < a < 1$ 时,函数单调减小,如图 1.6 所示.

以 10 为底的对数叫常用对数,简记为 $\lg x$;以 e 为底的对数叫自然对数,简记为 $\ln x$.

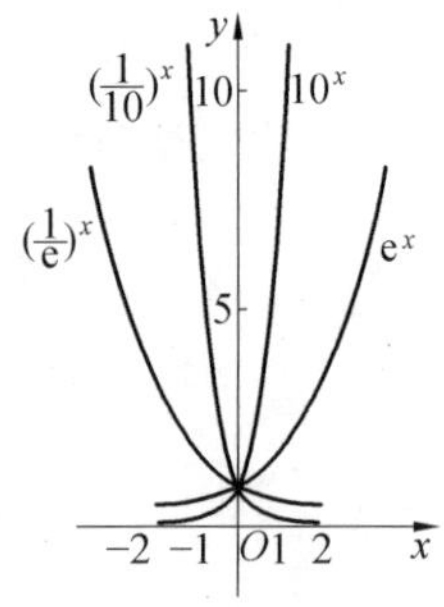

图 1.5

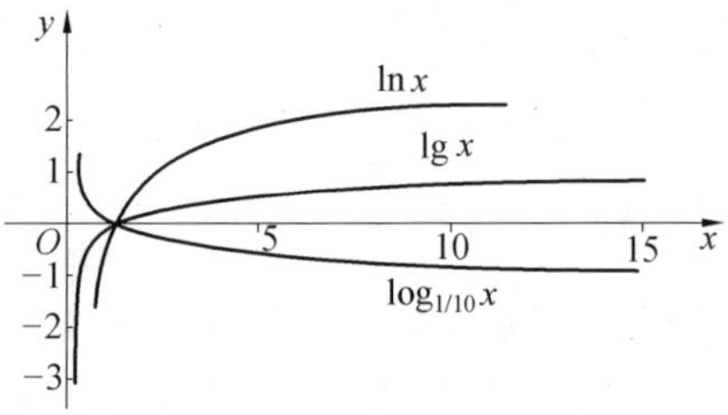

图 1.6

(5) 三角函数

三角函数包括:正弦函数 $y = \sin x$,余弦函数 $y = \cos x$,正切函数 $y = \tan x$,余切函数 $y = \cot x$,正割函数 $y = \sec x$ 和余割函数 $y = \csc x$. 它们都是周期函数,正弦函数和余弦函数的周期是 2π,正切函数和余切函数的周期是 π,正割函数和余割函数的周期也是 2π. 正弦函数和余弦函数是有界函数,其他三角函数是无界函数. 正弦函数和余弦函数的图形如图 1.7 所示,正切函数和余切函数的图形如图 1.8 所示.

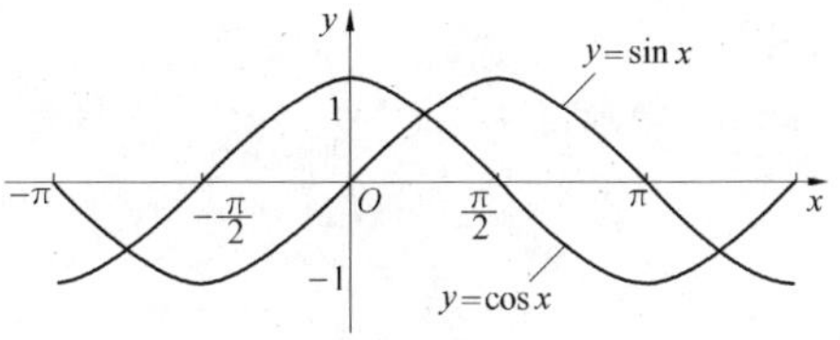

图 1.7

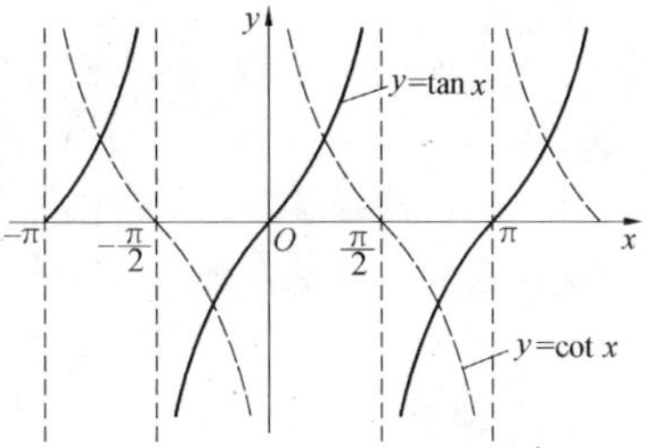

图 1.8

(6) 反三角函数

三角函数的反函数叫反三角函数. 常用的反三角函数有:反正弦函数 $y = \arcsin x$,反余弦函数 $y = \arccos x$,反正切函数 $y = \arctan x$ 和反余切函数 $y = \operatorname{arccot} x$. 反正弦函数和反余弦函数的定义域都是 $[-1,1]$,值域分别是 $\left[-\frac{\pi}{2},\frac{\pi}{2}\right]$ 和 $[0,\pi]$;反正切函数和反余切函数的定义域都是 $(-\infty,+\infty)$,值域分别是 $\left(-\frac{\pi}{2},\frac{\pi}{2}\right)$ 和 $(0,\pi)$. 它们的图形如图 1.9 和图 1.10 所示. 反正弦函数和反正切函数是单调增加的;反余弦函数和反余切函数是单调减少的,它们都是有界函数.

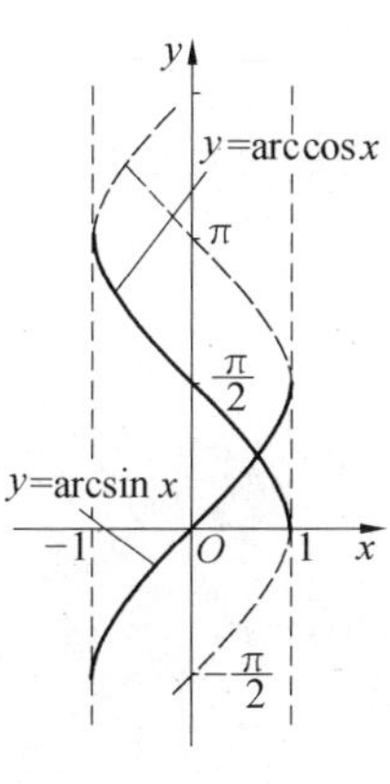

图 1.9

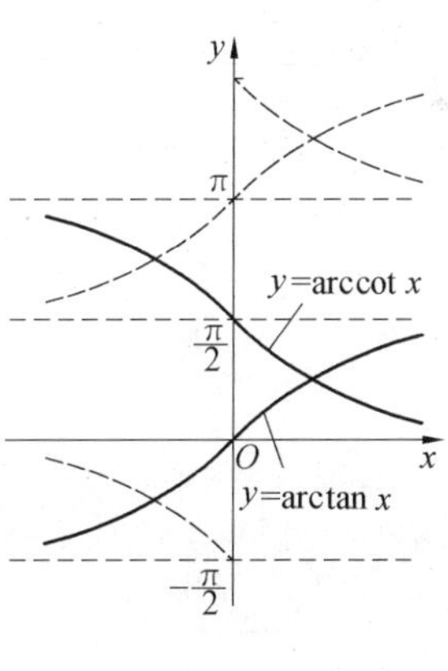

图 1.10

2.复合函数与初等函数

(1) 复合函数

定义1.2 如果 y 是 u 的函数 $y=f(u)$, $u\in U$,而 u 又是 x 的函数 $u=\varphi(x)$, $x\in X$,且 $D=\{x\mid x\in X,且\ \varphi(x)\in U\}\neq\varnothing$,则函数

$$y=f(\varphi(x)),x\in D$$

称为由函数 $y=f(u)$ 和 $u=\varphi(x)$ 复合成的复合函数,把 u 叫中间变量.

例如,$y=\cos\sqrt{x}$ 是由 $y=\cos u$ 和 $u=\sqrt{x}$ 复合而成的;$y=\sqrt{\ln(1+x^2)}$ 是由 $y=\sqrt{u}$, $u=\ln v$ 和 $v=1+x^2$ 复合而成的.

"复合"是构成函数的重要形式,但不是任何两个函数都可以复合,比如 $y=\arcsin u$ 和 $u=x^2+2$ 就不能复合,因为后者的值域与前者的定义域的交集是空集,即 $D=\varnothing$.

(2) 初等函数

定义1.3 由基本初等函数经有限次四则运算和有限次复合所得到的,并能用一个式子表示的函数叫初等函数.

例如,函数 $y=x\ln x+e^{\sin x}$, $y=\dfrac{\tan x+x^2}{\sqrt[3]{\arcsin x}}$, $y=\dfrac{2}{x}-\lg(e^{-2x}+\sqrt{1+x^2})$ 都是初等函数.

初等函数是我们常见的函数,但它只是一小类函数,像狄利克雷函数和某些分段函数就不是初等函数.学过微积分后,可知道还有大量的非初等函数存在.

习题 1.1

1.求下列函数的定义域:

(1) $y=\dfrac{1}{|x|-x}$;　　(2) $y=\sqrt{x^2-x}$;

(3) $y=\dfrac{1}{1-x}+\ln x$;　　(4) $y=\sqrt{\sin x}+\sqrt{16-x^2}$.

2.计算下列各题:

(1) 设 $f(x)=\dfrac{|x-2|}{x+1}$,求 $f(2)$, $f(-2)$, $f(0)$, $f(a+b)(a+b\neq-1)$;

(2) 设 $f(x)=\begin{cases}|\sin x|, & |x|<1\\ 0, & |x|\geqslant 1\end{cases}$,求 $f(1)$, $f(\dfrac{\pi}{4})$, $f(-2)$, $f(-\dfrac{\pi}{4})$;

(3) 设 $f(x)=\dfrac{1}{1+x^2}$,求 $f(x-1)$, $f(\dfrac{1}{x^2})$, $f(f(x)-1)$.

3.下述函数 $f(x)$, $g(x)$ 是否相等?为什么?

(1) $f(x)=1$, $g(x)=\dfrac{x}{x}$;　　(2) $f(x)=x$, $g(x)=(\sqrt{x})^2$.

4.指出下列函数中哪些是奇函数、偶函数、非奇非偶函数:

(1) $y = 2^x - 2^{-x}$;　　(2) $y = |\sin x|$;

(3) $y = \frac{2^x}{1+2^x}$;　　(4) $y = \ln(x + \sqrt{x^2+1})$.

5. 指出下列函数中哪些是周期函数，并对周期函数指出其周期：

(1) $y = |\sin x|$;　　(2) $y = \cos \pi x$;

(3) $y = \arcsin x$;　　(4) $y = x\cos x$.

6. 指出下列函数的单调区间及有界性：

(1) $y = \frac{1}{x}$;　　(2) $y = \arctan x$;

(3) $y = |x| - x$;　　(4) $y = \sqrt{1-x^2}$.

7. 求下列函数的反函数及其定义域：

(1) $y = 3x - 2$;　　(2) $y = \frac{x+1}{x-1}$;

(3) $y = \frac{2^x}{1+2^x}$;　　(4) $y = \sqrt{\pi + 4\arcsin x}$.

8. 分解下列复合函数：

(1) $y = \sqrt{2+x^2}$;　　(2) $y = \sin 2x$;

(3) $y = \frac{1}{\cos(x-1)}$;　　(4) $y = \ln\ln(x-3)$;

(5) $y = \sin\frac{1}{x-1}$;　　(6) $y = 2^{\arctan\sqrt{x}}$.

1.2　极　　限

1.2.1　数列的极限

按一定次序排列的无穷多个数

$$x_1, x_2, \cdots, x_n \cdots$$

称为无穷数列，简称数列，可简记为 $\{x_n\}$. 数列中的每个数叫数列的项，具有代表性的第 n 项 x_n 叫数列的通项或一般项. 从函数的观点来看，数列就是一个以自然数全体为定义域的函数，而通项可以看作是此函数当自变量取自然数 n 时对应的函数值，即 $x_n = f(n)$，相继令 $n = 1,2,\cdots$ 所得到的一串函数值便是原来的数列.

下面是一些数列的例子：

(1) $2,4,6,\cdots,2n,\cdots$;

(2) $\frac{1}{2},\frac{1}{4},\frac{1}{8},\cdots,\frac{1}{2^n},\cdots$;

(3) $1,-\frac{1}{2},\frac{1}{3},\cdots,(-1)^{n+1}\frac{1}{n},\cdots$;

(4)$1,-1,1,\cdots,(-1)^n,\cdots$;

(5)$0.9,0.5,0.99,0.95,0.999,0.995,\cdots$.

这些数列变化情况各异,随着 n 的无限变大(记为 $n\to\infty$),数列(1)无限制地变大下去;数列(2)逐项变小,无限制地接近于0;数列(3)的项正负相间,无限制地接近于0;数列(4)的项在 -1 和1两个数上来回跳动;数列(5)忽大忽小,但总趋势无限接近于1.从变化趋势上看,数列分为两大类:一类是当 $n\to\infty$ 时,x_n 无限制地接近某一常数,如(2),(3),(5);另一类是当 $n\to\infty$ 时,x_n 不趋于任何确定的数,如(1),(4).前者称为有极限的数列或收敛的数列,后者称为无极限的数列或发散的数列.

若随着 n 的无限变大,x_n 就无限地接近某一常数 A,则说数列 $\{x_n\}$ 有极限或收敛,并称 A 为数列的极限.这里我们使用了"n 无限变大"及"无限地接近某一常数 A",这些描述性语言只是可以理解却含糊不清.为此,必须有一个便于进行定量分析的严密的定义.

定义1.4　设有数列 $\{x_n\}$,A 是一个常数,若对任意一个正数 ε,总能找到相应的某个正整数 N,使得当 $n>N$ 时,恒有

$$|x_n-A|<\varepsilon$$

则称数列 $\{x_n\}$ 收敛于 A,并称 A 是数列 $\{x_n\}$ 当 n 趋于无穷大时的极限,记为

$$\lim_{n\to\infty}x_n=A$$

或简记为

$$x_n\to A(n\to\infty)$$

定义用 ε 和 N 分别对"无限接近"和"无限变大"的含义给予精确地刻画.习惯上,称之为"$\varepsilon-N$"语言.

几点说明:

(1)数列极限是数列 $\{x_n\}$ 变化的最终趋势,所以,任意改变数列中的有限项不影响它的极限值;

(2)定义中 ε 的任意(小)性是十分必要的,否则 $|x_n-A|<\varepsilon$ 就表达不出 x_n 无限接近于 A 的含义;

(3)N 与给定的 ε 有关,一般来说,ε 越小,N 将越大,它标示变化的进程.

$\lim\limits_{n\to\infty}x_n=A$ 的几何解释:将常数 A 及数列 $x_1,x_2,\cdots,x_n,\cdots$ 表示在数轴上,并在数轴上作开区间 $(A-\varepsilon,A+\varepsilon)$,不管正数 ε 如何小,存在正整数 N,当 $n>N$ 时,所有的点 x_n 都落在开区间 $(A-\varepsilon,A+\varepsilon)$ 内,而落在这个区间之外的点至多只有 N 个(图1.11).

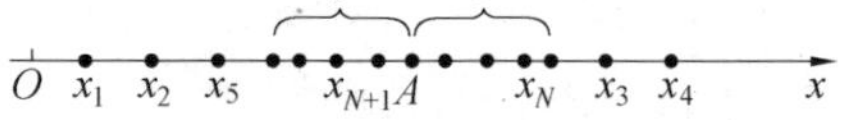

图1.11

【例1】 证明$\lim\limits_{n\to\infty}\dfrac{n+1}{n}=1$.

证明 对任意$\varepsilon>0$,欲使

$$\left|\frac{n+1}{n}-1\right|=\frac{1}{n}<\varepsilon$$

成立,只须$n>\dfrac{1}{\varepsilon}$.取$N=\left[\dfrac{1}{\varepsilon}\right]$($[x]$是取整函数,表示小于或等于$x$的最大整数),则当$n>N$时,便有

$$\left|\frac{n+1}{n}-1\right|<\varepsilon$$

由定义1.4,有

$$\lim_{n\to\infty}\frac{n+1}{n}=1$$

1.2.2 函数的极限

前面我们讨论了一种特殊的函数$x_n=f(n)$的极限,即数列的极限问题.这种函数的自变量n只是依次取自然数1,2,…,n,…,所以其自变量只有一种变化方式:$n\to\infty$.下面我们要对一般函数$y=f(x)$建立极限概念.

研究函数极限时,自变量的变化可分为以下两种情形:

(1) 自变量x的绝对值$|x|$无限制地增大即趋于无穷大(记作$x\to\infty$)时,对应的函数值$f(x)$的变化情况;

(2) 自变量x无限接近于某常数x_0(记作$x\to x_0$)时,对应的函数值$f(x)$的变化情况.

1. $x\to\infty$ **时函数的极限**

设函数$f(x)$当$|x|$充分大时有定义,如果在$x\to\infty$的过程中,对应的函数值$f(x)$无限制地接近于确定的常数A,则说函数$f(x)$当$x\to\infty$时有极限或收敛,并称A为$f(x)$当$x\to\infty$时的极限.下面给出其精确定义(用"$\varepsilon-X$"语言来定量描述极限定义).

定义1.5 设函数$f(x)$当$|x|$大于某个正数时有定义,A是一个常数,若对任意一个正数ε,总能找到相应的某个正数X,使得当$|x|>X$时,恒有

$$|f(x)-A|<\varepsilon$$

则称函数$f(x)$当$x\to\infty$时收敛于A,并称A是函数$f(x)$当$x\to\infty$时的极限,记为

$$\lim_{x\to\infty}f(x)=A$$

或简记为

$$f(x)\to A(x\to\infty)$$

$\lim\limits_{x\to\infty} f(x) = A$ 的几何解释:任意给定一正数 ε,在坐标平面上作直线 $y = A + \varepsilon$ 和 $y = A - \varepsilon$ 形成一个以 $y = A$ 为中心线宽为 2ε 的条形区域,不论 ε 多么小,即形成的条形区域多么窄,总可以找到正数 X,当曲线上的点 $(x, f(x))$ 的横坐标 x 落在区间 $(-\infty, -X) \cup (X, +\infty)$ 上时,相应的函数 $y = f(x)$ 的图形全部位于上述条形区域内. ε 越小,条形区域越窄而相应的 X 一般越大,它是与 ε 有关的正数(图 1.12).

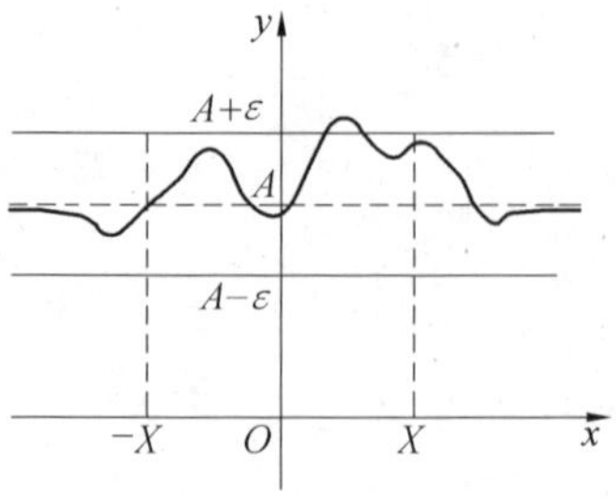

图 1.12

如果在定义 1.5 中,限制 x 只取正值(或只取负值),则有

$$\lim_{x\to+\infty} f(x) = A \quad (\text{或} \lim_{x\to-\infty} f(x) = A)$$

其中 $x \to +\infty$ 表示 $x > 0$ 时 $|x|$ 无限制地增大,即 x 沿 x 轴的正方向向右无限变远;$x \to -\infty$ 表示 $x < 0$ 时 $|x|$ 无限制地增大,即 x 沿 x 轴的负方向向左无限变远. 称常数 A 是函数 $f(x)$ 当 $x \to +\infty$(或 $x \to -\infty$)时的极限.

【例 2】 试证 $\lim\limits_{x\to+\infty} \dfrac{\cos x}{\sqrt{x}} = 0$.

证明 对任意的 $\varepsilon > 0$,欲使

$$\left|\frac{\cos x}{\sqrt{x}} - 0\right| < \varepsilon$$

由于

$$\left|\frac{\cos x}{\sqrt{x}} - 0\right| \leqslant \frac{1}{\sqrt{x}}$$

所以只须 $\dfrac{1}{\sqrt{x}} < \varepsilon$,即 $x > \dfrac{1}{\varepsilon^2}$. 取 $X = \dfrac{1}{\varepsilon^2}$,则当 $x > X$ 时,便有

$$\left|\frac{\cos x}{\sqrt{x}} - 0\right| < \varepsilon$$

由定义 1.5,有 $\lim\limits_{x\to+\infty} \dfrac{\cos x}{\sqrt{x}} = 0$.

注意到 $x \to \infty$ 意味着同时考虑 $x \to +\infty$ 与 $x \to -\infty$,可以得到下面的定理.

定理 1.1 极限 $\lim\limits_{x\to\infty} f(x) = A$ 的充分必要条件是 $\lim\limits_{x\to+\infty} f(x) = \lim\limits_{x\to-\infty} f(x) = A$.

证明从略.

2. $x \to x_0$ 时函数的极限

设函数 $f(x)$ 在点 x_0 的某去心邻域有定义,如果在 $x \to x_0$ 的过程中,对应的函数值 $f(x)$ 无限制地接近于确定的常数 A,则说函数 $f(x)$ 当 $x \to x_0$ 时有极限或收敛,并称 A 为 $f(x)$ 当 $x \to x_0$ 时的极限. 下面给出其精确定义(用“$\varepsilon - \delta$”语言来定

量描述极限定义).

定义 1.6　设函数 $f(x)$ 在点 x_0 的某个去心邻域有定义,A 是一个常数,若对任意一个正数 ε,总能找到相应的某个正数 δ,使得当 $0 < |x - x_0| < \delta$ 时,恒有

$$|f(x) - A| < \varepsilon$$

则称函数 $f(x)$ 当 $x \to x_0$ 时收敛于 A,并称 A 是函数 $f(x)$ 当 $x \to x_0$ 时的极限,记为

$$\lim_{x \to x_0} f(x) = A$$

或简记为

$$f(x) \to A \quad (x \to x_0)$$

$\lim\limits_{x \to x_0} f(x) = A$ 的几何解释:任意给定一正数 ε,在坐标平面上作直线 $y = A + \varepsilon$ 和 $y = A - \varepsilon$ 形成一个以 $y = A$ 为中心线宽为 2ε 的条形区域,不论 ε 多么小,总可以找到正数 δ,当曲线上的点 $(x, f(x))$ 的横坐标 x 落在点 x_0 的去心 δ 邻域 $(x_0 - \delta, 0) \cup (0, x_0 + \delta)$ 上时,相应的函数 $y = f(x)$ 的图形全部位于上述条形区域内. ε 越小,条形区域越窄而相应的 δ 一般越小,它是与 ε 有关的正数(图 1.13).

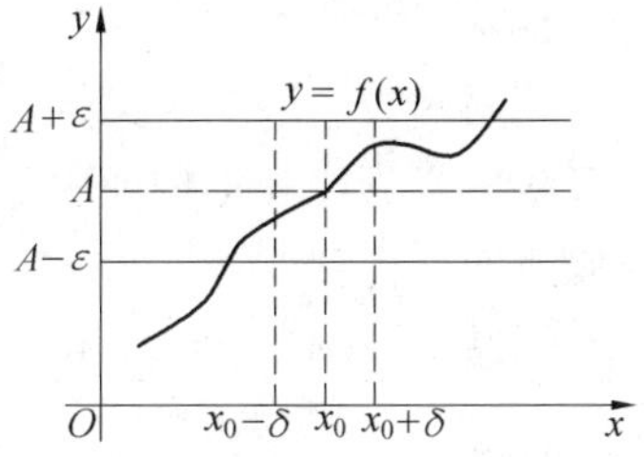

图 1.13

需要强调的是:在定义中,当 $0 < |x - x_0| < \varepsilon$ 时,恒有 $|f(x) - A| < \varepsilon$,即在点 x_0 的去心 δ 邻域 $(x_0 - \delta, 0) \cup (0, x_0 + \delta)$ 上,恒有 $|f(x) - A| < \varepsilon$. 但对 x_0 处函数 $f(x)$ 是否满足这个不等式不作要求,也就是说当 $x \to x_0$ 时,函数的极限存在与否与函数在点 x_0 处的状况无关.

【例 3】　试证 $\lim\limits_{x \to 1} \dfrac{x^2 - 1}{x - 1} = 2$.

证明　对任意 $\varepsilon > 0$,欲使

$$\left| \frac{x^2 - 1}{x - 1} - 2 \right| = |x - 1| < \varepsilon$$

只须 $x \neq 1$ 且 $|x - 1| < \varepsilon$. 取 $\delta = \varepsilon$,则当 $0 < |x - 1| < \delta$ 时,便有

$$\left| \frac{x^2 - 1}{x - 1} - 2 \right| < \varepsilon$$

由定义 1.6,有

$$\lim_{x \to 1} \frac{x^2 - 1}{x - 1} = 2$$

前面讨论了自变量 x 从 x_0 左、右两旁同时趋近于 x_0 时函数 $f(x)$ 的极限,有时需要只讨论自变量 x 从 x_0 的左侧或右侧趋近于 x_0 时函数 $f(x)$ 的极限. 当自变量 x

从 x_0 的左侧(或右侧)趋于 x_0 时,函数 $f(x)$ 趋于常数 A,则称 A 为 $f(x)$ 在点 x_0 处的左极限(或右极限),记为

$$\lim_{x \to x_0^-} f(x) = A \ (\text{或} \lim_{x \to x_0^+} f(x) = A)$$

注意到 $x \to x_0$ 意味着同时考虑 $x \to x_0^+$ 与 $x \to x_0^-$,可以得到下面的定理.

定理 1.2 极限 $\lim\limits_{x \to x_0} f(x) = A$ 的充分必要条件是 $\lim\limits_{x \to x_0^+} f(x) = \lim\limits_{x \to x_0^-} f(x) = A$.

证明从略.

1.2.3 极限的性质、无穷大量与无穷小量

1. 极限的性质

利用函数极限的定义,可以得到函数极限的一些分析性质. 下面仅以 $x \to x_0$ 的极限形式为代表不加证明地给出这些性质,至于其他形式的极限的性质,只需作些修改即可得到.

性质 1 (唯一性) 若 $\lim\limits_{x \to x_0} f(x)$ 存在,则极限是唯一的.

性质 2 (有界性) 若 $\lim\limits_{x \to x_0} f(x)$ 存在,则函数 $f(x)$ 必在 x_0 的某去心邻域内有界.

性质 3 (保号性) 若 $\lim\limits_{x \to x_0} f(x) = A$,且 $A > 0$(或 $A < 0$),则在 x_0 的某去心邻域内恒有 $f(x) > 0$(或 $f(x) < 0$).

推论 若 $\lim\limits_{x \to x_0} f(x) = A$,且在 x_0 的某去心邻域内恒有 $f(x) \geqslant 0$(或 $f(x) \leqslant 0$),则 $A \geqslant 0$(或 $A \leqslant 0$).

2. 无穷小量与无穷大量

(1) 无穷小量与无穷大量的概念

定义 1.7 若函数 $f(x)$ 在某个极限过程中以零为极限,则称 $f(x)$ 为该过程中的无穷小量,简称无穷小.

例如,因 $\lim\limits_{n \to \infty} \dfrac{1}{n} = 0$,所以当 $n \to \infty$ 时,$\dfrac{1}{n}$ 为无穷小;因 $\lim\limits_{x \to 1}(x-1)^2 = 0$,所以当 $x \to 1$ 时,$(x-1)^2$ 是无穷小;因 $\lim\limits_{x \to \infty} \sin\dfrac{1}{x} = 0$,所以当 $x \to \infty$ 时,$\sin\dfrac{1}{x}$ 是无穷小.

应当注意,无穷小量不是一个很小的数,而是极限为零的变量. 零是唯一可看作无穷小的常数.

定义 1.8 若函数 $f(x)$ 在某个极限过程中,其绝对值无限制地增大,则称函数 $f(x)$ 为该过程中的无穷大量,简称无穷大.

例如,当 $n \to \infty$ 时,n^2 是无穷大,且为正无穷大,记为 $\lim\limits_{n \to \infty} n^2 = +\infty$;当 $x \to 1$ 时,$\dfrac{1}{x-1}$ 是无穷大,记为 $\lim\limits_{x \to 1} \dfrac{1}{x-1} = \infty$;当 $x \to 0^+$ 时,$\ln x$ 是无穷大,且为负无穷大,记为 $\lim\limits_{x \to 0^+} \ln x = -\infty$.

(2) 无穷小的性质

以下不加证明地给出无穷小的性质.

性质 1　有限个无穷小的和、差、积是无穷小.

性质 2　有界函数与无穷小的乘积是无穷小,特别地,常数与无穷小的乘积是无穷小.

例如,当 $x \to \infty$ 时,$\dfrac{\sin x}{x}$ 是无穷小,这是因为 $\dfrac{1}{x}$ 是无穷小及 $\sin x$ 是有界函数.

性质 3　(极限与无穷小的关系) 在一个极限过程中,函数 $f(x)$ 以 A 为极限的充分必要条件是 $f(x)$ 可表为常数 A 与一个无穷小之和. 如

$$\lim_{x \to x_0} f(x) = A \Leftrightarrow f(x) = A + \alpha(x)$$

其中 $\alpha(x)$ 是 $x \to x_0$ 时的无穷小.

性质 4　(无穷大与无穷小的关系) 在同一个极限过程中,如果 $f(x)$ 为无穷大,则 $\dfrac{1}{f(x)}$ 为无穷小;反之,如果 $f(x)$ 为无穷小,且 $f(x) \neq 0$,则 $\dfrac{1}{f(x)}$ 为无穷大.

1.2.4　极限的运算法则

1. 极限的四则运算法则

在下面的讨论中,若记号"lim"下面没有表明自变量的变化过程,则是指极限号下可以是任何极限过程.

定理 1.3　设 $\lim f(x) = A$,$\lim g(x) = B$,则

(1) $\lim[f(x) \pm g(x)] = \lim f(x) \pm \lim g(x) = A \pm B$;

(2) $\lim[f(x)g(x)] = \lim f(x) \lim g(x) = AB$,特别地,$\lim[cf(x)] = cA$,$c$ 为常数;

(3) $\lim \dfrac{f(x)}{g(x)} = \dfrac{\lim f(x)}{\lim g(x)} = \dfrac{A}{B}\ (B \neq 0)$.

证明从略.

【例 4】　求 $\lim\limits_{x \to 1}(3x - 4)$.

解　$\lim\limits_{x \to 1}(3x - 4) = 3 \cdot 1 - 4 = -1$.

【例 5】　求 $\lim\limits_{x \to 2} \dfrac{2x^3 - 4}{x^2 - 5x + 3}$.

解　$\lim\limits_{x \to 2} \dfrac{2x^3 - 4}{x^2 - 5x + 3} = \dfrac{2 \cdot 2^3 - 4}{2^2 - 5 \cdot 2 + 3} = -4$.

【例 6】 求$\lim\limits_{x\to 3}\dfrac{x-3}{x^2-9}$.

解 因 $x\to 3$ 时,分母的极限为零,所以不能用极限的四则运算法则.又因 $x\to 3$ 时,分子的极限也是零,可先消去趋于零的因式,再应用极限的四则运算法则得

$$\lim_{x\to 3}\frac{x-3}{x^2-9}=\lim_{x\to 3}\frac{1}{x+3}=\frac{1}{6}$$

像例 6 中的分子分母都趋于零的极限叫$\dfrac{0}{0}$型未定式.

【例 7】 求$\lim\limits_{n\to\infty}\dfrac{2n^3+n+1}{3n^3-1}$.

解 像这样分子分母都趋于无穷大的极限叫$\dfrac{\infty}{\infty}$型未定式,不能直接用极限的四则运算法则.我们先作恒等变形,用 n^3 同时去除分子和分母,然后再用极限的四则运算法则和无穷大的倒数是无穷小,可得

$$\lim_{n\to\infty}\frac{2n^3+n+1}{3n^3-1}=\lim_{n\to\infty}\frac{2+\dfrac{1}{n^2}+\dfrac{1}{n^3}}{3-\dfrac{1}{n^3}}=\frac{2}{3}$$

【例 8】 求$\lim\limits_{x\to+\infty}(\sqrt{x^2+x}-\sqrt{x^2-1})$.

解 像这样两个无穷大之差的极限叫 $\infty-\infty$ 型未定式,不能直接用极限的四则运算法则.我们先作恒等变形,通过"有理化法"将 $\infty-\infty$ 型未定式化为$\dfrac{\infty}{\infty}$型未定式,然后同时用 x 去除分子和分母,再用极限的四则运算法则和无穷大的倒数是无穷小,可得

$$\lim_{x\to+\infty}(\sqrt{x^2+x}-\sqrt{x^2-1})=\lim_{x\to+\infty}\frac{(\sqrt{x^2+x}-\sqrt{x^2-1})(\sqrt{x^2+x}+\sqrt{x^2-1})}{\sqrt{x^2+x}+\sqrt{x^2-1}}=$$

$$\lim_{x\to+\infty}\frac{x+1}{\sqrt{x^2+x}+\sqrt{x^2-1}}=$$

$$\lim_{x\to+\infty}\frac{1+\dfrac{1}{x}}{\sqrt{1+\dfrac{1}{x}}+\sqrt{1-\dfrac{1}{x^2}}}=\frac{1}{2}$$

2. 极限的复合运算法则

定理 1.4 设函数 $y=f(\varphi(x))$ 是由函数 $y=f(u)$ 与函数 $u=\varphi(u)$ 复合而成,若$\lim\limits_{x\to x_0}\varphi(x)=u_0$,且在 x_0 的某去心邻域内有 $\varphi(x)\neq u_0$,又$\lim\limits_{u\to u_0}f(u)=A$,则

$$\lim_{x \to x_0} f(\varphi(x)) = \lim_{u \to u_0} f(u) = A$$

证明从略.

将定理1.4中 $x \to x_0$ 换为 $x \to \infty$,也有同样的结果.此外,这个定理表明在极限运算中可以作变量代换.

【例9】 求 $\lim\limits_{x \to 2} \sin x^2$.

解 令 $u = x^2$,因 $\lim\limits_{x \to 2} x^2 = 4$ 及 $\lim\limits_{u \to 4} \sin u = \sin 4$,所以

$$\lim_{x \to 2} \sin x^2 = \lim_{u \to 4} \sin u = \sin 4$$

利用定理1.4,我们可以得到下面的结果:

若 $\lim f(x) = A, \lim g(x) = B > 0$,则 $\lim g(x)^{f(x)} = B^A$.

【例10】 求 $\lim\limits_{x \to 2} x^{\frac{1}{x}}$.

解 因 $\lim\limits_{x \to 2} \dfrac{1}{x} = \dfrac{1}{2}$ 及 $\lim\limits_{x \to 2} x = 2 > 0$,所以 $\lim\limits_{x \to 2} x^{\frac{1}{x}} = 2^{\frac{1}{2}} = \sqrt{2}$.

3. 两个重要极限

我们经常会用到下面两个重要极限公式

$$\lim_{x \to 0} \frac{\sin x}{x} = 1, \quad \lim_{x \to 0}(1 + x)^{\frac{1}{x}} = \mathrm{e}$$

这两个公式的证明从略.

【例11】 求 $\lim\limits_{n \to \infty} n\sin \dfrac{2}{n}$.

解 $$\lim_{n \to \infty} n\sin \frac{2}{n} = \lim_{n \to \infty} 2 \cdot \frac{\sin \frac{2}{n}}{\frac{2}{n}} = 2 \times 1 = 2.$$

【例12】 $\lim\limits_{x \to 0} \dfrac{x}{\tan x}$.

解 $$\lim_{x \to 0} \frac{x}{\tan x} = \lim_{x \to 0} \frac{x}{\sin x} \cdot \cos x = 1 \times 1 = 1.$$

【例13】 $\lim\limits_{x \to 0} \dfrac{1 - \cos x}{x^2}$.

解 $$\lim_{x \to 0} \frac{1 - \cos x}{x^2} = \lim_{x \to 0} \frac{2\sin^2 \frac{x}{2}}{x^2} = \frac{1}{2} \lim_{x \to 0}\left(\sin \frac{x}{2} \Big/ \frac{x}{2}\right)^2 = \frac{1}{2} \times 1^2 = \frac{1}{2}.$$

【例14】 求 $\lim\limits_{x \to \infty}\left(1 + \dfrac{2}{x}\right)^x$.

解 $$\lim_{x \to \infty}\left(1 + \frac{2}{x}\right)^x = \lim_{x \to \infty}\left[\left(1 + \frac{2}{x}\right)^{\frac{x}{2}}\right]^2 = \mathrm{e}^2.$$

【例15】 求 $\lim\limits_{x \to 0}(1 + \sin x)^{\frac{3}{x}}$.

解　$\lim\limits_{x\to 0}(1+\sin x)^{\frac{3}{x}} = \lim\limits_{x\to 0}[(1+\sin x)^{\frac{1}{\sin x}}]^{3\cdot\frac{\sin x}{x}} = e^3$.

【例 16】　求 $\lim\limits_{x\to\infty}\left(\dfrac{x^2+2x}{x^2-1}\right)^x$.

解　$\lim\limits_{x\to\infty}\left(\dfrac{x^2+2x}{x^2-1}\right)^x = \lim\limits_{x\to\infty}\left(1+\dfrac{2x+1}{x^2-1}\right)^x =$

$$\lim_{x\to\infty}\left[\left(1+\frac{2x+1}{x^2-1}\right)^{\frac{x^2-1}{2x+1}}\right]^{\frac{2x^2+x}{x^2-1}} = e^2$$

1.2.4　无穷小量的比较

同一个极限过程中的无穷小量,虽然都以零为极限,但它们趋于零的快慢可能大不相同,我们可以由它们比值的极限来判断这些无穷小量趋于零的快慢.例如,当 $x\to 0$ 时,$x,x^2,\sin x$ 都是无穷小,而

$$\lim_{x\to 0}\frac{x^2}{x} = 0,\quad \lim_{x\to 0}\frac{x}{x^2} = \infty,\quad \lim_{x\to 0}\frac{\sin x}{x} = 1$$

从中可以看出各无穷小趋于零的快慢程度:x^2 比 x 快些,x 比 x^2 慢些,$\sin x$ 与 x 大致相同.

定义 1.9　设 α 与 β 是同一极限过程中的两个无穷小

(1) 如果 $\lim\dfrac{\beta}{\alpha} = 0$,则称 β 是比 α 高阶的无穷小,记作 $\beta = o(\alpha)$.

(2) 如果 $\lim\dfrac{\beta}{\alpha} = \infty$,则称 β 是比 α 低阶的无穷小.

(3) 如果 $\lim\dfrac{\beta}{\alpha} = C \neq 0$,则称 β 与 α 是同阶无穷小;特别地,当 $C = 1$ 时,称 β 与 α 是等价无穷小,记作 $\alpha \sim \beta$.

(4) 如果 $\lim\dfrac{\beta}{\alpha^k} = C \neq 0, k > 0$,则称 β 是 α 的 k 阶无穷小.

例如,当 $n\to\infty$ 时,$\dfrac{1}{n^2}$ 是 $\dfrac{1}{n}$ 的高阶无穷小;当 $x\to 0$ 时,$\sin 2x$ 与 x 是同阶无穷小.

根据等价无穷小的定义,可以证明,当 $x\to 0$ 时,有下列常用等价无穷小:

$$\sin x \sim x,\quad \tan x \sim x,\quad \arcsin x \sim x,\quad \arctan x \sim x$$

$$\ln(1+x) \sim x,\quad e^x - 1 \sim x,\quad (1+x)^\mu - 1 \sim \mu x,\quad 1-\cos x \sim \frac{x^2}{2}$$

定理 1.5　$\alpha \sim \beta$ 的充分必要条件是 $\beta - \alpha = o(\alpha)$(或 $\alpha - \beta = o(\beta)$).

证明　由于 $\alpha \sim \beta$,即 $\lim\dfrac{\beta}{\alpha} = 1$,等价于

$$\lim\frac{\beta-\alpha}{\alpha} = \lim\left(\frac{\beta}{\alpha}-1\right) = \lim\frac{\beta}{\alpha} - 1 = 0$$

所以 $\beta-\alpha=o(\alpha)$.

这个定理表明:一个无穷小 α 与它的高阶无穷小 $o(\alpha)$ 之和仍与原无穷小 α 等价,即 $\alpha+o(\alpha)\sim\alpha$.例如,当 $x\to 0$ 时

$$x-x^2+x^3\sim x,\quad \sqrt[3]{x}+x\sim\sqrt[3]{x},\quad \sin x-3x^2\sim\sin x\sim x$$

定理 1.6　设 $\alpha\sim\hat{\alpha},\beta\sim\hat{\beta}$,且 $\lim\dfrac{\hat{\beta}}{\hat{\alpha}}=A$(或 ∞),则

$$\lim\frac{\beta}{\alpha}=\lim\frac{\hat{\beta}}{\hat{\alpha}}=A(\text{或 }\infty)$$

证明　因为 $\lim\dfrac{\hat{\alpha}}{\alpha}=1,\lim\dfrac{\beta}{\hat{\beta}}=1$,所以

$$\lim\frac{\beta}{\alpha}=\lim\left(\frac{\hat{\alpha}}{\alpha}\frac{\hat{\beta}}{\hat{\alpha}}\frac{\beta}{\hat{\beta}}\right)=A(\text{或 }\infty)$$

定理1.6表明,两个无穷小之比的极限,可由它们的等价无穷小之比的极限代替.这个求极限的方法,通常称为等价无穷小代换法,它给 $\dfrac{0}{0}$ 型不定式的极限运算带来方便.

【例 17】　求 $\lim\limits_{x\to 0}\dfrac{\sin 3x}{\tan 4x}$.

解　当 $x\to 0$ 时,$\sin 3x\sim 3x,\tan 4x\sim 4x$,所以

$$\lim_{x\to 0}\frac{\sin 3x}{\tan 4x}=\lim_{x\to 0}\frac{3x}{4x}=\frac{3}{4}$$

【例 18】　求 $\lim\limits_{x\to 0}\dfrac{\sqrt{1+x+x^2}-1}{\sin 2x+x^3}$.

解　当 $x\to 0$ 时,$\sqrt{1+x+x^2}-1\sim\dfrac{1}{2}(x+x^2)\sim\dfrac{1}{2}x,\sin 2x+x^3\sim\sin 2x\sim 2x$,所以

$$\lim_{x\to 0}\frac{\sqrt{1+x+x^2}-1}{\sin 2x+x^3}=\lim_{x\to 0}\frac{\frac{1}{2}x}{2x}=\frac{1}{4}$$

习题 1.2

1.观察下列数列的变化趋势,写出它们的极限:

(1)$\left\{2+\dfrac{1}{n^2}\right\}$;　　(2)$\{(-1)^n n\}$;

(3)$\left\{\dfrac{n-1}{n+1}\right\}$;　　(4)$\{x_n\}$,其中 $x_n=\begin{cases}\dfrac{1}{2^n}, & n\text{ 是奇数}\\ 0, & n\text{ 是偶数}\end{cases}$.

2.用数列极限定义证明下列极限:

(1) $\lim\limits_{n\to\infty}\dfrac{1}{n^2}=0$;　　(2) $\lim\limits_{n\to\infty}\dfrac{3n+1}{2n-1}=\dfrac{3}{2}$.

3.用极限定义证明下列极限:

(1) $\lim\limits_{x\to\infty}\dfrac{2x+3}{x}=2$;　　(2) $\lim\limits_{x\to3}(2x-1)=5$.

4.证明$\lim\limits_{x\to0}\dfrac{|x|}{x}$不存在.

5.指出下列变量在给定的变化过程中的无穷大量和无穷小量:

(1)$y=2^{-x}(x\to+\infty)$;　　(2)$y=\dfrac{1-x}{x^2}(x\to0)$;

(3)$y=\ln x(x\to0^+)$;　　(4)$y=\sin\dfrac{1}{x}(x\to\infty)$.

6.求下列极限:

(1) $\lim\limits_{x\to-1}\dfrac{x^2+2x+5}{x^2+1}$;　　(2) $\lim\limits_{x\to1}\dfrac{x^2-2x+1}{x^2-1}$;

(3) $\lim\limits_{n\to\infty}\dfrac{(n+1)(n+2)(n+3)}{5n^3}$;　　(4) $\lim\limits_{x\to\infty}\dfrac{2x-\cos x}{x}$;

(5) $\lim\limits_{x\to1}\dfrac{\sqrt{x+2}-\sqrt{3}}{x-1}$;　　(6) $\lim\limits_{x\to+\infty}(\sqrt{x+10}-\sqrt{x+1})$.

7.求下列极限:

(1) $\lim\limits_{x\to0}\dfrac{\sin 3x}{2x}$;　　(2) $\lim\limits_{x\to0}\dfrac{x}{\tan 2x}$;

(3) $\lim\limits_{x\to2}\dfrac{\sin(x-2)}{x^2-4}$;　　(4) $\lim\limits_{x\to0}\dfrac{\tan x-\sin x}{\sin^3 x}$.

8.求下列极限:

(1) $\lim\limits_{x\to0}(1-3x)^{\frac{1}{x}}$;　　(2) $\lim\limits_{n\to\infty}\left(1+\dfrac{1}{n}\right)^{n+5}$;

(3) $\lim\limits_{x\to0}(1+\tan x)^{\frac{1}{\sin x}}$;　　(4) $\lim\limits_{x\to\infty}\left(\dfrac{2x-1}{2x+1}\right)^x$;

(5) $\lim\limits_{x\to\infty}\left(\dfrac{x}{x-1}\right)^x$;　　(6) $\lim\limits_{x\to0}(2\sin x+\cos x)^{\frac{1}{x}}$.

9.已知$\lim\limits_{x\to\infty}\left(\dfrac{x+a}{x-a}\right)^x=9$,求常数 a.

10.当 $x\to1$ 时,无穷小 $1-x$ 和(1)$1-\sqrt[3]{x}$,(2)$1-\sqrt{x}$ 是否同阶?是否等价?

11.当 $x\to0$ 时,试确定下列各无穷小对于 x 的阶数:

(1) $\sqrt[3]{x^2}-x$;　　(2)$\ln(1-x)$;

(3) $\sqrt{2+x^2}-\sqrt{2}$;　　(4)$\tan x-\sin x$.

12.用等价无穷小代换求下列极限:

(1) $\lim\limits_{x\to0}\dfrac{\ln(1+x)}{\sqrt{1+x}-1}$;　　(2) $\lim\limits_{x\to0}\dfrac{\arctan 2x}{\arcsin 3x}$;

(3) $\lim\limits_{x \to 0^+} \dfrac{1 - \cos\sqrt{x}}{x + x^2}$;　　　　(4) $\lim\limits_{x \to 0} \dfrac{(e^{-x^2} - 1)\arcsin x}{x^2 \ln(1 + 2x)}$.

1.3　函数的连续性

1.3.1　连续与间断

1. 连续与间断的概念

设函数 $y = f(x)$ 在点 x_0 的某邻域内有定义,当自变量从 x_0 变到 x 时,函数相应地从 $f(x_0)$ 变到 $f(x)$,称差 $\Delta x = x - x_0$ 为自变量 x 在 x_0 处的增量或改变量,称差 $\Delta y = f(x) - f(x_0) = f(x_0 + \Delta x) - f(x_0)$ 为函数(对应)的增量或改变量. 自变量增量与函数增量的几何意义如图 1.14 所示.

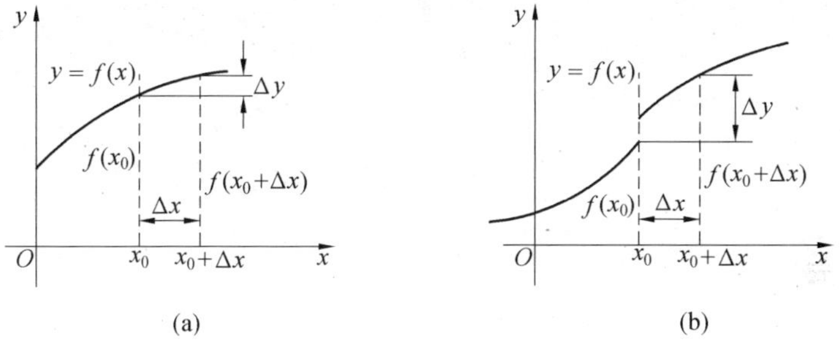

图 1.14

定义 1.10　设函数 $y = f(x)$ 在点 x_0 的某邻域内有定义,如果

$$\lim_{\Delta x \to 0} \Delta y = 0$$

则称函数 $f(x)$ 在点 x_0 处连续,并将 x_0 称为 $f(x)$ 的连续点. 若上述条件不满足,称 x_0 为 $f(x)$ 的不连续点或间断点.

如图 1.14,在(a) 中,点 x_0 是连续点,在(b) 中,点 x_0 是间断点. 函数的连续反映一种连绵不断的变化状态:自变量的微小变动只能引起函数值的微小变动.

函数 $y = f(x)$ 在点 x_0 处连续的定义又可叙述如下:

设函数 $y = f(x)$ 在点 x_0 的某邻域内有定义,如果 $\lim\limits_{x \to x_0} f(x) = f(x_0)$,则称函数 $f(x)$ 在点 x_0 处连续.

如果 $\lim\limits_{x \to x_0^+} f(x) = f(x_0)$,称函数 $f(x)$ 在 x_0 处右连续;如果 $\lim\limits_{x \to x_0^-} f(x) = f(x_0)$,称函数 $f(x)$ 在 x_0 处左连续. 显然 $f(x)$ 在 x_0 处连续的充分必要条件是它在 x_0 处左连续且右连续.

如果函数 $f(x)$ 在区间 (a, b) 内每一点处都连续,则称 $f(x)$ 在开区间 (a, b) 内连续;如果 $f(x)$ 在区间(a,b)内连续,且它在点 a 处右连续,在点 b 处左连续,则称 $f(x)$ 在闭区间$[a,b]$上连续.在定义域上连续的函数称为连续函数.

一个区间上连续函数的图形是一条无缝隙的连绵不断的曲线.

2. 间断点的类型

函数 $f(x)$ 在点 x_0 处间断有三种情形:

(1) 函数 $f(x)$ 在 x_0 处无定义,但在点 x_0 附近有定义;

(2) 函数 $f(x)$ 在 x_0 处有定义,但 $\lim\limits_{x \to x_0} f(x)$ 不存在;

(3) 函数 $f(x)$ 在 x_0 处有定义,且 $\lim\limits_{x \to x_0} f(x)$ 存在,但 $\lim\limits_{x \to x_0} f(x) \neq f(x_0)$.

间断点又分为两大类:

(1) 第一类:若函数 $f(x)$ 在间断点 x_0 处左、右极限都存在,则称点 x_0 为函数 $f(x)$ 的第一类间断点.此时,若左、右极限相等,称点 x_0 为函数 $f(x)$ 的可去间断点,否则称点 x_0 为函数 $f(x)$ 的跳跃间断点.

(2) 第二类:若函数 $f(x)$ 在间断点 x_0 处左、右极限中至少有一个不存在,则称点 x_0 为函数 $f(x)$ 的第二类间断点.

【例 1】　函数

$$f(x)=\begin{cases} x-1, & x<0 \\ 0, & x=0 \\ x+1, & x>0 \end{cases}$$

因为 $\lim\limits_{x \to 0^-} f(x) = \lim\limits_{x \to 0^-}(x-1) = -1$, $\lim\limits_{x \to 0^+} f(x) = \lim\limits_{x \to 0^+}(x+1) = 1$,所以 $x=0$ 是 $f(x)$ 的跳跃间断点(图 1.15).

【例 2】　函数 $f(x)=\dfrac{x^2-1}{x-1}$,因为 $\lim\limits_{x \to 1}\dfrac{x^2-1}{x-1} = \lim\limits_{x \to 1}(x+1) = 2$,而函数在 $x=1$ 处无定义,所以 $x=1$ 是函数的可去间断点(图 1.16).只要定义 $f(1)=2$,函数就在 $x=1$ 处连续.

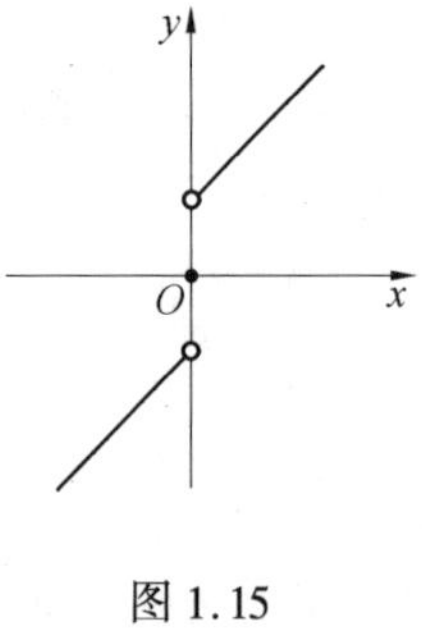

图 1.15

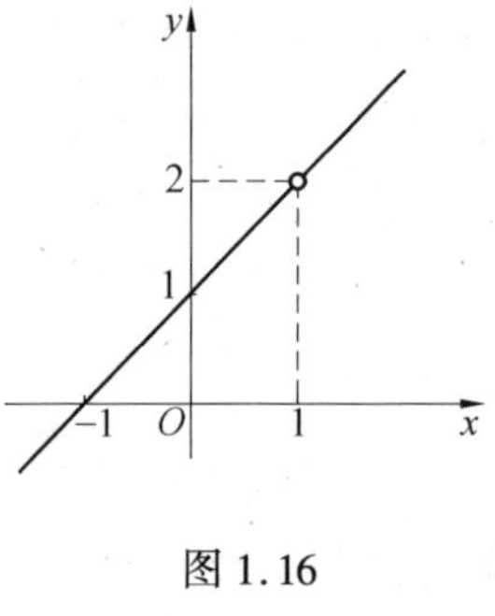

图 1.16

【例 3】　函数 $f(x)=\dfrac{1}{x-1}$,因为 $\lim\limits_{x \to 1}\dfrac{1}{x-1} = \infty$,所以 $x=1$ 是函数的第二类

间断点(图 1.17).

【例 4】　函数 $f(x) = \sin\frac{1}{x}$,因为 $\lim\limits_{x\to 0^+}\sin\frac{1}{x}$ 不存在,所以 $x = 0$ 是函数的第二类间断点(图 1.18).

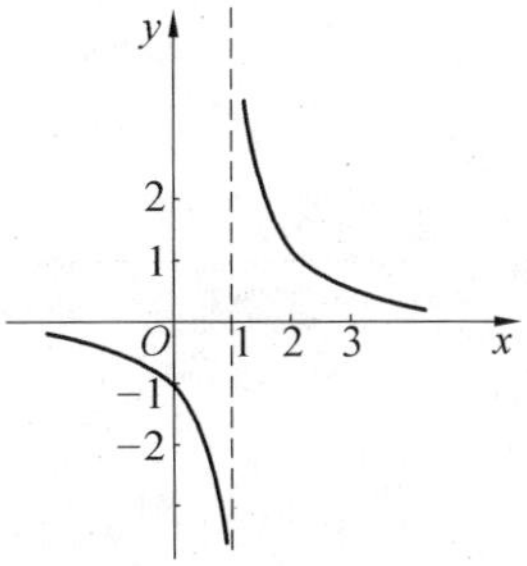

图 1.17

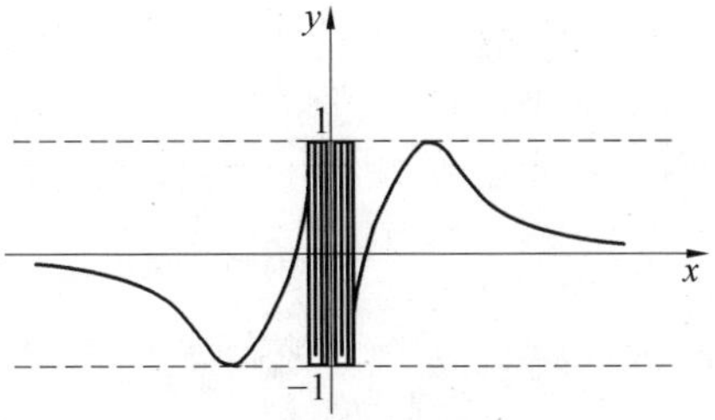

图 1.18

3. 连续性的判定定理

定理 1.7　如果 $f(x)$,$g(x)$ 在点 x_0 处连续,则函数 $f(x) \pm g(x)$,$f(x)g(x)$ 和 $\frac{f(x)}{g(x)}(g(x_0) \neq 0)$ 均在 x_0 处连续.

证明从略.

定理 1.8　如果 $u = \varphi(x)$ 在点 x_0 处连续,$u_0 = \varphi(x_0)$,又 $y = f(u)$ 在点 u_0 处连续,则复合函数 $y = f(\varphi(x))$ 在点 x_0 处连续.

证明从略.

在复合函数的连续性定理 1.8 中,由于 $\lim\limits_{x\to x_0} f(\varphi(x)) = f(\varphi(x_0))$,且 $\lim\limits_{x\to x_0}\varphi(x) = \varphi(x_0)$,所以 $\lim\limits_{x\to x_0} f(\varphi(x)) = f(\lim\limits_{x\to x_0}\varphi(x))$.

这个结果表明,对连续函数 $f(u)$ 而言,极限符号 lim 与函数符号 f 可以交换次序.

定理 1.9　初等函数在其有定义的区间内处处连续.

证明从略.

例如,函数 $f(x) = \frac{\sin x^2 + e^x}{x + 1}$ 除了点 $x = -1$ 外处处有定义,所以函数 $f(x)$ 在 $(-\infty, -1) \cup (-1, +\infty)$ 上连续.

4. 闭区间上连续函数的性质

定理 1.10　(有界性定理) 若函数 $f(x)$ 在闭区间 $[a, b]$ 上连续,则函数 $f(x)$ 在 $[a, b]$ 上有界.

证明从略.

定理 1.11 （最大最小值定理）若函数 $f(x)$ 在闭区间 $[a,b]$ 上连续，则函数 $f(x)$ 在 $[a,b]$ 上必有最小值和最大值.

证明从略.

从几何直观上看，这个定理说明，具有起点 $(a,f(a))$ 和终点 $(b,f(b))$ 的一条连续曲线，一定有最高点和最低点，如图 1.19 所示.

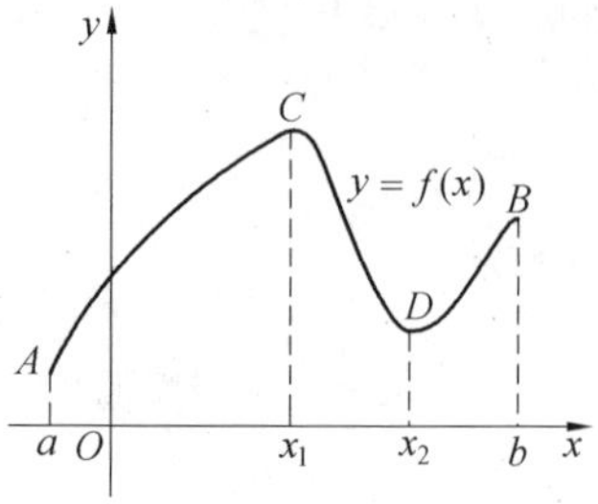

图 1.19

开区间上的连续函数或闭区间内有间断点的函数都不一定有界，也不一定有最小值和最大值. 例如，函数 $f(x)=\dfrac{1}{x}$ 在 $(0,1)$ 内连续，但该函数在 $(0,1)$ 内无界，也无最小值和最大值. 又如，函数

$$f(x)=\begin{cases}-x-1, & -1\leqslant x<0\\ 0, & x=0\\ -x+1, & 0<x\leqslant 1\end{cases}$$

在闭区间 $[-1,1]$ 上有间断点 $x=0$，虽然该函数在 $[-1,1]$ 上有界，但它在 $[-1,1]$ 上既无最小值也无最大值.

定理 1.12 （零点存在定理）若函数 $f(x)$ 在闭区间 $[a,b]$ 上连续，且 $f(a)f(b)<0$，则在 (a,b) 内至少有一点 ξ 使得 $f(\xi)=0$.

证明从略.

从几何直观上看，这个定理说明，一条连续曲线若其两个端点分别位于 x 轴两侧，则这个曲线必至少与 x 轴有一个交点，如图 1.20 所示.

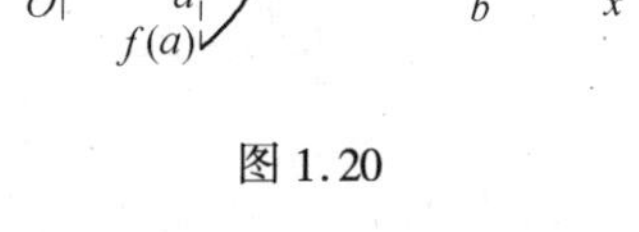

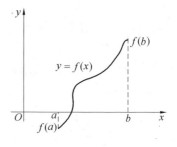

图 1.20

【例 5】 证明方程 $x^5+x-1=0$ 在 0 与 1 之间至少有一个实根.

证明 设 $f(x)=x^5+x-1$，则 $f(x)$ 在 $[0,1]$ 上连续，且 $f(0)=-1$，$f(1)=1$，由零点存在定理，在 $(0,1)$ 内至少有一点 ξ 使得

$$f(\xi)=\xi^5+\xi-1=0$$

这说明方程 $x^5+x-1=0$ 在 0 与 1 之间至少有一个实根.

【例 6】 设 $f(x)$ 在闭区间 $[a,b]$ 上连续，且 $f(a)<a$，$f(b)>b$，证明在 (a,b) 内至少有一点 ξ 使得 $f(\xi)=\xi$.

证明 设 $F(x)=f(x)-x$，则 $F(x)$ 在 $[a,b]$ 上连续，且

$$F(a)=f(a)-a<0$$

$$F(b)=f(b)-b>0$$

由零点存在定理，在 (a,b) 内至少有一点 ξ 使得

$$F(\xi) = f(\xi) - \xi = 0$$

即 $f(\xi) = \xi$.

定理 1.13 （介值定理）若函数 $f(x)$ 在闭区间 $[a,b]$ 上连续，m 和 M 分别是 $f(x)$ 在 $[a,b]$ 上的最小值和最大值，则对任意介于 m 和 M 之间的数值 μ，即 $m \leqslant \mu \leqslant M$，在 $[a,b]$ 内至少有一点 ξ 使得 $f(\xi) = \mu$.

证明从略.

习题 1.3

1. 求下列函数的间断点，并说明这些间断点是属于哪一类：

(1) $f(x) = \dfrac{x^2 - 1}{x^2 - 3x + 2}$；　　(2) $f(x) = \dfrac{x}{\sin x}$；

(3) $f(x) = \dfrac{\sqrt{x+1}}{x^2 + 2x}$；　　(4) $f(x) = \begin{cases} x^2 + 2, & x \geqslant 0 \\ 0, & x < 0 \end{cases}$；

(5) $f(x) = \begin{cases} \dfrac{4x^2 - 1}{2x - 1}, & x \neq \dfrac{1}{2} \\ 2, & x = \dfrac{1}{2} \end{cases}$；　　(6) $f(x) = \dfrac{\dfrac{1}{x} - \dfrac{1}{x+1}}{\dfrac{1}{x-1} - \dfrac{1}{x}}$.

2. 设

$$f(x) = \begin{cases} 1 + x^2, & x < 0 \\ a, & x = 0 \\ \dfrac{\sin bx}{x}, & x > 0 \end{cases}$$

试问(1) a, b 为何值时，$\lim\limits_{x \to 0} f(x)$ 存在？(2) a, b 为何值时，$f(x)$ 在 $x = 0$ 处连续？

3. 证明方程 $x2^x = 1$ 至少有一个小于 1 的正根.

4. 设函数 $f(x)$ 在闭区间 $[a,b]$ 上连续，A, B 为任意两个正数，试证对任意两点 $x_1, x_2 \in [a,b]$，至少存在一点 $\xi \in [a,b]$ 使得

$$Af(x_1) + Bf(x_2) = (A + B)f(\xi)$$

第 2 章　一元函数微分学

微积分主要包括微分学和积分学.微分学是从局部研究函数的各种性态,积分学则从整体上研究函数的作用.本章将介绍一元函数的微分学,内容包括:导数与微分,微分中值定理及导数应用.

2.1　导数与微分

2.1.1　导数的概念

1.引出导数概念的两个实例

【例 1】 (直线运动的速度问题)一质点作直线运动,已知路程 s 与时间 t 的函数关系 $s = s(t)$,试确定 t_0 时刻质点的速度 $v(t_0)$.

解　从时刻 t_0 到 $t_0 + \Delta t$,质点走过的路程

$$\Delta s = s(t_0 + \Delta t) - s(t_0)$$

这段时间内的平均速度

$$\bar{v} = \frac{\Delta s}{\Delta t}$$

若运动是匀速的,平均速度 $\bar{v}$ 就是质点在每个时刻的速度.

若运动是非匀速的,平均速度 $\bar{v}$ 是这段时间内运动快慢的平均值,Δt 越小,它越能近似的表明 t_0 时刻运动的快慢.因此,人们把 t_0 时刻的速度 $v(t_0)$ 定义为

$$v(t_0) = \lim_{\Delta t \to 0} \frac{\Delta s}{\Delta t} = \lim_{\Delta t \to 0} \frac{s(t_0 + \Delta t) - s(t_0)}{\Delta t}$$

并称之为 t_0 时刻的瞬时速度.它是路程对时间的变化率.

【例 2】 (曲线切线的斜率)已知曲线 l 的方程为 $y = f(x)$,试确定曲线 l 在点 $M_0(x_0, f(x_0))$ 处切线的斜率.

解　如图 2.1,在曲线 l 上任取一个异于 M_0 的点 $M(x_0 + \Delta x, f(x_0 + \Delta x))$,于是割线 M_0M 的斜率,即其倾角 β 的正切

$$\tan\beta = \frac{\Delta y}{\Delta x} = \frac{f(x_0 + \Delta x) - f(x_0)}{\Delta x}$$

由于 M 沿曲线 l 趋于 M_0 时,$\Delta x \to 0$,$\angle\beta \to \angle\alpha$,故

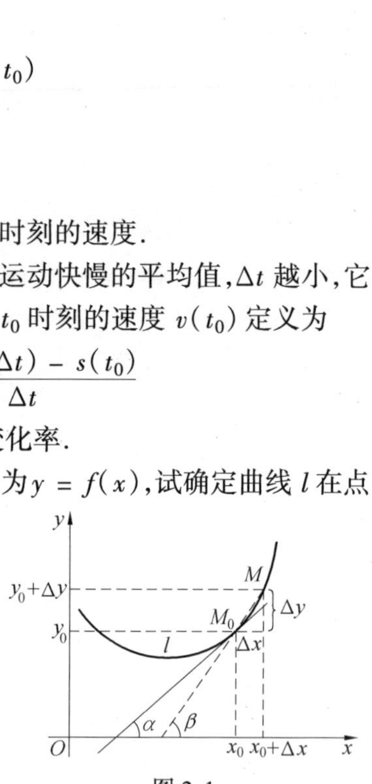

图 2.1

切线斜率 k,即其倾角 α 的正切

$$k = \tan\alpha = \lim_{M\to M_0}\tan\beta = \lim_{\Delta x\to 0}\frac{\Delta y}{\Delta x} = \lim_{\Delta x\to 0}\frac{f(x_0+\Delta x)-f(x_0)}{\Delta x}$$

它是曲线上动点的纵坐标对横坐标的变化率.

上述两个问题,是属于不同性质的问题.然而,从数学上看却是相同的,即它们都是求函数的改变量与自变量的改变量的比,当自变量改变量趋于零时的极限.这种处理问题的数学方法,在其他科学技术领域中以及数学理论的研究中,是具有普遍意义的,而且又是经常遇到的,因此,对极限 $\lim\limits_{\Delta x\to 0}\frac{\Delta y}{\Delta x}$ 的研究,是从实践提高到理论的必然要求.事实上,微分学正是由于解决速度、切线等实际问题的需要又经过长期探讨而产生的,其后又在实践中得到广泛的应用和发展.

2. 导数的定义

定义 2.1　设函数 $y = f(x)$ 在点 x_0 的某邻域内有定义,当自变量 x 在 x_0 处有增量 Δx(点 $x_0+\Delta x$ 仍在该邻域内)时,相应的函数有增量 $\Delta y = f(x_0+\Delta x) - f(x_0)$,如果极限

$$\lim_{\Delta x\to 0}\frac{\Delta y}{\Delta x} = \lim_{\Delta x\to 0}\frac{f(x_0+\Delta x)-f(x_0)}{\Delta x} \tag{2.1}$$

存在,则称此极限值为函数 $y = f(x)$ 在点 x_0 处的导数,记作 $f'(x_0)$,即

$$f'(x_0) = \lim_{\Delta x\to 0}\frac{f(x_0+\Delta x)-f(x_0)}{\Delta x}$$

也可记作 $$y'\Big|_{x=x_0},\quad \frac{\mathrm{d}y}{\mathrm{d}x}\Big|_{x=x_0}\quad 或\quad \frac{\mathrm{d}f}{\mathrm{d}x}\Big|_{x=x_0}$$

若记 $x = x_0+\Delta x$,则函数 $f(x)$ 在点 x_0 处的导数也可写成

$$f'(x_0) = \lim_{x\to x_0}\frac{f(x)-f(x_0)}{x-x_0}$$

如果极限(2.1)存在,则称函数 $f(x)$ 在点 x_0 处有导数,或称 $f(x)$ 在点 x_0 处可导;如果极限(2.1)不存在,则称 $f(x)$ 在点 x_0 处导数不存在或不可导.特别当式(2.1)的极限为正(负)无穷大时,我们也常说 $f(x)$ 在点 x_0 处的导数为正(负)无穷大,但这时导数不存在.

这样,前面的两个实例就可以写成

$$v(t_0) = s'(t_0),\quad k\Big|_{(x_0,f(x_0))} = f'(x_0)$$

导数 $f'(x_0)$ 的几何意义是曲线 $y = f(x)$ 在点 $M_0(x_0,f(x_0))$ 处的切线斜率;导数 $f'(x_0)$ 的物理意义是变量 $y = f(x)$ 随变量 x 在点 x_0 处的瞬时变化率.

按导数定义求函数 $y = f(x)$ 在点 x_0 处的导数分三个步骤:

(1) 计算函数的增量 $\Delta y = f(x_0+\Delta x) - f(x_0)$;

(2) 求平均变化率$\frac{\Delta y}{\Delta x}$;

(3) 取极限$\lim\limits_{\Delta x \to 0} \frac{\Delta y}{\Delta x}$,如果这个极限存在,它就是所求的导数 $f'(x_0)$.

【例 3】 求函数 $y = x^2$ 在 $x = 1$ 处的导数.

解 给 $x = 1$ 一个增量 Δx,则函数的增量为

$$\Delta y = f(1 + \Delta x) - f(1) = (1 + \Delta x)^2 - 1^2 = 2\Delta x + (\Delta x)^2$$

由于

$$\frac{\Delta y}{\Delta x} = \frac{2\Delta x + (\Delta x)^2}{\Delta x} = 2 + \Delta x$$

所以

$$y'\Big|_{x=1} = \lim_{\Delta x \to 0} \frac{\Delta y}{\Delta x} = \lim_{\Delta x \to 0}(2 + \Delta x) = 2$$

【例 4】 试证函数

$$f(x) = \begin{cases} x\sin\frac{1}{x}, & x \neq 0 \\ 0, & x = 0 \end{cases}$$

在 $x = 0$ 处连续,但不可导.

证明 因为

$$\lim_{x \to 0} f(x) = \lim_{x \to 0} x\sin\frac{1}{x} = 0 = f(0)$$

所以函数在 $x = 0$ 处连续.

但因

$$\frac{\Delta y}{\Delta x} = \frac{f(\Delta x) - f(0)}{\Delta x} = \frac{\Delta x\sin\frac{1}{\Delta x}}{\Delta x} = \sin\frac{1}{\Delta x}$$

在 $\Delta x \to 0$ 时,无极限,所以函数在 $x = 0$ 处不可导.

定义 2.2 如果极限

$$\lim_{\Delta x \to 0^-} \frac{\Delta y}{\Delta x} = \lim_{\Delta x \to 0^-} \frac{f(x_0 + \Delta x) - f(x_0)}{\Delta x}$$

存在,则称此极限值为函数 $f(x)$ 在点 x_0 处的左导数,记作 $f'_-(x_0)$,即

$$f'_-(x_0) = \lim_{\Delta x \to 0^-} \frac{f(x_0 + \Delta x) - f(x_0)}{\Delta x}$$

如果极限

$$\lim_{\Delta x \to 0^+} \frac{\Delta y}{\Delta x} = \lim_{\Delta x \to 0^+} \frac{f(x_0 + \Delta x) - f(x_0)}{\Delta x}$$

存在,则称此极限值为函数 $f(x)$ 在点 x_0 处的右导数,记作 $f'_+(x_0)$,即

$$f'_+(x_0) = \lim_{\Delta x \to 0^+} \frac{f(x_0 + \Delta x) - f(x_0)}{\Delta x}$$

显然,函数 $f(x)$ 在点 x_0 处可导的充分必要条件是 $f(x)$ 在 x_0 处的左、右导数都存在,且相等.这时

$$f'_-(x_0) = f'_+(x_0) = f'(x_0)$$

在研究分段函数分段点处的导数时,常常要用导数定义来讨论.

【例5】 试证函数 $y = |x|$ 在 $x = 0$ 处不可导.

证明 给 $x = 0$ 一个增量 Δx,则函数的增量为

$$\Delta y = f(\Delta x) - f(0) = |\Delta x|$$

由于

$$f'_-(0) = \lim_{\Delta x \to 0^-} \frac{\Delta y}{\Delta x} = \lim_{\Delta x \to 0^-} \frac{|\Delta x|}{\Delta x} = -1$$

$$f'_+(0) = \lim_{\Delta x \to 0^+} \frac{\Delta y}{\Delta x} = \lim_{\Delta x \to 0^+} \frac{|\Delta x|}{\Delta x} = 1$$

所以函数 $y = |x|$ 在 $x = 0$ 处不可导.几何上易知曲线 $y = |x|$ 在原点(0,0)处无切线(图2.2).

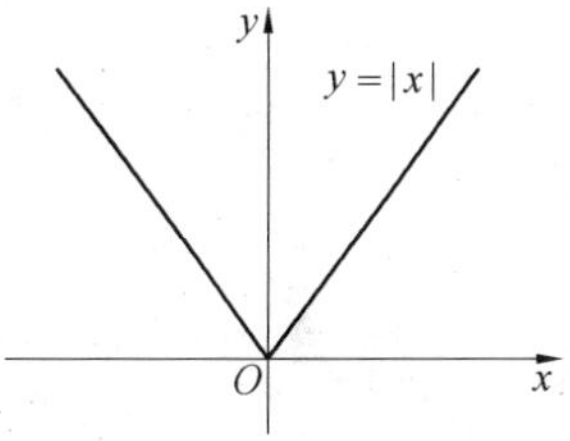

图2.2

上面讲的是函数在一点处的导数.如果函数 $y = f(x)$ 在区间 (a,b) 内每一点处都有导数,则称 $f(x)$ 在区间 (a,b) 内可导.这时对 (a,b) 内任意一点 x 都有一个确定的导数值

$$f'(x) = \lim_{\Delta x \to 0} \frac{f(x + \Delta x) - f(x)}{\Delta x}$$

与之对应,从而在 (a,b) 内确定了一个新函数,这个新函数叫原来函数 $y = f(x)$ 的导函数,记作 $f'(x)$, y', $\frac{dy}{dx}$ 或 $\frac{df}{dx}$.

显然,函数 $f(x)$ 在点 x_0 处的导数 $f'(x_0)$ 就是导函数 $f'(x)$ 在点 $x = x_0$ 处的函数值,即

$$f'(x_0) = f'(x)\Big|_{x = x_0}$$

所以人们习惯地将导函数简称为导数.

3. 可导与连续的关系

定理2.1 如果函数 $y = f(x)$ 在点 x_0 处可导,则 $y = f(x)$ 在点 x_0 处连续.

证明 由于函数 $y = f(x)$ 在点 x_0 处可导,所以

$$\lim_{\Delta x \to 0} \Delta y = \lim_{\Delta x \to 0} \frac{\Delta y}{\Delta x} \cdot \Delta x = f'(x_0) \cdot 0 = 0$$

故函数 $y = f(x)$ 在点 x_0 处连续.

需要注意,函数在某点可导是函数在该点连续的充分而非必要条件,即函数在某点可导,则函数在该点必连续,但反之,函数在某点连续,在该点未必可导.如例5中的函数 $y = |x|$ 在 $x = 0$ 处不可导,但它在 $x = 0$ 处是连续的.

【例6】 已知函数

$$f(x) = \begin{cases} x^2, & x \leqslant 1 \\ ax + b, & x > 1 \end{cases}$$

在 $x = 1$ 处可导,求常数 a 和 b.

解 首先,函数必须在 $x = 1$ 处连续.由于

$$\lim_{x \to 1^-} f(x) = \lim_{x \to 1^-} x^2 = 1, \lim_{x \to 1^+} f(x) = \lim_{x \to 1^+}(ax + b) = a + b, f(1) = 1$$

所以有

$$a + b = 1$$

又

$$f'_-(1) = \lim_{\Delta x \to 0^-} \frac{f(1 + \Delta x) - f(1)}{\Delta x} = \lim_{\Delta x \to 0^-} \frac{(1 + \Delta x)^2 - 1^2}{\Delta x} = 2$$

$$f'_+(1) = \lim_{\Delta x \to 0^+} \frac{f(1 + \Delta x) - f(1)}{\Delta x} = \lim_{\Delta x \to 0^+} \frac{a(1 + \Delta x) + b - 1^2}{\Delta x} =$$

$$\lim_{\Delta x \to 0^+} \frac{a(1 + \Delta x) - (a + b)}{\Delta x} = a$$

因为函数在 $x = 1$ 处可导,所以有 $f'_-(1) = f'_+(1)$,故 $a = 2$,从而,当 $a = 2, b = -1$ 时,函数 $f(x)$ 在点 $x = 1$ 可导.

2.1.2 导数基本公式与求导法则

1. 导数基本公式

以下不加证明地给出基本初等函数的导数公式,请读者务必熟记这些公式.

导数基本公式

(1) $(C)' = 0$

(2) $(x^n)' = nx^{n-1}$

(3) $(e^x)' = e^x$

(4) $(a^x)' = a^x \ln a$

(5) $(\ln x)' = \dfrac{1}{x}$

(6) $(\log_a x)' = \dfrac{1}{x \ln a}$

(7) $(\sin x)' = \cos x$

(8) $(\cos x)' = -\sin x$

(9) $(\tan x)' = \dfrac{1}{\cos^2 x} = \sec^2 x$

(10) $(\cot x)' = -\dfrac{1}{\sin^2 x} = -\csc^2 x$

(11) $(\sec x)' = \sec x \tan x$

(12) $(\csc x)' = -\csc x \cot x$

(13) $(\arcsin x)' = \dfrac{1}{\sqrt{1 - x^2}}$

(14) $(\arccos x)' = -\dfrac{1}{\sqrt{1 - x^2}}$

(15) $(\arctan x)' = \dfrac{1}{1+x^2}$　　(16) $(\text{arccot}\ x)' = -\dfrac{1}{1+x^2}$

2. 导数的四则运算法则

定理 2.2　设函数 $u(x)$ 与 $v(x)$ 在点 x 处均可导,则其和、差、积、商(在商的情形还需要假定分母不为零)在同一点 x 处也可导,且

(1) $[u(x) \pm v(x)]' = u'(x) \pm v'(x)$;

(2) $[u(x)v(x)]' = u'(x)v(x) + u(x)v'(x)$,特别地 $[cu(x)]' = cu'(x)$,其中 c 为常数;

(3) $\left[\dfrac{u(x)}{v(x)}\right]' = \dfrac{u'(x)v(x) - u(x)v'(x)}{v^2(x)}\ (v(x) \neq 0)$.

证明从略.

推论　设函数 $u(x), v(x), w(x)$ 在点 x 处均可导,则函数 $u(x) + v(x) + w(x), u(x)v(x)w(x)$ 在同一点 x 处也可导,且

$[u(x) + v(x) + w(x)]' = u'(x) + v'(x) + w'(x)$

$[u(x)v(x)w(x)]' = u'(x)v(x)w(x) + u(x)v'(x)w(x) + u(x)v(x)w'(x)$

【例 7】　求 $y = \sqrt[3]{x} + \dfrac{2}{x} - \sin 3$ 的导数.

解　$\left(\sqrt[3]{x} + \dfrac{2}{x} - \sin 3\right)' = (x^{\frac{1}{3}})' + 2(x^{-1})' - (\sin 3)' =$

$$\frac{1}{3}x^{-\frac{2}{3}} + 2\cdot(-1)x^{-2} - 0 = \frac{1}{3\sqrt[3]{x^2}} - \frac{2}{x^2}$$

【例 8】　求 $y = 2^x\cos x$ 的导数.

解　$(2^x\cos x)' = (2^x)'\cos x + 2^x(\cos x)' =$

$$(2^x\ln 2)\cos x + 2^x(-\sin x) = 2^x(\cos x\ln 2 - \sin x)$$

【例 9】　求 $y = \dfrac{\sin x}{x}$ 的导数.

解　$\left(\dfrac{\sin x}{x}\right)' = \dfrac{(\sin x)'x - \sin x(x)'}{x^2} = \dfrac{x\cos x - \sin x}{x^2}$.

【例 10】　求 $y = \sec x\tan x\ln x$ 的导数.

解　$(\sec x\tan x\ln x)' = (\sec x)'\tan x\ln x + \sec x(\tan x)'\ln x +$

$\sec x\tan x(\ln x)' =$

$\sec x\tan^2 x\ln x + \sec^3 x\ln x + \dfrac{1}{x}\sec x\tan x$

3. 复合函数求导法则

定理 2.3　设 $y = f(\varphi(x))$ 是由函数 $y = f(u)$ 及 $u = \varphi(x)$ 复合而成的函数,并设函数 $u = \varphi(x)$ 在点 x 处可导,$y = f(u)$ 在对应点 $u = \varphi(x)$ 处也可导,则复合函数 $y = f(\varphi(x))$ 在点 x 处可导,且

$$\frac{dy}{dx}=\frac{dy}{du}\frac{du}{dx}$$

即

$$[f(\varphi(x))]'=f'(\varphi(x))\varphi'(x)$$

证明从略.

定理2.3表明复合函数对自变量的导数等于它对中间变量的导数乘以中间变量对自变量的导数.这个法则常常形象地称为链导法则.

用归纳法容易将这一法则推广到有限次复合的函数上去.例如,设

$$y=f(u),\quad u=\varphi(v),\quad v=\psi(x)$$

均可导,则复合函数 $y=f(\varphi(\psi(x)))$ 也可导,且

$$\frac{dy}{dx}=\frac{dy}{du}\frac{du}{dv}\frac{dv}{dx}=f'(u)\varphi'(v)\psi'(x)$$

【例11】 求 $y=e^{-2x}$ 的导数.

解 将 $y=e^{-2x}$ 分解为 $y=e^u,u=-2x$,则

$$(e^{-2x})'=(e^u)'(-2x)'=e^u(-2)=-2e^{-2x}$$

【例12】 求 $y=\cos^2(1+x^3)$ 的导数.

解 将 $y=\cos^2(1+x^3)$ 分解为 $y=u^2,u=\cos v,v=1+x^3$,则

$$[\cos^2(1+x^3)]'=(u^2)'(\cos v)'(1+x^3)'=$$
$$(2u)(-\sin v)(3x^2)=-3x^2\sin 2(1+x^3)$$

复合函数求导时,首先需要熟练地引入中间变量把函数分解成一串已知导数的函数,再用链导法则求导,最后把中间变量用自变量的函数代替.熟练地掌握了复合函数的分解和求导法则之后,可以不引入中间变量记号,只要心中有数,分解一层,求导一次,“剥皮”式的直到自变量为止.

【例13】 求 $y=\sqrt[3]{1-2x^2}$ 的导数.

解 $(\sqrt[3]{1-2x^2})'=\frac{1}{3}(1-2x^2)^{-\frac{2}{3}}(-4x)=\frac{-4x}{3\sqrt[3]{(1-2x^2)^2}}$.

【例14】 求 $y=\ln|x|$ 的导数.

解 当 $x>0$ 时

$$(\ln|x|)'=(\ln x)'=\frac{1}{x}$$

当 $x<0$ 时

$$(\ln|x|)'=[\ln(-x)]'=\frac{1}{-x}\cdot(-1)=\frac{1}{x}$$

综上得

$$(\ln|x|)'=\frac{1}{x}$$

【例 15】　求 $y = \ln(x + \sqrt{1 + x^2})$ 的导数.

解　$[\ln(x + \sqrt{1 + x^2})]' = \dfrac{1}{x + \sqrt{1 + x^2}}\left[1 + \dfrac{1}{2}(1 + x^2)^{-\frac{1}{2}}(2x)\right] = \dfrac{1}{\sqrt{1 + x^2}}$

【例 16】　求 $y = 3^{\sin^2\frac{1}{x}}$ 的导数.

解　$(3^{\sin^2\frac{1}{x}})' = (3^{\sin^2\frac{1}{x}}\ln 3)\left(2\sin\dfrac{1}{x}\right)\left(\cos\dfrac{1}{x}\right)\left(-\dfrac{1}{x^2}\right) = -\dfrac{\ln 3}{x^2}3^{\sin^2\frac{1}{x}}\sin\dfrac{2}{x}$

【例 17】　求 $y = \dfrac{\sin^2 x}{\sin x^2}$ 的导数.

解　$\left(\dfrac{\sin^2 x}{\sin x^2}\right)' = \dfrac{2\sin x\cos x\sin x^2 - \sin^2 x\cos x^2(2x)}{\sin^2 x^2} =$

$$\dfrac{\sin 2x\sin x^2 - 2x\sin^2 x\cos x^2}{\sin^2 x^2}$$

【例 18】　已知 $y = f\left(\dfrac{3x - 2}{3x + 2}\right)$, 且 $f'(x) = \arctan x^2$, 求 $\left.\dfrac{dy}{dx}\right|_{x=0}$.

解　$\dfrac{dy}{dx} = f'\left(\dfrac{3x - 2}{3x + 2}\right)\dfrac{3(3x + 2) - 3(3x - 2)}{(3x + 2)^2} = \dfrac{12}{(3x + 2)^2}\arctan\left(\dfrac{3x - 2}{3x + 2}\right)^2$

于是

$$\left.\dfrac{dy}{dx}\right|_{x=0} = 3\arctan 1 = \dfrac{3\pi}{4}$$

4. 隐函数求导法则

作为复合函数求导法则的应用,我们还可以给出隐函数的求导方法以及由此导出的取对数求导法.

设方程 $F(x,y) = 0$ 确定一个函数 $y(x)$, 按隐函数的定义有

$$F(x,y(x)) \equiv 0$$

于是两端对 x 求导,得

$$\dfrac{d}{dx}F(x,y(x)) = 0$$

将左端的导数按复合函数求导法则求出(注意所出现的 y 皆是 x 的函数),这样就可以得到一个含有 $\dfrac{dy}{dx}$ 的方程式,从中解出 $\dfrac{dy}{dx}$ 即为所求.

下面举例说明上述求隐函数的导数的一般方法.

【例 19】　求由方程 $xy - e^x + e^y = 0$ 所确定的隐函数 $y = y(x)$ 的导数.

解　因为 y 是 x 的函数,所以 e^y 是 x 的复合函数,于是方程两端对 x 求导,得

$$y + xy' - e^x + e^y y' = 0$$

解得

$$y' = \dfrac{e^x - y}{e^y + x}$$

【例 20】 求圆 $x^2+y^2=4$ 上一点 $M_0(-\sqrt{2},\sqrt{2})$ 处的切线方程.

解 方程两端对 x 求导,得

$$2x+2yy'=0$$

解得

$$y'=-\frac{x}{y}$$

于是有

$$y'\bigg|_{(-\sqrt{2},\sqrt{2})}=-\frac{x}{y}\bigg|_{(-\sqrt{2},\sqrt{2})}=1$$

故所求切线方程

$$y-\sqrt{2}=1\cdot(x+\sqrt{2})$$

即

$$x-y+2\sqrt{2}=0$$

隐函数求导法则的一个重要应用就是由它还可以导出所谓的取对数求导法.今举两例说明之.

【例 21】 设 $y=x^{\sin x}(x>0)$,求 y'.

解 将函数 $y=x^{\sin x}$ 两端取对数,得

$$\ln y=\sin x\ln x$$

再将此式看作一个方程,它确定了一个隐函数,于是方程两端对 x 求导,得

$$\frac{1}{y}y'=\cos x\ln x+\sin x\cdot\frac{1}{x}$$

从而有

$$y'=x^{\sin x}\left(\cos x\ln x+\frac{1}{x}\sin x\right)$$

【例 22】 求 $y=\sqrt[3]{\dfrac{(x-1)(1+x^2)}{(x+3)(x-2)^2}}$ 的导数.

解 先取函数的绝对值,再取对数得

$$\ln|y|=\frac{1}{3}[\ln|x-1|+\ln(1+x^2)-\ln|x+3|-2\ln|x-2|]$$

两边关于 x 求导,得

$$\frac{1}{y}y'=\frac{1}{3}\left(\frac{1}{x-1}+\frac{2x}{1+x^2}-\frac{1}{x+3}-\frac{2}{x-2}\right)$$

整理得

$$y'=\frac{1}{3}\sqrt[3]{\frac{(x-1)(1+x^2)}{(x+3)(x-2)^2}}\left(\frac{1}{x-1}+\frac{2x}{1+x^2}-\frac{1}{x+3}-\frac{2}{x-2}\right)$$

注意上述求导过程中用到求导公式 $(\ln|x|)'=\dfrac{1}{x}$.

5. 高阶导数

设函数 $y = f(x)$ 在区间 I 上可导，则其导函数 $f'(x)$ 仍是区间 I 上的函数. 这时，如果对区间 I 上的点 x，$f'(x)$ 仍有导数 $[f'(x)]'$，则称此导数是原来函数 $y = f(x)$ 的二阶导数，记作 $f''(x)$，y''，$\frac{d^2y}{dx^2}$ 或 $\frac{d^2f(x)}{dx^2}$，即

$$f''(x) = \lim_{\Delta x \to 0} \frac{f'(x + \Delta x) - f'(x)}{\Delta x}, \quad x \in I$$

一般的，把函数 $y = f(x)$ 的 $n - 1$ 阶导数的导数称为 $y = f(x)$ 的 n 阶导数，记作 $f^{(n)}(x)$，$y^{(n)}$，$\frac{d^ny}{dx^n}$ 或 $\frac{d^nf(x)}{dx^n}$，即

$$f^{(n)}(x) = \lim_{\Delta x \to 0} \frac{f^{(n-1)}(x + \Delta x) - f^{(n-1)}(x)}{\Delta x}, \quad x \in I$$

相应地，把函数 $f(x)$ 的导数 $f'(x)$ 称为 $f(x)$ 的一阶导数. 注意，只有一、二、三阶导数可以用“打撇” 记号 $f'(x)$，$f''(x)$，$f'''(x)$.

函数 $f(x)$ 的二阶及二阶以上的各阶导数统称为高阶导数.

根据高阶导数的定义，欲求函数的高阶导数，只需按求导法则和导数基本公式一阶阶的求下去.

【例 23】　求 $y = \sin x^2$ 的二阶导数.

解

$$y' = 2x\cos x^2$$

$$y'' = 2\cos x^2 + 2x(-\sin x^2 \cdot 2x) = 2\cos x^2 - 4x^2\sin x^2$$

【例 24】　求 $y = e^{\lambda x}$ 的 n 阶导数.

解

$$y' = \lambda e^{\lambda x}, y'' = \lambda^2 e^{\lambda x}, \cdots, y^{(n)} = \lambda^n e^{\lambda x}$$

【例 25】　求 $y = ax^3 + bx^2 + cx + d$ 的各阶导数.

解

$$y' = 3ax^2 + 2bx + c, y'' = 6ax + 2b, y''' = 6a$$

$$y^{(4)} = y^{(5)} = \cdots = 0$$

【例 26】　设 $x^2 + xy + y^2 = 4$，求 y''.

解　对方程两端关于 x 求导，得

$$2x + y + xy' + 2yy' = 0$$

解得

$$y' = -\frac{2x + y}{x + 2y}$$

于是

$$y'' = \left(-\frac{2x + y}{x + 2y}\right)' = -\frac{(2 + y')(x + 2y) - (2x + y)(1 + 2y')}{(x + 2y)^2} = -\frac{3(y - xy')}{(x + 2y)^2}$$

将 y' 的表达式代入，并整理得

$$y'' = -\frac{6(x^2 + xy + y^2)}{(x + 2y)^3} = -\frac{24}{(x + 2y)^3}$$

2.1.3 微分

1. 微分的概念

在理论研究和实际应用中，常常会遇到这样的问题：当自变量 x 有微小变化 Δx 时，求函数 $y = f(x)$ 的微小改变量 $\Delta y = f(x + \Delta x) - f(x)$. 这个问题看起来很容易，但实际上常常会碰到不少困难. 比如函数 $f(x)$ 是未知而待求的；又如函数值 $f(x)$，$f(x + \Delta x)$ 计算困难，甚至算不出准确的值. 这时我们可设法将 Δy 表示成 Δx 的线性函数，即线性化，从而把复杂问题化为简单问题. 微分就是实现这种线性化的数学模型，先分析一个简单例子.

【例 27】 设一块边长为 x 的正方形金属薄片，由于受温度变化等因素的影响，其边长由 x 变为 $x + \Delta x$（图 2.3），现讨论此薄片的面积变化.

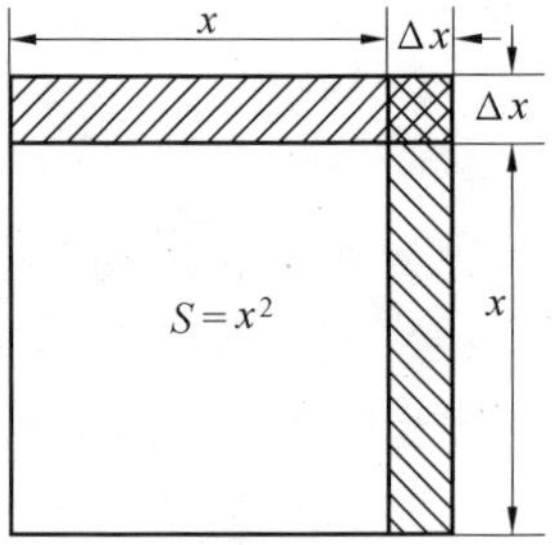

图 2.3

解 设薄片的面积为 S，由于受温度变化等因素的影响，薄片面积的改变量为 ΔS，则

$$\Delta S = (x + \Delta x)^2 - x^2 = 2x\Delta x + (\Delta x)^2$$

它由两部分组成：第一部分 $2x\Delta x$ 是两个长方形面积之和，它是 Δx 的线性函数；第二部分 $(\Delta x)^2$ 是小正方形的面积，它是 Δx 的高阶无穷小. 当 Δx 很小时，$(\Delta x)^2$ 可以忽略不计，于是 ΔS 的数值主要取决于第一部分 $2x\Delta x$，这样我们可以用 ΔS 的线性部分 $2x\Delta x$ 来近似代替 ΔS，即有

$$\Delta S \approx 2x\Delta x$$

一般的，当自变量 x 有增量 Δx 时，如果函数 $y = f(x)$ 的增量 Δy 可以表示为 $\Delta y = A\Delta x + o(\Delta x)$，其中 $A\Delta x$ 是 Δx 的线性函数，$o(\Delta x)$ 是 Δx 的高阶无穷小，那么，我们可以用 $A\Delta x$ 来近似代替 Δy.

定义 2.3 设函数 $y = f(x)$ 在区间 I 上有定义，$x, x + \Delta x \in I$，如果函数的增量 $\Delta y = f(x + \Delta x) - f(x)$ 可表示为

$$\Delta y = A\Delta x + o(\Delta x) \tag{2.2}$$

其中 A 与 Δx 无关，则称函数 $y = f(x)$ 在 x 处可微，并称 $A\Delta x$ 为函数 $y = f(x)$ 在点 x 处的微分，记作 $\mathrm{d}y$ 或 $\mathrm{d}f(x)$，即

$$\mathrm{d}y = A\Delta x$$

下面我们给出函数可微的条件.

定理 2.4 函数 $y = f(x)$ 在点 x 处可微的充分必要条件是它在该点处有导数 $f'(x)$，且当 $y = f(x)$ 在点 x 处可微时有 $\mathrm{d}y = f'(x)\Delta x$.

证明 （必要性）若函数 $y = f(x)$ 在点 x 处可微，即(2.2)成立，则有

$$\frac{\Delta y}{\Delta x} = A + \frac{o(\Delta x)}{\Delta x}$$

故

$$f'(x) = \lim_{\Delta x \to 0} \frac{\Delta y}{\Delta x} = \lim_{\Delta x \to 0}\left(A + \frac{o(\Delta x)}{\Delta x}\right) = A$$

即函数 $y = f(x)$ 在点 x 处有导数,且有 $dy = A\Delta x = f'(x)\Delta x$.

(充分性) 若函数 $y = f(x)$ 在点 x 处有导数,即

$$f'(x) = \lim_{\Delta x \to 0} \frac{\Delta y}{\Delta x}$$

由极限与无穷小的关系有

$$\frac{\Delta y}{\Delta x} = f'(x) + \alpha$$

其中 $\lim\limits_{\Delta x \to 0} \alpha = 0$,于是

$$\Delta y = f'(x)\Delta x + \alpha\Delta x = f'(x)\Delta x + o(\Delta x)$$

故 $y = f(x)$ 在点 x 处可微,且 $dy = f'(x)\Delta x$.

因为自变量 x 可以看作是它自己的函数 $x = x$,由等式

$$\Delta x = 1 \cdot \Delta x + 0$$

及微分定义知

$$dx = \Delta x$$

即自变量的微分与其增量相等.于是函数 $y = f(x)$ 的微分通常写成

$$dy = y' dx = f'(x)dx$$

这样,导数 y' 就等于函数的微分与自变量的微分之商,即 $y' = \frac{dy}{dx}$,因此导数通常也称为微商.

微分的几何意义:如图 2.4,设曲线 l 的方程为 $y = f(x)$,当横坐标由 x_0 变到 $x_0 + \Delta x$ 时,曲线上动点的纵坐标的增量 NM' 就是 Δy,点 $M(x_0, f(x_0))$ 处的切线 MT 的纵坐标的增量 NT 就是 dy. Δy 与 dy 之差在图 2.4 中是 TM',随着 $\Delta x \to 0$, TM' 很快的趋于零.

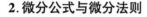

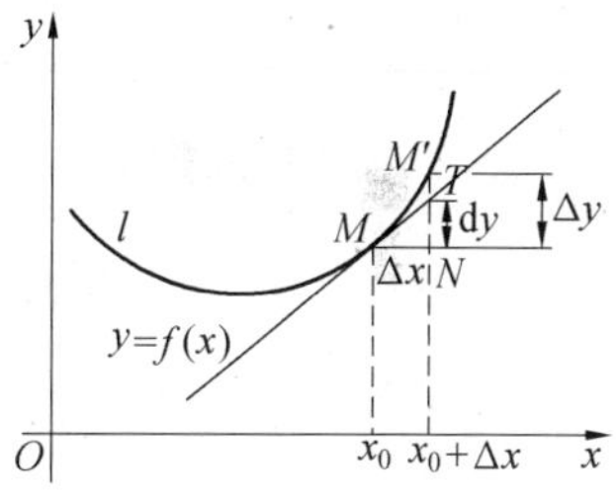

图 2.4

2. 微分公式与微分法则

由微分的定义 $dy = y' dx$ 及导数基本公式,不难得到微分的基本公式.

微分基本公式

(1) $dC = 0$　　(2) $dx^n = nx^{n-1}dx$

(3) $\mathrm{d}e^x = e^x\mathrm{d}x$

(4) $\mathrm{d}a^x = a^x\ln a\mathrm{d}x$

(5) $\mathrm{d}\ln x = \frac{1}{x}\mathrm{d}x$

(6) $\mathrm{d}\log_a x = \frac{1}{x\ln a}\mathrm{d}x$

(7) $\mathrm{d}\sin x = \cos x\mathrm{d}x$

(8) $\mathrm{d}\cos x = -\sin x\mathrm{d}x$

(9) $\mathrm{d}\tan x = \frac{1}{\cos^2 x}\mathrm{d}x = \sec^2 x\mathrm{d}x$

(10) $\mathrm{d}\cot x = -\frac{1}{\sin^2 x}\mathrm{d}x = -\csc^2 x\mathrm{d}x$

(11) $\mathrm{d}\sec x = \sec x\tan x\mathrm{d}x$

(12) $\mathrm{d}\csc x = -\csc x\cot x\mathrm{d}x$

(13) $\mathrm{d}\arcsin x = \frac{1}{\sqrt{1-x^2}}\mathrm{d}x$

(14) $\mathrm{d}\arccos x = -\frac{1}{\sqrt{1-x^2}}\mathrm{d}x$

(15) $\mathrm{d}\arctan x = \frac{1}{1+x^2}\mathrm{d}x$

(16) $\mathrm{d}\,\mathrm{arccot}\, x = -\frac{1}{1+x^2}\mathrm{d}x$

微分的四则运算法则:当 u,v 均可微时,有

(1) $\mathrm{d}(u \pm v) = \mathrm{d}u \pm \mathrm{d}v$;

(2) $\mathrm{d}(uv) = v\mathrm{d}u + u\mathrm{d}v$;

(3) $\mathrm{d}\left(\frac{u}{v}\right) = \frac{v\mathrm{d}u - u\mathrm{d}v}{v^2}(v \neq 0)$.

复合函数的微分法:设 $y = f(u)$ 是可微的,当 u 为自变量时,函数 $y = f(u)$ 的微分

$$\mathrm{d}y = f'(u)\mathrm{d}u$$

当 u 不是自变量,而是另一个变量 x 的可微函数 $u = \varphi(x)$ 时,则复合函数 $y = f(\varphi(x))$ 的微分

$$\mathrm{d}y = f'(u)\varphi'(x)\mathrm{d}x = f'(u)\mathrm{d}u$$

由此可见,无论 u 是自变量还是中间变量,函数 $y = f(u)$ 的微分形式都是一样的,这个性质叫一阶微分形式的不变性.由这个性质,将前面微分公式中的 x 换成任何可微函数 $u = \varphi(x)$,这些公式仍然成立.

【例 28】 求 $y = \arctan x^2$ 的微分.

解 由微分的定义 $\mathrm{d}y = y'\mathrm{d}x$ 及导数基本公式得

$$\mathrm{d}y = (\arctan x^2)'\mathrm{d}x = \frac{2x}{1+x^4}\mathrm{d}x$$

或由一阶微分形式的不变性得

$$\mathrm{d}y = \frac{1}{1+(x^2)^2}\mathrm{d}x^2 = \frac{2x}{1+x^4}\mathrm{d}x$$

【例 29】 求 $y = e^{-2x}\cos 2x$ 的微分.

解 由微分法则得

$$\begin{aligned}\mathrm{d}y = \mathrm{d}(e^{-2x}\cos 2x) = \cos 2x\mathrm{d}e^{-2x} + e^{-2x}\mathrm{d}\cos 2x = \\ \cos 2x(-2e^{-2x})\mathrm{d}x + e^{-2x}(-2\sin 2x)\mathrm{d}x = \\ -2e^{-2x}(\sin 2x + \cos 2x)\mathrm{d}x\end{aligned}$$

习题 2.1

1. 按导数定义,求下列函数在 $x = 2$ 处的导数:

(1) $y = x^3$;　　(2) $y = x^2\sin(x-2)$.

2. 按导数定义,求下列函数的导数:

(1) $y = \sqrt{x}$;　　(2) $y = \cos x$.

3. 讨论下列函数在 $x = 0$ 处的连续性与可导性:

(1) $f(x) = \begin{cases} x, & x < 0 \\ \ln(1+x), & x \geqslant 0 \end{cases}$;　　(2) $f(x) = \begin{cases} \sqrt[3]{x}\sin\dfrac{1}{x}, & x \neq 0 \\ 0, & x = 0 \end{cases}$.

4. 求下列函数的导数:

(1) $y = x^3 - \cos x$;　　(2) $y = \sin x - \ln x + 1$;

(3) $y = \sqrt{x\sqrt{x}} + \ln \pi$;　　(4) $y = a_0x^n + a_1x^{n-1} + \cdots + a_{n-1}x + a_n$;

(5) $y = x^2\ln x$;　　(6) $y = 2^x\arctan x$;

(7) $y = x\sin x\ln x$;　　(8) $y = \dfrac{x+2}{x-2}$;

(9) $y = \dfrac{2\cos x}{1+\sin x}$;　　(10) $y = (x+\ln 2)\log_2 x$;

(11) $y = \sec x\tan x$;　　(12) $y = \csc x\cot x$.

5. 求下列函数的导数:

(1) $y = \sqrt{1-x^2}$;　　(2) $y = \ln\sin x$;

(3) $y = \cos(x^2+x+1)$;　　(4) $y = (3x^2-6x+1)^5$;

(5) $y = e^{\sin 3x}$;　　(6) $y = \arctan\dfrac{2x}{1-x^2}$;

(7) $y = \left(\arcsin\dfrac{x}{2}\right)^3$;　　(8) $y = \sqrt{x+\sqrt{x+\sqrt{x}}}$;

(9) $y = \cot^3\sqrt{1+x^2}$;　　(10) $y = \sec^2 e^{x^2+1}$;

(11) $y = e^{-x^2}\cos e^{-x^2}$;　　(12) $y = \dfrac{e^x - e^{-x}}{e^x + e^{-x}}$;

(13) $y = \tan x - \dfrac{1}{3}\tan^3 x + \dfrac{1}{5}\tan^5 x$;

(14) $y = \ln\dfrac{1+\sqrt{\sin x}}{1-\sqrt{\sin x}} + 2\arctan\sqrt{\sin x}$.

6. 求曲线 $y = \dfrac{1}{\sqrt{x}}$ 在点$\left(\dfrac{1}{4},2\right)$处的切线方程和法线方程.

7. 据测定,某种细菌的个数 y 随时间 t(天)的繁殖规律为 $y = 400e^{0.17t}$,求:

(1) 开始时的细菌个数;

(2) 第 5 天的繁殖速度.

8. 求下列方程所确定的隐函数 $y = y(x)$ 的导数：

(1) $y = x + \ln y$；　　(2) $\sqrt{x} + \sqrt{y} = 2$；

(3) $2^x + 2y = 2^{x+y}$；　　(4) $\arctan \dfrac{y}{x} = \ln\sqrt{x^2 + y^2}$.

9. 求下列方程所确定的隐函数 $y = y(x)$ 在给定点处的导数：

(1) $y^3 + y^2 - 2x = 0, (1,1)$；　　(2) $ye^x + \ln y = 1, (0,1)$.

10. 求下列函数的导数：

(1) $y = (\ln x)^x (x > 1)$；　　(2) $y = \sqrt[3]{\dfrac{x(x^2 + 1)}{(x^2 - 1)^2}}$.

11. 求下列函数的二阶导数：

(1) $y = \sqrt{x^2 - 1}$；　　(2) $y = x\ln(x + \sqrt{x^2 + 1}) - \sqrt{x^2 + 1}$.

12. 设 $x^2 + 4y^2 = 4$，求 y''.

13. 验证函数 $y = \cos e^x + \sin e^x$ 满足关系式 $y'' - y' + ye^{2x} = 0$.

14. 求下列函数的 n 阶导数：

(1) $y = \ln(1 + x)$；　　(2) $y = \sin x$.

15. 求下列函数的微分：

(1) $y = \cos x + \ln x - \sin 3$；　　(2) $y = x^2 e^{2x}$；

(3) $y = \ln \sin \dfrac{x}{2}$；　　(4) $y = e^{-\frac{x}{y}}$.

16. 将适当的函数填入括号内，使下列各式成为等式：

(1) $2dx = d(\quad)$；　　(2) $xdx = d(\quad)$；

(3) $\dfrac{1}{x}dx = d(\quad)$；　　(4) $\sin x dx = d(\quad)$；

(5) $\dfrac{1}{x^2}dx = d(\quad)$；　　(6) $\dfrac{1}{\sqrt{x}}dx = d(\quad)$；

(7) $\dfrac{1}{\sqrt{1 - x^2}}dx = d(\quad)$；　　(8) $\sec^2 x dx = d(\quad)$；

(9) $\sqrt{x}dx = d(\quad)$；　　(10) $e^{-2x}dx = d(\quad)$；

(11) $d\arctan e^{2x} = (\quad)de^{2x}$；　　(12) $d(\sin\sqrt{\cos x}) = (\qquad)d\cos x$.

2.2 微分中值定理及导数应用

2.2.1 微分中值定理

下面引进微分中值定理，它们是微分学中非常重要的定理，是各种导数应用的基础.

定理 2.5　(罗尔(Rolle)定理) 设函数 $f(x)$ 在闭区间 $[a,b]$ 上连续,在开区间 (a,b) 内可导,且 $f(a)=f(b)$,则在开区间 (a,b) 内至少存在一点 ξ,使得

$$f'(\xi)=0$$

证明从略.

罗尔定理的几何意义:若连续曲线 $y=f(x)$ 的弧 $\overset{\frown}{AB}$ 上处处具有切线,并且两端的纵坐标相等,则这个弧上至少能找到一点 P,使曲线在该点的切线平行于 x 轴(图 2.5).

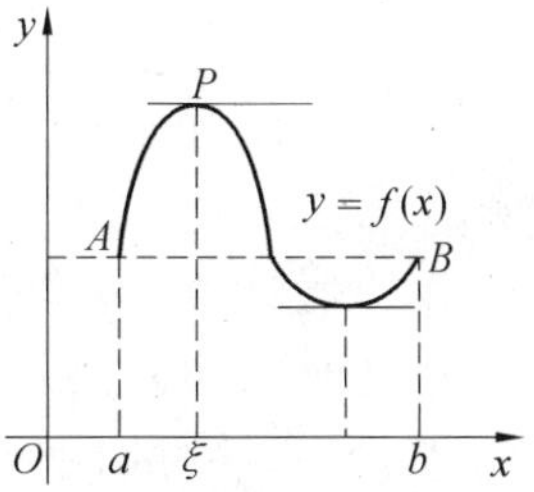

图 2.5

应当注意的是:罗尔定理的三个条件缺少其中任何一条都可能使结论不成立. 例如, 函数 $f(x)=\begin{cases}x, & 0\leqslant x<1\\ 0, & x=1\end{cases}$ 不满足定理的第一个条件; 函数 $f(x)=1-\sqrt[3]{x}$, $-1\leqslant x\leqslant 1$ 不满足定理的第二个条件;函数 $f(x)=x$, $0\leqslant x\leqslant 1$ 不满足定理的第三个条件. 上述三个函数关于罗尔定理的结论均不成立. 另外还需注意,罗尔定理的条件是充分而非必要的,即一个函数在某一区间上能找到适合定理的点 ξ,但罗尔定理的条件不一定全部满足. 例如,函数 $f(x)=x^3$, $-1\leqslant x\leqslant 1$ 在点 $x=0$ 处有 $f'(0)=0$,但该函数不满足罗尔定理的第三个条件.

【例 1】　设 $c_0,c_1,\cdots,c_n$ 是满足条件 $c_0+\dfrac{c_1}{2}+\cdots+\dfrac{c_n}{n+1}=0$ 的实数,试证在 0 与 1 之间,方程 $c_0+c_1x+\cdots+c_nx^n=0$ 至少有一个实根.

证明　设 $f(x)=c_0x+\dfrac{c_1}{2}x^2+\cdots+\dfrac{c_n}{n+1}x^{n+1}$,则 $f(x)$ 在 $[0,1]$ 上连续,在 $(0,1)$ 内可导,且

$$f(0)=0,f(1)=c_0+\frac{c_1}{2}+\cdots+\frac{c_n}{n+1}=0$$

根据罗尔定理,在 $(0,1)$ 内至少存在一点 ξ,使得

$$f'(\xi)=c_0+c_1\xi+\cdots+c_n\xi^n=0$$

即方程 $c_0+c_1x+\cdots+c_nx^n=0$ 在 0 与 1 之间至少有一个实根.

【例 2】　设函数 $f(x)$ 在闭区间 $[a,b]$ 上连续, 在开区间 (a,b) 内可导, 且 $f(a)=f(b)=0$,试证对任何实数 α,存在 $\xi\in(a,b)$ 使得 $f'(\xi)=\alpha f(\xi)$.

证明　设 $F(x)=\mathrm{e}^{-\alpha x}f(x)$,则 $F(x)$ 在 $[a,b]$ 上连续,在 (a,b) 内可导,且

$$F(a)=F(b)=0$$

根据罗尔定理,在 (a,b) 内至少存在一点 ξ,使得

$$F'(\xi)=-\alpha\mathrm{e}^{-\alpha\xi}f(\xi)+\mathrm{e}^{-\alpha\xi}f'(\xi)=0$$

整理得 $f'(\xi) = \alpha f(\xi)$.

定理 2.6 （拉格朗日(Lagrange)中值定理）设函数 $f(x)$ 在闭区间 $[a,b]$ 上连续,在开区间 (a,b) 内可导,则在开区间 (a,b) 内至少存在一点 ξ,使得

$$f(b) - f(a) = f'(\xi)(b-a)$$

证明从略.

拉格朗日中值定理的几何意义:若连续曲线 $y=f(x)$ 的弧 $\overset{\frown}{AB}$ 上处处具有切线,则这个弧上至少能找到一点 P,使曲线在该点的切线与曲线两端点连接的弦 $\overline{AB}$ 平行(图 2.6).

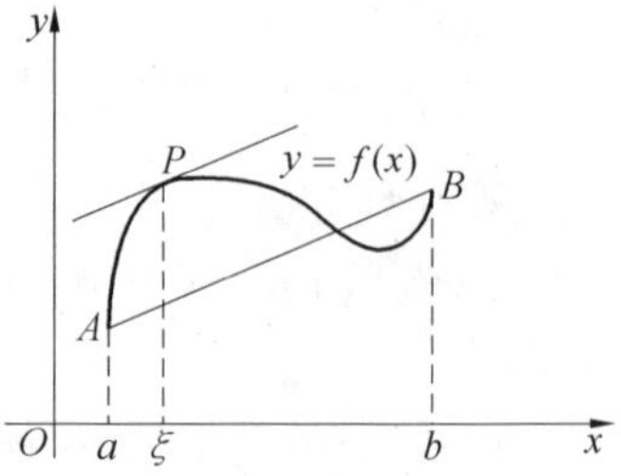

图 2.6

从定理 2.6 可以引出如下一个重要推论.

推论 在区间 I 上,若 $f'(x) \equiv 0$,则 $f(x) = C$(C 为常数).

【例 3】 若 $0 < a < b$,证明 $\dfrac{b-a}{b} < \ln\dfrac{b}{a} < \dfrac{b-a}{a}$.

证明 设 $f(x) = \ln x$,则 $f(x)$ 在 $[a,b]$ 上连续,在 (a,b) 内可导,根据拉格朗日中值定理,在 (a,b) 内至少存在一点 ξ,使得

$$\ln b - \ln a = \frac{b-a}{\xi}$$

即

$$\ln\frac{b}{a} = \frac{b-a}{\xi}$$

又由于 $a < \xi < b$,所以

$$\frac{b-a}{b} < \ln\frac{b}{a} < \frac{b-a}{a}$$

【例 4】 试证 $\arcsin x + \arccos x = \dfrac{\pi}{2}, x \in (-1,1)$.

证明 设 $f(x) = \arcsin x + \arccos x$,则

$$f'(x) = \frac{1}{\sqrt{1-x^2}} - \frac{1}{\sqrt{1-x^2}} = 0, \quad x \in (-1,1)$$

故 $f(x) = C$.令 $x = 0$,得 $C = f(0) = \dfrac{\pi}{2}$,于是

$$\arcsin x + \arccos x = \frac{\pi}{2}$$

2.2.2 洛必达法则

如果函数 $f(x)$ 及 $g(x)$ 对某一极限过程均趋于零或趋于无穷大,则极限

$\lim \dfrac{f(x)}{g(x)}$ 的计算不能应用“商的极限等于极限的商”这一法则，这种极限通常叫未定式，并分别简记为$\dfrac{0}{0}$或$\dfrac{\infty}{\infty}$.解决这个问题的有效方法之一是洛必达(L'Hospital)法则.

1. $\dfrac{0}{0}$ 与$\dfrac{\infty}{\infty}$ 型未定式

定理 2.7 (洛必达法则)如果$\lim \dfrac{f(x)}{g(x)}$为$\dfrac{0}{0}$或$\dfrac{\infty}{\infty}$型未定式，且$\lim \dfrac{f'(x)}{g'(x)}$存在或为无穷大，则有$\lim \dfrac{f(x)}{g(x)} = \lim \dfrac{f'(x)}{g'(x)}$.

证明从略.

【例 5】 求$\lim\limits_{x \to 1} \dfrac{\sin \pi x}{\ln x}$.

解 $\lim\limits_{x \to 1} \dfrac{\sin \pi x}{\ln x} \overset{\frac{0}{0}}{=} \lim\limits_{x \to 1} \dfrac{\pi \cos \pi x}{\dfrac{1}{x}} = -\pi.$

【例 6】 求$\lim\limits_{x \to +\infty} \dfrac{\ln x}{\sqrt{x}}$.

解 $\lim\limits_{x \to +\infty} \dfrac{\ln x}{\sqrt{x}} \overset{\frac{\infty}{\infty}}{=} \lim\limits_{x \to +\infty} \dfrac{\dfrac{1}{x}}{\dfrac{1}{2\sqrt{x}}} = \lim\limits_{x \to +\infty} \dfrac{2}{\sqrt{x}} = 0.$

洛必达法则可连续使用，每次使用之前都必须检查是否为$\dfrac{0}{0}$或$\dfrac{\infty}{\infty}$型.如果不是，则不能继续使用该法则.

【例 7】 求$\lim\limits_{x \to 0} \dfrac{e^x - e^{-x} - 2x}{x - \sin x}$.

解 $\lim\limits_{x \to 0} \dfrac{e^x - e^{-x} - 2x}{x - \sin x} \overset{\frac{0}{0}}{=} \lim\limits_{x \to 0} \dfrac{e^x + e^{-x} - 2}{1 - \cos x} \overset{\frac{0}{0}}{=} \lim\limits_{x \to 0} \dfrac{e^x - e^{-x}}{\sin x} \overset{\frac{0}{0}}{=}$

$$\lim\limits_{x \to 0} \dfrac{e^x + e^{-x}}{\cos x} = 2$$

在求$\dfrac{0}{0}$或$\dfrac{\infty}{\infty}$型未定式的极限时，应先把定式因式分离出来，以免使得运算过分复杂或根本无法算出.

【例 8】 求$\lim\limits_{x \to a} \dfrac{e^{\cos x} \ln|x - a|}{\ln|e^x - e^a|}$.

解 $\lim\limits_{x \to a} \dfrac{e^{\cos x} \ln|x - a|}{\ln|e^x - e^a|} = \lim\limits_{x \to a} e^{\cos x} \lim\limits_{x \to a} \dfrac{\ln|x - a|}{\ln|e^x - e^a|}$(分离出定式因式 $e^{\cos x}$) $=$

$$e^{\cos a}\lim_{x\to a}\frac{\ln|x-a|}{\ln|e^x-e^a|}\overset{\frac{\infty}{\infty}}{=}e^{\cos a}\lim_{x\to a}\frac{\frac{1}{x-a}}{\frac{e^x}{e^x-e^a}}=$$

$$e^{\cos a}\lim_{x\to a}\frac{1}{e^x}\lim_{x\to a}\frac{e^x-e^a}{x-a}\left(\text{分离出定式因式}\frac{1}{e^x}\right)\overset{\frac{0}{0}}{=}$$

$$e^{\cos a-a}\lim_{x\to a}\frac{e^x}{1}=e^{\cos a}$$

我们还需注意,洛必达法则只是求极限的充分条件,而不是必要条件.当导数的比的极限不存在时,不能断定函数的比的极限不存在,这时不能使用洛必达法则.例如

$$\lim_{x\to\infty}\frac{x+\sin x}{x}=\lim_{x\to\infty}\left(1+\frac{\sin x}{x}\right)=1$$

但对于它却不能用洛必达法则,因为其分子分母分别求导后的极限$\lim\limits_{x\to\infty}\dfrac{1+\cos x}{1}$是不存在的.

2. 其他类型的未定式

除上述$\dfrac{0}{0}$和$\dfrac{\infty}{\infty}$这两种基本未定式外,还有$0\cdot\infty$,$\infty-\infty$,0^0,1^∞,∞^0这五种类型的未定式,它们都可以转化为$\dfrac{0}{0}$或$\dfrac{\infty}{\infty}$型未定式,具体转化步骤如下:

(1)$0\cdot\infty=\dfrac{0}{\frac{1}{\infty}}=\dfrac{0}{0}$或$0\cdot\infty=\dfrac{\infty}{\frac{1}{0}}=\dfrac{\infty}{\infty}$;

(2)$\infty-\infty=\dfrac{1}{\frac{1}{\infty}}-\dfrac{1}{\frac{1}{\infty}}=\dfrac{\frac{1}{\infty}-\frac{1}{\infty}}{\frac{1}{\infty\cdot\infty}}=\dfrac{0}{0}$,这里两个无穷大正负号相同;

(3)$0^0=e^{0\cdot\ln 0}=e^{0\cdot\infty}$;

(4)$1^\infty=e^{\infty\cdot\ln 1}=e^{\infty\cdot 0}$;

(5)$\infty^0=e^{0\cdot\ln\infty}=e^{0\cdot\infty}$.

后三种情形结果中的$0\cdot\infty$型未定式可按第一种情形化为$\dfrac{0}{0}$或$\dfrac{\infty}{\infty}$型未定式.

【例 9】 求$\lim\limits_{x\to0^+}x\ln x$.

解 $$\lim_{x\to0^+}x\ln x\overset{0\cdot\infty}{=}\lim_{x\to0^+}\frac{\ln x}{\frac{1}{x}}\overset{\frac{\infty}{\infty}}{=}\lim_{x\to0^+}\frac{\frac{1}{x}}{-\frac{1}{x^2}}=-\lim_{x\to0^+}x=0.$$

【例 10】 求$\lim\limits_{x\to0}\left(\dfrac{1+x}{1-e^{-x}}-\dfrac{1}{x}\right)$.

解　$$\lim_{x\to0}\left(\frac{1+x}{1-e^{-x}}-\frac{1}{x}\right)\overset{\infty-\infty}{=}\lim_{x\to0}\frac{x+x^2-1+e^{-x}}{x(1-e^{-x})}\overset{\frac{0}{0}}{=}\lim_{x\to0}\frac{x+x^2-1+e^{-x}}{x^2}\overset{\frac{0}{0}}{=}$$

$$\lim_{x\to0}\frac{1+2x-e^{-x}}{2x}\overset{\frac{0}{0}}{=}\lim_{x\to0}\frac{2+e^{-x}}{2}=\frac{3}{2}$$

【例 11】　求 $\lim\limits_{x\to0^+}x^x$.

解　$$\lim_{x\to0^+}x^x\overset{0^0}{=}\lim_{x\to0^+}e^{x\ln x}=e^{\lim\limits_{x\to0^+}\frac{\ln x}{\frac{1}{x}}}\overset{\frac{\infty}{\infty}}{=}e^{\lim\limits_{x\to0^+}\frac{\frac{1}{x}}{-\frac{1}{x^2}}}=e^{-\lim\limits_{x\to0^+}x}=e^0=1$$

【例 12】　求 $\lim\limits_{x\to0}(\sin x+\cos 2x)^{\frac{1}{x}}$.

解　$$\lim_{x\to0}(\sin x+\cos 2x)^{\frac{1}{x}}\overset{1^\infty}{=}\lim_{x\to0}e^{\frac{\ln(\sin x+\cos 2x)}{x}}=$$

$$e^{\lim\limits_{x\to0}\frac{\ln(\sin x+\cos 2x)}{x}}\overset{\frac{0}{0}}{=}e^{\lim\limits_{x\to0}\frac{\frac{\cos x-2\sin 2x}{\sin x+\cos 2x}}{1}}=e$$

【例 13】　求 $\lim\limits_{x\to0^+}(\cot x)^{\frac{1}{\ln x}}$.

解　$$\lim_{x\to0^+}(\cot x)^{\frac{1}{\ln x}}\overset{\infty^0}{=}\lim_{x\to0^+}e^{\frac{\ln\cot x}{\ln x}}=e^{\lim\limits_{x\to0^+}\frac{\ln\cot x}{\ln x}}\overset{\frac{\infty}{\infty}}{=}$$

$$e^{\lim\limits_{x\to0^+}\frac{\tan x\cdot\left(-\frac{1}{\sin^2 x}\right)}{\frac{1}{x}}}=e^{\lim\limits_{x\to0^+}\frac{-x}{\sin x\cos x}}=e^{-1}$$

2.2.3　函数的单调性、极值及最大值与最小值

1. 函数的单调性

在第 1 章中我们已经定义过函数 $f(x)$ 在区间 (a,b) 上的单调增减性，即对区间 (a,b) 内任意两点 x_1,x_2，且 $x_1<x_2$，若 $f(x_1)\leqslant f(x_2)$ $(f(x_1)\geqslant f(x_2))$，则函数 $f(x)$ 在区间 (a,b) 内为单调增加的(单调减小的)，如图 2.7 和 2.8 所示.

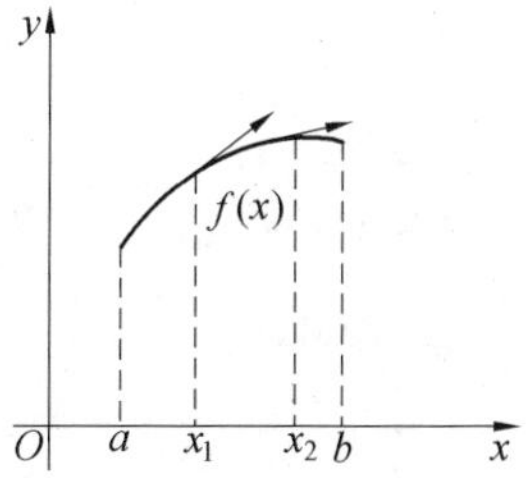

图 2.7

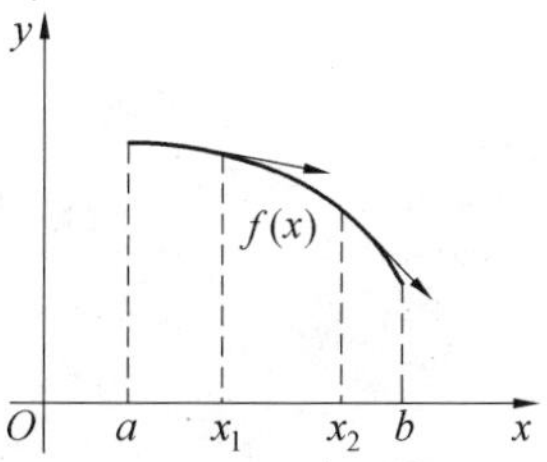

图 2.8

如何判定一个函数在某一区间上是单调增加还是单调减小？从图 2.7 和 2.8 可

以看出,如果在某区间上各点的切线与 x 轴正向交角成锐角,那么在此区间上函数是单调增加的;如果在某区间上各点的切线与 x 轴正向交角成钝角,那么在此区间上函数是单调减小的.由导数的几何意义,可以说,如果函数 $f(x)$ 在某一区间上有 $f'(x) \geqslant 0$,则 $f(x)$ 在该区间上是单调增加的;如果函数 $f(x)$ 在某一区间上有 $f'(x) \leqslant 0$,则 $f(x)$ 在该区间上是单调减小的.根据这一几何直观的启示,可以给出关于函数单调增减性如下的判定定理.

定理 2.8　设函数 $f(x)$ 在区间 (a,b) 内可导,则 $f(x)$ 在 (a,b) 内单调增加(单调减小)的充分必要条件为 $f'(x) \geqslant 0(f'(x) \leqslant 0)$, $x \in (a,b)$.并且,如果 $f'(x)$ 在 (a,b) 的任何子区间上不恒为零,则单调性是严格的.

证明从略.

【例 14】　讨论函数 $y = \ln x$ 的单调性.

解　函数的定义域是 $(0,+\infty)$.因为在 $(0,+\infty)$ 上, $f'(x) = \dfrac{1}{x} > 0$,所以函数 $y = \ln x$ 在区间 $(0,+\infty)$ 上是严格单调增加的.

有些函数在其定义区间上未必是单调函数,但当我们用导数等于零的点去划分函数定义区间后,在所得到的每个子区间上函数却是单调的,这样的子区间,我们称之为函数的单调区间.如果函数在定义区间上某些点处不可导,那么划分函数的定义区间的分界点,还应包括这些导数不存在的点.

【例 15】　讨论函数 $f(x) = x^3 - 6x^2 + 9x - 2$ 的单调区间.

解
$$f'(x) = 3x^2 - 12x + 9 = 3(x-1)(x-3)$$
令 $f'(x) = 0$,得 $x = 1$, $x = 3$.当 $x < 1$ 时, $f'(x) > 0$,当 $1 < x < 3$ 时, $f'(x) < 0$,当 $x > 3$ 时, $f'(x) > 0$,所以函数 $f(x)$ 的单调增区间为 $(-\infty,1)$ 和 $(3,+\infty)$,单调减区间为 $(1,3)$.

利用单调性还可以证明某些不等式.

【例 16】　试证当 $x > 0$ 时, $x > \ln(1+x)$.

证明　设 $f(x) = x - \ln(1+x)$,则当 $x \geqslant 0$ 时,有
$$f'(x) = 1 - \frac{1}{1+x} = \frac{x}{1+x} \geqslant 0$$
且只在 $x = 0$ 时出现等号,所以函数 $f(x)$ 在 $x \geqslant 0$ 上是严格单调增加的.故当 $x > 0$ 时,有
$$f(x) > f(0) = 0$$
从而当 $x > 0$ 时,有
$$x > \ln(1+x)$$

2. 函数的极值

在研究函数图形时，常会出现"峰"和"谷"(图2.9)，在峰处的函数值比附近各点的函数值都大，我们把它叫函数的极大值；在谷处的函数值比它附近各点处的函数值都小，我们把它叫函数的极小值.以上仅是从几何直观上给出了极大值和极小值的概念，下面我们比较严格地给出函数的极大值和极小值的定义.

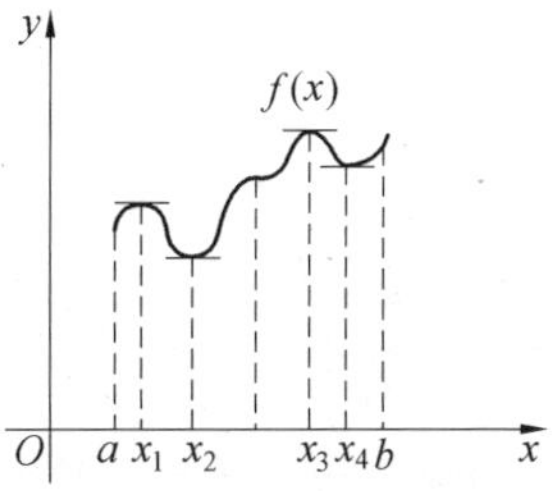

图2.9

定义2.4　设函数 $f(x)$ 在点 x_0 的某邻域内有定义，且对此邻域内任何一点，恒有

$$f(x) \leqslant f(x_0) \quad (f(x) \geqslant f(x_0))$$

则称 $f(x_0)$ 为函数 $f(x)$ 的一个极大值(极小值).

极大值、极小值统称为极值.使函数 $f(x)$ 取极值的点 x_0 称为极值点.

应当注意，极值是局部概念，它是和一点附近的函数值相互比较而言的.因此，一个函数在指定的区间上可以有多个极值，且其中的极大值并不一定都大于每个极小值.

如何求出函数的极值呢?从图2.9可以看出，对于可导函数，如果 $f(x)$ 在点 x_0 处取得极值，则曲线 $y = f(x)$ 在点 $(x_0, f(x_0))$ 处的切线平行于 x 轴.因而有下面的定理.

定理2.9　如果函数 $f(x)$ 在点 x_0 处取极值，且在 x_0 处可导，则必有

$$f'(x_0) = 0$$

证明从略.

若 $f'(x_0) = 0$，则称 x_0 为函数 $f(x)$ 的驻点.定理2.9表明，可导函数 $f(x)$ 的极值点必是它的驻点，但反过来，函数的驻点却不一定是极值点.例如，$f(x) = x^3$，$f'(0) = 0$，但在 $x = 0$ 处函数并没有极值，所以驻点只是极值点的嫌疑点.此外，对于导数不存在的点，函数也可能取得极值.例如，$f(x) = x^{\frac{2}{3}}$，$f'(x) = \frac{2}{3}x^{-\frac{1}{3}}$，在 $x = 0$ 处导数不存在，但在 $x = 0$ 处函数有极小值 $f(0) = 0$.

综上所述，函数的极值点只可能是驻点或导数不存在的点.驻点以及导数不存在的点统称为极值嫌疑点.

从几何上看，若 x_0 是连续函数 $f(x)$ 的单调增、单调减区间的分界点，则 x_0 必为极值点，所以有下面的定理.

定理2.10　(第一充分判别法)设函数 $f(x)$ 在点 x_0 的某去心邻域内可导，在 x_0 处连续，如果当 x 由小到大经过 x_0 时，$f'(x)$ 由正变负(由负变正)，则 $f(x_0)$ 为极大值(极小值)；$f'(x)$ 不变号，则 $f(x_0)$ 不是极值.

【例 17】　求函数 $f(x) = (x-1)\sqrt[3]{x^2}$ 的单调区间和极值.

解
$$f'(x) = \sqrt[3]{x^2} + (x-1)\left(\frac{2}{3}x^{-\frac{1}{3}}\right) = \frac{5x-2}{3\sqrt[3]{x}}$$

令 $f'(x) = 0$,得驻点 $x = \frac{2}{5}$;当 $x = 0$ 时,$f'(x)$ 不存在.

用极值嫌疑点分割定义区间,如表 2.1,讨论 $f'(x)$ 的符号,确定单调区间,极值点和极值.

表 2.1

x	$(-\infty,0)$	0	$\left(0,\frac{2}{5}\right)$	$\frac{2}{5}$	$\left(\frac{2}{5},+\infty\right)$
$f'(x)$	+	不存在	−	0	+
$f(x)$	↑	$f(0)$ 极大值	↓	$f\left(\frac{2}{5}\right)$ 极小值	↑

由表 2.1 可知,函数在区间 $(-\infty,0)$ 和 $\left(\frac{2}{5},+\infty\right)$ 上是单调增加的,在 $\left(0,\frac{2}{5}\right)$ 上是单调减小的,$f(0)=0$ 是极大值,$f\left(\frac{2}{5}\right) = -\frac{3}{25}\sqrt[3]{20}$ 是极小值.

定理 2.11　(第二充分判别法) 设函数 $f(x)$ 在点 x_0 处有二阶导数,且 $f'(x_0)=0$,如果 $f''(x_0)<0$ ($f''(x_0)>0$),则 $f(x_0)$ 为极大值(极小值).

证明从略.

应当注意,若 $f'(x_0)=0$,$f''(x_0)=0$,则 $f(x_0)$ 是否为 $f(x)$ 的极值不能由此定理确定,这时仍需用第一充分判别法来判别.

【例 18】　求函数 $f(x) = x^3 + \frac{3}{x}$ 的极值.

解
$$f'(x) = 3x^2 - \frac{3}{x^2}$$

令 $f'(x)=0$,得驻点 $x=-1$,$x=1$. 又
$$f''(x) = 6x + \frac{6}{x^3}$$

因为
$$f''(-1) = -12 < 0$$
$$f''(1) = 12 > 0$$

所以 $x=-1$ 是函数的极大值点,极大值为 $f(-1)=-4$;$x=1$ 是函数的极小值点,极小值为 $f(1)=4$.

3. 函数的最大值和最小值

设函数 $f(x)$ 在闭区间 $[a,b]$ 上连续,由闭区间上连续函数的性质知,函数

$f(x)$ 必在 $[a,b]$ 上取得最大值和最小值.如果使函数取得最大值(最小值)的点在区间的内部,则这样的点一定是极值点.此外,函数的最大值(最小值)还可能在区间的端点 a,b 处取得.因此,求连续函数 $f(x)$ 在闭区间 $[a,b]$ 上的最大值和最小值的方法是:求出 $f(x)$ 位于开区间 (a,b) 内所有的极值嫌疑点,并计算出这些点和区间端点 a,b 处的函数值,然后比较它们的大小,其中最大的就是函数的最大值,最小的就是函数的最小值.

【例 19】　求函数 $f(x)=x^3-3x^2-9x+5$ 在 $[-4,4]$ 上的最大值和最小值.

解

$$f'(x)=3x^2-6x-9$$

令 $f'(x)=0$,得驻点 $x=-1,x=3$.计算出驻点及区间端点处的函数值

$$f(-1)=10,\quad f(3)=-22,\quad f(-4)=-71,\quad f(4)=-15$$

比较得,最大值为 $f(-1)=10$,最小值为 $f(-4)=-71$.

在实际问题中,通常遇到的函数大多是在某区间内只有一个极值点的可导函数.因而,实际问题中的最大、最小值,往往就是函数的极大、极小值,可按判定极值的判别法来判定.在应用中,常常可以由问题本身的性质直接确定所求得的唯一极值是最大值或最小值.

【例 20】　将边长为 a 的正方形铁皮于四角处剪去相同的小正方形,然后折起各边焊成一个无盖的盒,问剪去的小正方形之边长为多少时,盒的容积最大?

解　如图 2.10,设剪掉的小正方形边长为 x,则盒的底面边长为 $a-2x$,于是盒的容积为

$$V=(a-2x)^2x,\quad 0<x<\frac{a}{2}$$

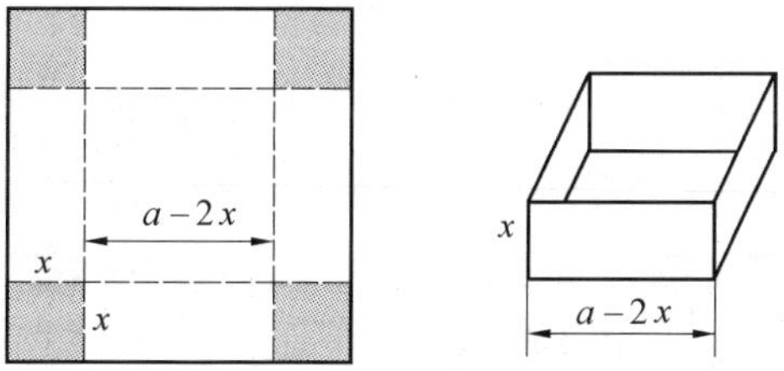

图 2.10

问题化为求 $V=(a-2x)^2x$ 在区间 $(0,\frac{a}{2})$ 内的最大值.由于

$$V'=(a-2x)^2-4x(a-2x)=(a-2x)(a-6x)$$

所以在 $(0,\frac{a}{2})$ 内只有一个极值嫌疑点 $x=\frac{a}{6}$.又因为

$$V''=-8a+24x,\quad V''\Big|_{x=\frac{a}{6}}=-4a<0$$

所以当 $x = \frac{a}{6}$ 时,容积 V 最大,最大容积为 $V\Big|_{x=\frac{a}{6}} = \frac{2a^3}{27}$.

2.2.4　曲线的凸凹性与拐点

讨论函数的性态,仅仅知道函数的单调性是不够的.例如,函数 $y = x^2$ 及 $y = \sqrt{x}$ 在区间[0,1]上都是单调增加的,且在这个区间上它们具有相同的最大值和最小值,但它们的图形却有明显的不同,其中 $y = x^2$ 的图象是向下凸起的,而 $y = \sqrt{x}$ 的图象是向上凸起的,如图 2.11 所示.我们把函数向下或向上凸起的性质叫函数的凸凹性.

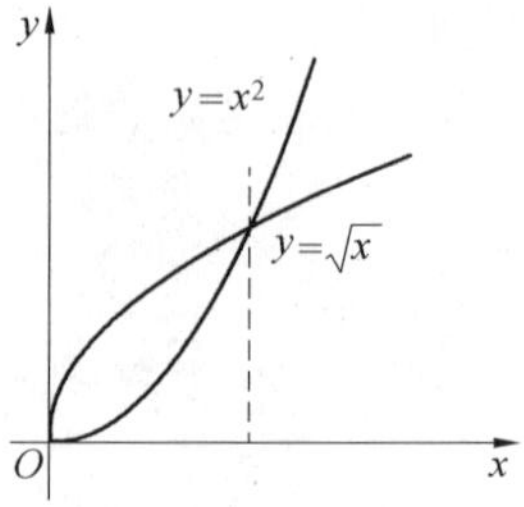

图 2.11

定义 2.5　若曲线弧 $\overset{\frown}{AB}$ 上每一点的切线都在它的下方,则称弧 $\overset{\frown}{AB}$ 是凹的(图 2.12);若曲线弧 $\overset{\frown}{AB}$ 上每一点的切线都在它的上方,则称弧 $\overset{\frown}{AB}$ 是凸的(图 2.13).

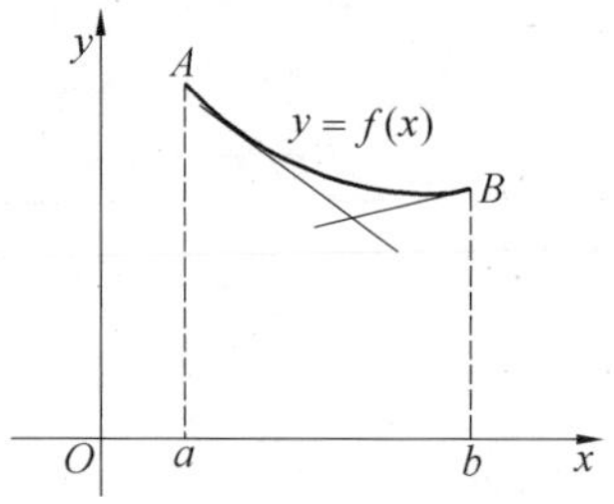

图 2.12

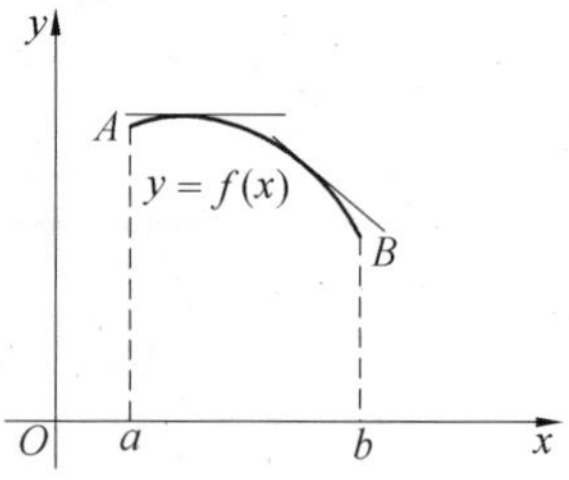

图 2.13

有时,也把凹的称为向下凸的,把凸的称为向上凸的.

从几何直观上易知,随着 x 的增大,凹曲线弧的切线斜率是单调增加的,即 $f'(x)$ 是单调增加的(图 2.12),而凸曲线弧的切线斜率是单调减小的,即 $f'(x)$ 是单调减小的(图 2.13).从而有判别曲线弧凸凹性的充分条件.

定理 2.12　设函数 $f(x)$ 在区间 (a,b) 内二阶可导,若

$$f''(x) \geqslant 0 \quad (f''(x) \leqslant 0), \quad x \in (a,b)$$

则曲线 $y = f(x)$ 在区间 (a,b) 上是凹的(凸的).

证明从略.

【例 21】　判定曲线 $y = \ln x$ 的凸凹性.

解　函数 $y = \ln x$ 的定义域为 $(0, +\infty)$.因当 $x \in (0, +\infty)$ 时,有

$$y' = \frac{1}{x}, \quad y'' = -\frac{1}{x^2} < 0$$

所以曲线 $y = \ln x$ 在定义域$(0, +\infty)$上是凸的.

有时一条曲线有凹的部分也有凸的部分,曲线上凹弧与凸弧的分界点称为拐点.

可以证明,若函数 $f(x)$ 具有二阶导数,且$(x_0,f(x_0))$为曲线 $y = f(x)$ 的拐点,则

$$f''(x_0) = 0$$

但使 $f''(x_0) = 0$ 的点 x_0 未必使$(x_0,f(x_0))$为拐点.例如,$y = x^4$,有 $y''\Big|_{x=0} = 0$,但在点 $x = 0$ 两侧函数皆是凸的,故$(0,0)$不是拐点.因此,$f''(x_0) = 0$ 是点$(x_0, f(x_0))$为拐点的必要条件.另外,拐点也可能出现在二阶导数不存在的点处.

【例 22】　求曲线 $y = (x-2)^{\frac{5}{3}} - \frac{5}{9}x^2$ 的凸凹区间及拐点.

解

$$y' = \frac{5}{3}(x-2)^{\frac{2}{3}} - \frac{10}{9}x$$

$$y'' = \frac{10}{9}(x-2)^{-\frac{1}{3}} - \frac{10}{9} = \frac{10}{9}\frac{1-(x-2)^{\frac{1}{3}}}{(x-2)^{\frac{1}{3}}}$$

令 $y'' = 0$,得 $x = 3$;当 $x = 2$ 时,y'' 不存在.将函数的性态列表2.2如下.

表 2.2

x	$(-\infty,2)$	2	$(2,3)$	3	$(3,+\infty)$
$f''(x)$	$-$	不存在	$+$	0	$-$
曲线 $y = f(x)$	$\frown$	拐点 $(2, -\frac{20}{9})$	$\smile$	拐点 $(3, -4)$	$\frown$

由表2.2可知,函数在区间$(-\infty,2)$和$(3,+\infty)$上是凸的,在区间$(2,3)$上是凹的,点$(2, -\frac{20}{9})$与$(3,-4)$皆为拐点.

习题 2.2

1.下列函数在指定的区间上是否满足罗尔定理的条件:

(1)$f(x) = x^3 + 4x^2 - 7x - 10, [1,2]$;　　(2)$f(x) = 1 - \sqrt[3]{x^2}, [-1,1]$.

2.下列函数在所给区间上是否满足拉格朗日中值定理的条件?如满足,求出符合定理的点 ξ:

(1)$f(x) = x^3 - 2x + 1, [-1,0]$;　　(2)$f(x) = e^x, [0,\ln 2]$.

3.设 $f(x)$ 在闭区间$[a,b]$上连续,在开区间(a,b)内可导,且 $f(a) = f(b) = 0$,试证在区间(a,b)内至少存在一点 ξ,使得 $f(\xi) + \xi f'(\xi) = 0$.

4. 证明不等式：当 $0 < \alpha < \beta < \frac{\pi}{2}$ 时，$\frac{\beta - \alpha}{\cos^2 \alpha} \leqslant \tan \beta - \tan \alpha \leqslant \frac{\beta - \alpha}{\cos^2 \beta}$.

5. 求下列函数的极限：

(1) $\lim\limits_{x \to 1} \frac{\ln x}{x - 1}$;　　(2) $\lim\limits_{x \to 0} \frac{x - \arcsin x}{x^3}$;

(3) $\lim\limits_{x \to 0^+} \frac{\ln \tan 7x}{\ln \tan 2x}$;　　(4) $\lim\limits_{x \to 0^+} \frac{\ln \arcsin x}{\cot x}$;

(5) $\lim\limits_{x \to 1} \left(\frac{x}{x - 1} - \frac{1}{\ln x} \right)$;　　(6) $\lim\limits_{x \to 1} (1 - x) \tan \frac{\pi x}{2}$;

(7) $\lim\limits_{x \to +\infty} (x + \mathrm{e}^x)^{\frac{1}{x}}$;　　(8) $\lim\limits_{x \to \frac{\pi}{2}^-} (\cos x)^{\frac{\pi}{2} - x}$.

6. 求下列函数的单调区间和极值：

(1) $f(x) = 2x^3 - 6x^2 - 18x + 7$;　　(2) $f(x) = x - \frac{3}{2} x^{\frac{2}{3}}$;

(3) $f(x) = \frac{x}{\ln x}$;　　(4) $f(x) = \begin{cases} x, & x \leqslant 0 \\ x \ln x, & x > 0 \end{cases}$.

7. 当 a 为何值时，函数 $f(x) = a \sin x + \frac{1}{2} \sin 3x$ 在 $x = \frac{\pi}{3}$ 处取极值，它是极大值还是极小值，并求此极值.

8. 求下列函数在指定区间上的最大值和最小值：

(1) $f(x) = x + 2\sqrt{x}, [0,4]$;　　(2) $f(x) = x^5 - 5x^4 + 5x^3 + 1, [-1,2]$.

9. 证明下列不等式：

(1) 当 $x > \mathrm{e}$ 时，$x > \mathrm{e} \ln x$;

(2) 当 $x \geqslant 0$ 时，$\ln (1 + x) \geqslant \frac{\arctan x}{1 + x}$;

(3) 当 $0 < x < \frac{\pi}{2}$ 时，$\tan x > x + \frac{1}{3} x^3$;

(4) 当 $x < 1$ 时，$\mathrm{e}^x \leqslant \frac{1}{1 - x}$.

10. 制作一个容积为 V 的圆柱形有盖大桶，问高及底半径为何值时，用料最省？

11. 求下列曲线的凸凹区间和拐点：

(1) $y = -\frac{1}{2} x^4 + x^2 + 1$;　　(2) $y = \ln (1 + x^2)$;

(3) $y = \begin{cases} \ln x - x, & x \geqslant 1 \\ x^2 - 2x, & x < 1 \end{cases}$.

12. 当 a 和 b 为何值时，点(1,3)为曲线 $y = ax^3 + bx^2$ 的拐点.

第 3 章　一元函数积分学

如前所述,微分学是源于曲线的切线斜率及运动物体的瞬时速度的描述.本章主要研究的定积分,则是源于如何计算曲边形的面积.在实践中,人们发现有许多问题,例如,求曲线的弧长,求变速直线运动的路程,两个物体间的引力和变力做功等等,尽管这些量的实际背景不同,但它们在数学上的描述却是一样的,最后都归结为计算具有特定结构的和式的极限,这种极限就称为定积分.定积分的概念很早以前就已经在许多人的工作中逐渐形成,但计算定积分的一般方法一直未能得到.直到 17 世纪中叶,牛顿(Newton,1642—1727)和莱布尼兹(Leibniz,1646—1716)先后发现了积分和微分之间的内在联系,提供了计算定积分的一般方法,从而使定积分成为解决各种实际问题的有力工具,并使各自独立的微分学和积分学联系在一起,构成理论体系完整的微积分学.

本章将首先介绍不定积分,其次将介绍定积分及简单应用.

3.1　不定积分

1.原函数与不定积分的概念

在第 2 章中我们介绍了求已知函数的导数和微分的运算.在科学和技术的许多问题中常常要解决相反的问题,就是已知导数和微分,求原来那个函数的问题.例如,已知某曲线的切线斜率为 $2x$,求此曲线的方程.这是微分运算的逆运算问题.

定义 3.1　设 $f(x)$ 是定义在某区间 I 上的已知函数,如果存在一个函数 $F(x)$,对于区间 I 上的每一点 x 均有

$$F'(x) = f(x) \quad \text{或} \quad \mathrm{d}F(x) = f(x)\mathrm{d}x$$

则称函数 $F(x)$ 为 $f(x)$ 在区间 I 上的一个原函数.

例如,由 $(\sin x)' = \cos x$,知 $\sin x$ 是 $\cos x$ 的一个原函数.不难看出 $1 + \sin x$ 也是 $\cos x$ 的一个原函数,因此一个函数的原函数不是唯一的.

一般地说,若已知 $F(x)$ 为 $f(x)$ 的一个原函数,则 $F(x) + C$ 亦为 $f(x)$ 的原函数,其中 C 为任意常数.由此可见,一个函数如果有原函数,就有无穷多个.

定理 3.1　如果 $F(x)$ 是 $f(x)$ 在区间 I 上的一个原函数,则 $f(x)$ 在区间 I 上

的任一原函数都可表示为 $F(x)+C$ 的形式,其中 C 为任意常数.

证明　设 $G(x)$ 为 $f(x)$ 的任一原函数,则

$$G'(x)=f(x)$$

又因 $F'(x)=f(x)$,所以

$$[G(x)-F(x)]'=G'(x)-F'(x)=f(x)-f(x)=0$$

故 $G(x)-F(x)=C$,即

$$G(x)=F(x)+C$$

可见,只要找到 $f(x)$ 的一个原函数,就知道它的全部原函数.

定义 3.2　如果函数 $f(x)$ 在区间 I 上有原函数 $F(x)$,则 $f(x)$ 的全部原函数的一般表达式 $F(x)+C$ 称为函数 $f(x)$ 的不定积分,记作 $\int f(x)\mathrm{d}x$,即

$$\int f(x)\mathrm{d}x=F(x)+C$$

其中 $\int$ 称为积分号,$f(x)\mathrm{d}x$ 称为被积表达式,$f(x)$ 称为被积函数,x 称为积分变量,任意常数 C 称为积分常数.

由定义 3.2 知,求函数 $f(x)$ 的不定积分,就是求 $f(x)$ 的全部原函数.求已知函数的不定积分的运算称为积分运算,它是微分运算的逆运算.

【例 1】　求 $\int x^2\mathrm{d}x$.

解　因为 $\left(\frac{x^3}{3}\right)'=x^2$,所以

$$\int x^2\mathrm{d}x=\frac{x^3}{3}+C$$

【例 2】　求 $\int \frac{1}{1+x^2}\mathrm{d}x$.

解　因为 $(\arctan x)'=\frac{1}{1+x^2}$,所以

$$\int \frac{1}{1+x^2}\mathrm{d}x=\arctan x+C$$

在求原函数的实际问题中,有时要从全部原函数中确定出所需要的具有某种特性的一个原函数,这时应根据这个特性确定常数 C 的值,从而找出需要的原函数.

【例 3】　已知曲线 $y=f(x)$ 在任一点 $(x,f(x))$ 处的切线斜率为 $2x$,且曲线经过点(1,2),求此曲线的方程.

解　根据题意知,$f'(x)=2x$,即 $f(x)$ 是 $2x$ 的一个原函数,所以

$$f(x)=\int 2x\mathrm{d}x=x^2+C$$

由于曲线经过点(1,2),即 $f(1) = 2$,所以可得 $1^2 + C = 2$,即 $C = 1$,故所求曲线方程为

$$y = x^2 + 1$$

哪些函数有原函数呢?下面的定理给出了原函数存在的一个充分条件.

定理 3.2　若函数 $f(x)$ 在区间 I 上连续,则它在区间 I 上必有原函数.

这个原函数存在性定理的证明将在下一节给出.

2. 不定积分的性质和基本公式

(1) 不定积分的性质

由不定积分的定义和微分法则,可以直接推出不定积分如下的三条性质:

性质 1　$\left(\int f(x)\mathrm{d}x\right)' = f(x)$ 或 $\mathrm{d}\int f(x)\mathrm{d}x = f(x)\mathrm{d}x$.

性质 2　$\int f'(x)\mathrm{d}x = f(x) + C$ 或 $\int \mathrm{d}f(x) = f(x) + C$.

性质 3　若在同一区间上 $f(x)$,$g(x)$ 都有原函数,则

$$\int [af(x) + bg(x)]\mathrm{d}x = a\int f(x)\mathrm{d}x + b\int g(x)\mathrm{d}x$$

其中 a,b 是不同时为零的常数.

(2) 不定积分基本公式

根据微分基本公式,可直接得到如下不定积分基本公式中的公式(1) ~ (14),其余的公式可由下一小节给出的换元积分法推得.

不定积分基本公式

(1) $\int 0\mathrm{d}x = C$　　(2) $\int 1\mathrm{d}x = x + C$

(3) $\int \frac{1}{x}\mathrm{d}x = \ln|x| + C$　　(4) $\int x^\mu \mathrm{d}x = \frac{1}{\mu + 1}x^{\mu+1} + C(\mu \neq -1)$

(5) $\int \mathrm{e}^x\mathrm{d}x = \mathrm{e}^x + C$　　(6) $\int a^x\mathrm{d}x = \frac{a^x}{\ln a} + C(a > 0, a \neq 1)$

(7) $\int \sin x\mathrm{d}x = -\cos x + C$　　(8) $\int \cos x\mathrm{d}x = \sin x + C$

(9) $\int \sec^2 x\mathrm{d}x = \int \frac{1}{\cos^2 x}\mathrm{d}x = \tan x + C$

(10) $\int \csc^2 x\mathrm{d}x = \int \frac{1}{\sin^2 x}\mathrm{d}x = -\cot x + C$

(11) $\int \sec x\tan x\mathrm{d}x = \sec x + C$

(12) $\int \csc x\cot x\mathrm{d}x = -\csc x + C$

(13) $\int \frac{1}{\sqrt{1 - x^2}}\mathrm{d}x = \arcsin x + C$

(14) $\int \frac{1}{1+x^2}dx = \arctan x + C$

(15) $\int \sec x dx = \ln|\sec x + \tan x| + C$

(16) $\int \csc x dx = \ln|\csc x - \cot x| + C$

(17) $\int \frac{1}{x^2-a^2}dx = \frac{1}{2a}\ln\left|\frac{x-a}{x+a}\right| + C$

(18) $\int \frac{1}{\sqrt{x^2 \pm a^2}}dx = \ln\left|x + \sqrt{x^2 \pm a^2}\right| + C$

读者务必熟记这些基本公式,因为许多不定积分最终将归结为这些基本积分公式.下面就利用不定积分的性质和基本公式,计算一些简单的不定积分.

【例 4】 计算 $\int (e^x + 2\cos x)dx$.

解 $\int (e^x + 2\cos x)dx = \int e^x dx + 2\int \cos x dx = e^x + 2\sin x + C.$

【例 5】 计算 $\int x(\sqrt{x} - \frac{2}{x^2})dx$.

解
$$\int x(\sqrt{x} - \frac{2}{x^2})dx = \int (x^{\frac{3}{2}} - \frac{2}{x})dx = \int x^{\frac{3}{2}}dx - 2\int \frac{1}{x}dx =$$
$$\frac{1}{\frac{3}{2}+1}x^{\frac{3}{2}+1} - 2\ln|x| + C = \frac{2}{5}x^{\frac{5}{2}} - 2\ln|x| + C$$

【例 6】 计算 $\int 2^x e^x dx$.

解 $\int 2^x e^x dx = \int (2e)^x dx = \frac{(2e)^x}{\ln(2e)} + C.$

【例 7】 计算 $\int \frac{1}{x^2(1+x^2)}dx$.

解
$$\int \frac{1}{x^2(1+x^2)}dx = \int \frac{1+x^2-x^2}{x^2(1+x^2)}dx = \int \frac{1}{x^2}dx - \int \frac{1}{1+x^2}dx =$$
$$-\frac{1}{x} - \arctan x + C$$

【例 8】 计算 $\int \tan^2 x dx$.

解 $\int \tan^2 x dx = \int (\sec^2 x - 1)dx = \int \sec^2 x dx - \int 1 dx = \tan x - x + C.$

【例 9】 计算 $\int \frac{1}{\sin^2 x \cos^2 x}dx$.

解
$$\int \frac{1}{\sin^2 x \cos^2 x}dx = \int \frac{\sin^2 x + \cos^2 x}{\sin^2 x \cos^2 x}dx = \int \frac{1}{\cos^2 x}dx + \int \frac{1}{\sin^2 x}dx =$$
$$\tan x - \cot x + C$$

3.1.2　换元积分法

虽然利用积分的运算性质和基本积分公式我们可以求出部分函数的不定积分.但实际上遇到的积分仅仅依赖于积分的运算性质和基本积分公式还是不够的.例如,形式上很简单的不定积分

$$\int \cos 2x\mathrm{d}x$$

就无法求出.为了求得更广泛函数的不定积分,还需要引进更多的方法和技巧.下面我们介绍换元积分法.

1.第一换元积分法(凑微分法)

如果遇到积分 $\int g(x)\mathrm{d}x$ 不易直接求得,但被积函数可以分解为

$$g(x) = f(\varphi(x))\varphi'(x)$$

通过变量代换 $u = \varphi(x)$,并注意到 $\varphi'(x)\mathrm{d}x = \mathrm{d}\varphi(x)$,则有

$$\int g(x)\mathrm{d}x = \int f(\varphi(x))\varphi'(x)\mathrm{d}x = \int f(u)\mathrm{d}u$$

这样就把不定积分 $\int g(x)\mathrm{d}x$ 化为不定积分 $\int f(u)\mathrm{d}u$ 来计算.

定理3.3　(第一换元积分法)设 $F(u)$ 是 $f(u)$ 的原函数,$u = \varphi(x)$ 可导,则有公式

$$\int f(\varphi(x))\varphi'(x)\mathrm{d}x = \int f(\varphi(x))\mathrm{d}\varphi(x) = \int f(u)\mathrm{d}u = F(u) + C = F(\varphi(x)) + C$$

证明　由于

$$[F(\varphi(x)) + C]' = F'(\varphi(x))\varphi'(x) = f(\varphi(x))\varphi'(x)$$

所以 $F(\varphi(x)) + C$ 是 $f(\varphi(x))\varphi'(x)$ 的全部原函数,这就证明了定理.

【例10】　计算 $\int \cos 2x\mathrm{d}x$.

解　$$\int \cos 2x\mathrm{d}x = \frac{1}{2}\int \cos 2x(2x)'\mathrm{d}x = \frac{1}{2}\int \cos 2x\mathrm{d}(2x)$$

令 $u = 2x$,有

$$\int \cos 2x\mathrm{d}x = \frac{1}{2}\int \cos u\mathrm{d}u = \frac{1}{2}\sin u + C$$

再将 $u = 2x$ 代人,得

$$\int \cos 2x\mathrm{d}x = \frac{1}{2}\sin 2x + C$$

【例11】　计算 $\int \sqrt[3]{3x + 4}\mathrm{d}x$.

解　$$\int \sqrt[3]{3x + 4}\mathrm{d}x = \frac{1}{3}\int (3x + 4)^{\frac{1}{3}}(3x + 4)'\mathrm{d}x = \frac{1}{3}\int (3x + 4)^{\frac{1}{3}}\mathrm{d}(3x + 4)$$

令 $u=3x+4$,则有

$$\int\sqrt[3]{3x+4}\mathrm{d}x=\frac{1}{3}\int u^{\frac{1}{3}}\mathrm{d}u=\frac{1}{3}\frac{1}{\frac{1}{3}+1}u^{\frac{1}{3}+1}+C=\frac{1}{4}u^{\frac{4}{3}}+C$$

再将 $u=3x+4$ 代人,得

$$\int\sqrt[3]{3x+4}\mathrm{d}x=\frac{1}{4}(3x+4)^{\frac{4}{3}}+C$$

【例 12】 计算$\int\frac{1}{x^2}\mathrm{e}^{\frac{1}{x}}\mathrm{d}x$.

解 $$\int\frac{1}{x^2}\mathrm{e}^{\frac{1}{x}}\mathrm{d}x=-\int\mathrm{e}^{\frac{1}{x}}\left(\frac{1}{x}\right)'\mathrm{d}x=-\int\mathrm{e}^{\frac{1}{x}}\mathrm{d}\left(\frac{1}{x}\right)$$

令 $u=\frac{1}{x}$,则有

$$\int\frac{1}{x^2}\mathrm{e}^{\frac{1}{x}}\mathrm{d}x=-\int\mathrm{e}^u\mathrm{d}u=-\mathrm{e}^u+C$$

再将 $u=\frac{1}{x}$ 代人,得

$$\int\frac{1}{x^2}\mathrm{e}^{\frac{1}{x}}\mathrm{d}x=-\mathrm{e}^{\frac{1}{x}}+C$$

【例 13】 计算$\int\frac{1}{x(1+2\ln x)}\mathrm{d}x$.

解 $$\int\frac{1}{x(1+2\ln x)}\mathrm{d}x=\frac{1}{2}\int\frac{1}{1+2\ln x}(1+2\ln x)'\mathrm{d}x=\frac{1}{2}\int\frac{1}{1+2\ln x}\mathrm{d}(1+2\ln x)$$

令 $u=1+2\ln x$,则有

$$\int\frac{1}{x(1+2\ln x)}\mathrm{d}x=\frac{1}{2}\int\frac{1}{u}\mathrm{d}u=\frac{1}{2}\ln|u|+C$$

再将 $u=1+2\ln x$ 代人,得

$$\int\frac{1}{x(1+2\ln x)}\mathrm{d}x=\frac{1}{2}\ln|1+2\ln x|+C$$

当变量代换比较熟练后,可以不再写出中间变量.

【例 14】 计算$\int\tan x\mathrm{d}x$.

解 $\int\tan x\mathrm{d}x=\int\frac{\sin x}{\cos x}\mathrm{d}x=-\int\frac{1}{\cos x}\mathrm{d}\cos x=-\ln|\cos x|+C.$

【例 15】 计算$\int\frac{2^{\sqrt{x}}}{\sqrt{x}}\mathrm{d}x$.

解 $\int\frac{2^{\sqrt{x}}}{\sqrt{x}}\mathrm{d}x=2\int2^{\sqrt{x}}\mathrm{d}\sqrt{x}=\frac{2}{\ln 2}2^{\sqrt{x}}+C.$

【例 16】　计算$\int \frac{\arctan x}{1+x^2}dx$.

解　$\int \frac{\arctan x}{1+x^2}dx = \int \arctan x d\arctan x = \frac{1}{2}(\arctan x)^2 + C$.

【例 17】　计算$\int \frac{1}{x^2-2x+2}dx$.

解　$\int \frac{1}{x^2-2x+2}dx = \int \frac{1}{1+(x-1)^2}d(x-1) = \arctan(x-1) + C$.

【例 18】　计算$\int \sin^2 x\cos^3 x dx$.

解　$\int \sin^2 x\cos^3 x dx = \int \sin^2 x(1-\sin^2 x)d\sin x =$

$$\int (\sin^2 x - \sin^4 x)d\sin x = \frac{1}{3}\sin^3 x - \frac{1}{5}\sin^5 x + C$$

【例 19】　计算$\int \sin^2 x dx$.

解　$\int \sin^2 x dx = \int \frac{1-\cos 2x}{2}dx = \frac{1}{2}\int dx - \frac{1}{4}\int \cos 2x d(2x) =$

$$\frac{x}{2} - \frac{1}{4}\sin 2x + C$$

【例 20】　计算$\int \frac{1}{a^2\sin^2 x + b^2\cos^2 x}dx(a,b \neq 0)$.

解　$\int \frac{1}{a^2\sin^2 x + b^2\cos^2 x}dx = \int \frac{1}{\left[\left(\frac{a}{b}\tan x\right)^2 + 1\right]b^2\cos^2 x}dx =$

$$\frac{1}{ab}\int \frac{1}{\left(\frac{a}{b}\tan x\right)^2 + 1}d\left(\frac{a}{b}\tan x\right) =$$

$$\frac{1}{ab}\arctan\left(\frac{a}{b}\tan x\right) + C$$

【例 21】　计算$\int \frac{1}{1+e^x}dx$.

解　$\int \frac{1}{1+e^x}dx = \int \frac{1+e^x-e^x}{1+e^x}dx = \int dx - \int \frac{e^x}{1+e^x}dx =$

$$\int dx - \int \frac{1}{1+e^x}d(1+e^x) = x - \ln(1+e^x) + C$$

2. 第二换元积分法

如果不定积分$\int f(x)dx$不易计算，但作适当的变换 $x = \varphi(t)$ 后，所得到的不定积分

$$\int f(\varphi(t))\varphi'(t)dt$$

可以求得,则有

$$\int f(x)\mathrm{d}x = \int f(\varphi(t))\varphi'(t)\mathrm{d}t$$

这样就把不定积分$\int f(x)\mathrm{d}x$ 化为不定积分$\int f(\varphi(t))\varphi'(t)\mathrm{d}t$ 来计算.

定理 3.4 (第二换元积分法) 设 $x = \varphi(t)$ 是严格单调的可导函数, $f(\varphi(t))\varphi'(t)$ 具有原函数 $F(t)$,则有公式

$$\int f(x)\mathrm{d}x = \int f(\varphi(t))\varphi'(t)\mathrm{d}t = F(t) + C = F(\varphi^{-1}(x)) + C$$

其中 $t = \varphi^{-1}(x)$ 表示 $x = \varphi(t)$ 的反函数.

证明从略.

【例 22】 计算$\int \frac{1}{1+\sqrt{x}}\mathrm{d}x$.

解 令 $t = \sqrt{x}$,则 $x = t^2$,$\mathrm{d}x = 2t\mathrm{d}t$,故

$$\int \frac{1}{1+\sqrt{x}}\mathrm{d}x = \int \frac{2t}{1+t}\mathrm{d}t = 2\int\left(1 - \frac{1}{1+t}\right)\mathrm{d}t =$$

$$2t - 2\ln(1+t) + C = 2\sqrt{x} - 2\ln(1+\sqrt{x}) + C$$

【例 23】 计算$\int \frac{1}{\sqrt{e^x - 1}}\mathrm{d}x$.

解 令 $t = \sqrt{e^x - 1}$,则 $x = \ln(1+t^2)$,$\mathrm{d}x = \frac{2t}{1+t^2}\mathrm{d}t$,故

$$\int \frac{1}{\sqrt{e^x-1}}\mathrm{d}x = \int \frac{1}{t}\,\frac{2t}{1+t^2}\mathrm{d}t = 2\int \frac{1}{1+t^2}\mathrm{d}t = 2\arctan t + C =$$

$$\arctan\sqrt{e^x - 1} + C$$

【例 24】 计算$\int \sqrt{a^2 - x^2}\mathrm{d}x\,(a > 0)$.

解 令 $x = a\sin t\left(-\frac{\pi}{2} \leqslant t \leqslant \frac{\pi}{2}\right)$,则 $\mathrm{d}x = a\cos t\mathrm{d}t$,故

$$\int \sqrt{a^2 - x^2}\mathrm{d}x = \int \sqrt{a^2 - a^2\sin^2 t}\,(a\cos t)\mathrm{d}t = a^2\int \cos^2 t\mathrm{d}t =$$

$$a^2\int \frac{1+\cos 2t}{2}\mathrm{d}t = \frac{a^2}{2}\left(t + \frac{1}{2}\sin 2t\right) + C =$$

$$\frac{a^2}{2}(t + \sin t\cos t) + C$$

由图 3.1 知,在三角变换 $\sin t = \frac{x}{a}$ 下,有

$$\cos t = \frac{\sqrt{a^2 - x^2}}{a},\quad t = \arcsin\frac{x}{a}$$

故

$$\int\sqrt{a^2-x^2}\mathrm{d}x=\frac{a^2}{2}\left(\arcsin\frac{x}{a}+\frac{x}{a}\frac{\sqrt{a^2-x^2}}{a}\right)+C=$$

$$\frac{a^2}{2}\arcsin\frac{x}{a}+\frac{x}{2}\sqrt{a^2-x^2}+C$$

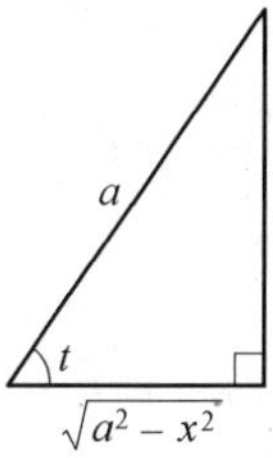

图 3.1

【例 25】　计算$\int\frac{1}{\sqrt{x^2+a^2}}\mathrm{d}x(a>0)$.

解　令 $x=a\tan t\left(-\frac{\pi}{2}<t<\frac{\pi}{2}\right)$,则 $\mathrm{d}x=a\sec^2t\mathrm{d}t$,故

$$\int\frac{1}{\sqrt{x^2+a^2}}\mathrm{d}x=\int\frac{1}{\sqrt{a^2\tan^2t+a^2}}a\sec^2t\mathrm{d}t=$$

$$\int\sec t\mathrm{d}t=\ln\left|\sec t+\tan t\right|+C'$$

由图 3.2 知,在三角变换 $\tan t=\frac{x}{a}$ 下,有

$$\sec t=\frac{\sqrt{x^2+a^2}}{a}$$

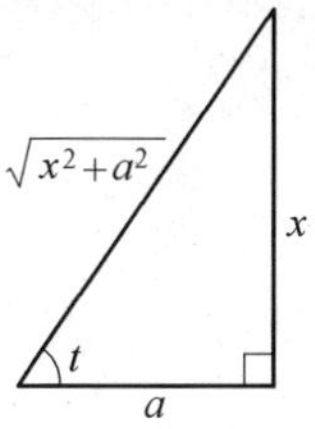

图 3.2

故

$$\int\frac{1}{\sqrt{x^2+a^2}}\mathrm{d}x=\ln\left|\frac{\sqrt{x^2+a^2}}{a}+\frac{x}{a}\right|+C'=$$

$$\ln\left|x+\sqrt{x^2+a^2}\right|+C$$

这里 $C=C'-\ln a$.

【例 26】　计算$\int\frac{1}{\sqrt{x^2-a^2}}\mathrm{d}x(a>0)$.

解　令 $x=a\sec t(0<t<\frac{\pi}{2}$ 或$\frac{\pi}{2}<t<\pi)$,则 $\mathrm{d}x=a\tan t\sec t\mathrm{d}t$.这里仅讨论 $0<t<\frac{\pi}{2}$ 的情形,同理可讨论$\frac{\pi}{2}<t<\pi$ 的情形.当 $0<t<\frac{\pi}{2}$ 时,有

$$\int\frac{1}{\sqrt{x^2-a^2}}\mathrm{d}x=\int\frac{1}{\sqrt{a^2\sec^2t-a^2}}a\tan t\sec t\mathrm{d}t=$$

$$\int\sec t\mathrm{d}t=\ln\left|\sec t+\tan t\right|+C'$$

由图 3.3 知,在三角变换 $\sec t=\frac{x}{a}$ 下,有

$$\tan t=\frac{\sqrt{x^2-a^2}}{a}$$

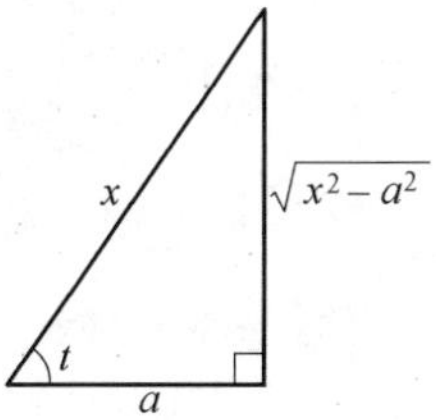

图 3.3

故

$$\int\frac{1}{\sqrt{x^2-a^2}}\mathrm{d}x=\ln\left|\frac{x}{a}+\frac{\sqrt{x^2-a^2}}{a}\right|+C'=$$

$$\ln\left|x + \sqrt{x^2 - a^2}\right| + C$$

这里 $C = C' - \ln a$.

3.1.3 分部积分法

利用换元积分法可以解决很大一类函数的不定积分问题,但对于某些类型函数的积分,例如,$\int \ln x\mathrm{d}x$ 换元积分法就无能为力了.下面介绍另一种重要的求不定积分的方法 —— 分部积分法.

设函数 $u = u(x)$ 和 $v = v(x)$ 均具有连续导数,由于 $\mathrm{d}(uv) = v\mathrm{d}u + u\mathrm{d}v$,所以有

$$u\mathrm{d}v = \mathrm{d}(uv) - v\mathrm{d}u$$

两边取不定积分得

$$\int u\mathrm{d}v = uv - \int v\mathrm{d}u \tag{3.1}$$

即

$$\int uv'\mathrm{d}x = uv - \int vu'\mathrm{d}x \tag{3.2}$$

式(3.1)或(3.2)称为分部积分公式.它把一个积分转化为另一个积分,用它计算不定积分的方法叫分部积分法.

【例 27】 计算$\int x\cos x\mathrm{d}x$.

解 令 $u = x, v' = \cos x$,则有

$$\int x\cos x\mathrm{d}x = \int x\mathrm{d}\sin x = x\sin x - \int \sin x\mathrm{d}x = x\sin x + \cos x + C$$

使用分部积分法的关键在于适当选取 u 和 v',如果选取不当,将使积分愈化愈繁.例如,例 27 中若令 $u = \cos x, v' = x$,则有

$$\int x\cos x\mathrm{d}x = \int \cos x\mathrm{d}\left(\frac{x^2}{2}\right) = \frac{x^2}{2}\cos x + \frac{1}{2}\int x^2\sin x\mathrm{d}x$$

显然不定积分$\int x^2\sin x\mathrm{d}x$ 比不定积分$\int x\cos x\mathrm{d}x$ 更难求.

熟练后 u 和 v 可以不写出来,把表示 u 和 v 的部分用心算出,直接套用分部积分公式即可.

【例 28】 计算$\int \ln x\mathrm{d}x$.

解 $\int \ln x\mathrm{d}x = x\ln x - \int \mathrm{d}x = x\ln x - x + C$.

【例 29】 计算$\int x^2\mathrm{e}^x\mathrm{d}x$.

解 $\int x^2\mathrm{e}^x\mathrm{d}x = \int x^2\mathrm{d}\mathrm{e}^x = x^2\mathrm{e}^x - \int \mathrm{e}^x(2x)\mathrm{d}x =$

$$x^2e^x - 2\int x de^x = x^2e^x - 2(xe^x - \int e^x dx) =$$
$$x^2e^x - 2xe^x + 2e^x + C =$$
$$(x^2 - 2x + 2)e^x + C$$

【例 30】　计算$\int \frac{x\arctan x}{\sqrt{1+x^2}}dx$.

解　$$\int \frac{x\arctan x}{\sqrt{1+x^2}}dx = \int \frac{\arctan x}{2\sqrt{1+x^2}}d(1+x^2) = \int \arctan x d\sqrt{1+x^2} =$$
$$\sqrt{1+x^2}\arctan x - \int \frac{1}{\sqrt{1+x^2}}dx =$$
$$\sqrt{1+x^2}\arctan x - \ln\left|x + \sqrt{1+x^2}\right| + C$$

有时经过分部积分后又出现了原来的不定积分，这时可以通过解方程的过程得出所求的积分，但不要忘记加任意常数 C.

【例 31】　计算$\int e^x\cos x dx$.

解　$$\int e^x\cos x dx = \int \cos x de^x = e^x\cos x - \int e^x(-\sin x)dx =$$
$$e^x\cos x + \int \sin x de^x = e^x\cos x + (e^x\sin x - \int e^x\cos x dx) =$$
$$e^x(\sin x + \cos x) - \int e^x\cos x dx$$

由此解得

$$\int e^x\cos x dx = \frac{e^x}{2}(\sin x + \cos x) + C$$

在积分过程中常常兼用各种积分方法.

【例 32】　计算$\int e^{\sqrt{x}}dx$.

解　令 $t = \sqrt{x}$，则 $x = t^2$，$dx = 2tdt$，于是

$$\int e^{\sqrt{x}}dx = \int e^t 2tdt = 2\int tde^t = 2te^t - 2\int e^t dt =$$
$$2te^t - 2e^t + C = 2e^{\sqrt{x}}(\sqrt{x} - 1) + C$$

【例 33】　计算$\int \frac{xe^x}{\sqrt{e^x - 2}}dx$.

解　$$\int \frac{xe^x}{\sqrt{e^x-2}}dx = \int \frac{x}{\sqrt{e^x-2}}d(e^x - 2) = 2\int x d\sqrt{e^x-2} =$$
$$2x\sqrt{e^x-2} - 2\int \sqrt{e^x-2}dx$$

令 $t = \sqrt{e^x - 2}$，则 $x = \ln(2+t^2)$，$dx = \frac{2t}{2+t^2}dt$，则有

$$\int\sqrt{e^x-2}\,dx=\int t\frac{2t}{2+t^2}dt=2\int\frac{2+t^2-2}{2+t^2}dt=2\int dt-4\int\frac{1}{2+t^2}dt=$$

$$2t-\frac{4}{\sqrt{2}}\arctan\frac{t}{\sqrt{2}}+C'=$$

$$2\sqrt{e^x-2}-2\sqrt{2}\arctan\sqrt{\frac{e^x-2}{2}}+C'$$

于是

$$\int\frac{xe^x}{\sqrt{e^x-2}}dx=2x\sqrt{e^x-2}-4\sqrt{e^x-2}+4\sqrt{2}\arctan\sqrt{\frac{e^x-2}{2}}+C$$

这里 $C=-2C'$.

至此,我们已经对不定积分的基本方法进行了比较全面的讨论.由不定积分的定义知,求不定积分的运算是微分运算的逆运算.把不定积分法与微分法相比较,求积分要比求微分困难得多,复杂得多,甚至有些被积函数很简单,但它们的不定积分却无法积出.例如

$$\int e^{x^2}dx,\quad\int\frac{\sin x}{x}dx,\quad\int\frac{1}{\ln x}dx,\quad\int\sin x^2dx$$

习题 3.1

1.利用基本积分公式及不定积分性质求下列不定积分:

(1) $\int\left(1-x+x^3-\frac{1}{\sqrt[3]{x^2}}\right)dx$;　(2) $\int\left(\sqrt{x}+\frac{1}{x}\right)^2dx$;

(3) $\int(2^x+3^x)dx$;　(4) $\int\left(\frac{5}{x}-3e^x+\cos x\right)dx$;

(5) $\int\frac{\sqrt{x}-x^3e^x+x^2}{x^3}dx$;　(6) $\int(1-x)(1-2x)(1-3x)dx$;

(7) $\int\frac{2-x^4}{1+x^2}dx$;　(8) $\int 3^{2x}e^x dx$;

(9) $\int\frac{1+2x^2}{x^2(1+x^2)}dx$;　(10) $\int\sin^2\frac{x}{2}dx$;

(11) $\int\frac{\cos 2x}{\cos x+\sin x}dx$;　(12) $\int\tan^2 x\,dx$.

2.利用第一换元积分法求下列不定积分:

(1) $\int\cos(3x+4)dx$;　(2) $\int\frac{1}{2x+1}dx$;

(3) $\int(5x-3)^{100}dx$;　(4) $\int xe^{x^2}dx$;

(5) $\int\frac{\cos\sqrt{x}}{\sqrt{x}}dx$;　(6) $\int\frac{x}{(x+1)^2}dx$;

(7) $\int \frac{1}{x\ln x}dx$;　　(8) $\int \frac{\arctan^2 x}{1+x^2}dx$;

(9) $\int \frac{1}{\sqrt{7-5x^2}}dx$;　　(10) $\int \frac{e^{\frac{1}{x}}}{x^2}dx$;

(11) $\int \frac{3-2x}{5x^2+7}dx$;　　(12) $\int \frac{x-\sqrt{\arctan 2x}}{1+4x^2}dx$;

(13) $\int \frac{1+\sin 3x}{\cos^2 3x}dx$;　　(14) $\int \frac{1-\sin x}{x+\cos x}dx$;

(15) $\int \frac{1}{1-\cos x}dx$;　　(16) $\int \frac{1}{2^x+3}dx$;

(17) $\int \sec^4 x dx$;　　(18) $\int \sec^3 x\tan x dx$;

(19) $\int \frac{\arctan\sqrt{x}}{\sqrt{x}(1+x)}dx$;　　(20) $\int \frac{\cot x}{\ln \sin x}dx$.

3. 利用第二换元积分法求下列不定积分：

(1) $\int \frac{1}{1+\sqrt{1+x}}dx$;　　(2) $\int \frac{x^2}{\sqrt{1-x^2}}dx$;

(3) $\int \frac{\sqrt{x^2+a^2}}{x^2}dx\ (a>0)$;　　(4) $\int \frac{\sqrt{x^2-a^2}}{x}dx\ (a>0)$.

4. 利用分部积分法求下列不定积分：

(1) $\int x\sin x dx$;　　(2) $\int x^2\ln x dx$;

(3) $\int x^2\cos x dx$;　　(4) $\int x^2 e^{3x}dx$;

(5) $\int \frac{x}{e^x}dx$;　　(6) $\int \frac{\ln x}{x^3}dx$;

(7) $\int \arcsin x dx$;　　(8) $\int x\arctan x dx$;

(9) $\int \ln^2 x dx$;　　(10) $\int \frac{x}{\sin^2 x}dx$;

(11) $\int \frac{\arcsin x}{\sqrt{1+x}}dx$;　　(12) $\int e^x\sin x dx$;

(13) $\int \sin \ln x dx$;　　(14) $\int \cos^2\sqrt{x}dx$.

3.2 定积分及其应用

3.2.1 定积分的概念与性质

1.定积分的概念

积分和导数概念一样,都来源于实践.由于生产实践发展的需要,很多问题都归结为积分问题.例如,曲边梯形的面积问题,变速直线运动的路程问题,都为积分问题提供了原始模型.下面从这两个简单的问题开始,介绍解决问题的一般方法,从而引出定积分的概念.

【例1】 (曲边梯形的面积问题)求连续曲线 $y = f(x) > 0$ 及直线 $x = a, x = b$ 和 $y = 0$ 所围成的曲边梯形的面积 S.

解 当 $f(x) \equiv h$(常数)时,由矩形面积公式知,$S = (b - a)h$.

对于一般情况,曲线上各点处的高度是变的,我们采用下列步骤来求面积 S.

(1) 分割:用分点

$$a = x_1 < x_2 < \cdots < x_i < x_{i+1} < \cdots < x_n < x_{n+1} = b$$

把区间$[a,b]$分为 n 个小区间$[x_i, x_{i+1}]$, $i = 1,2,\cdots,n$,记 $\Delta x_i = x_{i+1} - x_i$,用 ΔS_i 表示$[x_i, x_{i+1}]$上对应的窄曲边梯形的面积(图 3.4).

(2) 作积:在每个小区间$[x_i, x_{i+1}]$内任取一点 ξ_i,以 $f(\xi_i)$ 为高,Δx_i 为底的矩形面积近似代替 ΔS_i,有

$$\Delta S_i \approx f(\xi_i)\Delta x_i, \quad i = 1,2,\cdots,n$$

(3) 求和:这些矩形面积之和可以作为曲边梯形面积 S 的近似值

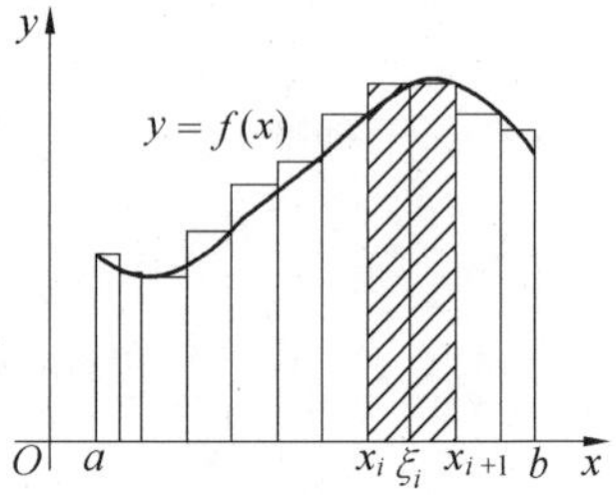

图 3.4

$$S \approx \sum_{i=1}^{n} f(\xi_i)\Delta x_i$$

(4) 取极限:为得到 S 的精确值,让分割无限细密,设 $\lambda = \max\limits_{1 \leqslant i \leqslant n}\{\Delta x_i\}$,令 $\lambda \to 0$(这时小区间的个数 n 无限增多,即 $n \to \infty$)取极限,极限值就是所求图形的面积

$$S = \lim_{\lambda \to 0}\sum_{i=1}^{n} f(\xi_i)\Delta x_i$$

可见,为了求曲边梯形的面积,需对 $f(x)$ 作如上的乘积和式的极限运算.

【例2】 (变速直线运动的路程问题)已知某物体作直线运动,其速度为 $v = v(t)$,求该物体从 $t = a$ 到 $t = b$ 时间间隔内走过的路程 s.

解 由中学物理我们知道,匀速直线运动的路程等于速度乘以时间.因此,当

$v(t) \equiv v_0$(常数)时,由匀速直线运动路程公式知 $s = (b - a)v_0$.

对于变速直线运动,速度随时间 t 而变化,因此,所求路程不能直接按匀速直线运动的公式来计算.然而,由于速度 $v(t)$ 是连续变化的,在很短的时间间隔内,其速度的变化也很小,所以在很短的时间范围内可以把变速直线运动近似地当作匀速直线运动处理.我们采用下列步骤来求走过的路程 s.

(1) 分割:用分点

$$a = t_1 < t_2 < \cdots < t_i < t_{i+1} < \cdots < t_n < t_{n+1} = b$$

把时间区间$[a,b]$分为 n 个小区间$[t_i, t_{i+1}]$, $i = 1,2,\cdots,n$,记 $\Delta t_i = t_{i+1} - t_i$,用 Δs_i 表示在时间区间$[t_i, t_{i+1}]$内走过的路程.

(2) 作积:在每个小区间$[t_i, t_{i+1}]$内任取一时刻 ξ_i,以 ξ_i 时刻的瞬时速度 $v(\xi_i)$ 代替时间区间$[t_i, t_{i+1}]$上各时刻的速度 $v(t)$,则有

$$\Delta s_i \approx v(\xi_i)\Delta t_i, \quad i = 1,2,\cdots,n$$

(3) 求和:各个小的时间区间内走过的路程的近似值累加起来,可以作为时间区间$[a,b]$内走过路程 s 的近似值

$$s \approx \sum_{i=1}^{n} v(\xi_i)\Delta t_i$$

(4) 取极限:为得到 s 的精确值,让分割无限细密,设 $\lambda = \max\limits_{1 \leqslant i \leqslant n}\{\Delta t_i\}$,令 $\lambda \to 0$(意味着 $n \to \infty$)取极限,极限值就是所求走过的路程

$$s = \lim_{\lambda \to 0}\sum_{i=1}^{n} v(\xi_i)\Delta t_i$$

同前一个问题一样,最终归结为 $v(t)$ 作如上的乘积和式的极限运算.

从前面两个例子我们可以看出,无论是求曲边梯形的面积问题,还是求变速直线运动的路程问题,实际背景完全不同,但通过“分割、作积、求和、取极限”,都能转化为形如 $\sum\limits_{i=1}^{n} f(\xi_i)\Delta x_i$ 的和式的极限问题.由此可抽象出定积分的定义.

定义 3.3　设函数 $f(x)$ 在区间$[a,b]$上有定义,用分点

$$a = x_1 < x_2 < \cdots < x_i < x_{i+1} < \cdots < x_n < x_{n+1} = b$$

把区间$[a,b]$分为 n 个小区间$[x_i, x_{i+1}]$, $i = 1,2,\cdots,n$,记 $\Delta x_i = x_{i+1} - x_i$, $\lambda = \max\limits_{1 \leqslant i \leqslant n}\{\Delta x_i\}$,任取 $\xi_i \in [x_i, x_{i+1}]$, $i = 1,2,\cdots,n$,如果乘积的和式

$$\sum_{i=1}^{n} f(\xi_i)\Delta x_i$$

的极限

$$\lim_{\lambda \to 0}\sum_{i=1}^{n} f(\xi_i)\Delta x_i$$

存在,且这个极限值与 x_i 和 ξ_i 的取法无关,则称函数 $f(x)$ 在区间$[a,b]$上可积,且

称此极限值为 $f(x)$ 在区间 $[a,b]$ 上的定积分,记为 $\int_a^b f(x)\mathrm{d}x$,即

$$\int_a^b f(x)\mathrm{d}x = \lim_{\lambda \to 0}\sum_{i=1}^{n} f(\xi_i)\Delta x_i$$

其中 $\int$ 称为积分号,$f(x)$ 称为被积函数,$f(x)\mathrm{d}x$ 称为被积表达式,x 称为积分变量,a 称为积分下限,b 称为积分上限,$[a,b]$ 称为积分区间.

根据定积分定义,上面两个例子可以简洁地表述为:

(1) 曲边梯形的面积等于曲边的纵坐标在底边区间上的定积分,即

$$S = \int_a^b f(x)\mathrm{d}x$$

(2) 从 $t = a$ 到 $t = b$ 时间间隔内走过的路程等于速度函数在时间区间 $[a,b]$ 上的定积分,即

$$s = \int_a^b v(t)\mathrm{d}t$$

当 $f(x) > 0$ 时,由前面的讨论知定积分 $\int_a^b f(x)\mathrm{d}x$ 表示由曲线 $y = f(x)$ 和直线 $x = a, x = b$ 和 $y = 0$ 所围成的曲边梯形的面积;当 $f(x) < 0$ 时,定积分 $\int_a^b f(x)\mathrm{d}x$ 表示曲边梯形(位于 x 轴下方)的面积的负值.对于一般函数,定积分 $\int_a^b f(x)\mathrm{d}x$ 的几何意义是:介于 x 轴,曲线 $y = f(x)$ 和直线 $x = a, x = b$ 之间的各部分图形面积的代数和——在 x 轴上方的图形面积数与下方图形面积数之差(图 3.5).

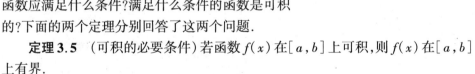

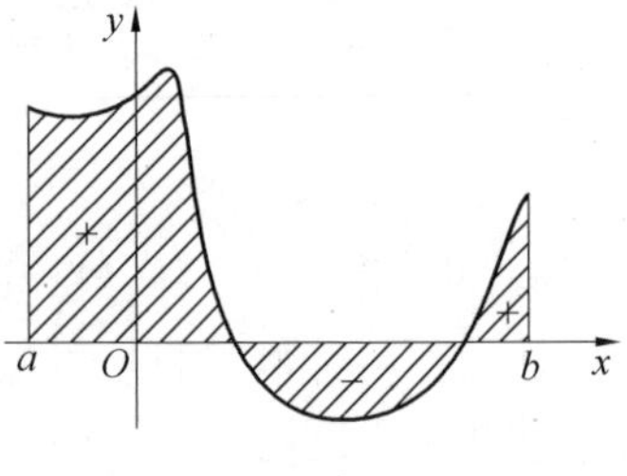

图 3.5

对于定积分,还需考虑两个基本问题:可积的函数应满足什么条件?满足什么条件的函数是可积的?下面的两个定理分别回答了这两个问题.

定理 3.5 (可积的必要条件) 若函数 $f(x)$ 在 $[a,b]$ 上可积,则 $f(x)$ 在 $[a,b]$ 上有界.

证明从略.

定理 3.6 (可积的充分条件) 若 $f(x)$ 是 $[a,b]$ 上的连续函数,或是 $[a,b]$ 上的单调函数,或是 $[a,b]$ 上只有有限个间断点的有界函数,则函数 $f(x)$ 在 $[a,b]$ 上可积.

证明从略.

2. 定积分的性质

根据定积分定义,并假设所涉及的定积分都存在,不难得到下列性质:

性质1 $\int_a^a f(x)\mathrm{d}x = 0.$

性质2 $\int_a^b 1\mathrm{d}x = b - a.$

性质3 $\int_a^b f(x)\mathrm{d}x = -\int_b^a f(x)\mathrm{d}x.$

性质4 (线性性质)$\int_a^b [kf(x) + lg(x)]\mathrm{d}x = k\int_a^b f(x)\mathrm{d}x + l\int_a^b g(x)\mathrm{d}x$,这里 k,l 为常数.

性质5 (区间可加性)$\int_a^b f(x)\mathrm{d}x = \int_a^c f(x)\mathrm{d}x + \int_c^b f(x)\mathrm{d}x$,其中 c 可以在区间$[a,b]$内,也可以在区间$[a,b]$外.

性质6 $\int_a^b f(x)\mathrm{d}x = \int_a^b f(t)\mathrm{d}t.$

性质7 (保序性)若在区间$[a,b]$上,$f(x) \leqslant g(x)$,则有

$$\int_a^b f(x)\mathrm{d}x \leqslant \int_a^b g(x)\mathrm{d}x$$

性质8 (估值性)若在区间$[a,b]$上,$m \leqslant f(x) \leqslant M$,则有

$$m(b - a) \leqslant \int_a^b f(x)\mathrm{d}x \leqslant M(b - a)$$

性质9 (绝对值不等式)$\left|\int_a^b f(x)\mathrm{d}x\right| \leqslant \int_a^b |f(x)|\mathrm{d}x\,(a < b).$

性质10 (定积分中值定理)设函数$f(x)$在闭区间$[a,b]$上连续,则在$[a,b]$上至少存在一点 ξ 使得

$$\int_a^b f(x)\mathrm{d}x = f(\xi)(b - a)$$

定积分中值定理的几何意义:若$f(x)$在$[a,b]$上连续且非负,则$f(x)$在$[a,b]$上的曲边梯形的面积,等于与该曲边梯形同底,以

$$f(\xi) = \frac{1}{b - a}\int_a^b f(x)\mathrm{d}x$$

为高的矩形面积(图 3.6). 容易理解数值$\frac{1}{b - a}\int_a^b f(x)\mathrm{d}x$ 就是$f(x)$在$[a,b]$上的平均值,所以前面的式子也叫平均值公式.

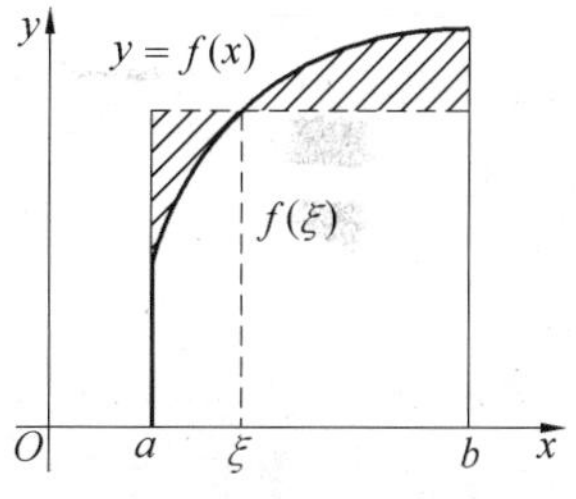

图 3.6

【例3】 试比较$\int_0^1 x^3\mathrm{d}x$ 与$\int_0^1 \sqrt{x}\mathrm{d}x$ 的大小.

解 因为在区间$[0,1]$上,$x^3 \leqslant \sqrt{x}$,且 x^3 与$\sqrt{x}$ 不恒等,所以

$$\int_0^1 x^3 \mathrm{d}x < \int_0^1 \sqrt{x}\,\mathrm{d}x.$$

【例 4】 试估计定积分$\int_0^1 \frac{1}{1+x^2}\mathrm{d}x$ 的取值范围.

解 因为在区间[0,1]上,$\frac{1}{2} \leqslant \frac{1}{1+x^2} \leqslant 1$,且$\frac{1}{1+x^2}$既不恒等于$\frac{1}{2}$,也不恒等于 1,所以

$$\frac{1}{2} < \int_0^1 \frac{1}{1+x^2}\mathrm{d}x < 1$$

3.2.2 微积分学基本定理

由定积分的定义

$$\int_a^b f(x)\mathrm{d}x = \lim_{\lambda \to 0}\sum_{i=1}^{n} f(\xi_i)\Delta x_i$$

计算定积分是非常困难的,甚至常常是不可能的.在古代,也只有极少数像阿基米得(Archimedes 公元前 287—212)那样罕见的数学天才,方能巧妙的用“分割、作积、求和、取极限”的方法解决某些二次曲线及曲面所围成的图形的面积和体积问题,并且他们关于求积问题的种种结果和方法也都是孤立的.所以,人们一直在寻找比较切实可行的、统一的方法来计算定积分.直到十七世纪的中叶,牛顿与莱布尼兹几乎同时发现了定积分与不定积分之间有密切联系,通过这一联系就可以用不定积分来计算定积分.

1.积分上限函数

设 $f(x)$ 在$[a,b]$上可积,则对任一点 $x \in [a,b]$,定积分

$$\int_a^x f(t)\mathrm{d}t$$

都有确定的值,所以这个定积分是上限 x 的函数,记作 $G(x)$,即

$$G(x) = \int_a^x f(t)\mathrm{d}t, \quad x \in [a,b]$$

这个函数的几何意义是图 3.7 中阴影部分的面积.

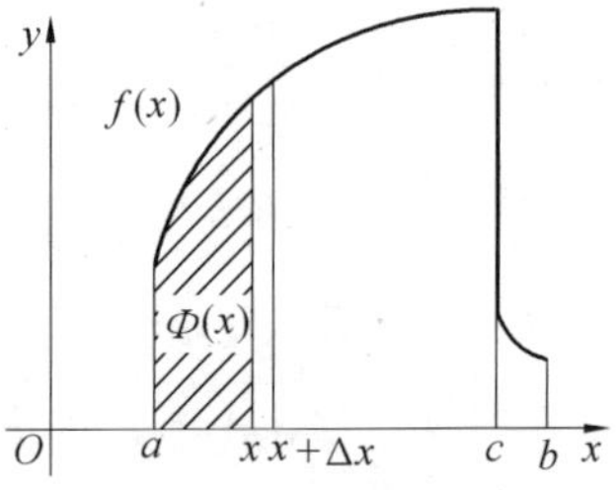

图 3.7

定理 3.7 设 $f(x)$ 在$[a,b]$上连续,则积分上限函数

$$G(x) = \int_a^x f(t)\mathrm{d}t$$

是$[a,b]$上的可导函数,且对上限的导数等于被积函数在上限处的值,即

$$G'(x) = \frac{\mathrm{d}}{\mathrm{d}x}\int_a^x f(t)\mathrm{d}t = f(x) \tag{3.3}$$

证明　对于任意 $x, x + \Delta x \in [a, b]$，有

$$G(x + \Delta x) - G(x) = \int_a^{x+\Delta x} f(t)\mathrm{d}t - \int_a^x f(t)\mathrm{d}t = \int_x^{x+\Delta x} f(t)\mathrm{d}t$$

根据定积分中值定理，有

$$\int_x^{x+\Delta x} f(t)\mathrm{d}t = f(\xi)\Delta x$$

其中 ξ 是介于 x 与 $x + \Delta x$ 之间的一点. 由于 $f(x)$ 在点 x 处连续，所以有

$$\lim_{\Delta x \to 0} \frac{G(x + \Delta x) - G(x)}{\Delta x} = \lim_{\Delta x \to 0} f(\xi) = f(x)$$

即

$$G'(x) = \frac{\mathrm{d}}{\mathrm{d}x}\int_a^x f(t)\mathrm{d}t = f(x)$$

定理 3.7 揭示了微分(或导数)与定积分这两个看似不相干的概念之间的内在联系，因而称为微积分学基本定理. 公式(3.3) 表明，若 $f(x)$ 在 $[a, b]$ 上连续，则 $G(x) = \int_a^x f(t)\mathrm{d}t$ 是 $f(x)$ 的一个原函数，这就证明了原函数存在性定理，即定理 3.2.

【例 5】　求 $\int_0^x \mathrm{e}^{t^2}\mathrm{d}t$ 的导数.

解　$\left(\int_0^x \mathrm{e}^{t^2}\mathrm{d}t\right)' = \mathrm{e}^{x^2}$.

【例 6】　求 $\int_x^\pi \cos^2 t\mathrm{d}t$ 的导数.

解　$\left(\int_x^\pi \cos^2 t\mathrm{d}t\right)' = -\left(\int_\pi^x \cos^2 t\mathrm{d}t\right)' = -\cos^2 x$.

【例 7】　设 $f(x)$ 连续，求 $\int_0^x xf(t)\mathrm{d}t$ 的导数.

解　$\left(\int_0^x xf(t)\mathrm{d}t\right)' = \left(x\int_0^x f(t)\mathrm{d}t\right)' = \int_0^x f(t)\mathrm{d}t + xf(x)$.

【例 8】　求 $\int_1^{x^2} \ln t\mathrm{d}t$ 的导数.

解　设 $F(u) = \int_1^u \ln t\mathrm{d}t$，则 $F'(u) = \ln u$，于是

$$\left(\int_1^{x^2} \ln t\mathrm{d}t\right)' = (F(x^2))' = F'(x^2)2x = 2x\ln x^2 = 2x^2\ln|x|$$

仿照例 8 的讨论过程，不难得出如下结论：

若函数 $f(x)$ 连续，$\psi(x)$ 可导，则

$$\left(\int_a^{\psi(x)} f(t)\mathrm{d}t\right)' = f(\psi(x))\psi'(x)$$

更一般的,若函数 $f(x)$ 连续,$\varphi(x)$,$\psi(x)$ 均可导,则有求导公式

$$\left(\int_{\varphi(x)}^{\psi(x)} f(t)\mathrm{d}t\right)' = \left(\int_0^{\psi(x)} f(t)\mathrm{d}t - \int_0^{\varphi(x)} f(t)\mathrm{d}t\right)' =$$

$$f(\psi(x))\psi'(x) - f(\varphi(x))\varphi'(x)$$

【例 9】 求 $\int_{\frac{1}{x}}^{e^{-x}} \ln(1+t^2)\mathrm{d}t$ 的导数.

解 $\left(\int_{\frac{1}{x}}^{e^{-x}} \ln(1+t^2)\mathrm{d}t\right)' = \ln(1+e^{-2x})\cdot(-e^{-x}) - \ln\left(1+\frac{1}{x^2}\right)\cdot\left(-\frac{1}{x^2}\right) =$

$$-e^{-x}\ln(1+e^{-2x}) + \frac{1}{x^2}\ln\left(1+\frac{1}{x^2}\right)$$

【例 10】 求 $\lim\limits_{x\to 0}\dfrac{\int_0^x \cos t^2\mathrm{d}t}{x}$.

解 这是一个 $\frac{0}{0}$ 型的未定式,用洛必达法则,有

$$\lim_{x\to 0}\frac{\int_0^x \cos t^2\mathrm{d}t}{x} = \lim_{x\to 0}\frac{\cos x^2}{1} = 1$$

2. 牛顿 – 莱布尼兹公式

有了上面的准备,我们容易证明如下极为重要的结果.

定理 3.8 设 $f(x)$ 在 $[a,b]$ 上连续,$F(x)$ 是 $f(x)$ 的一个原函数,则

$$\int_a^b f(x)\mathrm{d}x = F(b) - F(a) \tag{3.4}$$

证明 由定理 3.7 知,积分上限函数 $G(x) = \int_a^x f(t)\mathrm{d}t$ 是 $f(x)$ 在 $[a,b]$ 上的一个原函数,由于同一函数的任意两个原函数只能相差一个常数,所以 $G(x) = F(x) + C$(C 为常数),即

$$\int_a^x f(x)\mathrm{d}x = F(x) + C$$

令 $x = a$,由上式得 $0 = F(a) + C$,于是 $C = -F(a)$,从而

$$\int_a^x f(x)\mathrm{d}x = F(x) - F(a)$$

再令 $x = b$,上式就变为公式(3.4).公式(3.4) 称为牛顿 – 莱布尼兹公式.

公式(3.4) 表明了连续函数的定积分与不定积分之间的关系.它把复杂的乘积和式的极限运算转化为被积函数的原函数在积分上、下限 b,a 两点处函数值之

差.习惯用 $F(x)\Big|_a^b$ 表示 $F(b)-F(a)$,于是公式(3.4)可写成

$$\int_a^b f(x)\mathrm{d}x = F(x)\Big|_a^b$$

【例 11】 计算 $\int_{-1}^{1}\frac{1}{1+x^2}\mathrm{d}x$.

解 $\int_{-1}^{1}\frac{1}{1+x^2}\mathrm{d}x = \arctan x\Big|_{-1}^{1} = \frac{\pi}{4}-\left(-\frac{\pi}{4}\right)=\frac{\pi}{2}$.

【例 12】 计算 $\int_{-2}^{-1}\frac{1}{x}\mathrm{d}x$.

解 $\int_{-2}^{-1}\frac{1}{x}\mathrm{d}x = \ln|x|\Big|_{-2}^{-1} = \ln 1-\ln 2 = -\ln 2$.

【例 13】 设 $f(x)=\begin{cases}2x, & 0\leqslant x\leqslant 1\\ 5, & 1< x\leqslant 2\end{cases}$,计算 $\int_0^2 f(x)\mathrm{d}x$.

解 由定积分性质,有

$$\int_0^2 f(x)\mathrm{d}x = \int_0^1 f(x)\mathrm{d}x + \int_1^2 f(x)\mathrm{d}x =$$

$$\int_0^1 2x\mathrm{d}x + \int_1^2 5\mathrm{d}x = x^2\Big|_0^1 + 5x\Big|_1^2 = 1+5 = 6$$

【例 14】 求 $\lim\limits_{n\to\infty}\frac{\mathrm{e}^{\frac{1}{n}}+\mathrm{e}^{\frac{2}{n}}+\cdots+\mathrm{e}^{\frac{n}{n}}}{n}$.

解 由定积分定义,有

$$\lim_{n\to\infty}\frac{\mathrm{e}^{\frac{1}{n}}+\mathrm{e}^{\frac{2}{n}}+\cdots+\mathrm{e}^{\frac{n}{n}}}{n} = \lim_{n\to\infty}\sum_{i=1}^{n}\mathrm{e}^{\frac{i}{n}}\cdot\frac{1}{n} = \int_0^1\mathrm{e}^x\mathrm{d}x = \mathrm{e}^x\Big|_0^1 = \mathrm{e}-1$$

【例 15】 设 $f(x)$ 在 $[0,1]$ 上连续,且 $f(x)=x^2+x\int_0^1 f(x)\mathrm{d}x$,求 $f(x)$.

解 令 $A=\int_0^1 f(x)\mathrm{d}x$,则 $f(x)=x^2+Ax$,于是有

$$A=\int_0^1(x^2+Ax)\mathrm{d}x = \left(\frac{x^3}{3}+\frac{Ax^2}{2}\right)\Big|_0^1 = \frac{1}{3}+\frac{A}{2}$$

解得 $A=\frac{2}{3}$,故 $f(x)=x^2+\frac{2}{3}x$.

3.2.3　定积分的计算

牛顿 – 莱布尼兹公式

$$\int_a^b f(x)\mathrm{d}x = F(x)\Big|_a^b$$

中的 $F(x)$ 是被积函数 $f(x)$ 的一个原函数,换元积分法和分部积分法是求原函数的两种重要方法.因此,在定积分的计算中,也有相应的换元积分公式和分部积分

公式.

1.定积分的换元积分法

在定积分的换元法中,一种做法是先用不定积分的换元法求出被积函数的原函数,然后再用牛顿 - 莱布尼兹公式求定积分之值.另一种做法是直接对定积分作变量代换,同时,相应的把上、下限也变过去,然后对新的被积函数和新的上、下限运用牛顿 - 莱布尼兹公式,以求得定积分值.对后一种方法,我们有如下定理.

定理 3.9 设函数 $f(x)$ 在区间 $[a,b]$ 上连续,对变换 $x=\varphi(t)$,若满足如下条件:

(1) $\varphi(\alpha)=a,\varphi(\beta)=b$,且 $a\leqslant\varphi(t)\leqslant b$;

(2) $\varphi(t)$ 在区间 $[\alpha,\beta]$(或 $[\beta,\alpha]$)上具有连续导数,则有换元积分公式

$$\int_a^b f(x)\mathrm{d}x=\int_\alpha^\beta f(\varphi(t))\varphi'(t)\mathrm{d}t$$

证明从略.

在应用换元积分公式时应注意以下两点:

(1) 用换元积分法计算定积分时,应把积分上、下限同时换为新的积分变量的上、下限,且上限对应于上限,下限对应于下限;

(2) 求出 $f(\varphi(t))\varphi'(t)$ 的一个原函数 $F(t)$ 后,不必像计算不定积分那样再把 $F(t)$ 变换成变量 x 的函数,只需直接求出 $F(t)$ 在新的积分上、下限 β,α 两点处函数值之差即可.

【例 16】 计算 $\displaystyle\int_0^3\frac{1}{1+\sqrt{1+x}}\mathrm{d}x$.

解 令 $t=\sqrt{1+x}$,则 $x=t^2-1,\mathrm{d}x=2t\mathrm{d}t$.当 $x=0$ 时,$t=1$;当 $x=3$ 时,$t=2$.于是

$$\int_0^3\frac{1}{1+\sqrt{1+x}}\mathrm{d}x=\int_1^2\frac{2t}{1+t}\mathrm{d}t=2\int_1^2\left(1-\frac{1}{1+t}\right)\mathrm{d}t=$$

$$2[t-\ln(1+t)]\Big|_1^2=$$

$$2[(2-\ln 3)-(1-\ln 2)]=2\left(1+\ln\frac{2}{3}\right)$$

【例 17】 计算 $\displaystyle\int_0^a\sqrt{a^2-x^2}\mathrm{d}x\,(a>0)$.

解 令 $x=a\sin t$,则 $\mathrm{d}x=a\cos t\mathrm{d}t$.当 $x=0$ 时,$t=0$;当 $x=a$ 时,$t=\dfrac{\pi}{2}$.于是

$$\int_0^a\sqrt{a^2-x^2}\mathrm{d}x=\int_0^{\frac{\pi}{2}}a^2\cos^2t\mathrm{d}t=\frac{a^2}{2}\int_0^{\frac{\pi}{2}}(1+\cos 2t)\mathrm{d}t=$$

$$\frac{a^2}{2}\left(t+\frac{1}{2}\sin 2t\right)\Big|_0^{\frac{\pi}{2}}=\frac{1}{4}\pi a^2$$

【例 18】　设 $f(x)$ 在区间 $[-a,a]$ 上连续，证明

$$\int_{-a}^{a}f(x)\mathrm{d}x=\int_0^a[f(x)+f(-x)]\mathrm{d}x$$

证明　由于

$$\int_{-a}^{a}f(x)\mathrm{d}x=\int_{-a}^{0}f(x)\mathrm{d}x+\int_0^a f(x)\mathrm{d}x$$

对于积分 $\int_{-a}^{0}f(x)\mathrm{d}x$ 作变换，令 $x=-t$，则

$$\int_{-a}^{0}f(x)\mathrm{d}x=\int_a^0 f(-t)\cdot(-1)\mathrm{d}t=\int_0^a f(-x)\mathrm{d}x$$

故有

$$\int_{-a}^{a}f(x)\mathrm{d}x=\int_0^a f(-x)\mathrm{d}x+\int_0^a f(x)\mathrm{d}x=\int_0^a[f(x)+f(-x)]\mathrm{d}x$$

由此例可知

$$\int_{-a}^{a}f(x)\mathrm{d}x=\begin{cases}2\int_0^a f(x)\mathrm{d}x, & \text{当 } f(x) \text{ 为偶函数时}\\ 0, & \text{当 } f(x) \text{ 为奇函数时}\end{cases}$$

利用这一结果计算

$$\int_{-\pi}^{\pi}\frac{\sin x}{1+x^2}\mathrm{d}x=0$$

$$\int_{-1}^{1}(x+\cos x)x^3\mathrm{d}x=\int_{-1}^{1}x^4\mathrm{d}x+\int_{-1}^{1}x^3\cos x\mathrm{d}x=2\int_0^1 x^4\mathrm{d}x=\frac{2}{5}x^5\Big|_0^1=\frac{2}{5}$$

【例 19】　设 $f(x)$ 是 $(-\infty,+\infty)$ 上以 T 为周期的连续函数，证明对任何实数 a 都有

$$\int_a^{a+T}f(x)\mathrm{d}x=\int_0^T f(x)\mathrm{d}x$$

证明　由于

$$\int_a^{a+T}f(x)\mathrm{d}x=\int_a^0 f(x)\mathrm{d}x+\int_0^T f(x)\mathrm{d}x+\int_T^{a+T}f(x)\mathrm{d}x$$

对积分 $\int_T^{a+T}f(x)\mathrm{d}x$ 作变换，令 $x=t+T$，则有

$$\int_T^{a+T}f(x)\mathrm{d}x=\int_0^a f(t+T)\mathrm{d}t=\int_0^a f(t)\mathrm{d}t=-\int_a^0 f(x)\mathrm{d}x$$

代入前式得

$$\int_a^{a+T}f(x)\mathrm{d}x=\int_a^0 f(x)\mathrm{d}x+\int_0^T f(x)\mathrm{d}x-\int_a^0 f(x)\mathrm{d}x=\int_0^T f(x)\mathrm{d}x$$

这一结果说明,连续的周期函数在任何一个长度为一个周期的区间上的积分值都是相等的. 利用这一结果计算

$$\int_{100}^{100+\pi} |\sin x| \mathrm{d}x = \int_0^{\pi} |\sin x| \mathrm{d}x = \int_0^{\pi} \sin x \mathrm{d}x = -\cos x \Big|_0^{\pi} = 2$$

2. 定积分的分部积分法

设函数 $u(x)$ 和 $v(x)$ 在区间 $[a,b]$ 上均有连续导数,由于

$$[u(x)v(x)]' = u(x)v'(x) + v(x)u'(x)$$

两边从 a 到 b 作定积分,有

$$\int_a^b [u(x)v(x)]' \mathrm{d}x = \int_a^b u(x)v'(x)\mathrm{d}x + \int_a^b v(x)u'(x)\mathrm{d}x$$

利用牛顿 - 莱布尼兹公式,并移项得

$$\int_a^b u(x)v'(x)\mathrm{d}x = u(x)v(x)\Big|_a^b - \int_a^b v(x)u'(x)\mathrm{d}x \tag{3.5}$$

即

$$\int_a^b u(x)\mathrm{d}v(x) = u(x)v(x)\Big|_a^b - \int_a^b v(x)\mathrm{d}u(x) \tag{3.6}$$

式(3.5)或(3.6)称为定积分的分部积分公式.

【例 20】 计算 $\int_1^2 x\ln x\mathrm{d}x$.

解 $\int_1^2 x\ln x\mathrm{d}x = \frac{1}{2}\int_1^2 \ln x\mathrm{d}x^2 = \frac{1}{2}\left(x^2\ln x\Big|_1^2 - \int_1^2 x\mathrm{d}x\right) =$

$$2\ln 2 - \frac{1}{4}x^2\Big|_1^2 = 2\ln 2 - \frac{3}{4}$$

【例 21】 计算 $\int_0^{\pi} x^2\sin x\mathrm{d}x$.

解 $\int_0^{\pi} x^2\sin x\mathrm{d}x = -\int_0^{\pi} x^2\mathrm{d}\cos x = -x^2\cos x\Big|_0^{\pi} + 2\int_0^{\pi} x\cos x\mathrm{d}x =$

$$\pi^2 + 2\int_0^{\pi} x\mathrm{d}\sin x = \pi^2 + 2\left(x\sin x\Big|_0^{\pi} - \int_0^{\pi}\sin x\mathrm{d}x\right) =$$

$$\pi^2 + 2\cos x\Big|_0^{\pi} = \pi^2 - 4$$

3.2.4 广义积分

定积分 $\int_a^b f(x)\mathrm{d}x$ 受到两个限制,其一,积分区间 $[a,b]$ 是有限区间;其二,被积函数在积分区间上是有界函数. 许多实际问题不满足这两个要求,为此需要引进新的概念来解决新问题.

1. 无穷区间上的广义积分

定义 3.4 设函数 $f(x)$ 在区间 $[a,+\infty)$ 上连续,如果极限

$$\lim_{b \to +\infty} \int_a^b f(x)\mathrm{d}x \tag{3.7}$$

存在,则称此极限值为函数 $f(x)$ 在无穷区间 $[a, +\infty)$ 上的广义积分或反常积分,记作 $\int_a^{+\infty} f(x)\mathrm{d}x$,即

$$\int_a^{+\infty} f(x)\mathrm{d}x = \lim_{b \to +\infty} \int_a^b f(x)\mathrm{d}x$$

这时也称广义积分 $\int_a^{+\infty} f(x)\mathrm{d}x$ 收敛;如果极限(3.7)不存在,则称广义积分 $\int_a^{+\infty} f(x)\mathrm{d}x$ 发散.

类似地,可定义函数 $f(x)$ 在无穷区间 $(-\infty, b]$ 上的广义积分

$$\int_{-\infty}^b f(x)\mathrm{d}x = \lim_{a \to -\infty} \int_a^b f(x)\mathrm{d}x$$

并可定义函数 $f(x)$ 在无穷区间 $(-\infty, +\infty)$ 上的广义积分

$$\int_{-\infty}^{+\infty} f(x)\mathrm{d}x = \int_{-\infty}^c f(x)\mathrm{d}x + \int_c^{+\infty} f(x)\mathrm{d}x$$

其中 c 为任一实常数.广义积分 $\int_{-\infty}^{+\infty} f(x)\mathrm{d}x$ 收敛的充分必要条件是 $\int_{-\infty}^c f(x)\mathrm{d}x$ 和 $\int_c^{+\infty} f(x)\mathrm{d}x$ 均收敛.

若 $F(x)$ 是 $f(x)$ 的原函数,计算广义积分时,为书写方便,记

$$F(+\infty) = \lim_{x \to +\infty} F(x), \quad F(-\infty) = \lim_{x \to -\infty} F(x)$$

则

$$\int_a^{+\infty} f(x)\mathrm{d}x = F(x)\Big|_a^{+\infty} = F(+\infty) - F(a)$$

$$\int_{-\infty}^b f(x)\mathrm{d}x = F(x)\Big|_{-\infty}^b = F(b) - F(-\infty)$$

$$\int_{-\infty}^{+\infty} f(x)\mathrm{d}x = F(x)\Big|_{-\infty}^{+\infty} = F(+\infty) - F(-\infty)$$

这时广义积分的收敛与发散取决于 $F(+\infty)$ 和 $F(-\infty)$ 是否存在.

【例 22】　计算 $\int_0^{+\infty} \mathrm{e}^{-x}\mathrm{d}x$.

解　$\int_0^{+\infty} \mathrm{e}^{-x}\mathrm{d}x = -\mathrm{e}^{-x}\Big|_0^{+\infty} = 0 + 1 = 1.$

【例 23】　计算 $\int_{-\infty}^{+\infty} \frac{1}{1+x^2}\mathrm{d}x$.

解　$\int_{-\infty}^{+\infty} \frac{1}{1+x^2}\mathrm{d}x = \arctan x\Big|_{-\infty}^{+\infty} = \frac{\pi}{2} - \left(-\frac{\pi}{2}\right) = \pi.$

【例 24】 讨论广义积分$\int_1^{+\infty}\frac{1}{x^p}\mathrm{d}x$的敛散性.

解　当 $p=1$ 时

$$\int_1^{+\infty}\frac{1}{x^p}\mathrm{d}x=\int_1^{+\infty}\frac{1}{x}\mathrm{d}x=\ln x\Big|_1^{+\infty}=+\infty$$

当 $p\neq 1$ 时

$$\int_1^{+\infty}\frac{1}{x^p}\mathrm{d}x=\frac{x^{1-p}}{1-p}\Big|_1^{+\infty}=\begin{cases}\dfrac{1}{p-1}, & p>1\\ +\infty, & p<1\end{cases}$$

故当 $p>1$ 时,广义积分收敛,其值为$\frac{1}{p-1}$;当 $p\leqslant 1$ 时,广义积分发散.

2.无界函数的广义积分

定义3.5　设函数$f(x)$在区间$(a,b]$上连续,在点 a 右邻域无界,$\varepsilon>0$,如果极限

$$\lim_{\varepsilon\to 0^+}\int_{a+\varepsilon}^{b}f(x)\mathrm{d}x \tag{3.8}$$

存在,则称此极限值为无界函数$f(x)$在区间$(a,b]$上的广义积分或反常积分,记作$\int_a^b f(x)\mathrm{d}x$,即

$$\int_a^b f(x)\mathrm{d}x=\lim_{\varepsilon\to 0^+}\int_{a+\varepsilon}^{b}f(x)\mathrm{d}x$$

这时也称广义积分$\int_a^b f(x)\mathrm{d}x$收敛;如果极限(3.8)不存在,则称广义积分$\int_a^b f(x)\mathrm{d}x$发散.

类似地,设$f(x)$在区间$[a,b)$上连续,在点 b 左邻域无界,$\varepsilon>0$,可定义无界函数$f(x)$在区间$[a,b)$上的广义积分

$$\int_a^b f(x)\mathrm{d}x=\lim_{\varepsilon\to 0^+}\int_a^{b-\varepsilon}f(x)\mathrm{d}x$$

设$f(x)$在区间$[a,c)$和$(c,b]$上连续,在点 c 的邻域内无界,$\varepsilon_1,\varepsilon_2>0$,则可定义无界函数$f(x)$在区间$[a,b]$上的广义积分

$$\int_a^b f(x)\mathrm{d}x=\lim_{\varepsilon_1\to 0^+}\int_a^{c-\varepsilon_1}f(x)\mathrm{d}x+\lim_{\varepsilon_2\to 0^+}\int_{c+\varepsilon_2}^{b}f(x)\mathrm{d}x$$

这时,等式右边两个极限都存在时,广义积分$\int_a^b f(x)\mathrm{d}x$才是收敛的,且

$$\int_a^b f(x)\mathrm{d}x=\int_a^c f(x)\mathrm{d}x+\int_c^b f(x)\mathrm{d}x$$

设$F(x)$是$f(x)$的原函数,当$f(x)$在区间$[a,b)$上连续,在点 b 左邻域无界时,为计算方便,常把此时的广义积分写为

$$\int_a^b f(x)\mathrm{d}x = F(x)\Big|_a^{b^-} = F(b-0) - F(a)$$

这里 $F(b-0) = \lim\limits_{x\to b^-} F(x)$；当 $f(x)$ 在区间 $(a,b]$ 上连续，在 a 点右邻域无界时，则

$$\int_a^b f(x)\mathrm{d}x = F(x)\Big|_{a^+}^{b} = F(b) - F(a+0)$$

这里 $F(a+0) = \lim\limits_{x\to a^+} F(x)$.

【例 25】　计算 $\int_0^a \frac{1}{\sqrt{a^2-x^2}}\mathrm{d}x\ (a>0)$.

解　由于 $\frac{1}{\sqrt{a^2-x^2}}$ 在 $x=a$ 处无界，所以 $\int_0^a \frac{1}{\sqrt{a^2-x^2}}\mathrm{d}x$ 是广义积分. 经计算得

$$\int_0^a \frac{1}{\sqrt{a^2-x^2}}\mathrm{d}x = \arcsin\frac{x}{a}\Big|_0^{a^-} = \frac{\pi}{2} - 0 = \frac{\pi}{2}$$

【例 26】　计算 $\int_{-1}^1 \frac{1}{x^2}\mathrm{d}x$.

解　由于 $\frac{1}{x^2}$ 在 $x=0$ 处无界，所以 $\int_{-1}^1 \frac{1}{x^2}\mathrm{d}x$ 是广义积分. 又因为

$$\int_{-1}^0 \frac{1}{x^2}\mathrm{d}x = -\frac{1}{x}\Big|_{-1}^{0^-} = +\infty$$

所以广义积分 $\int_{-1}^1 \frac{1}{x^2}\mathrm{d}x$ 发散.

如果没有注意到这是广义积分，而按定积分计算它，就会得到错误的结果

$$\int_{-1}^1 \frac{1}{x^2}\mathrm{d}x = -\frac{1}{x}\Big|_{-1}^{1} = -1-1 = -2$$

所以今后遇到积分 $\int_a^b f(x)\mathrm{d}x$ 时，首先要看积分区间上 $f(x)$ 是否有无界的点，有无界的点，就是广义积分；没有无界的点，就是定积分.

【例 27】　讨论广义积分 $\int_0^1 \frac{1}{x^q}\mathrm{d}x$ 的敛散性.

解　当 $q=1$ 时

$$\int_0^1 \frac{1}{x^q}\mathrm{d}x = \int_0^1 \frac{1}{x}\mathrm{d}x = \ln x\Big|_{0^+}^{1} = +\infty$$

当 $q\neq 1$ 时

$$\int_0^1 \frac{1}{x^q}\mathrm{d}x = \frac{x^{1-q}}{1-q}\Big|_{0^+}^{1} = \begin{cases}\frac{1}{1-q}, & q<1\\ +\infty, & q>1\end{cases}$$

故当 $q<1$ 时,广义积分收敛,其值为 $\frac{1}{1-q}$;当 $q\geqslant 1$ 时,广义积分发散.

3.2.5 定积分的应用

在前面引入定积分概念时,曾把曲边梯形的面积及变速直线运动的路程表示为乘积和式的极限,即要用定积分来加以度量.事实上,在科学技术中采用“分割、作积、求和、取极限”的方法去度量实际量得到了广泛的应用.下面我们建立度量实际量积分表达式的一种常用方法——微元法,然后用微元法去阐述定积分在某些几何和物理问题中的应用.

1.微元法

由定积分的定义知,求分布在区间 $[a,b]$ 上的某一量的总量 S(例如,面积、路程等)需要用分布函数 $f(x)$ 在 $[a,b]$ 上的定积分来计算.建立定积分有四个步骤:“分割、作积、求和、取极限”,得到

$$S=\int_a^b f(x)\mathrm{d}x=\lim_{\lambda\to 0}\sum_{i=1}^n f(\xi_i)\Delta x_i$$

有了牛顿-莱布尼兹公式以后,这个复杂的极限运算问题得到了解决,对应用问题来说关键就在于如何写出积分表达式.如果在定积分定义中略去各个量的下标,则“分割、作积、求和、取极限”的过程可改写如下:

(1) 分割:把区间 $[a,b]$ 分为 n 个小区间,任取其中一个小区间 $[x,x+\mathrm{d}x]$(区间微元),用 ΔS 表示在区间 $[x,x+\mathrm{d}x]$ 上的部分量,于是所求总量

$$S=\sum\Delta S$$

(2) 作积:取 $[x,x+\mathrm{d}x]$ 的左端点 x 为 ξ,用 $f(x)\mathrm{d}x$(总量的微元,记为 $\mathrm{d}S$)作为 ΔS 近似值,即有

$$\Delta S\approx \mathrm{d}S=f(x)\mathrm{d}x$$

(3) 求和:得到总量 S 的近似值

$$S\approx\sum\mathrm{d}S=\sum f(x)\mathrm{d}x$$

(4) 得到总量 S 的精确值

$$S=\lim\sum f(x)\mathrm{d}x=\int_a^b f(x)\mathrm{d}x$$

我们通过分析定积分的“分割、作积、求和、取极限”的过程,可抽象出在应用学科中广泛采用的将所求总量 S 表示为定积分的方法——微元法,这个方法主要有两个步骤:

(1) 写出微元:确定积分变量的变化区间 $[a,b]$,任取 $[a,b]$ 的一个微元 $[x,x+\mathrm{d}x]$,求出相应于这个区间微元上的部分量 ΔS 的近似值,即求出所求总量 S 的微元

$$dS = f(x)dx$$

(2) 写出积分：根据 $dS = f(x)dx$ 写出表示总量 S 的定积分

$$S = \int_a^b dS = \int_a^b f(x)dx$$

2. 平面图形的面积

我们知道，由曲线 $y = f(x)(f(x) \geqslant 0)$ 和直线 $x = a, x = b$ 和 $y = 0$ 围成的曲边梯形的面积为

$$S = \int_a^b f(x)dx$$

下面讨论由一般曲线围成图形的面积问题.

设在区间 $[a,b]$ 上，曲线 $y = f(x)$ 位于曲线 $y = g(x)$ 的上方，即有 $f(x) \geqslant g(x)$，求这两条曲线和直线 $x = a, x = b$ 所围成图形(称为 x - 型区域，如图 3.8 所示) 的面积 S.

在区间 $[a,b]$ 上任取一个微元 $[x, x + dx]$，它对应的面积微元为

$$dS = [f(x) - g(x)]dx$$

从 a 到 b 作定积分就得到所求的面积

$$S = \int_a^b [f(x) - g(x)]dx$$

类似地，由曲线 $x = \varphi(y), x = \psi(y)(\varphi(y) \geqslant \psi(y))$ 和直线 $y = c, y = d$ 围成的图形(称为 y - 型区域，如图 3.9 所示) 的面积 S 为

$$S = \int_c^d [\varphi(y) - \psi(y)]dy$$

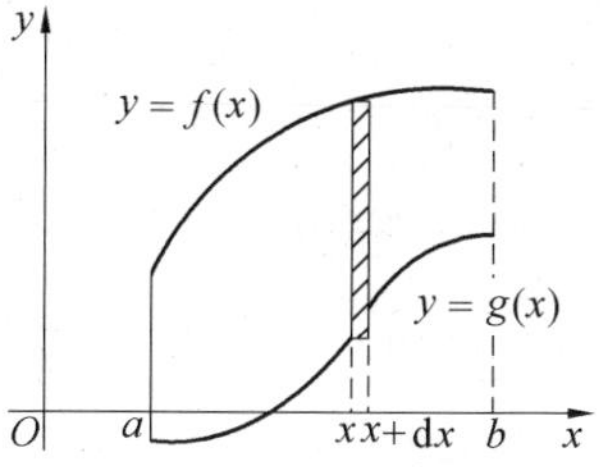

图 3.8

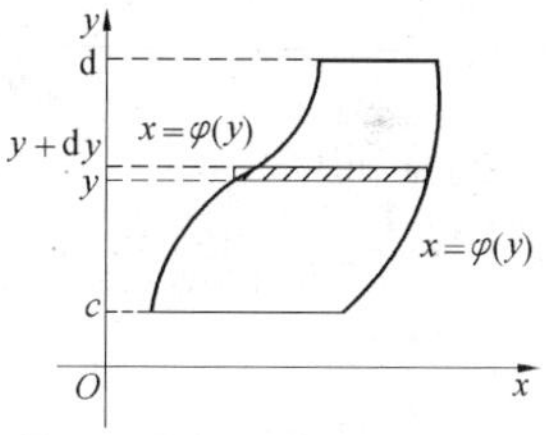

图 3.9

一般情况下，由曲线围成的有界区域，总可以分成若干块 x - 型区域和 y - 型区域，如图 3.10 所示，只要分别算出每块的面积再相加即可.

【例 28】　求由抛物线 $y = x^2$ 和 $y^2 = x$ 所围成的平面图形的面积.

解　由图 3.11 可见，宜选 x 为积分变量.

为确定积分区间，解联立方程组

$$\begin{cases} y = x^2 \\ y^2 = x \end{cases}$$

得两抛物线的交点为(0,0),(1,1),所以积分区间为[0,1].任取[0,1]上的一个微元[$x, x + dx$],则它所对应的面积微元为

$$dS = (\sqrt{x} - x^2)dx$$

故所求面积为

$$S = \int_0^1 (\sqrt{x} - x^2)dx = \left(\frac{2}{3}x^{\frac{3}{2}} - \frac{1}{3}x^2\right)\Big|_0^1 = \frac{1}{3}$$

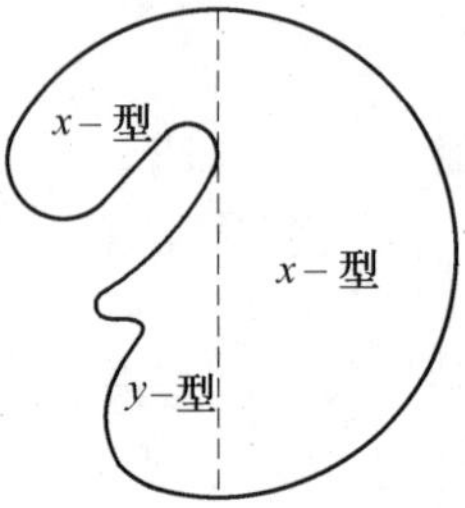

图 3.10

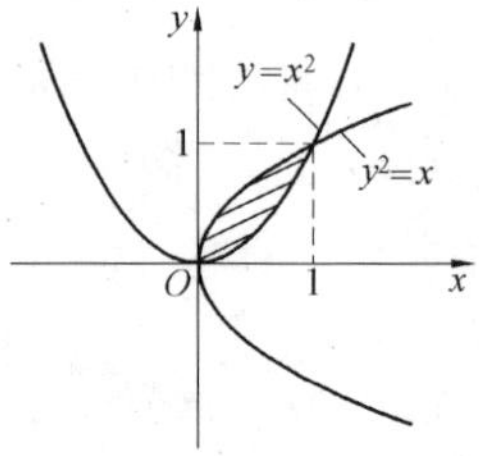

图 3.11

【例 29】 求由抛物线 $y^2 = 2x$ 与直线 $y = x - 4$ 所围成的平面图形的面积.

解 由图 3.12 可见,宜选 y 为积分变量.

为确定积分区间,解联立方程组

$$\begin{cases} y^2 = 2x \\ y = x - 4 \end{cases}$$

得抛物线与直线的交点为(2, -2),(8,4),所以积分区间为[-2,4]. 任取[-2,4]上的一个微元[y, $y + dy$],则它所对应的面积微元为

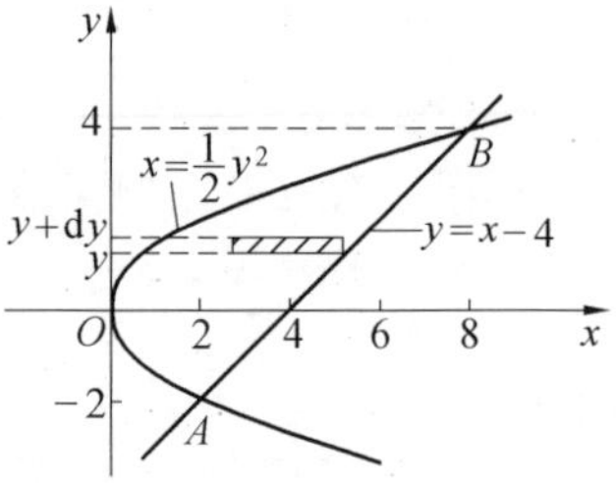

图 3.12

$$dS = [(y + 4) - \frac{1}{2}y^2]dy$$

故所求面积为

$$S = \int_{-2}^4 \left[(y + 4) - \frac{1}{2}y^2\right]dy = (\frac{1}{2}y^2 + 4y - \frac{1}{6}y^3)\Big|_{-2}^4 = 18$$

3. 旋转体的体积

由一个平面图形绕该平面内一条直线旋转一周而成的立体称为旋转体,这条直线称为旋转轴.

我们只考虑以 x 轴和 y 轴为旋转轴的旋转体,下面利用微元法来推导旋转体

体积公式.

设有一旋转体,它是由连续曲线 $y = f(x)(f(x) \geqslant 0)$,直线 $x = a, x = b$ 及 x 轴所围平面图形绕 x 轴旋转一周而成的,求该旋转体的体积 V.

任取区间 $[a, b]$ 的一个微元 $[x, x + \mathrm{d}x]$,相应的立体是一个厚度为 $\mathrm{d}x$ 的薄片,其体积近似等于以 $f(x)$ 为底半径,$\mathrm{d}x$ 为高的扁圆柱体的体积(图 3.13),即旋转体的体积微元是

$$\mathrm{d}V = \pi f^2(x)\mathrm{d}x$$

从 a 到 b 作定积分就得到所求旋转体的体积

$$V = \pi\int_a^b f^2(x)\mathrm{d}x$$

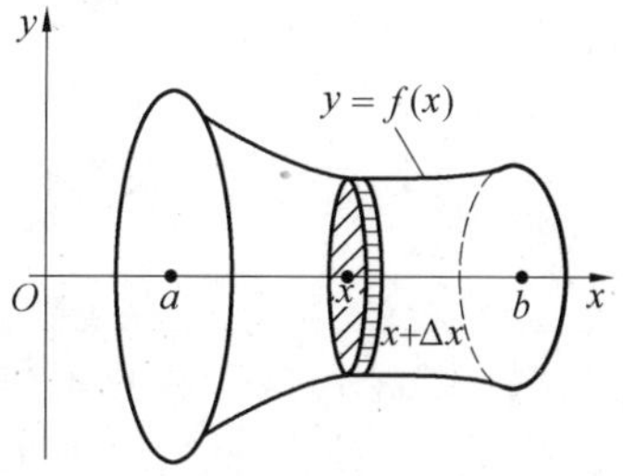

图 3.13

同样地,设有一旋转体,它是由连续曲线 $x = \varphi(y)(\varphi(y) \geqslant 0)$,直线 $y = c, y = d$ 及 y 轴所围平面图形绕 y 轴旋转一周而成的,则该旋转体的体积 V 为

$$V = \pi\int_c^d \varphi^2(y)\mathrm{d}y$$

【例 30】　求由椭圆 $\frac{x^2}{a^2} + \frac{y^2}{b^2} = 1$ 围成的平面图形绕 x 轴旋转而成的旋转椭球体的体积.

解　旋转椭球体可看成由上半椭圆

$$y = \frac{b}{a}\sqrt{a^2 - x^2}$$

及 x 轴所围成的平面图形绕 x 轴旋转而成的立体.

任取积分区间 $[-a, a]$ 上的一个微元 $[x, x + \mathrm{d}x]$,则相应的旋转体的体积微元为

$$\mathrm{d}V = \pi y^2\mathrm{d}x = \pi\frac{b^2}{a^2}(a^2 - x^2)\mathrm{d}x$$

故所求旋转椭球体的体积为

$$V = \int_{-a}^a \pi\frac{b^2}{a^2}(a^2 - x^2)\mathrm{d}x = 2\pi\frac{b^2}{a^2}\int_{-a}^a (a^2 - x^2)\mathrm{d}x =$$

$$2\pi\frac{b^2}{a^2}\left(a^2x - \frac{x^3}{3}\right)\Big|_0^a = \frac{4}{3}\pi ab^2$$

4. 变力做功

定积分的微元法在物理学中具有广泛的应用,这里我们仅介绍变力做功问题.

在物理学中讲过,当物体沿直线运动,如果在运动方向上只受一个常力(大小、方向均不变)F 的作用下移动了某段路程 x,则力 F 所做的功为

$$W = F \cdot x$$

一般的,设某物体在变力 $F(x)$ 的作用下沿 Ox 轴由点 a 移动到点 b,变力的方向与 Ox 轴方向一致,求变力所做的功 W.

任取区间 $[a,b]$ 的微元 $[x,x+\mathrm{d}x]$,则相应的功的微元为

$$\mathrm{d}W = F(x)\mathrm{d}x$$

从 a 到 b 作定积分就得到所求的功

$$W = \int_a^b F(x)\mathrm{d}x$$

【例 31】 根据虎克定律,弹簧的弹性力与变形量成正比.已知汽车车厢下的减震弹簧压缩 1 cm 需力 14 000 N,求弹簧压缩 2 cm 时需做的功.

解 根据虎克定律,弹簧的弹性力为

$$F(x) = kx$$

其中 k 是比例系数.当 $x = 0.01$ m 时

$$F(0.01) = k \cdot 0.01 = 14\,000\ \mathrm{N}$$

可得 $k = 1.4 \times 10^6$,于是弹性力为

$$F(x) = 1.4 \times 10^6 x$$

故所需做的功为

$$W = \int_0^{0.02} 1.4 \times 10^6 x\mathrm{d}x = \frac{1.4 \times 10^6}{2}x^2\bigg|_0^{0.02} = 280\ \mathrm{J}$$

习题 3.2

1.比较下列各组积分的大小,指出较大的一个:

(1) $\int_0^1 x^2\mathrm{d}x$ 与 $\int_0^1 x^3\mathrm{d}x$;　　(2) $\int_1^2 x^2\mathrm{d}x$ 与 $\int_1^2 x^3\mathrm{d}x$;

(3) $\int_1^2 \ln x\mathrm{d}x$ 与 $\int_1^2 x\mathrm{d}x$;　　(4) $\int_0^{\pi} \sin x\mathrm{d}x$ 与 $\int_0^{2\pi} \sin x\mathrm{d}x$.

2.估计定积分 $\int_{\frac{\pi}{2}}^{\pi} \frac{\sin x}{x}\mathrm{d}x$ 值的范围.

3.求下列函数的导数:

(1) $\int_1^x \frac{\sin t}{1+t^2}\mathrm{d}t$;　　(2) $\int_x^0 \sqrt{1+t^2}\mathrm{d}t$;

(3) $\int_x^{x^2} \mathrm{e}^{-t^2}\mathrm{d}t$;　　(4) $\int_{\mathrm{e}^x}^{2x} x\ln t\mathrm{d}t$.

4.求下列极限:

(1) $\lim\limits_{x\to 0}\dfrac{\int_0^x \sin t^3\mathrm{d}t}{x^4}$;　　(2) $\lim\limits_{x\to 0}\dfrac{\int_0^{\sin x}(1+t)^{\frac{1}{t}}\mathrm{d}t}{\int_0^x (1+t^2)\mathrm{d}t}$.

5. 求函数 $F(x)=\int_0^x te^{-t^2}dt$ 的极值.

6. 用牛顿 - 莱布尼兹公式计算下列定积分:

(1) $\int_0^2 x^4 dx$;　　(2) $\int_0^1 (2e^x+1)dx$;

(3) $\int_0^{\frac{\pi}{2}} \cos x dx$;　　(4) $\int_{-\frac{1}{2}}^{\frac{1}{2}} \frac{1}{\sqrt{1-x^2}}dx$;

(5) $\int_1^2 \frac{1}{x+x^3}dx$;　　(6) $\int_1^e \frac{1+\ln x}{x}dx$;

(7) $\int_0^{\frac{\pi}{2}} \sqrt{1-\sin 2x}dx$;　　(8) $\int_1^4 |x^2-3x+2|dx$.

7. 设 $f(x)=\begin{cases} x^2, & 0\leqslant x\leqslant 1 \\ 1+x, & 1\leqslant x\leqslant 2 \end{cases}$,求 $\int_{\frac{1}{2}}^{\frac{3}{2}} f(x)dx$.

8. 求下列极限:

(1) $\lim\limits_{n\to\infty}\frac{1}{n\sqrt{n}}(\sqrt{1}+\sqrt{2}+\cdots+\sqrt{n})$;

(2) $\lim\limits_{n\to\infty}\frac{1}{n}\left(\sin\frac{\pi}{n}+\sin\frac{2\pi}{n}+\cdots+\sin\frac{(n-1)\pi}{n}\right)$.

9. 设 $f(x)$ 在 $[-1,1]$ 上连续,且 $f(x)=3x-\sqrt{1-x^2}\int_0^1 f^2(x)dx$,求 $f(x)$.

10. 应用换元积分法求下列定积分:

(1) $\int_4^9 \frac{\sqrt{x}}{\sqrt{x}-1}dx$;　　(2) $\int_0^{\ln 2}\sqrt{e^x-1}dx$;

(3) $\int_{\frac{1}{\sqrt{2}}}^1 \frac{\sqrt{1-x^2}}{x^2}dx$;　　(4) $\int_{-\sqrt{2}}^{-2}\frac{1}{x\sqrt{x^2-1}}dx$.

11. 证明下列积分等式:

(1) $\int_x^1 \frac{1}{1+t^2}dt=\int_1^{\frac{1}{x}}\frac{1}{1+t^2}dt\,(x>0)$;

(2) $\int_0^a f(x)dx=\int_0^a f(a-x)dx$($f$ 连续).

12. 设 $f(x)$ 在 $(-\infty,+\infty)$ 上连续,试证函数 $F(x)=\int_0^1 f(x+t)dt$ 可导,并求 $F'(x)$.

13. 应用分部积分法求下列定积分:

(1) $\int_0^{\ln 2} xe^x dx$;　　(2) $\int_0^{\pi} x\sin x dx$;

(3) $\int_0^{\frac{\pi}{2}} x\sin^2 x\mathrm{d}x$；　(4) $\int_0^{\frac{\pi}{2}} \mathrm{e}^{2x}\cos x\mathrm{d}x$；

(5) $\int_0^{\sqrt{3}} x\arctan x\mathrm{d}x$；　(6) $\int_{-2}^{2} (|x| + x)\mathrm{e}^{|x|}\mathrm{d}x$；

(7) $\int_{\frac{1}{\mathrm{e}}}^{\mathrm{e}} |\ln x|\mathrm{d}x$；　(8) $\int_{-1}^{1} \frac{x\arcsin x}{\sqrt{1-x^2}}\mathrm{d}x$.

14. 已知 $f(\pi) = 1$，且 $\int_0^{\pi}[f(x) + f''(x)]\sin x\mathrm{d}x = 3$，求 $f(0)$.

15. 已知 $f(x)$ 的一个原函数是 $\sin x\ln x$，求 $\int_1^{\pi} xf'(x)\mathrm{d}x$.

16. 讨论下列广义积分的敛散性，若收敛，求其值：

(1) $\int_1^{+\infty} \frac{1}{x^2}\mathrm{d}x$；　(2) $\int_{-\infty}^{0} x\mathrm{e}^{-x^2}\mathrm{d}x$；

(3) $\int_0^{2} \frac{1}{(x-1)^2}\mathrm{d}x$；　(4) $\int_1^{\mathrm{e}} \frac{1}{x\sqrt{1-(\ln x)^2}}\mathrm{d}x$.

17. 求由曲线 $y = \mathrm{e}^x$，$y = \mathrm{e}^{-x}$ 和直线 $x = 1$ 所围成的平面图形的面积.

18. 求由抛物线 $y^2 = x$ 和直线 $x - 2y - 3 = 0$ 所围成的平面图形的面积.

19. 求由曲线 $y = \ln x$ 和直线 $y = 0$，$y = 2$，$x = 0$ 所围成的平面图形分别绕 x 轴和 y 轴旋转一周所成旋转体的体积.

20. 修建江桥的桥墩时，先要下围圈，并抽尽其中的水以便施工. 已知围圈的直径为 20 m，水深 27 m，围圈高出水面 3 m，问抽尽其中的水，需要做功多少(设水的密度 ρ 为 1 000 kg/m^3，重力加速度 g 取为 10 m/s^2)？

第 4 章　二元函数微积分学

前几章研究了仅依赖一个自变量的函数——一元函数,由于客观世界是复杂多样的,许多事情是受多方面因素制约的,所以在数量关系上需要研究依赖多个自变量的函数,即多元函数.多元函数微积分学的内容和方法与一元函数的内容和方法有许多相似之处,但由于变元的增加,问题更复杂多样.在学习时,应注意与一元函数有关内容进行对比,找出异同,才能深刻理解和掌握多元函数微积分.

本章我们主要介绍二元函数微积分,这样就能使单(一元函数)与多(二元函数)的差异显现出来.从一元函数到二元函数,在内容和方法上都会出现一些实质性的差别,而二元函数与二元以上的多元函数之间,只是形式上的不同,没有本质上的区别.在掌握了二元函数的有关理论和方法之后,不难把它推广到二元以上的函数中去.

4.1　二元函数的微分学

4.1.1　二元函数的极限与连续

1.二元函数的概念

现实生活中,经常遇到依赖两个或两个以上变量的函数关系式.例如,直角三角形的底边长为 a,高为 b,其面积为 S,则它们之间有如下依赖关系

$$S = \frac{1}{2}ab \quad (a, b > 0)$$

当 a, b 变化时,都将引起面积 S 的变化.

又如,长方体的长为 x,宽为 y,高为 z,其体积为 V,则它们之间有如下依赖关系

$$V = xyz \quad (x, y, z > 0)$$

当 x, y, z 变化时,都将引起体积 V 的变化.

定义4.1　设 D 是平面上的非空集合,若变量 z 与 D 中的变量 x, y 之间有一个对应法则,使得在 D 内每取定一个点 (x, y),按照这个对应法则都有确定的 z 值与之对应,则称 z 是 x, y 的二元函数,记为

$$z = f(x, y) \quad (x, y) \in D$$

其中 x, y 称为自变量,z 称为因变量,D 称为该函数的定义域.

所有函数值的集合

$$\{z \mid z = f(x,y),(x,y) \in D\}$$

称为函数的值域.

类似地可以定义 n 元函数.二元及二元以上的函数统称多元函数.

本章中,我们要用到(平面)区域这一概念,它是指由一条或几条曲线所包围的平面上的部分,包围区域的曲线称为该区域的边界.包含边界的区域称为闭区域,否则称为开区域.如果某区域能包含在一个具有确定半径的圆内,则称其为有界区域,否则称为无界区域.

【例 1】　确定函数 $z = \ln(x + y)$ 的定义域.

解　由于负数和零不能取对数,所以有

$$x + y > 0$$

故所求的定义域是

$$\{(x,y) \mid x + y > 0\}$$

在平面直角坐标系下是直线 $x + y = 0$ 右上方的半平面(不包括直线),是无界开区域(图 4.1).

【例 2】　确定函数 $z = \sqrt{1 - x^2 - y^2}$ 的定义域.

解　由于负数不能开平方,所以有

$$1 - x^2 - y^2 \geqslant 0$$

故所求的定义域是

$$\{(x,y) \mid x^2 + y^2 \leqslant 1\}$$

在平面直角坐标系下是圆 $x^2 + y^2 = 1$ 所围成的部分(包括圆周),是有界闭区域(图 4.2).

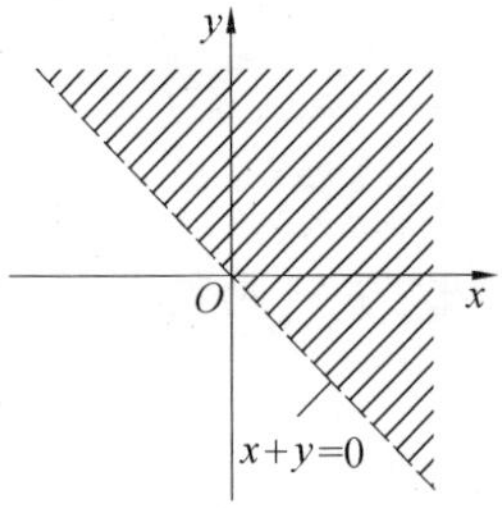

图 4.1

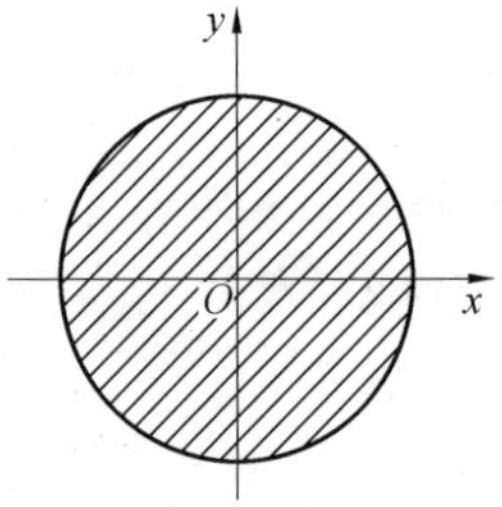

图 4.2

二元函数的几何意义:平面区域 D 上的二元函数 $z = f(x,y),(x,y) \in D$ 的图形是空间直角坐标系中的一张曲面.

例如,函数 $z = \sqrt{1 - x^2 - y^2}$ 的图形是以原点为球心,1 为半径的上半球面(图 4.3);函数 $z = x^2 + y^2$ 的图形是开口向上的旋转抛物面(图 4.4).

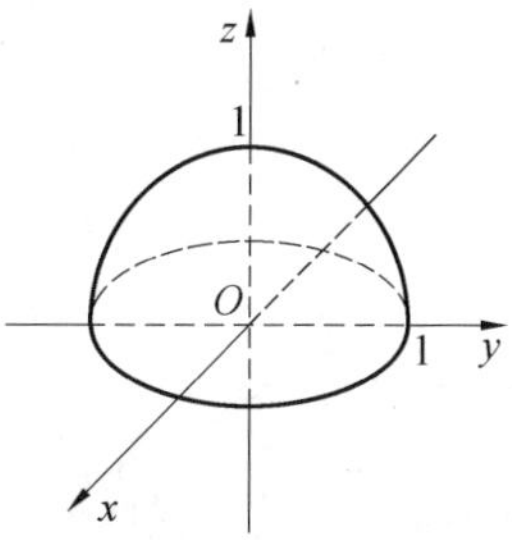

图4.3

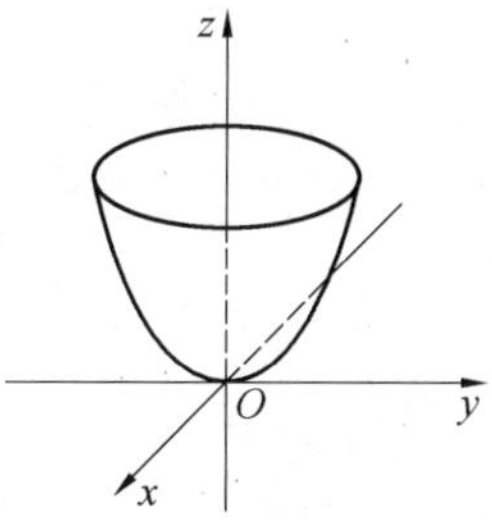

图4.4

2. 二元函数的极限

设(x_0, y_0)是平面上一定点,δ是一正数,称集合

$$\left\{(x,y)\left|\sqrt{(x-x_0)^2+(y-y_0)^2}<\delta\right.\right\}$$

为点(x_0, y_0)的δ邻域;称集合

$$\left\{(x,y)\mid 0<\sqrt{(x-x_0)^2+(y-y_0)^2}<\delta\right\}$$

为点(x_0, y_0)的去心δ邻域.当我们不关心δ大小时,常用“邻域”代替δ邻域.

定义4.2　设二元函数$z=f(x,y)$在点(x_0, y_0)的某去心邻域内有定义,A为常数,若对于任意一个正数ε,总能找到相应的某个正数δ,使得当$0<\sqrt{(x-x_0)^2+(y-y_0)^2}<\delta$时,恒有

$$|f(x,y)-A|<\varepsilon$$

则称函数$f(x,y)$当$(x,y)\to(x_0,y_0)$时收敛于A,并称A是函数$f(x,y)$当$(x,y)\to(x_0,y_0)$时的极限,记为

$$\lim_{(x,y)\to(x_0,y_0)} f(x,y)=A$$

或

$$\lim_{\substack{x\to x_0\\ y\to y_0}} f(x,y)=A$$

对于一元函数,$x\to x_0$是指x沿x轴从左、右两侧趋于x_0.而二元函数的自变量在平面上变化,$(x,y)\to(x_0,y_0)$是指点(x,y)在平面上以任何方式和途径趋于(x_0,y_0).这就告诉我们,只有当点(x,y)以任何可能的方式和途径趋于(x_0,y_0),函数$f(x,y)$都趋于A,才称其极限为A.如果有一条路径极限不存在,或者至少有两条路径极限存在,但极限不相等,则函数的极限不存在.

【例3】　讨论二元函数

$$f(x,y)=\frac{xy}{x^2+y^2}$$

当$(x,y)\to(0,0)$时是否有极限.

解　当点(x,y)沿直线$y=x$趋于$(0,0)$时,有

$$\lim_{(x,x)\to(0,0)} f(x,y) = \lim_{x\to 0}\frac{x^2}{x^2+x^2} = \frac{1}{2}$$

又当点(x,y)沿抛物线 $y = x^2$ 趋于(0,0) 时,有

$$\lim_{(x,x^2)\to(0,0)} f(x,y) = \lim_{x\to 0}\frac{x^3}{x^2+x^4} = \lim_{x\to 0}\frac{x}{1+x^2} = 0$$

故函数的极限不存在.

一元函数求极限的四则运算法则可以推广到二元函数极限运算上来,唯一性、保序性和有界性也都成立.

【例 4】 求$\lim\limits_{\substack{x\to 3\\ y\to 2}}(2x-y)$.

解 $\lim\limits_{\substack{x\to 3\\ y\to 2}}(2x-y) = 2\times 3 - 2 = 4.$

【例 5】 求$\lim\limits_{\substack{x\to 0\\ y\to 2}}\dfrac{\sin xy}{x}$.

解 $\lim\limits_{\substack{x\to 0\\ y\to 2}}\dfrac{\sin xy}{x} = \lim\limits_{\substack{x\to 0\\ y\to 2}} y\cdot\dfrac{\sin xy}{xy} = 2\times 1 = 2.$

3. 二元函数的连续性

定义 4.3 设二元函数 $z = f(x,y)$ 在点(x_0,y_0) 的某邻域内有定义,如果

$$\lim_{(x,y)\to(x_0,y_0)} f(x,y) = f(x_0,y_0)$$

则称函数$f(x,y)$在点(x_0,y_0)处连续,并称(x_0,y_0)是$f(x,y)$的连续点;否则称函数 $f(x,y)$ 在点(x_0,y_0) 处不连续,此时点(x_0,y_0) 称为 $f(x,y)$ 的间断点.

若二元函数 $z = f(x,y)$ 在区域 D 上每一点都连续,则称 $f(x,y)$ 在区域 D 上连续.

例如,函数 $f(x,y) = \dfrac{xy}{1+x^2+y^2}$ 在 Oxy 坐标面上处处连续;函数 $f(x,y) = \dfrac{x-y}{x^2+y^2}$ 仅在原点(0,0) 处不连续;函数 $f(x,y) = \cos\dfrac{1}{1-x^2-y^2}$ 在单位圆 $x^2+y^2=1$ 上处处间断.

在空间直角坐标系下,平面区域 D 上的二元连续函数$z = f(x,y)$ 的图形是在 D 上张开的一张“无孔无缝”的连续曲面.

同一元函数一样,二元连续函数的和、差、积、商(分母不为零) 及复合仍是连续的.

4.1.2　偏导数与全微分

1. 偏导数

与一元函数相似,我们也需要讨论多元函数的变化率问题. 但由于变量的增

加,情况要复杂得多.按着由浅入深的原则,首先讨论简单的情形,即在其他自变量固定不变时,函数仅随一个自变量变化的变化率问题 - 由此引出偏导数的概念.

定义 4.4　设二元函数 $z = f(x,y)$ 在点 (x_0,y_0) 的某邻域内有定义,固定 $y = y_0$,给 x_0 以增量 Δx,若极限

$$\lim_{\Delta x\to 0}\frac{f(x_0+\Delta x,y_0)-f(x_0,y_0)}{\Delta x}$$

存在,则称此极限值为函数 $z = f(x,y)$ 在 (x_0,y_0) 处关于 x 的偏导数,记为

$$f_x'(x_0,y_0),\quad \left.\frac{\partial z}{\partial x}\right|_{(x_0,y_0)},\quad \left.\frac{\partial f}{\partial x}\right|_{(x_0,y_0)},\quad \left.z'_x\right|_{(x_0,y_0)}$$

即

$$f_x'(x_0,y_0) = \lim_{\Delta x\to 0}\frac{f(x_0+\Delta x,y_0)-f(x_0,y_0)}{\Delta x}$$

类似地,固定 $x = x_0$,给 y_0 以增量 Δy,若极限

$$\lim_{\Delta y\to 0}\frac{f(x_0,y_0+\Delta y)-f(x_0,y_0)}{\Delta y}$$

存在,则称此极限值为函数 $z = f(x,y)$ 在 (x_0,y_0) 处关于 y 的偏导数,记为

$$f_y'(x_0,y_0),\quad \left.\frac{\partial z}{\partial y}\right|_{(x_0,y_0)},\quad \left.\frac{\partial f}{\partial y}\right|_{(x_0,y_0)},\quad \left.z'_y\right|_{(x_0,y_0)}$$

即

$$f_y'(x_0,y_0) = \lim_{\Delta y\to 0}\frac{f(x_0,y_0+\Delta y)-f(x_0,y_0)}{\Delta y}$$

同样,我们可以定义二元以上函数的偏导数.

如果函数 $z = f(x,y)$ 在区域 D 内的每一个点 (x,y) 处都有关于 x 的偏导数,那么这个偏导数就是 D 内点 (x,y) 的函数,称之为 $z = f(x,y)$ 关于 x 的偏导函数,简称为关于 x 的偏导数,记为

$$f_x'(x,y),\quad \frac{\partial z}{\partial x},\quad \frac{\partial f(x,y)}{\partial x},\quad z_x'$$

同样,$z = f(x,y)$ 关于 y 的偏导(函)数,记为

$$f_y'(x,y),\quad \frac{\partial z}{\partial y},\quad \frac{\partial f(x,y)}{\partial y},\quad z_y'$$

显然,偏导函数 $f_x'(x,y)$ 在点 (x_0,y_0) 处的值,就是函数 $f(x,y)$ 在点 (x_0,y_0) 处关于 x 的偏导数 $f_x'(x_0,y_0)$.

由偏导数的定义知,求多元函数关于某个自变量的偏导数,就是把其他自变量视为常数,使函数成为关于这个自变量的一元函数,然后利用一元函数的求导方法和公式进行即可.

【例 6】　求 $z = x^2y + y^3$ 在点 $(1,2)$ 处的偏导数.

解　由于

$$\frac{\partial z}{\partial x}=2xy,\quad \frac{\partial z}{\partial y}=x^2+3y^2$$

所以

$$\left.\frac{\partial z}{\partial x}\right|_{(1,2)}=\left.2xy\right|_{(1,2)}=4,\quad \left.\frac{\partial z}{\partial y}\right|_{(1,2)}=\left.(x^2+3y^2)\right|_{(1,2)}=13$$

【例 7】　求 $z=x^y(x>0)$ 的偏导数.

解　$\frac{\partial z}{\partial x}=yx^{y-1},\frac{\partial z}{\partial y}=x^y\ln x$.

求函数在某一点处的偏导数可以先将其他变量的值代入,变为一元函数,再求导,常常较为方便.

【例 8】　求 $f(x,y)=(2-e^{xy})\sin\ln x$ 在点(1,0)处的偏导数.

解　因为

$$f(x,0)=\sin\ln x,f(0,y)=0$$

所以

$$f_x'(1,0)=\left.(\sin\ln x)'\right|_{x=1}=\left.\frac{1}{x}\cos\ln x\right|_{x=1}=1$$

$$f_y'(1,0)=\left.(0)'\right|_{y=0}=0$$

【例 9】　设 $f(x,y)=\begin{cases}\frac{1}{2xy}\sin(x^2y), & xy\neq 0\\ 0, & xy=0\end{cases}$,求 $f_x'(0,1)$ 和 $f_y'(0,1)$.

解　由偏导数定义,得

$$f_x'(0,1)=\lim_{\Delta x\to 0}\frac{f(\Delta x,1)-f(0,1)}{\Delta x}=\lim_{\Delta x\to 0}\frac{\frac{\sin(\Delta x)^2}{2\Delta x}-0}{\Delta x}=$$

$$\frac{1}{2}\lim_{\Delta x\to 0}\frac{\sin(\Delta x)^2}{(\Delta x)^2}=\frac{1}{2}$$

$$f_y'(0,1)=\lim_{\Delta y\to 0}\frac{f(0,1+\Delta y)-f(0,1)}{\Delta y}=\lim_{\Delta y\to 0}\frac{0-0}{\Delta y}=0$$

偏导数的几何意义:因为偏导数 $f_x'(x_0,y_0)$ 就是一元函数 $f(x,y_0)$ 在 x_0 处的导数,所以几何上 $f_x'(x_0,y_0)$ 表示曲面 $z=f(x,y)$ 与平面 $y=y_0$ 的交线 $z=f(x,y_0)$ 在点 $(x_0,y_0,f(x_0,y_0))$ 处的切线对 x 轴的斜率.同样 $f_y'(x_0,y_0)$ 表示曲面 $z=f(x,y)$ 与平面 $x=x_0$ 的交线 $z=f(x_0,y)$ 在点 $(x_0,y_0,f(x_0,y_0))$ 处的切线对 y 轴的斜率(图 4.5).

一元函数可导必连续,但对于多元函数,偏导数都存在,函数未必有极限,更保证不了连续性.我们可以从偏导数的几何意义看到这一点.因为偏导数 $f_x'(x_0,y_0)$ 仅与函数 $z=f(x,y)$ 在 $y=y_0$ 上的值有关,$f_y'(x_0,y_0)$ 仅与 $z=f(x,y)$ 在 $x=$

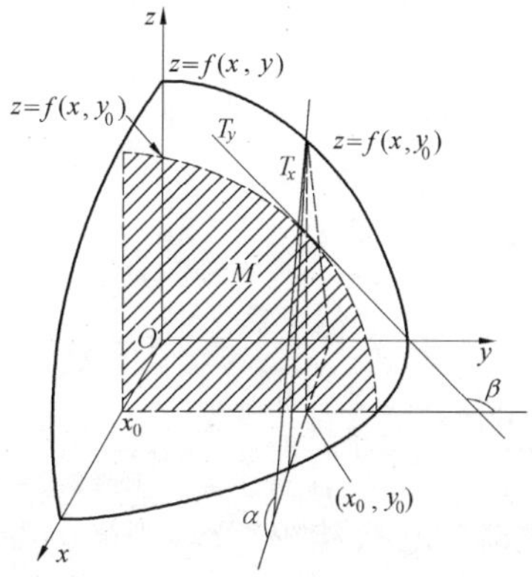

图 4.5

x_0 上的值有关,与点(x_0,y_0)邻域内其他点上的函数值无关,所以偏导数的存在不能保证函数有极限,更保证不了连续性.

2. 高阶偏导数

由于二元函数 $z = f(x,y)$ 的偏导数

$$\frac{\partial z}{\partial x} = f_x'(x,y),\quad \frac{\partial z}{\partial y} = f_y'(x,y)$$

仍然是自变量 x 和 y 的函数,如果它们关于 x 和 y 的偏导数也存在,则称它们的偏导数是函数 $z = f(x,y)$ 的二阶偏导数.二元函数 $z = f(x,y)$ 的二阶偏导数有如下四种情形:

$$\frac{\partial}{\partial x}\left(\frac{\partial z}{\partial x}\right) = \frac{\partial^2 z}{\partial x^2} = f_{xx}''(x,y) = z''_{xx}$$

$$\frac{\partial}{\partial y}\left(\frac{\partial z}{\partial x}\right) = \frac{\partial^2 z}{\partial x \partial y} = f_{xy}''(x,y) = z''_{xy}$$

$$\frac{\partial}{\partial x}\left(\frac{\partial z}{\partial y}\right) = \frac{\partial^2 z}{\partial y \partial x} = f_{yx}''(x,y) = z''_{yx}$$

$$\frac{\partial}{\partial y}\left(\frac{\partial z}{\partial y}\right) = \frac{\partial^2 z}{\partial y^2} = f_{yy}''(x,y) = z''_{yy}$$

其中 $f_{xy}''(x,y)$ 和 $f_{yx}''(x,y)$ 称为混合二阶偏导数.

递推地可以定义各阶偏导数,二阶和二阶以上的偏导数统称为高阶偏导数.

【例 10】　求 $z = \arctan \dfrac{y}{x}$ 的二阶偏导数.

解　由于

$$\frac{\partial z}{\partial x} = -\frac{y}{x^2 + y^2},\quad \frac{\partial z}{\partial y} = \frac{x}{x^2 + y^2}$$

所以

$$\frac{\partial^2 z}{\partial x^2} = \frac{\partial}{\partial x}\left(-\frac{y}{x^2+y^2}\right) = \frac{2xy}{(x^2+y^2)^2}$$

$$\frac{\partial^2 z}{\partial x \partial y} = \frac{\partial}{\partial y}\left(-\frac{y}{x^2+y^2}\right) = -\frac{x^2-y^2}{(x^2+y^2)^2}$$

$$\frac{\partial^2 z}{\partial y \partial x} = \frac{\partial}{\partial x}\left(\frac{x}{x^2+y^2}\right) = -\frac{x^2-y^2}{(x^2+y^2)^2}$$

$$\frac{\partial^2 z}{\partial y^2} = \frac{\partial}{\partial y}\left(\frac{x}{x^2+y^2}\right) = -\frac{2xy}{(x^2+y^2)^2}$$

例 10 中两个混合二阶偏导数相等,这种现象的发生并非偶然,而是许多函数都具有的性质.

定理 4.1 如果函数 $f(x,y)$ 在点 (x,y) 的某邻域内二阶偏导数 $f_{xy}''(x,y)$ 和 $f_{yx}''(x,y)$ 都存在,且它们在点 (x,y) 处连续,则

$$f_{xy}''(x,y) = f_{yx}''(x,y)$$

证明从略.

一般的,多元函数的混合偏导数如果连续,就与求导次序无关.

3. 全微分

与一元函数的情形类似,对于多元函数也有自变量的微小变化导致函数变化多少的问题.

设二元函数 $z = f(x,y)$ 在点 (x_0,y_0) 的某邻域内有定义,$(x_0+\Delta x, y_0+\Delta y)$ 为该邻域内任意一点,则称

$$\Delta z = f(x_0+\Delta x, y_0+\Delta y) - f(x_0,y_0)$$

为函数在点 (x_0,y_0) 处的全增量.

二元函数 $z = f(x,y)$ 在一点的全增量是 $\Delta x,\Delta y$ 的函数.一般说来,Δz 是 Δx,Δy 的较复杂的函数,当自变量的增量 $\Delta x,\Delta y$ 很小时,我们自然希望用 $\Delta x,\Delta y$ 的线性表达式来近似代替 Δz.为此引入二元函数 $z = f(x,y)$ 全微分的概念.

定义 4.5 设函数 $z = f(x,y)$ 在点 (x_0,y_0) 的某邻域内有定义,如果对该邻域内的任意点 $(x_0+\Delta x, y_0+\Delta y)$,函数在点 (x_0,y_0) 的全增量 Δz 可表示为

$$\Delta z = A\Delta x + B\Delta y + o(\rho)$$

其中 A,B 与 $\Delta x,\Delta y$ 无关,$o(\rho)$ 是关于 $\rho = \sqrt{(\Delta x)^2 + (\Delta y)^2}$ 的高阶无穷小,则称函数 $z = f(x,y)$ 在点 (x_0,y_0) 处可微,并称 $A\Delta x + B\Delta y$ 为函数在点 (x_0,y_0) 处的全微分,记为 $\mathrm{d}z$ 或 $\mathrm{d}f$,即

$$\mathrm{d}z = A\Delta x + B\Delta y$$

由一元函数微分学知,函数可微必连续.二元函数也有类似的结论,由上述微分定义知,二元函数可微则必连续.

对于一元函数 $y = f(x)$ 可微与可导是等价的,且 $\mathrm{d}y = f'(x)\mathrm{d}x$.那么对于二元函数 $z = f(x,y)$ 可微与偏导数存在有怎样的关系呢?

定理 4.2　(可微的必要条件)如果函数 $z = f(x,y)$ 在点(x_0,y_0)处可微,则该函数在点(x_0,y_0) 处的偏导数 $f_x'(x_0,y_0)$,$f_y'(x_0,y_0)$ 都存在,且

$$A = f_x'(x_0,y_0),\quad B = f_y'(x_0,y_0)$$

证明　因为函数 $z = f(x,y)$ 在点(x_0,y_0) 处可微,所以有

$$f(x_0 + \Delta x, y_0 + \Delta y) - f(x_0,y_0) = A\Delta x + B\Delta y + o(\rho)$$

当 $\Delta y = 0$ 时,上式化为

$$f(x_0 + \Delta x, y_0) - f(x_0,y_0) = A\Delta x + o(|\Delta x|)$$

于是

$$f_x'(x_0,y_0) = \lim_{\Delta x\to 0}\frac{f(x_0 + \Delta x, y_0) - f(x_0,y_0)}{\Delta x} = \lim_{\Delta x\to 0}\left(A + \frac{o(|\Delta x|)}{\Delta x}\right) = A$$

同样可证

$$f_y'(x_0,y_0) = B$$

由定理 4.2 可知,函数 $z = f(x,y)$ 在点(x_0,y_0) 处的全微分可表为

$$\mathrm{d}z = f_x'(x_0,y_0)\Delta x + f_y'(x_0,y_0)\Delta y$$

因为自变量的微分等于它的增量,$\mathrm{d}x = \Delta x$,$\mathrm{d}y = \Delta y$,所以上式习惯写成

$$\mathrm{d}z = f_x'(x_0,y_0)\mathrm{d}x + f_y'(x_0,y_0)\mathrm{d}y$$

如果函数 $z = f(x,y)$ 在区域 D 内每一点都可微,则称该函数在区域 D 上可微.此时,函数 $z = f(x,y)$ 在 D 上的全微分可表为

$$\mathrm{d}z = f_x'(x,y)\mathrm{d}x + f_y'(x,y)\mathrm{d}y$$

由定理 4.2 知,二元函数在某点可微,那么在该点函数的偏导数一定存在.但反过来不一定成立.

定理 4.3　(可微的充分条件)如果函数 $z = f(x,y)$ 的在点(x_0,y_0) 的某邻域内偏导数都存在,且它们在点(x_0,y_0) 处连续,则函数 $z = f(x,y)$ 在点(x_0,y_0) 处可微.

证明从略.

由此可见,对于二元函数来说,偏导数存在且连续,则可微.

【例 11】　求 $z = x\sin xy$ 的全微分.

解　因为

$$\frac{\partial z}{\partial x} = \sin xy + xy\cos xy,\quad \frac{\partial z}{\partial y} = x^2\cos xy$$

都连续,所以全微分为

$$\mathrm{d}z = (\sin xy + xy\cos xy)\mathrm{d}x + x^2\cos xy\mathrm{d}y$$

4.1.3　复合函数求导法则

对于一元函数,有复合函数的求导法则:若函数 $u = \varphi(x)$ 在 x 处可导,$y = f(u)$ 在点 x 的对应点 $u(=\varphi(x))$ 处可导,则复合函数 $y = f(\varphi(x))$ 在 x 处也可导,且

$$\frac{\mathrm{d}y}{\mathrm{d}x} = \frac{\mathrm{d}y}{\mathrm{d}u}\frac{\mathrm{d}u}{\mathrm{d}x}$$

对于二元函数,有类似的结论.

定理 4.4　如果函数 $u = u(x,y), v = v(x,y)$ 在点 (x,y) 处关于 x 和 y 的偏导数都存在,而函数 $z = f(u,v)$ 在点 (x,y) 的对应点 (u,v) 处可微,则复合函数 $z = f(u(x,y), v(x,y))$ 在点 (x,y) 处两个偏导数都存在,且

$$\frac{\partial z}{\partial x} = \frac{\partial z}{\partial u}\frac{\partial u}{\partial x} + \frac{\partial z}{\partial v}\frac{\partial v}{\partial x} \tag{4.1}$$

$$\frac{\partial z}{\partial y} = \frac{\partial z}{\partial u}\frac{\partial u}{\partial y} + \frac{\partial z}{\partial v}\frac{\partial v}{\partial y} \tag{4.2}$$

证明从略.

公式(4.1)和(4.2)称为链导法则.

当公式(4.1)中的中间变量 u 和 v 为自变量 t 的一元函数,即 $u = u(t), v = v(t)$ 时,z 就是 t 的一元函数,此时公式(4.1)变为

$$\frac{\mathrm{d}z}{\mathrm{d}t} = \frac{\partial z}{\partial u}\frac{\mathrm{d}u}{\mathrm{d}t} + \frac{\partial z}{\partial v}\frac{\mathrm{d}v}{\mathrm{d}t}$$

称为全导数公式.

【例 12】　已知 $z = \mathrm{e}^u \sin v, u = xy, v = x + y$,求 $\frac{\partial z}{\partial x}, \frac{\partial z}{\partial y}$.

解　由链导法则,有

$$\frac{\partial z}{\partial x} = \frac{\partial z}{\partial u}\frac{\partial u}{\partial x} + \frac{\partial z}{\partial v}\frac{\partial v}{\partial x} = \mathrm{e}^u \sin v \cdot y + \mathrm{e}^u \cos v = \mathrm{e}^{xy}[y\sin(x+y) + \cos(x+y)]$$

$$\frac{\partial z}{\partial y} = \frac{\partial z}{\partial u}\frac{\partial u}{\partial y} + \frac{\partial z}{\partial v}\frac{\partial v}{\partial y} = (\mathrm{e}^u \sin v)x + (\mathrm{e}^u \cos v) = \mathrm{e}^{xy}[x\sin(x+y) + \cos(x+y)]$$

【例 13】　求 $y = (1 + x^2)^{\cos x}$ 的导数.

解　这个函数的导数可以用取对数求导法来计算,但用全导数公式比较简便.令

$$u = 1 + x^2,\quad v = \cos x$$

则

$$y = u^v$$

由全导数公式,有

$$\frac{\mathrm{d}y}{\mathrm{d}x}=\frac{\partial y}{\partial u}\frac{\mathrm{d}u}{\mathrm{d}x}+\frac{\partial z}{\partial v}\frac{\mathrm{d}v}{\mathrm{d}x}=vu^{v-1}\cdot 2x+u^{v}\ln u\cdot(-\sin x)=$$
$$(1+x^2)^{\cos x-1}[2x\cos x-(1+x^2)\sin x\ln(1+x^2)]$$

【例 14】　设 $z=f(x,u)$, $u=\varphi(x,y)$,其中 f,φ 均可微,求$\frac{\partial z}{\partial x},\frac{\partial z}{\partial y}$.

解　由链导法则,有

$$\frac{\partial z}{\partial x}=\frac{\partial f}{\partial x}+\frac{\partial f}{\partial u}\frac{\partial \varphi}{\partial x},\quad \frac{\partial z}{\partial y}=\frac{\partial f}{\partial u}\frac{\partial \varphi}{\partial y}$$

其中$\frac{\partial z}{\partial x}$和$\frac{\partial f}{\partial x}$含义不同,$\frac{\partial z}{\partial x}$是$z$作为$x,y$(自变量)的二元函数对$x$求偏导数,而$\frac{\partial f}{\partial x}$是$z$作为$x,u$(中间变量)的二元函数对$x$求偏导数.

【例 15】　设 $z=f(x^2+y^2,xy)$,其中 f 具有二阶连续偏导数,求$\frac{\partial^2 z}{\partial x^2}$.

解　令

$$u=x^2+y^2,\quad v=xy$$

由链导法则,有

$$\frac{\partial z}{\partial x}=\frac{\partial f}{\partial u}\cdot 2x+\frac{\partial f}{\partial v}\cdot y,\quad \frac{\partial z}{\partial y}=\frac{\partial f}{\partial u}\cdot 2y+\frac{\partial f}{\partial v}\cdot x$$

注意$\frac{\partial f}{\partial u},\frac{\partial f}{\partial v}$仍是$u,v$的二元函数,$u,v$又是$x,y$的二元函数,再由链导法则,有

$$\frac{\partial^2 z}{\partial x\partial y}=\frac{\partial}{\partial y}\left(\frac{\partial f}{\partial u}\cdot 2x+\frac{\partial f}{\partial v}\cdot y\right)=\left(\frac{\partial^2 f}{\partial u^2}\cdot 2y+\frac{\partial^2 f}{\partial u\partial v}\cdot x\right)\cdot 2x+$$
$$\left(\frac{\partial^2 f}{\partial v\partial u}\cdot 2y+\frac{\partial^2 f}{\partial v^2}\cdot x\right)\cdot y+\frac{\partial f}{\partial v}=$$
$$4xy\frac{\partial^2 f}{\partial u^2}+2(x^2+y^2)\frac{\partial^2 f}{\partial u\partial v}+xy\frac{\partial^2 f}{\partial v^2}+\frac{\partial f}{\partial v}$$

4.1.4　二元函数的极值

定义 4.6　设二元函数 $z=f(x,y)$ 在点(x_0,y_0)的某邻域内有定义,且

$$f(x,y)\leqslant f(x_0,y_0)\quad (f(x,y)\geqslant f(x_0,y_0))$$

则称函数 $z=f(x,y)$ 在点(x_0,y_0)处取极小(大)值$f(x_0,y_0)$,并称(x_0,y_0)为极小(大)值点.

极大值与极小值统称为函数的极值,极大值点与极小值点统称为极值点.

例如,函数 $z=x^2+y^2$ 在点(0,0)处取极小值 $z\Big|_{(0,0)}=0$;函数 $z=1-\sqrt{x^2+(y-1)^2}$ 在点(0,1)处取极大值 $z\Big|_{(0,1)}=1$.

定理 4.5　(极值的必要条件)如果函数 $f(x,y)$ 在点(x_0,y_0)有偏导数,且取

得极值,则有

$$f_x'(x_0,y_0)=0,\quad f_y'(x_0,y_0)=0$$

证明从略.

满足条件 $f_x'(x_0,y_0)=0, f_y'(x_0,y_0)=0$ 的点 (x_0,y_0) 称为函数 $f(x,y)$ 的驻点. 由定理 4.5 知,对于偏导数存在的函数,极值点必是驻点,但驻点未必是极值点. 例如,函数 $z=xy$ 的驻点为(0,0),它不是极值点. 所以,驻点是否为极值点还需要进一步判定.

定理 4.6 (极值的充分条件) 设函数 $f(x,y)$ 在点 (x_0,y_0) 的某邻域内有二阶连续偏导数,且 $f_x'(x_0,y_0)=0, f_y'(x_0,y_0)=0$. 令

$$A=f_{xx}''(x_0,y_0),\quad B=f_{xy}''(x_0,y_0),\quad C=f_{yy}''(x_0,y_0)$$

则

(1) 当 $B^2-AC<0$ 时, $f(x_0,y_0)$ 是极值,且当 $A>0$(或 $C>0$) 时, $f(x_0,y_0)$ 为极小值,当 $A<0$(或 $C<0$) 时, $f(x_0,y_0)$ 为极大值;

(2) 当 $B^2-AC>0$ 时, $f(x_0,y_0)$ 不是极值.

【例 16】 求 $f(x,y)=x^3-y^2+3x^2+4y-9x$ 的极值.

解 由方程组

$$\begin{cases} f_x'(x,y)=3x^2+6x-9=0 \\ f_y'(x,y)=-2y+4=0 \end{cases}$$

解得驻点为(-3,2)及(1,2). 又

$$f''_{xx}(x,y)=6x+6,\quad f''_{xy}(x,y)=0,\quad f''_{yy}(x,y)=-2$$

在点(-3,2)处, $B^2-AC=-24<0, A=-12<0$,故 $f(-3,2)=31$ 为极大值.

在点(1,2)处, $B^2-AC=24>0$,故 $f(1,2)=-1$ 不是极值.

同一元函数一样,求二元可微函数在有界闭区域上的最大值和最小值,可先求出函数在该闭区域内的所有驻点处的函数值,以及函数在闭区域的边界上的最大值和最小值,这些函数值中最大的便是所求的最大值,最小的便是所求的最小值.

【例 17】 求函数 $f(x,y)=1-x+x^2+2y$ 在直线 $x=0, y=0$ 及 $x+y=1$ 围成的三角形闭区域 D(图 4.6) 上的最大值和最小值.

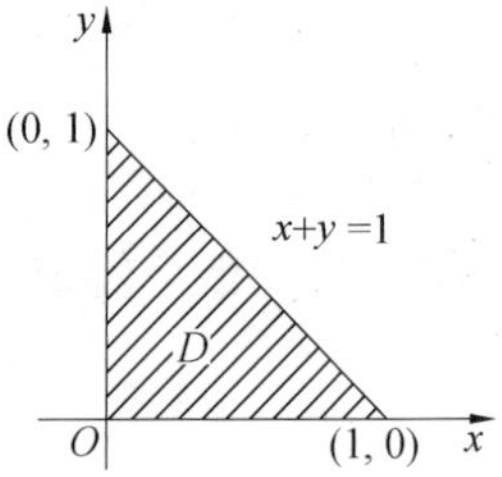

图 4.6

解 由于

$$f_x'(x,y)=-1+2x,\quad f_y'(x,y)=2\neq 0$$

所以在 D 内函数无极值,因而最大值和最小值只能在边界上取得.

在边界 $x=0, 0\leqslant y\leqslant 1$ 上

$$f(0,y)=1+2y$$

由于 $f_y'(0,y)=2>0$，所以 $f(0,y)=1+2y(0\leqslant y\leqslant 1)$ 单调增加，因而 $f(0,0)=1$ 最小，$f(0,1)=3$ 最大.

在边界 $y=0,0\leqslant x\leqslant 1$ 上

$$f(x,0)=1-x+x^2$$

由于 $f_x'(x,0)=-1+2x$，有驻点 $x=\frac{1}{2}$，对应的函数值为 $f(\frac{1}{2},0)=\frac{3}{4}$，又在端点 $(1,0)$ 处有 $f(1,0)=1$.

在边界 $x+y=1,0\leqslant x\leqslant 1$ 上，记

$$g(x)=f(x,1-x)=3-3x+x^2$$

由于 $g'(x)=-3+2x<0$，所以 $g(x)=3-3x+x^2(0\leqslant x\leqslant 1)$ 单调减少，因而最大值和最小值在端点处取得.

比较 $f(0,0)$，$f(1,0)$，$f(0,1)$ 及 $f(\frac{1}{2},0)$ 知，最大值为 $f(0,1)=3$，最小值为 $f(\frac{1}{2},0)=\frac{3}{4}$.

【例 18】　要做一个容积为 V 的长方体无盖容器，问如何选择尺寸，才能使用料最省？

解　设长方体容器的长，宽，高分别为 x,y,z，则

$$xyz=V\quad(x>0,y>0,z>0)$$

若记容器的表面积为 S，则

$$S=2xz+2yz+xy$$

而 $z=\frac{V}{xy}$，所以有

$$S=\frac{2V}{x}+\frac{2V}{y}+xy\quad(x>0,y>0)$$

由方程组

$$\begin{cases}\dfrac{\partial S}{\partial x}=-\dfrac{2V}{x^2}+y=0\\[2mm]\dfrac{\partial S}{\partial y}=-\dfrac{2V}{y^2}+x=0\end{cases}$$

解得

$$x=y=\sqrt[3]{2V}$$

根据实际意义，表面积 S 的最小值存在，所以 $(\sqrt[3]{2V},\sqrt[3]{2V})$ 是最小值点. 故当 $x=y=\sqrt[3]{2V}$，$z=\frac{\sqrt[3]{2V}}{2}$ 时，S 有最小值 $3\sqrt[3]{4V^2}$，即长，宽，高分别为 $\sqrt[3]{2V}$，$\sqrt[3]{2V}$，$\frac{\sqrt[3]{2V}}{2}$ 时，所用材料最省.

习题 4.1

1. 求下列函数的定义域：

(1) $z=\sqrt{x-\sqrt{y}}$；　　(2) $z=\sqrt{4-x^2-y^2}-\ln xy$；

(3) $z=\dfrac{1}{\sqrt{36-9x^2-4y^2}}$；　　(4) $z=\sqrt{1-|x|}+\sqrt{|y|-1}$.

2. 求极限 $\lim\limits_{(x,y)\to(0,0)}\dfrac{xy}{\sqrt{xy+1}-1}$.

3. 讨论函数

$$f(x,y)=\begin{cases}\dfrac{\sin(x^2+y^2)}{x^2+y^2}, & x^2+y^2\neq 0\\ 1, & x^2+y^2=0\end{cases}$$

在原点 $O(0,0)$ 处的连续性.

4. 设 $f(x,y)=x+(y-1)\arcsin\sqrt{\dfrac{x}{y}}$，求 $f_x'(1,1)$.

5. 求下列函数的偏导数：

(1) $z=x^2-xy+2y^2-3x+5$；　　(2) $z=\sin xy^2+\tan(x-y)$；

(3) $z=e^{-x}\sin(x+2y)$；　　(4) $z=x^y\arctan y$.

6. 求下列函数的二阶偏导数：

(1) $z=\cos xy$；　　(2) $z=x^{2y}$；

(3) $z=e^x\cos y$；　　(4) $z=\ln(e^x+e^y)$.

7. 验证下列给定的函数满足指定的方程：

(1) $z=\dfrac{xy}{x+y}$，满足 $x\dfrac{\partial z}{\partial x}+y\dfrac{\partial z}{\partial y}=z$；

(2) $z=\ln\sqrt{x^2+y^2}$，满足 $\dfrac{\partial^2 z}{\partial x^2}+\dfrac{\partial^2 z}{\partial y^2}=0$.

8. 求下列函数的全微分：

(1) $z=x^2y^3$；　　(2) $z=x\ln xy$.

9. 已知 $z=e^{x-2y}$，其中 $x=\sin t, y=t^3$，求 $\dfrac{dz}{dt}$.

10. 设 f 是可微函数，求下列复合函数的偏导数：

(1) $z=f(x+y,x^2+y^2)$；　　(2) $z=f(x^y,y^x)$；

(3) $z=f(xy)$；　　(4) $z=x^2f\left(\dfrac{x}{y},\dfrac{y}{x}\right)$.

11. 设 $z=f(x+y,xy)$，其中 f 具有二阶连续偏导数，求 $\dfrac{\partial z}{\partial x}$ 和 $\dfrac{\partial^2 z}{\partial x\partial y}$.

12. 设 $z=x^3f(xy,\dfrac{y}{x})$，其中 f 具有二阶连续偏导数，求 $\dfrac{\partial z}{\partial y}$，$\dfrac{\partial^2 z}{\partial y^2}$ 和 $\dfrac{\partial^2 z}{\partial x\partial y}$.

13. 设 $z = f(x + \varphi(y))$，其中 φ 可微，f 具有二阶导数，证明

$$\frac{\partial z}{\partial x}\frac{\partial^2 z}{\partial x \partial y} = \frac{\partial z}{\partial y}\frac{\partial^2 z}{\partial x^2}$$

14. 求下列函数的极值：

(1) $f(x,y) = x^2 + xy + y^2 + x - y + 3$；

(2) $f(x,y) = e^{2x}(x + 2y + y^2)$.

15. 求函数 $f(x,y) = 2x^3 - 4x^2 + 2xy - y^2$ 在矩形闭区域 D：$-2 \leqslant x \leqslant 2$，$-1 \leqslant y \leqslant 1$ 上的最大值和最小值.

4.2　二重积分

4.2.1　二重积分的概念与性质

1. 二重积分的概念

先看一个实例.

【例1】（曲顶柱体的体积问题）设二元函数 $z = f(x,y)$ 在 Oxy 平面的有界闭区域 D 上非负、连续，求以曲面 $z = f(x,y)$ 为顶，D 为底，D 的边界线为准线，母线平行于 z 轴的柱面为侧面的曲顶柱体(图4.7)的体积 V.

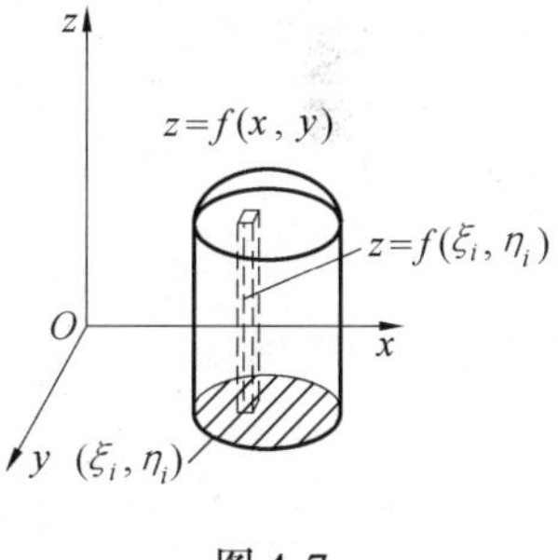

图4.7

解　当 $f(x,y) \equiv h$（常数）时，由平顶柱体体积公式知 $V = h\sigma$，这里 σ 表示区域 D 的面积.

对于一般情况，曲面上各点处的高度是变的，我们采用下列步骤来求体积 V.

(1) 分割：将区域 D 任意分割成 n 个小区域

$$\Delta D_1, \Delta D_2, \cdots, \Delta D_n$$

用 $\Delta\sigma_i$ 表示第 i 个小区域 ΔD_i 的面积. 相应地，过每个小区域的边界线作垂直于 Oxy 平面的柱面，把曲顶柱体分为 n 个小曲顶柱体. 用 ΔV_i 表示 ΔD_i 上对应的小曲顶柱体的体积.

(2) 作积：在每个小区域 ΔD_i 内任取一点 (ξ_i, η_i)，以 $f(\xi_i, \eta_i)$ 为高，ΔD_i 为底的平顶柱体体积近似代替 ΔV_i，有

$$\Delta V_i \approx f(\xi_i, \eta_i)\Delta\sigma_i, \quad i = 1,2,\cdots,n$$

(3) 求和：这些小曲顶柱体体积之和可以作为曲顶柱体体积 V 的近似值

$$V \approx \sum_{i=1}^{n} f(\xi_i, \eta_i)\Delta\sigma_i$$

(4)取极限：为得到 V 的精确值，让分割无限细密，设 $\lambda = \max\limits_{1\leqslant i\leqslant n}\{\Delta D_i$ 的直径$\}$(有界闭区域的直径是指区域上任意两点间距离中的最大值)，令 $\lambda\to 0$(这时小区域的个数 n 无限增多，即 $n\to\infty$) 取极限，极限值就是所求曲顶柱体的体积

$$V = \lim_{\lambda\to 0}\sum_{i=1}^{n} f(\xi_i,\eta_i)\Delta\sigma_i$$

从这个例子我们可以看出，与求曲边梯形的面积类似，求曲顶柱体的体积也是通过“分割、作积、求和、取极限”的过程将问题化为乘积和式的极限问题. 由此可抽象出二重积分的定义.

定义 4.7　设函数 $z = f(x,y)$ 在有界闭区域 D 上有定义，把区域 D 任意分成 n 个小区域

$$\Delta D_1,\Delta D_2,\cdots,\Delta D_n$$

用 $\Delta\sigma_i$ 表示第 i 个小区域 ΔD_i 的面积，记 $\lambda = \max\limits_{1\leqslant i\leqslant n}\{\Delta D_i$ 的直径$\}$，在每个小区域 ΔD_i 内任取一点 (ξ_i,η_i)，如果乘积的和式

$$\sum_{i=1}^{n} f(\xi_i,\eta_i)\Delta\sigma_i$$

的极限

$$\lim_{\lambda\to 0}\sum_{i=1}^{n} f(\xi_i,\eta_i)\Delta\sigma_i$$

存在，且这个极限值与区域的分法和点 (ξ_i,η_i) 的取法无关，则称函数 $z = f(x,y)$ 在区域 D 上可积，且称此极限值为 $z = f(x,y)$ 在区域 D 上的二重积分，记为 $\iint\limits_D f(x,y)\mathrm{d}\sigma$，即

$$\iint\limits_D f(x,y)\mathrm{d}\sigma = \lim_{\lambda\to 0}\sum_{i=1}^{n} f(\xi_i,\eta_i)\Delta\sigma_i$$

其中 $f(x,y)$ 称为被积函数，$\mathrm{d}\sigma$ 称为面积微元，$f(x,y)\mathrm{d}\sigma$ 称为被积表达式，D 称为积分区域.

根据二重积分定义，前面的例子可以简洁地表述为：曲顶柱体的体积 V 等于函数 $f(x,y)$ 在区域 D 上的二重积分，即

$$V = \iint\limits_D f(x,y)\mathrm{d}\sigma$$

如果 $f(x,y)\geqslant 0$，则二重积分 $\iint\limits_D f(x,y)\mathrm{d}\sigma$ 的几何意义是以曲面 $z = f(x,y)$ 为顶面，以 D 为底面的曲顶柱体的体积.

2. 二重积分的性质

由二重积分的定义和极限运算的性质，不难看出二重积分的下述性质，假设下

面涉及的函数的积分都存在.

性质 1 $\iint\limits_D 1\mathrm{d}\sigma = \sigma$,其中 σ 表示 D 的面积.

性质 2 (线性性质)

$$\iint\limits_D [kf(x,y) + lg(x,y)]\mathrm{d}\sigma = k\iint\limits_D f(x,y)\mathrm{d}\sigma + l\iint\limits_D g(x,y)\mathrm{d}\sigma$$

其中 k, l 为常数.

性质 3 (区域可加性)若将 D 分成 D_1 和 D_2 两部分,则

$$\iint\limits_D f(x,y)\mathrm{d}\sigma = \iint\limits_{D_1} f(x,y)\mathrm{d}\sigma + \iint\limits_{D_2} f(x,y)\mathrm{d}\sigma$$

性质 4 (保序性)若在区域 D 上,$f(x,y) \leqslant g(x,y)$,则有

$$\iint\limits_D f(x,y)\mathrm{d}\sigma \leqslant \iint\limits_D g(x,y)\mathrm{d}\sigma$$

性质 5 (估值性)若在区域 D 上,$m \leqslant f(x,y) \leqslant M$,则有

$$m\sigma \leqslant \iint\limits_D f(x,y)\,d\sigma \leqslant M\sigma$$

性质 6 (绝对值不等式)$\left|\iint\limits_D f(x,y)\mathrm{d}\sigma\right| \leqslant \iint\limits_D |f(x,y)|\mathrm{d}\sigma$.

性质 7 (二重积分中值定理)设函数 $f(x,y)$ 在有界闭区域 D 上连续,则在区域 D 上至少存在一点 (ξ,η),使得

$$\iint\limits_D f(x,y)\mathrm{d}\sigma = f(\xi,\eta)\sigma$$

4.2.2　二重积分的计算

在直角坐标系下,二重积分的面积微元 $\mathrm{d}\sigma$ 可表示为 $\mathrm{d}x\mathrm{d}y$,即 $\mathrm{d}\sigma = \mathrm{d}x\mathrm{d}y$.这时二重积分可表为

$$\iint\limits_D f(x,y)\mathrm{d}x\mathrm{d}y$$

下面我们利用二重积分的几何意义来讨论二重积分 $\iint\limits_D f(x,y)\mathrm{d}x\mathrm{d}y$ 在直角坐标系下的计算问题,在讨论中假定 $f(x,y) \geqslant 0$.

设积分区域 D 是 x - 型区域,即 D 可由不等式组

$$a \leqslant x \leqslant b, y_1(x) \leqslant y \leqslant y_2(x)$$

来表示(图 4.8),其中函数 $y_1(x), y_2(x)$ 在区间 $[a,b]$ 上连续.

在区间 $[a,b]$ 内用一组垂直于 x 轴的平面截此“曲顶柱体”,对每个 x,截面是一个曲边梯形(图 4.9),其面积为

$$S(x) = \int_{y_1(x)}^{y_2(x)} f(x,y)\mathrm{d}y$$

任取区间$[a,b]$上的一个小区间$[x,x+\mathrm{d}x]$,由微元法知曲顶柱体的体积微元为

$$\mathrm{d}V = S(x)\mathrm{d}x$$

从 a 到 b 作定积分,得曲顶柱体的体积

$$V = \int_a^b S(x)\mathrm{d}x = \int_a^b \left[\int_{y_1(x)}^{y_2(x)} f(x,y)\mathrm{d}y\right]\mathrm{d}x$$

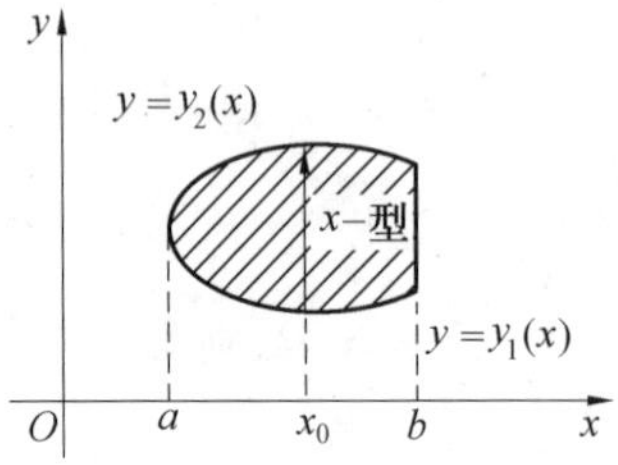

图 4.8

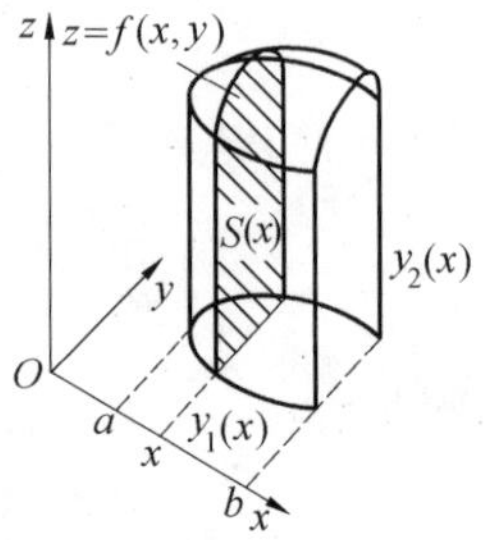

图 4.9

又曲顶柱体的体积为

$$V = \iint_D f(x,y)\mathrm{d}x\mathrm{d}y$$

于是有

$$\iint_D f(x,y)\mathrm{d}x\mathrm{d}y = \int_a^b \left[\int_{y_1(x)}^{y_2(x)} f(x,y)\mathrm{d}y\right]\mathrm{d}x$$

上式右端的积分叫先对 y、后对 x 的二次积分.计算时,先把 x 看作常数,把 $f(x,y)$ 只看作 y 的函数,对 y 从$y_1(x)$ 到 $y_2(x)$ 作定积分;然后把算得的结果(x 的函数)作为被积函数,再对 x 从a 到b 作定积分.习惯上,将上式右端的二次积分记作

$$\int_a^b \mathrm{d}x\int_{y_1(x)}^{y_2(x)} f(x,y)\mathrm{d}y$$

这样就得到直角坐标系下二重积分的一个计算公式

$$\iint_D f(x,y)\mathrm{d}x\mathrm{d}y = \int_a^b \mathrm{d}x\int_{y_1(x)}^{y_2(x)} f(x,y)\mathrm{d}y \tag{4.3}$$

设积分区域 D 是y - 型区域,即 D 可由不等式组

$$c \leqslant y \leqslant d,\quad x_1(y) \leqslant x \leqslant x_2(y)$$

来表示(图 4.10),其中函数 $x_1(y)$,$x_2(y)$ 在区间$[c,d]$上连续.按照上段的推导方

法,可以得到直角坐标系下二重积分的另一个计算公式

$$\iint\limits_D f(x,y)\mathrm{d}x\mathrm{d}y = \int_c^d \mathrm{d}y\int_{x_1(y)}^{x_2(y)} f(x,y)\mathrm{d}x \quad (4.4)$$

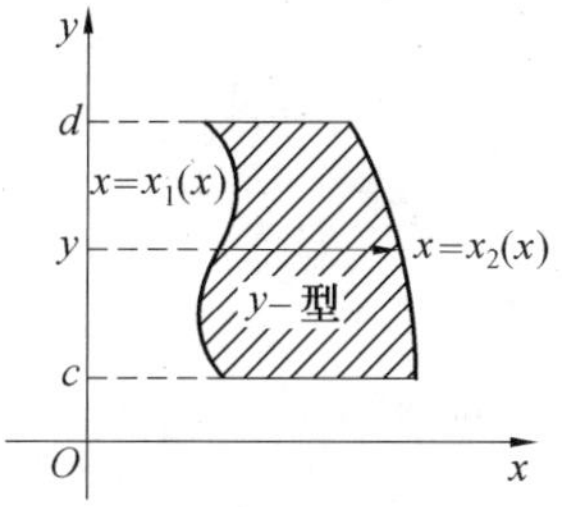

图 4.10

公式(4.4)将二重积分化为另一种二次积分.计算时,先把 y 看作常数,把 $f(x,y)$ 只看作 x 的函数,对 x 从 $x_1(y)$ 到 $x_2(y)$ 作定积分;然后把算得的结果(y 的函数)作为被积函数,再对 y 从 c 到 d 作定积分.

若函数 $f(x,y)$ 在积分区域 D 上不是非负的,公式(4.3)和(4.4)仍然成立.如果积分区域 D 不是 x – 型区域也不是 y – 型区域时,可以将 D 分成几个子区域,使每个子区域或是 x – 型的或是 y – 型的,从而每个子区域上的二重积分可通过二次积分算出.再利用对积分区域的可加性,区域 D 上的二重积分就等于这些子区域上的二重积分的和.

【例2】 计算 $\iint\limits_D xy\mathrm{d}x\mathrm{d}y$,其中 D 是由曲线 $y = x^2$, $y^2 = x$ 所围成的有界闭区域.

解 画出积分区域 D(图4.11),求出曲线的交点坐标为 $O(0,0)$, $B(1,1)$.显然,D 既是 x – 型区域,又是 y – 型区域,从积分区域看,先对哪个变量积分都可以,这里选用公式(4.3).因

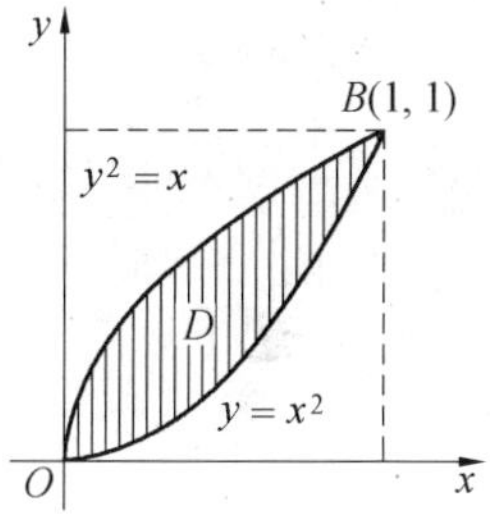

图 4.11

$$D:\quad 0 \leqslant x \leqslant 1,\quad x^2 \leqslant y \leqslant \sqrt{x}$$

所以

$$\iint\limits_D xy\mathrm{d}x\mathrm{d}y = \int_0^1 \mathrm{d}x\int_{x^2}^{\sqrt{x}} xy\mathrm{d}y = \int_0^1 \frac{1}{2}xy^2\Big|_{x^2}^{\sqrt{x}}\mathrm{d}x = \frac{1}{2}\int_0^1 (x^2 - x^5)\mathrm{d}x = \frac{1}{12}$$

【例3】 计算 $\iint\limits_D \frac{x}{y}\mathrm{d}x\mathrm{d}y$,其中 D 是由曲线 $xy = 1$, $x = \sqrt{y}$ 和 $y = 1$ 所围成的有界闭区域.

解 画出积分区域 D(图4.12),求出曲线的交点坐标为 $A(\frac{1}{2},2)$, $B(\sqrt{2},2)$, $C(1,1)$.这里 D 是 y – 型区域,选用公式(4.4).因

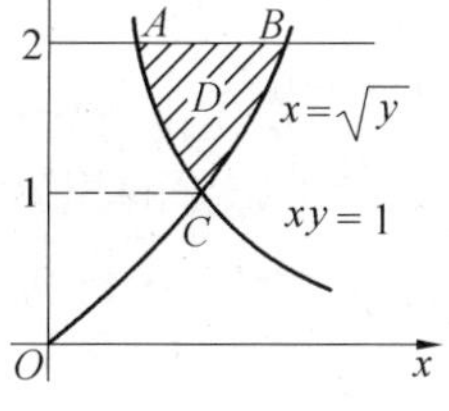

图 4.12

$$D:\quad 1 \leqslant y \leqslant 2,\quad \frac{1}{y} \leqslant x \leqslant \sqrt{y}$$

所以

$$\iint_D \frac{x}{y}\mathrm{d}x\mathrm{d}y = \int_1^2 \mathrm{d}y\int_{\frac{1}{y}}^{\sqrt{y}} \frac{x}{y}\mathrm{d}x = \int_1^2 \frac{x^2}{2y}\bigg|_{\frac{1}{y}}^{\sqrt{y}}\mathrm{d}x =$$

$$\frac{1}{2}\int_1^2 (1 - y^{-3})\mathrm{d}y = \frac{5}{16}$$

如果用公式(4.3)先对 y 积分,那么,要先将 D 用直线 $x = 1$ 分为两块,而且积分时要用到分部积分法,比较麻烦.

【例 4】 计算 $\iint\limits_D \mathrm{e}^{y^2}\mathrm{d}x\mathrm{d}y$,其中 D 是由直线 $y = x$,$y = 1$ 和 $x = 0$ 所围成的有界闭区域.

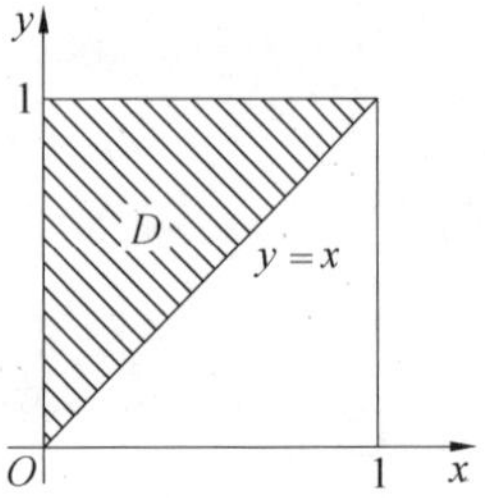

图 4.13

解 画出积分区域 D(图 4.13),若采用先对 y 后对 x 的积分公式(4.3),因

$$D:\ 0 \leqslant x \leqslant 1,\quad x \leqslant y \leqslant 1$$

所以

$$\iint_D \mathrm{e}^{y^2}\mathrm{d}x\mathrm{d}y = \int_0^1 \mathrm{d}x\int_x^1 \mathrm{e}^{y^2}\mathrm{d}y$$

这样就会遇到不能用初等函数表示的积分 $\int \mathrm{e}^{y^2}\mathrm{d}y$.若采用先对 x 后对 y 的积分公式(4.4),因

$$D:\ 0 \leqslant y \leqslant 1,\quad 0 \leqslant x \leqslant y$$

所以

$$\iint_D \mathrm{e}^{y^2}\mathrm{d}x\mathrm{d}y = \int_0^1 \mathrm{d}y\int_0^y \mathrm{e}^{y^2}\mathrm{d}x = \int_0^1 \mathrm{e}^{y^2}y\mathrm{d}y = \frac{1}{2}\mathrm{e}^{y^2}\bigg|_0^1 = \frac{1}{2}(\mathrm{e} - 1)$$

从上面的例题可以看出,计算二重积分,首先要认定积分区域,然后根据被积函数和积分区域确定二次积分的积分次序和定积分的上、下限,把二重积分化为二次积分.最后,计算二次积分.

由于二重积分化为二次积分有两种不同的积分次序,而两种次序的二次积分在计算上存在差异,所以常常需要考虑将一种次序的二次积分换为另一种次序的二次积分,称为二次积分换序.

【例 5】 交换二次积分 $\int_a^b \mathrm{d}x\int_a^x f(x,y)\mathrm{d}y$ 的积分次序.

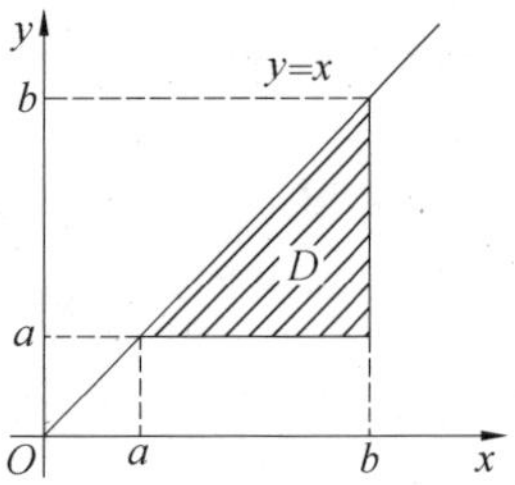

图 4.14

解 首先由给定的二次积分的上、下限,确定出对应的二重积分的积分区域(图 4.14)

$$D:\ a \leqslant x \leqslant b,\quad a \leqslant y \leqslant x$$

它是 x - 型区域.将 D 表为 y - 型区域

$$D:\ a \leqslant y \leqslant b,\quad y \leqslant x \leqslant b$$

则有

$$\int_a^b dx\int_a^x f(x,y)dy = \iint_D f(x,y)d\sigma = \int_a^b dy\int_y^b f(x,y)dx$$

【例 6】　将二次积分$\int_0^1 dx\int_0^x f(x,y)dy + \int_1^2 dx\int_0^{2-x} f(x,y)dy$ 换序.

解　这两个二次积分是同一个被积函数,先对 y 后对x 的积分.对应的二重积分积分区域分别为

$$D_1:\ 0 \leqslant x \leqslant 1,\quad 0 \leqslant y \leqslant x$$

$$D_2:\ 1 \leqslant x \leqslant 2,\quad 0 \leqslant y \leqslant 2 - x$$

它们都是 x - 型区域,如图 4.15 所示.把 D_1 和 D_2 合并起来形成一个三角形区域 D,将 D 表为y - 型区域

$$D:\ 0 \leqslant y \leqslant 1,\quad y \leqslant x \leqslant 2 - y$$

则有

$$\int_0^1 dx\int_0^x f(x,y)dy + \int_1^2 dx\int_0^{2-x} f(x,y)dy =$$

$$\iint_D f(x,y)d\sigma = \int_0^1 dy\int_y^{2-y} f(x,y)dx$$

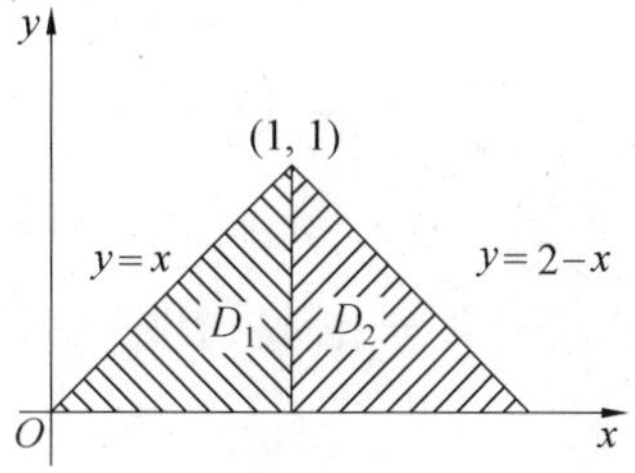

图 4.15

在二重积分的计算中,注意积分区域关于坐标轴的对称性及被积函数对相关变量的奇偶性将会简化计算.例如,若积分区域 D 关于 y 轴对称,当被积函数是 x 的奇函数,即 $f(-x,y) = -f(x,y)$ 时,有$\iint_D f(x,y)dxdy = 0$;当被积函数是 x 的偶函数,即 $f(-x,y) = f(x,y)$ 时,有

$$\iint_D f(x,y)dxdy = 2\iint_{D^+} f(x,y)dxdy$$

其中 D^+ 是 D 在 $x \geqslant 0$ 的部分.其他情形类似,这里不再赘述.

【例 7】　计算$\iint_D (x^3y + y^3\sqrt{x^2+y^2} + 3)dxdy$,其中 D 是由 $x^2 + y^2 = x$ 所围成的有界闭区域.

解　由于 $x^3y + y^3\sqrt{x^2+y^2}$ 是 y 的奇函数,而积分区域 D 关于x 轴对称,所以

$$\iint_D (x^3y + y^3\sqrt{x^2+y^2})dxdy = 0$$

于是

$$\iint_D (x^3y + y^3\sqrt{x^2+y^2} + 3)dxdy = 3\iint_D dxdy = 3\cdot\pi\cdot\left(\frac{1}{2}\right)^2 = \frac{3}{4}\pi$$

习题 4.2

1. 比较下列各组积分的大小:

(1) $\iint\limits_D (x+y)^2 d\sigma$ 与 $\iint\limits_D (x+y)^3 d\sigma$,其中 D 是由圆 $(x-2)^2+(y-2)^2=4$ 所围成的有界区域;

(2) $\iint\limits_D \ln(x+y) d\sigma$ 与 $\iint\limits_D xy d\sigma$,其中 D 是由直线 $x=0, y=0, x+y=\frac{1}{2}, x+y=1$ 所围成的有界区域.

2. 计算下列二重积分:

(1) $\iint\limits_D xy dxdy$,其中 D 是由直线 $y=x$ 和抛物线 $y=x^2$ 所围成的有界闭区域;

(2) $\iint\limits_D (x^2+y^2-x) dxdy$,其中 D 是由直线 $y=2, y=x$ 及 $y=2x$ 所围成的有界闭区域;

(3) $\iint\limits_D \frac{x^2}{y^2} dxdy$,其中 D 是由直线 $y=2, y=x$ 和曲线 $xy=1$ 所围成的有界闭区域;

(4) $\iint\limits_D \cos(x+y) dxdy$,其中 D 是由直线 $x=0, y=x$ 及 $y=\pi$ 所围成的有界闭区域;

(5) $\iint\limits_D \frac{x\sin y}{y} dxdy$,其中 D 是由直线 $y=x$ 和抛物线 $y=x^2$ 所围成的有界闭区域;

(6) $\iint\limits_D (x^2y+\sin xy^2) dxdy$,其中 D 是由直线 $y=0, y=1$ 和曲线 $x^2-y^2=1$ 所围成的有界闭区域.

3. 画出下列二次积分的积分区域 D,并改变二次积分的积分次序:

(1) $\int_1^e dx \int_0^{\ln x} f(x,y) dy$;　　(2) $\int_0^1 dx \int_x^{2x} f(x,y) dy$;

(3) $\int_0^1 dy \int_{\sqrt{y}}^{\sqrt[3]{y}} f(x,y) dx$;　　(4) $\int_0^1 dy \int_{-\sqrt{1-y^2}}^{\sqrt{1-y^2}} f(x,y) dx$;

(5) $\int_{\frac{1}{2}}^{\frac{1}{\sqrt{2}}} dx \int_{\frac{1}{2}}^{x} f(x,y) dy + \int_{\frac{1}{\sqrt{2}}}^{1} dx \int_{x^2}^{x} f(x,y) dy$;

(6) $\int_0^{\frac{a}{2}} dy \int_{\sqrt{a^2-2ay}}^{\sqrt{a^2-y^2}} f(x,y) dx + \int_{\frac{a}{2}}^{a} dy \int_0^{\sqrt{a^2-y^2}} f(x,y) dx \ (a>0)$.

4. 计算 $\int_0^1 dx \int_{x^2}^1 \frac{xy}{\sqrt{1+y^3}} dy$.

5. 设 D 是由曲线 $y=x^2$ 和直线 $y=1$ 所围成的有界闭区域,求以曲面 $z=x^2+y^2$ 为顶,区域 D 为底,D 的边界线为准线,母线平行于 z 轴的柱面为侧面的曲顶柱体的体积.

第 5 章 微分方程

我们知道,利用函数关系可以对客观事物作定量分析,但在许多实际问题中不能直接找出所需要的函数关系来,而根据问题所服从的客观规律只能列出含有未知函数的导数或微分的关系式,我们把这样的关系式称为微分方程. 对它进行研究确定出未知函数的过程就是解微分方程.

微分方程是数学的重要分支之一,是数学科学理论联系实际的一个重要途径. 本章我们主要介绍微分方程的一些基本概念和几种常用的微分方程的解法.

5.1 微分方程的基本概念

先看两个引例.

【例 1】 已知曲线 $y = f(x)$ 上各点的切线斜率等于该点横坐标的两倍,且曲线过点(1,2),求此曲线.

解 根据导数的几何意义,所求曲线 $y = f(x)$ 应满足方程

$$\frac{dy}{dx} = 2x \tag{5.1}$$

对上式两边取积分得

$$y = x^2 + C \tag{5.2}$$

其中 C 是任意常数. 由于所求曲线过点(1,2),所以

$$y|_{x=1} = 2 \tag{5.3}$$

将条件(5.3) 代入式(5.2) 得 $C = 1$,故所求曲线方程为

$$y = x^2 + 1 \tag{5.4}$$

【例 2】 质量为 m 的物体受重力作用垂直落下,已知初速度为 v_0,求物体降落的规律.

解 设 s 表示物体下落的距离,t 表示下落的时间,则所求物体降落的规律是 s 与 t 的函数关系 $s = s(t)$. 由牛顿第二定律知

$$m\frac{d^2s}{dt^2} = mg$$

约去 m 得

$$\frac{d^2s}{dt^2} = g \tag{5.5}$$

将方程(5.5) 两边积分一次得

$$\frac{\mathrm{d}s}{\mathrm{d}t} = gt + C_1 \tag{5.6}$$

再积分一次得

$$s = \frac{1}{2}gt^2 + C_1 t + C_2 \tag{5.7}$$

其中 C_1, C_2 是两个独立的任意常数. 根据初始状态, $s = s(t)$ 还应满足条件

$$s|_{t=0} = 0, \frac{\mathrm{d}s}{\mathrm{d}t}|_{t=0} = v_0 \tag{5.8}$$

将条件(5.8) 代入式(5.6) 和(5.7) 得 $C_1 = v_0, C_2 = 0$, 故

$$s = \frac{1}{2}gt^2 + v_0 t \tag{5.9}$$

为所求物体降落规律.

从以上两个例子我们可以看出,实际问题中常常会遇到含有未知函数的导数或微分的方程.

定义 5.1 含有未知函数的导数或微分的方程称为微分方程.

如例 1 中的(5.1) 和例 2 中的(5.5) 都是微分方程.

定义 5.2 在微分方程中出现的未知函数的最高阶导数的阶数称为微分方程的阶.

如方程(5.1) 是一阶微分方程,方程(5.5) 是二阶微分程,方程 $y''' + xy' = x^2$ 是三阶微分方程.

定义 5.3 凡是满足微分方程的函数都叫做该微分方程的解. 含有相互独立的任意常数,且任意常数的个数与微分方程阶数相等的解称为微分方程的通解(一般解). 通解中任意常数被取为确定数值的解称为特解.

例如,函数(5.2) 和(5.4) 都是方程(5.1) 的解,函数(5.7) 和(5.9) 都是方程(5.5) 的解,但函数(5.2),(5.7) 是相应方程的通解,而函数(5.4),(5.9) 是相应方程的特解.

说明 在定义5.3中所谓"相互独立的任意常数"是指: 含任意常数的解经任何恒等变形也不能使任意常数的个数减少. 例如, $y = C_1 x + C_2$ 中的两个任意常数 C_1, C_2 是独立的,而 $y = C_1\sin x + C_2(2\sin x)$ 中的两个任意常数 C_1, C_2 就不是独立的,因为

$$y = C_1\sin x + C_2(2\sin x) = (C_1 + 2C_2)\sin x = C\sin x$$

实际只有一个任意常数.

微分方程的特解的几何图形是一条曲线,称为微分方程的积分曲线. 通解的几何图形是积分曲线族.

定义 5.4 当自变量取某值时,要求未知函数及其导数取给定值的条件叫做

初始条件(初值条件).

例如,条件(5.3) 和(5.8) 是相应问题中的初始条件.

带有初始条件的微分方程称为微分方程的初值问题.例如,例1和例2中的问题都是初值问题.一般的二阶微分方程的初值问题可以写成

$$\begin{cases} F(x,y,y',y'') = 0 \\ y|_{x=x_0} = y_0, y'|_{x=x_0} = y_1 \end{cases}$$

习题 5.1

1.验证下列题中所给出的函数是相应微分方程的解,并指出是否是通解(题中 C_1, C_2, C 均为任意常数):

(1) $x^2 + 4y = 0, (y')^2 + xy' - y = 0$;

(2) $y = Cx^2 + 4x, y'' - \frac{2}{x}y' + \frac{1}{x^2}y = 0$;

(3) $y = C_1 e^{2x} + C_2 e^{-2x}, y'' - 4y = 0$.

2.求下列初值问题的解:

(1) $\begin{cases} y' = \sin x \\ y|_{x=0} = 1 \end{cases}$;

(2) $\begin{cases} y'' = 6x \\ y|_{x=0} = 0, y'|_{x=0} = 2 \end{cases}$.

5.2　一阶微分方程

一阶微分方程的一般形式为

$$F(x,y,y') = 0$$

当 y' 能解出时,可以写成

$$y' = f(x,y)$$

本节讨论几种特殊类型的一阶微分方程的解法.

1.可分离变量的方程

如果一阶微分方程可以写成

$$g(y)\mathrm{d}y = h(x)\mathrm{d}x \tag{5.10}$$

的形式,则称这个微分方程是可分离变量的方程.

形如

$$y' = f_1(x)f_2(y)$$

和

$$M_1(x)M_2(y)\mathrm{d}x + N_1(x)N_2(y)\mathrm{d}y = 0$$

的方程都是可分离变量的方程.

对方程(5.10)的两边积分得

$$\int g(y)\mathrm{d}y = \int h(x)\mathrm{d}x + C$$

其中 C 为任意常数. 由它所确定的函数 $y = y(x, C)$ 就是微分方程(5.10)的通解.

【例 1】 求微分方程 $2xy' = y$ 的通解.

解 将方程分离变量得

$$\frac{2}{y}\mathrm{d}y = \frac{1}{x}\mathrm{d}x$$

两边取积分得

$$2\ln|y| = \ln|x| + C_1$$

去对数,化简得

$$y^2 = \pm e^{C_1}x$$

记 $C = \pm e^{C_1}$,则

$$y^2 = Cx$$

显然 $y = 0$ 也是方程的解,在分离变量时被丢掉,应补上,所以上式中 C 也可取零值,因此方程的通解为 $y^2 = Cx$,其中 C 为任意常数.

注意到在此例中 $C_1 = \ln|C|$,今后为简便起见,像这种需要去掉对数运算的例子,我们可以直接将 C_1 写成 $\ln|C|$,这样便有 $2\ln|y| = \ln|x| + \ln|C|$,去掉对数后就得到 $y^2 = Cx$.

【例 2】 解方程 $\sqrt{1-x^2}\mathrm{d}y = \sqrt{1-y^2}\mathrm{d}x$.

解 分离变量得

$$\frac{\mathrm{d}y}{\sqrt{1-y^2}} = \frac{\mathrm{d}x}{\sqrt{1-x^2}}$$

积分得通解

$$\arcsin y = \arcsin x + C$$

其中 C 为任意常数.

显然 $y = \pm 1$ 也是方程的解,但它不能包含在通解表达式中. 这种不能被通解所包含的解称为微分方程的奇解. 所以微分方程的通解和全部解是有区别的,但在许多情况下它们又是一致的.

2. 齐次方程

如果一阶微分方程可以写成

$$\frac{\mathrm{d}y}{\mathrm{d}x} = \varphi\left(\frac{y}{x}\right) \tag{5.11}$$

的形式,则称该方程为齐次方程.

作变换,令 $u=\frac{y}{x}$ 及 $y=xu$,则 $\frac{dy}{dx}=u+x\frac{du}{dx}$,代入方程(5.11)便得到 u 所满足的方程

$$u+x\frac{du}{dx}=\varphi(u)$$

这是可分离变量的方程.求出通解后,用 $\frac{y}{x}$ 替代 u 就得到方程(5.11)的通解.

【例 3】 求方程 $\frac{dy}{dx}=\frac{y}{x}+\tan\frac{y}{x}$ 的通解.

解 令 $u=\frac{y}{x}$,则原方程化为

$$u+x\frac{du}{dx}=u+\tan u$$

分离变量得

$$\cot u\,du=\frac{dx}{x}$$

积分得

$$\ln|\sin u|=\ln|x|+\ln|C|$$

去对数,化简得

$$\sin u=Cx$$

故原方程的通解为

$$\sin\frac{y}{x}=Cx$$

其中 C 为任意常数($y=k\pi x$ 也是解).

【例 4】 求方程 $xydx-(x^2-y^2)dy=0$ 的通解.

解 将方程写成

$$\frac{dy}{dx}=\frac{\frac{y}{x}}{1-\left(\frac{y}{x}\right)^2}$$

它是齐次方程.令 $u=\frac{y}{x}$,则方程化为

$$u+x\frac{du}{dx}=\frac{u}{1-u^2}$$

分离变量得

$$\frac{1-u^2}{u^3}du=\frac{1}{x}dx$$

积分得

$$-\frac{1}{2u^2}-\ln|u|=\ln|x|+\ln|C|$$

去对数,化简得

$$ux = Ce^{-\frac{1}{2u^2}}$$

将 $u=\frac{y}{x}$ 代回,得原方程的通解

$$y = Ce^{-\frac{x^2}{2y^2}}$$

其中 C 为任意常数(包括 $C=0$).

3. 一阶线性微分方程

形如

$$\frac{dy}{dx}+p(x)y=q(x) \tag{5.12}$$

的方程称为一阶线性微分方程. 它是未知函数及其导数的一次方程,其中 $p(x)$, $q(x)$ 是某一区间上的连续函数. 当 $q(x)\equiv 0$ 时,方程(5.12) 变为

$$\frac{dy}{dx}+p(x)y=0 \tag{5.13}$$

称为一阶线性齐次微分方程. 相应地,把 $q(x)\neq 0$ 时的方程(5.12) 称为一阶线性非齐次微分方程.

一阶线性齐次微分方程(5.13) 是可分离变量的方程,分离变量得

$$\frac{dy}{y}=-p(x)dx$$

积分得

$$\ln|y|=-\int p(x)dx+\ln|C|$$

由此得到方程(5.13) 的通解

$$y = Ce^{-\int p(x)dx}$$

其中 C 为任意常数.

一阶线性齐次微分方程(5.13) 是一阶线性微分方程(5.12) 的特殊情形,方程(5.13) 的通解是任意常数 C 与函数 $e^{-\int p(x)dx}$ 之积. 显然一阶线性非齐次微分方程(5.12) 的解不会如此,但它们之间应存在某种关系. 因此我们设想方程(5.12) 的解呈如下形式

$$y = C(x)e^{-\int p(x)dx} \tag{5.14}$$

将其代入方程(5.12) 得

$$C'(x)\mathrm{e}^{-\int p(x)\mathrm{d}x} - C(x)\mathrm{e}^{-\int p(x)\mathrm{d}x}p(x) + p(x)C(x)\mathrm{e}^{-\int p(x)\mathrm{d}x} = q(x)$$

从而 $C(x)$ 满足方程

$$C'(x) = q(x)\mathrm{e}^{\int p(x)\mathrm{d}x}$$

积分得

$$C(x) = \int q(x)\mathrm{e}^{\int p(x)\mathrm{d}x}\mathrm{d}x + C$$

代入式(5.14)得一阶线性微分方程(5.12)的通解公式

$$y = \mathrm{e}^{-\int p(x)\mathrm{d}x}\left(\int q(x)\mathrm{e}^{\int p(x)\mathrm{d}x}\mathrm{d}x + C\right) \tag{5.15}$$

【例 5】 求解微分方程初值问题 $\begin{cases}(x^2-1)y' + 2xy = \cos x \\ y|_{x=0} = 1\end{cases}$.

解　将方程写成

$$y' + \frac{2x}{x^2-1}y = \frac{\cos x}{x^2-1}$$

这是 $p(x) = \dfrac{2x}{x^2-1}$, $q(x) = \dfrac{\cos x}{x^2-1}$ 的一阶线性微分方程.由一阶线性微分方程通解公式得

$$y = \mathrm{e}^{-\int\frac{2x}{x^2-1}\mathrm{d}x}\left(\int\frac{\cos x}{x^2-1}\mathrm{e}^{\int\frac{2x}{x^2-1}\mathrm{d}x}\mathrm{d}x + C\right) =$$

$$\mathrm{e}^{-\ln(x^2-1)}\left(\int\frac{\cos x}{x^2-1}\mathrm{e}^{\ln(x^2-1)}\mathrm{d}x + C\right) =$$

$$\frac{1}{x^2-1}\left(\int\cos x\mathrm{d}x + C\right) = \frac{1}{x^2-1}(\sin x + C)$$

即微分方程的通解为

$$y = \frac{\sin x + C}{x^2-1}$$

其中 C 为任意常数. 由初始条件 $y|_{x=0} = 1$ 得 $C = -1$,故初值问题的解为

$$y = \frac{\sin x - 1}{x^2-1}$$

【例 6】 求方程 $y\ln y\mathrm{d}x + (x - \ln y)\mathrm{d}y = 0$ 的通解.

解　若将方程写成

$$\frac{\mathrm{d}y}{\mathrm{d}x} = -\frac{y\ln y}{x - \ln y}$$

则它既不是一阶线性微分方程,又不是可分离变量方程,齐次方程.若将方程写成

$$\frac{\mathrm{d}x}{\mathrm{d}y} + \frac{1}{y\ln y}x = \frac{1}{y}$$

则它是以 x 为未知函数,y 为自变量的一阶线性微分方程, 且 $p(y) = \dfrac{1}{y\ln y}$,

$q(y)=\dfrac{1}{y}$. 由一阶线性微分方程通解公式得

$$x=e^{-\int\frac{1}{y\ln y}dy}\left(\int\frac{1}{y}e^{\int\frac{1}{y\ln y}dy}dy+C\right)=$$

$$e^{-\ln\ln y}\left(\int\frac{1}{y}e^{\ln\ln y}dy+C\right)=\frac{1}{\ln y}\left(\int\frac{\ln y}{y}dy+C\right)=$$

$$\frac{1}{\ln y}\left(\frac{1}{2}\ln^2 y+C\right)=\frac{1}{2}\ln y+\frac{C}{\ln y}$$

即方程的通解为

$$x=\frac{1}{2}\ln y+\frac{C}{\ln y}$$

其中 C 为任意常数.

习题 5.2

1. 求下列可分离变量微分方程的通解:

(1) $xy'=y\ln y$;

(2) $y'=e^{2x-y}$;

(3) $y\mathrm{d}x+\sqrt{x^2+1}\mathrm{d}y=0$;

(4) $x\mathrm{d}y+\mathrm{d}x=e^y\mathrm{d}x$.

2. 求下列齐次微分方程的通解:

(1) $y'=\dfrac{y}{x}+e^{\frac{y}{x}}$;

(2) $y'=\dfrac{y-x}{y+x}$;

(3) $(xy-y^2)\mathrm{d}x-(x^2-2xy)\mathrm{d}y=0$.

3. 求下列一阶线性微分方程的通解:

(1) $y'-\dfrac{2y}{x+1}=(x+1)^{\frac{5}{2}}$;

(2) $y'+y\cos x=e^{-\sin x}$;

(3) $(x^2+1)\mathrm{d}y+(2xy-4x^2)\mathrm{d}x=0$;

(4) $x\mathrm{d}y-y\mathrm{d}x=y^2e^y\mathrm{d}y$.

4. 求下列初值问题的解:

(1) $\begin{cases}y'=-\dfrac{2y}{x};\\ y|_{x=2}=1\end{cases}$

(2) $\begin{cases}y^2\mathrm{d}x+(x+1)\mathrm{d}y=0\\ y|_{x=0}=1\end{cases}$;

(3) $\begin{cases} y' = \dfrac{x}{y} + \dfrac{y}{x} \\ y|_{x=1} = 1 \end{cases}$;

(4) $\begin{cases} y' + 3y = 8 \\ y|_{x=0} = 2 \end{cases}$;

(5) $\begin{cases} (y - e^x)dx + xdy = 0 \\ y|_{x=1} = e \end{cases}$;

(6) $\begin{cases} \int_0^x xydx = x^2 + y \\ y|_{x=0} = 0 \end{cases}$.

5. 已知一曲线上各点(x,y)的切线斜率等于 $2x + y$，且曲线过原点，求此曲线.

5.3　可降阶的二阶微分方程

二阶微分方程的一般形式为

$$F(x,y,y',y'') = 0$$

当 y'' 能解出时，可以写成

$$y'' = f(x,y,y')$$

一般二阶微分方程的求解是很困难的，而且没有普遍适用的方法. 本节介绍三种常见的简单的二阶微分方程的解法，由于主要靠降低方程阶数来求解，所以称为降阶法.

1. $y'' = f(x)$ 型方程

这是最简单的二阶微分方程，只须积分两次便可得到通解. 事实上，积分一次得

$$y' = \int f(x)dx + C_1$$

为一阶微分方程，再积分得到通解

$$y = \int\left(\int f(x)dx\right)dx + C_1x + C_2$$

其中 C_1, C_2 是任意常数.

类似地，对于 n 阶微分方程 $y^{(n)} = f(x)$，连续积分 n 次便可得到通解.

【例 1】　解方程 $y'' = e^{3x} - \cos x$.

解　将方程积分两次，得

$$y' = \frac{1}{3}e^{3x} - \sin x + C_1$$

$$y = \frac{1}{9}e^{3x} + \cos x + C_1x + C_2$$

最后得到的就是方程的通解.

2. $y'' = f(x, y')$ 型方程

这是不含未知函数 y 的方程.只要作变量代换 $p = y'$,则 $y'' = \frac{dp}{dx}$,于是方程化为一阶微分方程

$$\frac{dp}{dx} = f(x, p)$$

如果其通解为 $p = p(x, C_1)$,则对 $y' = p = p(x, C_1)$ 积分便可得到原方程的通解

$$y = \int p(x, C_1)dx + C_2$$

其中 C_1, C_2 是任意常数.

【例 2】 求方程 $x^2y'' + xy' = 1$ 的通解.

解 令 $p = y'$,则 $y'' = \frac{dp}{dx}$,于是方程可化为

$$\frac{dp}{dx} + \frac{1}{x}p = \frac{1}{x^2}$$

这是一阶线性微分方程,其通解为

$$p = e^{-\int \frac{1}{x}dx}\left(\int \frac{1}{x^2}e^{\int \frac{1}{x}dx}dx + C_1\right) =$$

$$\frac{1}{x}\left(\int \frac{1}{x^2}x dx + C_1\right) = \frac{1}{x}(\ln|x| + C_1)$$

即

$$y' = \frac{1}{x}(\ln|x| + C_1)$$

取积分得

$$y = \frac{1}{2}\ln^2|x| + C_1x + C_2$$

即为所求方程的通解.

【例 3】 求解微分方程初值问题 $\begin{cases}(1 + x^2)y'' = 2xy' \\ y|_{x=0} = 1, y'|_{x=0} = 3\end{cases}$.

解 令 $p = y'$,则 $y'' = \frac{dp}{dx}$,于是方程化为

$$(1 + x^2)\frac{dp}{dx} = 2xp$$

这是可分离变量的方程,由分离变量法解得

$$p = C_1(1 + x^2)$$

即

$$y' = C_1(1 + x^2)$$

由初始条件 $y'|_{x=0} = 3$ 知 $C_1 = 3$,所以

$$y' = 3(1 + x^2)$$

积分得

$$y = 3x + x^3 + C_2$$

再由初始条件 $y|_{x=0} = 1$ 知 $C_2 = 1$,故所求初值问题的解为

$$y = x^3 + 3x + 1$$

3. $y'' = f(y, y')$ 型方程

这是不含自变量 x 的方程. 作变量代换 $p = y'$,并将 y 视为自变量,则

$$y'' = \frac{\mathrm{d}p}{\mathrm{d}x} = \frac{\mathrm{d}p}{\mathrm{d}y}\frac{\mathrm{d}y}{\mathrm{d}x} = p\frac{\mathrm{d}p}{\mathrm{d}y}$$

于是方程化为一阶微分方程

$$p\frac{\mathrm{d}p}{\mathrm{d}y} = f(y, p)$$

如果其通解为 $p = p(y, C_1)$,则对 $\frac{\mathrm{d}x}{\mathrm{d}y} = \frac{1}{p} = \frac{1}{p(y, C_1)}$ 积分可得原方程的通解

$$x = \int \frac{1}{p(y, C_1)}\mathrm{d}y + C_2$$

其中 C_1, C_2 是任意常数.

【**例4**】　求方程 $yy'' = 2(y')^2$ 的通解.

解　令 $p = y'$,则 $y'' = p\frac{\mathrm{d}p}{\mathrm{d}y}$,于是方程化为

$$yp\frac{\mathrm{d}p}{\mathrm{d}y} = 2p^2$$

当 $p \neq 0$ 时分离变量得

$$\frac{\mathrm{d}p}{p} = \frac{2\mathrm{d}y}{y}$$

积分得

$$\ln|p| = 2\ln|y| + \ln|C_1|$$

去对数,简化得

$$p = C_1 y^2$$

即

$$\frac{\mathrm{d}y}{\mathrm{d}x} = C_1 y^2$$

分离变量得

$$\frac{1}{y^2}\mathrm{d}y = C_1\mathrm{d}x$$

积分得

$$-\frac{1}{y} = C_1x + C_2$$

故原方程的通解为

$$y = -\frac{1}{C_1x + C_2}$$

注意,由 $y' = 0$(即 $p = 0$)得到的解 $y = C$,只含有一个任意常数,不是通解.

【例 5】 解微分方程初值问题$\begin{cases} yy'' = 2[(y')^2 - y'] \\ y|_{x=0} = 1, y'|_{x=0} = 2 \end{cases}$.

解 令 $p = y'$,则 $y'' = p\frac{\mathrm{d}p}{\mathrm{d}y}$,于是方程化为

$$yp\frac{\mathrm{d}p}{\mathrm{d}y} = 2(p^2 - p)$$

分离变量得(由初始条件知 $p \neq 0$)

$$\frac{\mathrm{d}p}{p-1} = \frac{2\mathrm{d}y}{y}$$

积分得

$$\ln|p-1| = 2\ln|y| + \ln|C_1|$$

去对数,简化得

$$p = 1 + C_1y^2$$

即

$$\frac{\mathrm{d}y}{\mathrm{d}x} = 1 + C_1y^2$$

由初始条件 $y|_{x=0} = 1, y'|_{x=0} = 2$ 知 $C_1 = 1$,所以将上式分离变量得

$$\frac{\mathrm{d}y}{1+y^2} = \mathrm{d}x$$

积分得

$$\arctan y = x + C_2$$

由初始条件 $y|_{x=0} = 1$ 知 $C_2 = \frac{\pi}{4}$,故初值问题的解为 $y = \tan(x + \frac{\pi}{4})$.

习题 5.3

1.求下列方程的通解:

(1)$xy'' = \ln x$;

(2)$(1+x^2)y'' + (y')^2 + 1 = 0$;

(3)$2yy'' = 1 + (y')^2$;

(4)$y'' = 1 + (y')^2$.

2.解微分方程初值问题:

(1)$\begin{cases}(1 + x^2)y'' = 1\\ y|_{x=0} = 1, y'|_{x=0} = -1\end{cases}$;

(2)$\begin{cases}y'' - e^{2y} = 0\\ y|_{x=0} = 0, y'|_{x=0} = 1\end{cases}$.

5.4　二阶线性微分方程

在生产实践中,我们常常会遇到高阶线性微分方程,对这类方程的研究已经有了完整的结论.这里我们仅讨论二阶线性微分方程.

5.4.1　二阶线性微分方程解的结构

形如

$$y'' + p(x)y' + q(x)y = f(x) \tag{5.16}$$

的方程称为二阶线性微分方程.当 $f(x) \equiv 0$ 时,方程(5.16)化为

$$y'' + p(x)y' + q(x)y = 0 \tag{5.17}$$

称其为二阶线性齐次微分方程,相应的把 $f(x) \neq 0$ 的方程(5.16)称为二阶线性非齐次微分方程.

定理5.1　如果 $y_1(x), y_2(x)$ 是线性齐次微分方程(5.17)的解,则

$$y = C_1y_1(x) + C_2y_2(x)$$

也是(5.17)的解,其中 C_1, C_2 是任意常数.

证明　将 $y = C_1y_1(x) + C_2y_2(x)$ 代入方程(5.17)的左边得

$$\begin{aligned}&(C_1y_1(x) + C_2y_2(x))'' + p(x)(C_1y_1(x) +\\&C_2y_2(x))' + q(x)(C_1y_1(x) + C_2y_2(x)) =\\&C_1(y''_1(x) + p(x)y'_1(x) + q(x)y_1(x)) +\\&C_2(y''_2(x) + p(x)y'_2(x) + q(x)y_2(x)) \equiv\\&C_1 \times 0 + C_2 \times 0 = 0\end{aligned}$$

这就证明了 $y = C_1y_1(x) + C_2y_2(x)$ 是方程(5.17)的解.

在定理5.1中,$y = C_1y_1(x) + C_2y_2(x)$ 尽管形式上有两个任意常数 C_1, C_2,但函数 y 不一定是方程(5.17)的通解(C_1, C_2 不一定是独立的).那么,$y_1(x), y_2(x)$ 满足什么条件时,函数 $y = C_1y_1(x) + C_2y_2(x)$ 才是方程(5.17)的通解呢?为此我们引入两个函数线性无关的概念.

定义5.5 如果两个函数 $y_1(x),y_2(x)$ 的比不恒为常数,则称 $y_1(x),y_2(x)$ 是线性无关的,否则,称它们是线性相关的.

例如,由于 $\frac{\sin x}{\cos x}=\tan x$ 不恒等于常数,所以函数 $\sin x,\cos x$ 是线性无关的;由于 $\frac{\sin x}{2\sin x}=\frac{1}{2}$(常数),所以函数 $\sin x,2\sin x$ 是线性相关的.

定理5.2 如果 $y_1(x),y_2(x)$ 是线性齐次微分方程(5.17)的两个线性无关的解,则

$$y=C_1y_1(x)+C_2y_2(x)$$

是(5.17)的通解,其中 C_1,C_2 是任意常数.

例如,$\sin x$ 和 $\cos x$ 都是二阶线性齐次微分方程 $y''+y=0$ 的解,且 $\sin x,\cos x$ 是线性无关的,所以这个微分方程的通解是 $y=C_1\sin x+C_2\cos x$.

定理5.3 如果 $y^*(x)$ 是线性非齐次微分方程(5.16)的一个特解,$Y(x)$ 是线性齐次微分方程(5.17)的通解,则

$$y=Y(x)+y^*(x)$$

是非线性齐次微分方程(5.16)的通解.

证明 将 $y=Y(x)+y^*(x)$ 代入线性非齐次微分方程(5.16)左边得

$$\begin{aligned}(Y(x)+y^*(x))''+p(x)(Y(x)+y^*(x))'+q(x)(Y(x)+y^*(x))=\\(Y''(x)+p(x)Y'(x)+q(x)Y(x))+\\((y^*(x))''+p(x)(y^*(x))'+q(x)y^*(x))=\\0+f(x)=f(x)\end{aligned}$$

这就说明 $y=Y(x)+y^*(x)$ 是方程(5.16)的解.又在 $Y(x)$ 中含有两个任意常数,所以 $y=Y(x)+y^*(x)$ 是线性非齐次微分方程(5.16)的通解.

例如,对于二阶线性非齐次微分方程 $y''+y=x$,由前面知 $Y(x)=C_1\sin x+C_2\cos x$ 是该方程所对应的二阶线性齐次微分方程 $y''+y=0$ 的通解,又容易验证 $y^*(x)=x$ 是所论方程的一个特解,故 $y=C_1\sin x+C_2\cos x+x$ 是所论方程的通解.

定理5.4 如果 $y_1^*(x)$ 和 $y_2^*(x)$ 分别是方程

$$y''+p(x)y'+q(x)y=f_1(x)$$

$$y''+p(x)y'+q(x)y=f_2(x)$$

的解,则 $y_1^*(x)+y_2^*(x)$ 是方程

$$y''+p(x)y'+q(x)y=f_1(x)+f_2(x)$$

的解.

证明 只需把 $y_1^*(x)+y_2^*(x)$ 代入方程就可证明该定理.

5.4.2　二阶常系数线性齐次微分方程

形如

$$y'' + py' + qy = 0 \tag{5.18}$$

的方程称为二阶常系数线性齐次微分方程,其中 p,q 为已知实常数.它是二阶线性齐次微分方程(5.17) 的特殊情形.

由前面的讨论知,要求出方程(5.18) 的通解,只需找到它的两个线性无关的特解即可.根据方程(5.18) 的特点,自然会想到:如果 y,y',y'' 是同类函数,则取适当的系数就可能使 $y''+py'+qy$ 恒等于零.我们猜想方程(5.18) 有形如 $y = e^{\lambda x}$ 的解($y = e^{\lambda x}$ 和它的导数 $y' = \lambda e^{\lambda x}, y'' = \lambda^2 e^{\lambda x}$ 之间仅差一个常数因子,为同类函数),其中 λ 为常数.将它代入方程(5.18) 得

$$(\lambda^2 + p\lambda + q)e^{\lambda x} = 0$$

由于 $e^{\lambda x} \neq 0$,所以 $y = e^{\lambda x}$ 是方程(5.18) 的解的充分必要条件为 λ 是方程

$$\lambda^2 + p\lambda + q = 0 \tag{5.19}$$

的根.我们称代数方程(5.19) 为二阶常系数线性齐次微分方程(5.18) 的特征方程,并称特征方程的根为方程(5.18) 的特征根.

设特征方程(5.19) 的特征根为 λ_1,λ_2. 下面按特征根 λ_1,λ_2 分三种情形进行讨论.

(1)λ_1,λ_2 为互异实根

这时,$y_1(x) = e^{\lambda_1 x}, y_2(x) = e^{\lambda_2 x}$ 是方程(5.18) 的两个解,且 $\dfrac{y_1(x)}{y_2(x)} = e^{(\lambda_1-\lambda_2)x}$ 不等于常数,所以 $y_1(x) = e^{\lambda_1 x}, y_2(x) = e^{\lambda_2 x}$ 是方程(5.18) 的两个线性无关的解,故方程(5.18) 的通解为

$$y = C_1 e^{\lambda_1 x} + C_2 e^{\lambda_2 x}$$

(2)$\lambda_{1,2} = \alpha \pm \beta i$ 是一对共轭复根

这时,方程(5.18) 有两个线性无关的复数解 $y_1(x) = e^{(\alpha+\beta i)x}, y_2(x) = e^{(\alpha-\beta i)x}$,所以方程(5.18) 的通解为

$$y = C_1 e^{(\alpha+\beta i)x} + C_2 e^{(\alpha-\beta i)x}$$

由于方程(5.18) 的系数都是实数,所以我们可以得到实的通解. 由欧拉公式 $e^{ix} = \cos x + i\sin x$,我们有

$$y_1(x) = e^{(\alpha+\beta i)x} = e^{\alpha x}e^{i\beta x} = e^{\alpha x}(\cos\beta x + i\sin\beta x)$$
$$y_2(x) = e^{(\alpha-\beta i)x} = e^{\alpha x}e^{-i\beta x} = e^{\alpha x}(\cos\beta x - i\sin\beta x)$$

由定理 5.1 知

$$\tilde{y}_1(x) = \frac{1}{2}(y_1(x) + y_2(x)) = e^{\alpha x}\cos\beta x$$

$$\tilde{y}_2(x) = \frac{1}{2\mathrm{i}}(y_1(x) - y_2(x)) = \mathrm{e}^{\alpha x}\sin\beta x$$

也是方程(5.18)的解，且$\dfrac{\tilde{y}_1(x)}{\tilde{y}_2(x)} = \tan\beta x(\beta \neq 0)$不是常数，故方程(5.18)的通解可以写成

$$y = \mathrm{e}^{\alpha x}(C_1\cos\beta x + C_2\sin\beta x)$$

为实通解.

(3)λ_1,λ_2是相等的实根，即$\lambda_1 = \lambda_2 = \lambda$($\lambda$是二重特征根)

此时，由特征根只能得到一个解$y_1(x) = \mathrm{e}^{\lambda x}$，还需找到一个与$y_1(x)$线性无关的解$y_2(x)$，才能得到通解.

设$\dfrac{y_2(x)}{y_1(x)} = C(x)$，则

$$y_2(x) = C(x)\mathrm{e}^{\lambda x}$$
$$y'_2(x) = C'(x)\mathrm{e}^{\lambda x} + \lambda C(x)\mathrm{e}^{\lambda x}$$
$$y''_2(x) = C''(x)\mathrm{e}^{\lambda x} + 2\lambda C'(x)\mathrm{e}^{\lambda x} + \lambda^2 C(x)\mathrm{e}^{\lambda x}$$

代入方程(5.18)，并整理得

$$[C''(x) + (2\lambda + p)C'(x) + (\lambda^2 + p\lambda + q)C(x)]\mathrm{e}^{\lambda x} = 0$$

因为λ是二重特征根，所以$\lambda^2 + p\lambda + q = 0, 2\lambda + p = 0$. 又$\mathrm{e}^{\lambda x} \neq 0$，所以要想$y_2(x) = C(x)\mathrm{e}^{\lambda x}$是方程(5.18)的解，只需让函数$C(x)$满足$C''(x) = 0$. 为保证$y_1(x),y_2(x)$线性无关，限定$C(x)$不等于常数，显然取$C(x) = x$即可. 这样，$y_2(x) = x\mathrm{e}^{\lambda x}$是方程(5.18)的解，与$y_1(x) = \mathrm{e}^{\lambda x}$线性无关，从而方程(5.18)的通解为

$$y = (C_1 + C_2 x)\mathrm{e}^{\lambda x}$$

综上所述，求解二阶常系数线性齐次微分方程$y'' + py' + qy = 0$的步骤如下：

第一步　写出特征方程$\lambda^2 + p\lambda + q = 0$;

第二步　求出特征根λ_1,λ_2;

第三步　根据λ_1,λ_2的情况写出通解.

(1) 当λ_1,λ_2为互异实根时，通解为

$$y = C_1\mathrm{e}^{\lambda_1 x} + C_2\mathrm{e}^{\lambda_2 x}$$

(2) 当$\lambda_{1,2} = \alpha \pm \beta\mathrm{i}$是一对共轭复根时，通解为

$$y = \mathrm{e}^{\alpha x}(C_1\cos\beta x + C_2\sin\beta x)$$

(3) 当λ_1,λ_2是相等的实根，即$\lambda_1 = \lambda_2 = \lambda$时，通解为

$$y = (C_1 + C_2 x)\mathrm{e}^{\lambda x}$$

【例 1】　求方程$y'' - 2y' - 3y = 0$的通解.

解　因为特征方程 $\lambda^2-2\lambda-3=0$ 的特征根 $\lambda_1=-1,\lambda_2=3$ 是互异实根，所以方程的通解为

$$y=C_1e^{-x}+C_2e^{3x}$$

【例 2】　解方程 $y''-2y'+5y=0$.

解　因为特征方程 $\lambda^2-2\lambda+5=0$ 的特征根 $\lambda_{1,2}=1\pm 2i$ 是一对共轭复数，所以方程的通解为

$$y=e^x(C_1\cos 2x+C_2\sin 2x)$$

【例 3】　解微分方程初值问题 $\begin{cases} y''+2y'+y=0 \\ y|_{x=0}=4, y'|_{x=0}=-2 \end{cases}$.

解　因为特征方程 $\lambda^2+2\lambda+1=0$ 的特征根是二重实根 $\lambda=-1$，所以方程的通解为

$$y=(C_1+C_2x)e^{-x}$$

由初始条件 $y|_{x=0}=4$ 知 $C_1=4$，所以

$$y=(4+C_2x)e^{-x}$$

对其求导得

$$y'=(-4+C_2-C_2x)e^{-x}$$

由初始条件 $y'|_{x=0}=-2$ 知 $C_2=2$，故所求初值问题的解为

$$y=(4+2x)e^{-x}$$

5.4.3　二阶常系数线性非齐次微分方程

形如

$$y''+py'+qy=f(x) \tag{5.20}$$

的方程称为二阶常系数线性非齐次微分方程，其中 p,q 为已知实常数，$f(x)\neq 0$. 它是二阶线性非齐次微分方程(5.16) 的特殊情形.

由定理 5.3，我们知道，只要找到二阶常系数线性非齐次微分方程(5.20) 的一个特解 $y^*(x)$，再找到对应二阶常系数线性齐次微分方程(5.18) 的通解 $Y(x)$，则 $y=Y(x)+y^*(x)$ 就是方程(5.20) 的通解. 由于齐次微分方程(5.18) 的通解问题已经解决，所以剩下的就是如何求出非齐次微分方程(5.20) 的一个特解.

下面介绍一类常见的求解常系数线性非齐次微分方程特解的方法 —— 待定系数法. 对实际中最常出现的自由项 $f(x)$ 的三种情形进行讨论.

情形 1　当 $f(x)=a_0x^m+a_1x^{m-1}+\cdots+a_m(a_0\neq 0)$ 时

(1) 若 $q\neq 0$，则设方程(5.20) 的特解为

$$y^*(x)=b_0x^m+b_1x^{m-1}+\cdots+b_m$$

其中 $b_0,b_1,\cdots,b_m$ 是待定常数. 将 $y^*(x)$ 代入方程(5.20)，通过比较等式两边同

类项的系数便可求得 $b_0, b_1, \cdots, b_m$.

(2) 若 $q = 0, p \neq 0$,则设方程(5.20)的特解为

$$y^*(x) = x(b_0x^m + b_1x^{m-1} + \cdots + b_m)$$

其中 $b_0, b_1, \cdots, b_m$ 是待定常数.

(3) 若 $p = q = 0$,则设方程(5.20)的特解为

$$y^*(x) = x^2(b_0x^m + b_1x^{m-1} + \cdots + b_m)$$

其中 $b_0, b_1, \cdots, b_m$ 是待定常数.

【例 4】 求方程 $y'' + y = x^2 + x$ 的通解.

解 因为特征方程 $\lambda^2 + 1 = 0$ 的特征根 $\lambda_{1,2} = \pm \mathrm{i}$ 是一对共轭复数,所以对应齐次方程的通解为

$$Y(x) = C_1\cos x + C_2\sin x$$

因为 $f(x) = x^2 + x, q = 1 \neq 0$,所以设

$$y^*(x) = b_0x^2 + b_1x + b_2$$

代入原方程得

$$2b_0 + (b_0x^2 + b_1x + b_2) = x^2 + x$$

即

$$b_0x^2 + b_1x + 2b_0 + b_2 = x^2 + x$$

比较两边同类项系数得

$$b_0 = 1, b_1 = 1, 2b_0 + b_2 = 0$$

解得 $b_0 = 1, b_1 = 1, b_2 = -2$,所以特解为

$$y^*(x) = x^2 + x - 2$$

从而方程的通解为

$$y = C_1\cos x + C_2\sin x + x^2 + x - 2$$

【例 5】 求方程 $y'' + y' = x - 2$ 的通解.

解 因为特征方程 $\lambda^2 + \lambda = 0$ 的特征根 $\lambda_1 = 0, \lambda_2 = -1$ 是互异实根,所以对应齐次方程的通解为

$$Y(x) = C_1 + C_2\mathrm{e}^{-x}$$

因为 $f(x) = x - 2, p = 1 \neq 0, q = 0$,所以设

$$y^*(x) = x(b_0x + b_1)$$

代入原方程得

$$2b_0 + (2b_0x + b_1) = x - 2$$

即

$$2b_0x + 2b_0 + b_1 = x - 2$$

比较两边同类项系数得

$$2b_0 = 1, 2b_0 + b_1 = -2$$

解得 $b_0 = \frac{1}{2}, b_1 = -3$,所以特解为

$$y^*(x) = \frac{1}{2}x^2 - 3x$$

从而方程的通解为

$$y = C_1 + C_2 e^{-x} + \frac{1}{2}x^2 - 3x$$

情形 2　当 $f(x) = (a_0x^m + a_1x^{m-1} + \cdots + a_m)e^{\alpha x}(a_0 \neq 0)$ 时

(1) 若 α 不是特征根,即 $\alpha^2 + p\alpha + q \neq 0$,则设方程(5.20)的特解为

$$y^*(x) = (b_0x^m + b_1x^{m-1} + \cdots + b_m)e^{\alpha x}$$

其中 $b_0, b_1, \cdots, b_m$ 是待定常数.

(2) 若 α 是单特征根,即 $\alpha^2 + p\alpha + q = 0, p + 2\alpha \neq 0$,则设方程(5.20)的特解为

$$y^*(x) = x(b_0x^m + b_1x^{m-1} + \cdots + b_m)e^{\alpha x}$$

其中 $b_0, b_1, \cdots, b_m$ 是待定常数.

(3) 若 α 是二重特征根,即 $\alpha^2 + p\alpha + q = 0, p + 2\alpha = 0$,则设方程(5.20)的特解为

$$y^*(x) = x^2(b_0x^m + b_1x^{m-1} + \cdots + b_m)e^{\alpha x}$$

其中 $b_0, b_1, \cdots, b_m$ 是待定常数.

【例 6】　求方程 $y'' - 5y' + 6y = (x + 1)e^{4x}$ 的通解.

解　因为特征方程 $\lambda^2 - 5\lambda + 6 = 0$ 的特征根 $\lambda_1 = 2, \lambda_2 = 3$ 是互异实根,所以对应齐次方程的通解为

$$Y(x) = C_1e^{2x} + C_2e^{3x}$$

因为 $f(x) = (x + 1)e^{4x}, \alpha = 4$ 不是特征根,所以设

$$y^*(x) = (b_0x + b_1)e^{4x}$$

代入原方程得

$$[16(b_0x + b_1)e^{4x} + 8b_0e^{4x}] - 5[4(b_0x + b_1)e^{4x} + b_0e^{4x}] + 6(b_0x + b_1)e^{4x} = (x + 1)e^{4x}$$

整理得

$$(2b_0x + 3b_0 + 2b_1)e^{4x} = (x + 1)e^{4x}$$

比较两边同类项系数得

$$2b_0 = 1, 3b_0 + 2b_1 = 1$$

解得 $b_0 = \frac{1}{2}, b_1 = -\frac{1}{4}$,所以特解为

$$y^*(x) = (\frac{1}{2}x - \frac{1}{4})e^{4x}$$

从而方程的通解为

$$y = C_1e^{2x} + C_2e^{3x} + (\frac{1}{2}x - \frac{1}{4})e^{4x}$$

【例 7】 求方程 $y'' - 2y' + y = 2e^x$ 的通解.

解 因为特征方程 $\lambda^2 - 2\lambda + 1 = 0$ 的特征根是二重实根 $\lambda = 1$,所以对应齐次方程的通解为

$$Y(x) = (C_1 + C_2x)e^x$$

因为 $f(x) = 2e^x, \alpha = 1$ 是二重特征根,所以设

$$y^*(x) = b_0x^2e^x$$

代入原方程得

$$b_0(x^2 + 4x + 2)e^x - 2b_0(x^2 + 2x)e^x + b_0x^2e^x = 2e^x$$

即

$$2b_0e^x = 2e^x$$

解得 $b_0 = 1$,所以特解为

$$y^*(x) = x^2e^x$$

从而方程的通解为

$$y = (C_1 + C_2x)e^x + x^2e^x$$

情形 3 当 $f(x) = e^{\alpha x}(P(x)\cos \beta x + Q(x)\sin \beta x)$ 时,其中 $P(x), Q(x)$ 是多项式,m 是它们的次数的最大值.

(1) 若 $\alpha \pm \beta i$ 不是特征根,则设方程(5.20)的特解为

$$y^*(x) = e^{\alpha x}[(b_0x^m + b_1x^{m-1} + \cdots + b_m)\cos \beta x + (c_0x^m + c_1x^{m-1} + \cdots + c_m)\sin \beta x]$$

其中 $b_0, b_1, \cdots, b_m, c_0, c_1, \cdots, c_m$ 是待定常数.

(2) 若 $\alpha \pm \beta i$ 是特征根,则设方程(5.20)的特解为

$$y^*(x) = xe^{\alpha x}[(b_0x^m + b_1x^{m-1} + \cdots + b_m)\cos \beta x + (c_0x^m + c_1x^{m-1} + \cdots + c_m)\sin \beta x]$$

其中 $b_0, b_1, \cdots, b_m, c_0, c_1, \cdots, c_m$ 是待定常数.

【例 8】 求方程 $y'' + 3y' - 4y = 4\sin x$ 的通解.

解 因为特征方程 $\lambda^2 + 3\lambda - 4 = 0$ 的特征根是 $\lambda_1 = -4, \lambda_2 = 1$,所以对应齐次方程的通解为

$$Y(x) = C_1e^{-4x} + C_2e^x$$

因为 $f(x)=4\sin x,\alpha\pm\beta\mathrm{i}=0\pm\mathrm{i}$ 不是特征根,所以设

$$y^*(x)=b_0\cos\beta x+c_0\sin\beta x$$

代入原方程得

$$(-b_0\cos x-c_0\sin x)+3(-b_0\sin x+c_0\cos x)-4(b_0\cos x+c_0\sin x)=4\sin x$$

整理得

$$(-5b_0+3c_0)\cos x+(-3b_0-5c_0)\sin x=4\sin x$$

比较两边同类项的系数得

$$-5b_0+3c_0=0,\ -3b_0-5c_0=4$$

解得 $b_0=-\dfrac{6}{17},c_0=-\dfrac{10}{17}$,所以

$$y^*(x)=-\frac{6}{17}\cos x-\frac{10}{17}\sin x$$

从而原方程的通解为

$$y=C_1\mathrm{e}^{-4x}+C_2\mathrm{e}^x-\frac{6}{17}\cos x-\frac{10}{17}\sin x$$

习题 5.4

1.求下列二阶线性齐次微分方程的通解:

(1) $y''+y'-2y=0$;

(2) $y''-2y'=0$;

(3) $y''+2y'+10y=0$;

(4) $y''-4y'+4y=0$.

2.求下列二阶线性非齐次微分方程的通解:

(1) $y''+y'+y=3x^2$;

(2) $2y''+5y'=5x^2-2x-1$;

(3) $2y''+y'-y=2\mathrm{e}^x$;

(4) $y''-6y'+9y=(x+1)\mathrm{e}^{3x}$;

(5) $y''-2y'+5y=\mathrm{e}^x\sin 2x$;

(6) $y''-4y'+4y=\mathrm{e}^{2x}+\sin 2x$.

3.求下列微分方程初值问题:

(1) $\begin{cases}y''-4y'+3y=0\\ y|_{x=0}=6,y'|_{x=0}=10\end{cases}$;

(2) $\begin{cases}y''-2y'+y=0\\ y|_{x=2}=1,y'|_{x=2}=2\end{cases}$;

(3) $\begin{cases} y'' + \dfrac{1}{4}y = 6\sin\dfrac{x}{2} \\ y|_{x=0} = 0, y'|_{x=0} = 5 \end{cases}$;

(4) $\begin{cases} y'' + 2y' + 2y = xe^{-x} \\ y|_{x=0} = 0, y'|_{x=0} = 0 \end{cases}$.

第 6 章　无穷级数

无穷级数是研究数值计算的重要工具,它在数学和工程技术中有着广泛的应用.本章将介绍数项级数和幂级数.

6.1　数项级数

6.1.1　数项级数的概念及性质

1.数项级数的敛散性

定义 6.1　设有无穷数列 $u_1, u_2, \cdots, u_n, \cdots$,把此数列的项依次用"+"连接起来的表达式

$$u_1 + u_2 + \cdots + u_n + \cdots$$

称为数项(无穷) 级数,记为 $\sum\limits_{n=1}^{\infty} u_n$,即

$$\sum_{n=1}^{\infty} u_n = u_1 + u_2 + \cdots + u_n + \cdots$$

其中 u_n 称为数项级数的一般项或通项.

例如

$$\sum_{n=1}^{\infty} \frac{1}{2^n} = \frac{1}{2} + \frac{1}{2^2} + \cdots + \frac{1}{2^n} + \cdots$$

$$\sum_{n=1}^{\infty} (-1)^{n-1} \frac{1}{n} = 1 - \frac{1}{2} + \frac{1}{3} - \frac{1}{4} + \cdots + (-1)^{n-1} \frac{1}{n} + \cdots$$

$$\sum_{n=1}^{\infty} (-1)^{n-1} = 1 - 1 + 1 - 1 + \cdots + (-1)^{n-1} + \cdots$$

都是数项级数.

数项级数 $\sum\limits_{n=1}^{\infty} u_n$ 如果按通常的加法运算一项一项地加下去,永远也算不完,那么该如何计算它呢? 下面我们讨论这一问题.

称数项级数 $\sum\limits_{n=1}^{\infty} u_n$ 的前 n 项和

$$S_n = u_1 + u_2 + \cdots + u_n$$

为该级数的前 n 项部分和. 由于对于任何正整数 n, S_n 都有意义,因此就定义了一个以 S_n 为通项的数列

$$S_1, S_2, \cdots, S_n, \cdots$$

记为 $\{S_n\}$,称其为数项级数 $\sum_{n=1}^{\infty} u_n$ 的部分和数列.

定义 6.2　若数项级数 $\sum_{n=1}^{\infty} u_n$ 的部分和数列 $\{S_n\}$ 有极限,即

$$\lim_{n \to \infty} S_n = S$$

则称该级数收敛,并称 S 为该级数的和,记为 $S = \sum_{n=1}^{\infty} u_n$; 否则称该级数发散.

【例 1】　判断级数

$$\sum_{n=1}^{\infty} \frac{1}{n(n+1)} = \frac{1}{1 \cdot 2} + \frac{1}{2 \cdot 3} + \cdots + \frac{1}{n(n+1)} + \cdots$$

的敛散性.

解　因 $\frac{1}{n(n+1)} = \frac{1}{n} - \frac{1}{n+1}$,所以部分和

$$S_n = \frac{1}{1 \cdot 2} + \frac{1}{2 \cdot 3} + \cdots + \frac{1}{n(n+1)} = \left(1 - \frac{1}{2}\right) + \left(\frac{1}{2} - \frac{1}{3}\right) + \cdots + \left(\frac{1}{n} - \frac{1}{n+1}\right) = 1 - \frac{1}{n+1}$$

由于

$$\lim_{n \to \infty} S_n = \lim_{n \to \infty}\left(1 - \frac{1}{n+1}\right) = 1$$

故所论级数收敛,且其和为 $S = 1$.

【例 2】　讨论等比级数(几何级数)

$$\sum_{n=1}^{\infty} ar^{n-1} = a + ar + ar^2 + \cdots + ar^{n-1} + \cdots \quad (a \neq 0)$$

的敛散性.

解　该级数的部分和为

$$S_n = a + ar + ar^2 + \cdots + ar^{n-1} = \begin{cases} \dfrac{a(1 - r^n)}{1 - r}, & r \neq 1 \\ na, & r = 1 \end{cases}$$

当 $|r| < 1$ 时,由于 $\lim_{n \to \infty} r^n = 0$,所以

$$\lim_{n \to \infty} S_n = \lim_{n \to \infty} \frac{a(1 - r^n)}{1 - r} = \frac{a}{1 - r}$$

故当 $|r| < 1$ 时,所论级数收敛,且其和为 $S = \frac{a}{1 - r}$.

当 $|r| > 1$ 时，由于 $\lim\limits_{n\to\infty} r^n = \infty$，所以 $\lim\limits_{n\to\infty} S_n$ 不存在，故此时所论级数发散.

当 $|r| = 1$ 时，若 $r = 1$，则 $\lim\limits_{n\to\infty} S_n = \lim\limits_{n\to\infty} na = \infty$，所以所论级数发散；若 $r = -1$，则 $S_n = \begin{cases} 0, n \text{ 为奇数} \\ a, n \text{ 为偶数} \end{cases}$，由于 $\lim\limits_{n\to\infty} S_n$ 不存在，所以所论级数发散.

综上所述，当 $|r| < 1$ 时，等比级数收敛，且其和为 $S = \dfrac{a}{1-r}$；当 $|r| \geqslant 1$ 时，等比级数发散.

【例 3】　证明调和级数

$$\sum_{n=1}^{\infty} \frac{1}{n} = 1 + \frac{1}{2} + \frac{1}{3} + \cdots + \frac{1}{n} + \cdots$$

发散.

证明　利用不等式 $x > \ln(1 + x)\ (x > 0)$，有

$$\begin{aligned} S_n = 1 + \frac{1}{2} + \frac{1}{3} + \cdots + \frac{1}{n} > \\ \ln(1+1) + \ln(1+\frac{1}{2}) + \cdots + \ln(1+\frac{1}{n}) = \\ \ln 2 + (\ln 3 - \ln 2) + \cdots + (\ln(n+1) - \ln n) = \\ \ln(n+1) \end{aligned}$$

由于 $\lim\limits_{n\to\infty} \ln(n+1) = +\infty$，所以 $\lim\limits_{n\to\infty} S_n = +\infty$，故调和级数发散.

2. 数项级数的性质

根据数项级数的收敛、发散概念，结合极限运算法则，可以得出数项级数的下列性质：

性质 1　当 k 为非零常数时，级数 $\sum\limits_{n=1}^{\infty} ku_n$ 和 $\sum\limits_{n=1}^{\infty} u_n$ 的敛散性相同. 若级数 $\sum\limits_{n=1}^{\infty} u_n$ 收敛，且其和为 S，则

$$\sum_{n=1}^{\infty} ku_n = k\sum_{n=1}^{\infty} u_n = kS$$

其中 k 为常数（k 不要求非零）.

性质 2　若级数 $\sum\limits_{n=1}^{\infty} u_n$，$\sum\limits_{n=1}^{\infty} v_n$ 都收敛，且其和分别为 S 和 T，则级数 $\sum\limits_{n=1}^{\infty}(u_n \pm v_n)$ 也收敛，且

$$\sum_{n=1}^{\infty}(u_n \pm v_n) = \sum_{n=1}^{\infty} u_n \pm \sum_{n=1}^{\infty} v_n = S \pm T$$

由这条性质易知，若两个级数中，有一个收敛，另一个发散，则它们逐项相加（减）的级数必发散. 例如，级数 $\sum\limits_{n=1}^{\infty}(\dfrac{1}{n} - \dfrac{1}{3^n})$，由于调和级数 $\sum\limits_{n=1}^{\infty} \dfrac{1}{n}$ 发散，而等比级

数$\sum\limits_{n=1}^{\infty}\frac{1}{3^n}$收敛(它是以$r=\frac{1}{3}$为公比的等比级数,且$|r|=\frac{1}{3}<1$),所以所论级数发散.

但两个发散级数逐项相加(减)的级数不一定发散. 例如,级数$\sum\limits_{n=1}^{\infty}(-1)^n$和$\sum\limits_{n=1}^{\infty}(-1)^{n-1}$都发散,但$\sum\limits_{n=1}^{\infty}[(-1)^n+(-1)^{n-1}]=\sum\limits_{n=1}^{\infty}0$是收敛的.

性质 3　在一个级数中,任意去掉、增加或改变有限项后,级数的敛散性不变. 但对于收敛级数,其和将受到影响.

性质 4　若级数$\sum\limits_{n=1}^{\infty}u_n$收敛,则$\lim\limits_{n\to\infty}u_n=0$.

根据性质 4,若某级数的一般项不以零为极限,便可断言,该级数发散. 例如,级数$\sum\limits_{n=1}^{\infty}(1+\frac{1}{n})$,由于$\lim\limits_{n\to\infty}(1+\frac{1}{n})=1\neq 0$,所以该级数发散.

应当注意的是:$\lim\limits_{n\to\infty}u_n=0$仅仅是级数收敛的必要条件,不是充分条件. 例如,对于调和级数$\sum\limits_{n=1}^{\infty}\frac{1}{n}$,有$\lim\limits_{n\to\infty}\frac{1}{n}=0$,但调和级数发散.

6.1.2　正项级数

若数项级数$\sum\limits_{n=1}^{\infty}u_n$的各项都是非负实数,则称其为正项级数.

通过部分和数列的极限来判定数项级数的敛散性,虽然是最基本的方法,但它常常是十分困难的.因此需要寻找简便易行的判别方法. 下面我们介绍几种正项级数敛散性的判别方法.

定理 6.1　(比较判别法) 设$\sum\limits_{n=1}^{\infty}u_n$和$\sum\limits_{n=1}^{\infty}v_n$为两个正项级数,且$u_n\leqslant v_n,n=1,2,\cdots$,则当级数$\sum\limits_{n=1}^{\infty}v_n$收敛时,级数$\sum\limits_{n=1}^{\infty}u_n$也收敛;当级数$\sum\limits_{n=1}^{\infty}u_n$发散时,级数$\sum\limits_{n=1}^{\infty}v_n$也发散.

证明从略.

使用正项级数的比较判别法时,需要知道一些级数的敛散性作为比较的标准. 等比级数$\sum\limits_{n=1}^{\infty}ar^n$常常被当做标准,另一个被当做标准的是$p$级数

$$\sum_{n=1}^{\infty}\frac{1}{n^p}=1+\frac{1}{2^p}+\frac{1}{3^p}+\cdots+\frac{1}{n^p}+\cdots$$

该级数当 $p > 1$ 时,收敛;当 $p \leqslant 1$ 时,发散.

【例 4】　讨论下列正项级数的敛散性:

(1) $\sum_{n=1}^{\infty} \ln\left(1+\frac{1}{3^n}\right)$;　　(2) $\sum_{n=1}^{\infty} \frac{1}{\sqrt[3]{n(n+1)}}$.

解　(1) 利用不等式 $x > \ln(1+x)\ (x > 0)$,有

$$0 < u_n = \ln\left(1+\frac{1}{3^n}\right) < \frac{1}{3^n}$$

而等比级数 $\sum_{n=1}^{\infty} \frac{1}{3^n}$ 收敛,所以级数 $\sum_{n=1}^{\infty} \ln\left(1+\frac{1}{3^n}\right)$ 收敛.

(2) 因为

$$u_n = \frac{1}{\sqrt[3]{n(n+1)}} > \frac{1}{(n+1)^{\frac{2}{3}}} > 0$$

而 $\sum_{n=1}^{\infty} \frac{1}{(n+1)^{\frac{2}{3}}} = \sum_{n=2}^{\infty} \frac{1}{n^{\frac{2}{3}}}$ 是发散的 p 级数($p = \frac{2}{3} < 1$),所以级数 $\sum_{n=1}^{\infty} \frac{1}{\sqrt[3]{n(n+1)}}$ 发散.

定理 6.2　(比较判别法的极限形式) 设 $\sum_{n=1}^{\infty} u_n$ 和 $\sum_{n=1}^{\infty} v_n$ 为两个正项级数,且

$$\lim_{n\to\infty} \frac{u_n}{v_n} = l$$

则当 $0 < l < +\infty$ 时,两个级数敛散性相同;当 $l = 0$ 时,若 $\sum_{n=1}^{\infty} v_n$ 收敛,那么 $\sum_{n=1}^{\infty} u_n$ 收敛;当 $l = +\infty$ 时,若 $\sum_{n=1}^{\infty} v_n$ 发散,那么 $\sum_{n=1}^{\infty} u_n$ 发散.

证明从略.

【例 5】　讨论下列正项级数的敛散性:

(1) $\sum_{n=1}^{\infty} \sin\frac{1}{n}$;　　(2) $\sum_{n=1}^{\infty} \frac{2n-\sqrt{n}}{n^3+3n}$.

解　(1) 因为

$$\lim_{n\to\infty} \frac{\sin\frac{1}{n}}{\frac{1}{n}} = 1$$

而调和级数 $\sum_{n=1}^{\infty} \frac{1}{n}$ 发散,所以级数 $\sum_{n=1}^{\infty} \sin\frac{1}{n}$ 发散.

(2) 因为

$$\lim_{n\to\infty}\frac{\dfrac{2n-\sqrt{n}}{n^3+3n}}{\dfrac{1}{n^2}}=\lim_{n\to\infty}\frac{2-\dfrac{1}{\sqrt{n}}}{1+\dfrac{3}{n^2}}=2$$

而 p 级数 $\sum\limits_{n=1}^{\infty}\dfrac{1}{n^2}$ 收敛,所以级数 $\sum\limits_{n=1}^{\infty}\dfrac{2n-\sqrt{n}}{n^3+3n}$ 收敛.

定理 6.3 （比值判别法）设 $\sum\limits_{n=1}^{\infty}u_n$ 为正项级数,如果

$$\lim_{n\to\infty}\frac{u_{n+1}}{u_n}=\rho$$

则当 $\rho<1$ 时,级数收敛; 当 $\rho>1$(或 $\rho=+\infty$) 时,级数发散.

证明从略.

【例 6】 讨论下列正项级数的敛散性:

(1) $\sum\limits_{n=1}^{\infty}\dfrac{n}{2^n}$;　　(2) $\sum\limits_{n=1}^{\infty}3^n\sin\dfrac{\pi}{2^n}$.

解 (1) 因为

$$\lim_{n\to\infty}\frac{u_{n+1}}{u_n}=\lim_{n\to\infty}\frac{\dfrac{n+1}{2^{n+1}}}{\dfrac{n}{2^n}}=\lim_{n\to\infty}\frac{n+1}{2n}=\frac{1}{2}<1$$

所以级数 $\sum\limits_{n=1}^{\infty}\dfrac{n}{2^n}$ 收敛.

(2) 因为

$$\lim_{n\to\infty}\frac{u_{n+1}}{u_n}=\lim_{n\to\infty}\frac{3^{n+1}\sin\dfrac{\pi}{2^{n+1}}}{3^n\sin\dfrac{\pi}{2^n}}=$$

$$3\lim_{n\to\infty}\frac{\sin\dfrac{\pi}{2^{n+1}}}{\sin\dfrac{\pi}{2^n}}=3\lim_{n\to\infty}\frac{\dfrac{\pi}{2^{n+1}}}{\dfrac{\pi}{2^n}}=\frac{3}{2}>1$$

所以级数 $\sum\limits_{n=1}^{\infty}3^n\sin\dfrac{\pi}{2^n}$ 发散.

6.1.3　任意项级数

既有正项,又有负项的数项级数称为任意项级数.

定理 6.4　设 $\sum\limits_{n=1}^{\infty}u_n$ 为任意项级数,如果正项级数 $\sum\limits_{n=1}^{\infty}|u_n|$ 收敛,则级数 $\sum\limits_{n=1}^{\infty}u_n$

必收敛.

证明　因为

$$0 \leqslant \frac{|u_n| + u_n}{2} \leqslant |u_n|, 0 \leqslant \frac{|u_n| - u_n}{2} \leqslant |u_n|$$

而级数$\sum_{n=1}^{\infty} |u_n|$收敛,所以由正项级数的比较判别法知级数$\sum_{n=1}^{\infty} \frac{|u_n| + u_n}{2}$和$\sum_{n=1}^{\infty} \frac{|u_n| - u_n}{2}$都收敛.又

$$u_n = \frac{|u_n| + u_n}{2} - \frac{|u_n| - u_n}{2}$$

利用级数的性质知$\sum_{n=1}^{\infty} u_n$收敛.

如果级数$\sum_{n=1}^{\infty} |u_n|$收敛,就称任意项级数$\sum_{n=1}^{\infty} u_n$绝对收敛. 根据定理6.4,称任意项级数$\sum_{n=1}^{\infty} u_n$绝对收敛,就同时意味着$\sum_{n=1}^{\infty} u_n$和$\sum_{n=1}^{\infty} |u_n|$都收敛. 如果任意项级数$\sum_{n=1}^{\infty} u_n$收敛,而级数$\sum_{n=1}^{\infty} |u_n|$发散,就称任意项级数$\sum_{n=1}^{\infty} u_n$条件收敛.

正项与负项相间的数项级数,叫做交错级数. 设$u_n > 0, n = 1,2,\cdots$,则交错级数形如

$$\sum_{n=1}^{\infty} (-1)^{n-1} u_n = u_1 - u_2 + u_3 - \cdots + (-1)^{n-1} u_n + \cdots$$

或

$$\sum_{n=1}^{\infty} (-1)^n u_n = -u_1 + u_2 - u_3 + \cdots + (-1)^n u_n + \cdots$$

定理 6.5　(莱布尼茨判别法) 若交错级数$\sum_{n=1}^{\infty} (-1)^{n-1} u_n$满足条件:

(1) $\lim\limits_{n \to \infty} u_n = 0$;

(2) $u_n \geqslant u_{n+1}, n = 1,2,\cdots$.

则交错级数$\sum_{n=1}^{\infty} (-1)^{n-1} u_n$收敛.

证明从略.

【例 7】　判定下列级数的敛散性,若收敛,指明是条件收敛还是绝对收敛.

(1) $\sum_{n=1}^{\infty} (-1)^{n-1} \frac{1}{n}$;　　(2) $\sum_{n=1}^{\infty} \frac{\sin n}{2^n}$;

(3) $\sum_{n=1}^{\infty} (-1)^{n-1} \frac{n^n}{2^n n!}$.

解　(1) 因为

$$\sum_{n=1}^{\infty}\left|(-1)^{n-1}\frac{1}{n}\right| = \sum_{n=1}^{\infty}\frac{1}{n}$$

是调和级数,发散,所以级数$\sum_{n=1}^{\infty}(-1)^{n-1}\frac{1}{n}$不绝对收敛.又因为

$$\lim_{n\to\infty}u_n = \lim_{n\to\infty}\frac{1}{n} = 0, u_n = \frac{1}{n} > \frac{1}{n+1} = u_{n+1}, n = 1,2,\cdots$$

所以由莱布尼茨判别法知级数$\sum_{n=1}^{\infty}(-1)^{n-1}\frac{1}{n}$收敛.故级数$\sum_{n=1}^{\infty}(-1)^{n-1}\frac{1}{n}$条件收敛.

(2) 因为

$$\left|\frac{\sin n}{2^n}\right| \leqslant \frac{1}{2^n}$$

而级数$\sum_{n=1}^{\infty}\frac{1}{2^n}$收敛,所以由正项级数的比较判别法知$\sum_{n=1}^{\infty}\left|\frac{\sin n}{2^n}\right|$收敛.故级数$\sum_{n=1}^{\infty}\frac{\sin n}{2^n}$绝对收敛.

(3) 因为

$$\sum_{n=1}^{\infty}\left|(-1)^{n-1}\frac{n^n}{2^n n!}\right| = \sum_{n=1}^{\infty}\frac{n^n}{2^n n!}$$

而

$$\lim_{n\to\infty}\frac{\dfrac{(n+1)^{n+1}}{2^{n+1}(n+1)!}}{\dfrac{n^n}{2^n n!}} = \lim_{n\to\infty}\frac{\left(1+\dfrac{1}{n}\right)^n}{2} = \frac{e}{2} > 1$$

所以由正项级数的比值判别法知正项级数$\sum_{n=1}^{\infty}\left|(-1)^{n-1}\frac{n^n}{2^n n!}\right|$发散,故级数$\sum_{n=1}^{\infty}(-1)^{n-1}\frac{n^n}{2^n n!}$不绝对收敛.又由极限的保序性知,存在正整数$N$,当$n > N$时,有

$$\frac{\dfrac{(n+1)^{n+1}}{2^{n+1}(n+1)!}}{\dfrac{n^n}{2^n n!}} > 1$$

由此可知$\lim\limits_{n\to\infty}\frac{n^n}{2^n n!} \neq 0$,所以级数$\sum_{n=1}^{\infty}(-1)^{n-1}\frac{n^n}{2^n n!}$发散.

习题 6.1

1. 已知级数 $\sum\limits_{n=1}^{\infty} u_n$ 的部分和 $S_n = \dfrac{2n}{n+1}, n = 1,2,\cdots$.

(1) 求此级数的一般项 u_n;

(2) 判定此级数的敛散性.

2. 用定义或性质判定下列级数的敛散性:

(1) $\sum\limits_{n=1}^{\infty} \dfrac{2}{3^n}$;　　(2) $\sum\limits_{n=1}^{\infty} (\sqrt{n+1} - \sqrt{n})$;

(3) $\sum\limits_{n=1}^{\infty} \dfrac{1}{(5n-4)(5n+1)}$;　　(4) $\sum\limits_{n=1}^{\infty} \dfrac{n^2}{n^2+1}$;

(5) $\dfrac{1}{2} + \dfrac{1}{10} + \dfrac{1}{4} + \dfrac{1}{20} + \cdots + \dfrac{1}{2^n} + \dfrac{1}{10n} + \cdots$.

3. 用比较判别法判别下列级数的敛散性:

(1) $\sum\limits_{n=1}^{\infty} \dfrac{n+1}{n^2+1}$;　　(2) $\sum\limits_{n=1}^{\infty} \sin \dfrac{\pi}{2^n}$;

(3) $\sum\limits_{n=1}^{\infty} \ln\left(1 + \dfrac{1}{n}\right)$;　　(4) $\sum\limits_{n=1}^{\infty} \dfrac{1}{1+a^n} (a > 0)$.

4. 用比值判别法判别下列级数的敛散性:

(1) $\sum\limits_{n=1}^{\infty} \dfrac{n^2}{2^n}$;　　(2) $\sum\limits_{n=1}^{\infty} \dfrac{5^n}{n!}$;

(3) $\sum\limits_{n=1}^{\infty} \dfrac{n!}{n^n}$;　　(4) $\sum\limits_{n=1}^{\infty} \dfrac{2 \cdot 5 \cdot \cdots \cdot (3n-1)}{1 \cdot 5 \cdot \cdots \cdot (4n-3)}$;

(5) $\sum\limits_{n=1}^{\infty} n \tan \dfrac{\pi}{3^n}$.

5. 证明:若正项级数 $\sum\limits_{n=1}^{\infty} u_n$ 收敛,则级数 $\sum\limits_{n=1}^{\infty} u_n^2$ 也收敛.

6. 判别下列级数的敛散性,若收敛,指明是条件收敛还是绝对收敛:

(1) $\sum\limits_{n=1}^{\infty} (-1)^n \dfrac{1}{\sqrt{n}}$;　　(2) $\sum\limits_{n=0}^{\infty} (-1)^{n-1} \dfrac{1}{3 \cdot 2^n}$;

(3) $\sum\limits_{n=1}^{\infty} (-1)^n \dfrac{\sin n}{n(n+1)}$;　　(4) $\sum\limits_{n=1}^{\infty} (-1)^n \dfrac{2^n}{\sqrt{n}}$;

(5) $\sum\limits_{n=1}^{\infty} (-1)^n \ln\left(1 + \dfrac{1}{n}\right)$;　　(6) $\sum\limits_{n=1}^{\infty} \dfrac{n \cos \dfrac{n\pi}{3}}{3^n}$.

6.2 幂级数

6.2.1 函数项级数的基本概念

设函数列 $u_1(x), u_2(x), \cdots, u_n(x), \cdots$，都在数集 X 上有定义，称由这个函数列构成的表达式

$$u_1(x) + u_2(x) + \cdots + u_n(x) + \cdots$$

为数集 X 上的函数项(无穷)级数，记为 $\sum_{n=1}^{\infty} u_n(x)$，即

$$\sum_{n=1}^{\infty} u_n(x) = u_1(x) + u_2(x) + \cdots + u_n(x) + \cdots$$

其中 $u_n(x)$ 称为函数项级数的一般项或通项.

对每个确定的 $x_0 \in X$，数项级数 $\sum_{n=1}^{\infty} u_n(x_0)$ 可能收敛，也可能发散. 如果 $\sum_{n=1}^{\infty} u_n(x_0)$ 收敛，则称 x_0 是函数项级数 $\sum_{n=1}^{\infty} u_n(x)$ 的收敛点，否则称为发散点. 所有收敛点构成的集合，称为函数项级数 $\sum_{n=1}^{\infty} u_n(x)$ 的收敛域，发散点集合称为发散域.

对于收敛域内每一个点 x，函数项级数 $\sum_{n=1}^{\infty} u_n(x)$ 为收敛的数项级数，因而有唯一确定的和 S，这样，在收敛域上，函数项级数 $\sum_{n=1}^{\infty} u_n(x)$ 的和是 x 的函数 $S = S(x)$，称 $S(x)$ 为函数项级数 $\sum_{n=1}^{\infty} u_n(x)$ 的和函数，并写成

$$S(x) = \sum_{n=1}^{\infty} u_n(x) = u_1(x) + u_2(x) + \cdots + u_n(x) + \cdots$$

例如，等比级数

$$\sum_{n=0}^{\infty} x^n = 1 + x + x^2 + \cdots + x^n + \cdots$$

的公比为 x，所以它的收敛域为 $|x| < 1$，发散域为 $|x| \geqslant 1$，在收敛域内和函数为 $S(x) = \dfrac{1}{1-x}$.

设 $S_n(x)$ 是函数项级数 $\sum_{n=1}^{\infty} u_n(x)$ 的前 n 项部分和，则在收敛域上有

$$\lim_{n \to \infty} S_n(x) = S(x)$$

6.2.2　幂级数

形如

$$\sum_{n=0}^{\infty} a_n x^n = a_0 + a_1 x + a_2 x^2 + \cdots + a_n x^n + \cdots \tag{6.1}$$

的函数项级数,称为 x 的幂级数,其中常数 $a_n, n = 0,1,2,\cdots$,叫做幂级数的系数.一般地,形如

$$\sum_{n=0}^{\infty} a_n (x - x_0)^n = a_0 + a_1(x - x_0) + a_2 (x - x_0)^2 + \cdots + a_n (x - x_0)^n + \cdots \tag{6.2}$$

的函数项级数,称为$(x - x_0)$的幂级数,其中 x_0 是固定值.

因为通过变换 $t = x - x_0$,可以把级数(6.2)化为级数(6.1)的形式,所以我们将着重讨论幂级数(6.1).

1.幂级数的收敛半径和收敛域

定理6.6　(阿贝尔定理)如果幂级数$\sum\limits_{n=0}^{\infty} a_n x^n$在点$x = x_0(x_0 \neq 0)$处收敛,则适合不等式$|x| < |x_0|$的一切 x 均使幂级数$\sum\limits_{n=0}^{\infty} a_n x^n$绝对收敛;如果幂级数$\sum\limits_{n=0}^{\infty} a_n x^n$在点$x = x_0$处发散,则适合不等式$|x| > |x_0|$的一切 x 均使幂级数$\sum\limits_{n=0}^{\infty} a_n x^n$发散.

证明从略.

由阿贝尔定理,幂级数的收敛性有三种类型:

(1) 存在常数$R > 0$,当$|x| < R$时,幂级数$\sum\limits_{n=0}^{\infty} a_n x^n$绝对收敛;当$|x| > R$时,幂级数$\sum\limits_{n=0}^{\infty} a_n x^n$发散;

(2) 除$x = 0$外,幂级数$\sum\limits_{n=0}^{\infty} a_n x^n$处处发散,此时记$R = 0$;

(3) 对任意 x,幂级数$\sum\limits_{n=0}^{\infty} a_n x^n$都绝对收敛,此时记$R = +\infty$.

称 R 为幂级数$\sum\limits_{n=0}^{\infty} a_n x^n$的收敛半径,称开区间$(-R, +R)$为幂级数$\sum\limits_{n=0}^{\infty} a_n x^n$的收敛区间($R = 0$除外).

对于情形(1),还要讨论 $x = \pm R$ 时的两个数项级数 $\sum_{n=0}^{\infty} a_n (\pm R)^n$ 是否收敛,才能最后确定收敛域;对于情形(2),幂级数 $\sum_{n=0}^{\infty} a_n x^n$ 仅在 $x = 0$ 处收敛;对于情形(3),幂级数 $\sum_{n=0}^{\infty} a_n x^n$ 的收敛域为$(-\infty, +\infty)$.

定理 6.7 若极限 $\lim_{n\to\infty} \frac{|a_n|}{|a_{n+1}|} = R$($R$ 为常数或 $+\infty$),则 R 为幂级数 $\sum_{n=0}^{\infty} a_n x^n$ 的收敛半径.

证明从略.

令 $t = x - x_0$,则幂级数 $\sum_{n=0}^{\infty} a_n (x - x_0)^n = \sum_{n=0}^{\infty} a_n t^n$. 由定理 6.7 知,幂级数 $\sum_{n=0}^{\infty} a_n (x - x_0)^n$ 的收敛半径也为 $R = \lim_{n\to\infty} \frac{|a_n|}{|a_{n+1}|}$,收敛区间为$(x_0 - R, x_0 + R)$.

【例 1】 求下列幂级数的收敛半径和收敛域:

(1) $\sum_{n=1}^{\infty} \frac{x^n}{2^n \sqrt{n}}$; (2) $\sum_{n=1}^{\infty} (-1)^{n-1} \frac{(x-1)^n}{n}$;

(3) $\sum_{n=0}^{\infty} \frac{x^n}{n!}$; (4) $\sum_{n=1}^{\infty} n^n x^n$;

(5) $\sum_{n=0}^{\infty} (-1)^n \frac{x^{2n+1}}{2n+1}$.

解 (1) 收敛半径为

$$R = \lim_{n\to\infty} \frac{|a_n|}{|a_{n+1}|} = \lim_{n\to\infty} \frac{\left|\frac{1}{2^n \sqrt{n}}\right|}{\left|\frac{1}{2^{n+1}\sqrt{n+1}}\right|} = 2\lim_{n\to\infty} \frac{\sqrt{n+1}}{\sqrt{n}} = 2$$

所以收敛区间为$(-2, +2)$.

当 $x = -2$ 时,幂级数为 $\sum_{n=1}^{\infty} (-1)^n \frac{1}{\sqrt{n}}$,是收敛的交错级数;当 $x = 2$ 时,幂级数为 $\sum_{n=1}^{\infty} \frac{1}{\sqrt{n}}$,是发散的 p 级数($p = \frac{1}{2} < 1$).

因此,幂级数 $\sum_{n=1}^{\infty} \frac{x^n}{2^n \sqrt{n}}$ 的收敛域为$[-2,2)$.

(2) 收敛半径为

$$R = \lim_{n\to\infty} \frac{|a_n|}{|a_{n+1}|} = \lim_{n\to\infty} \frac{\left|(-1)^{n-1}\frac{1}{n}\right|}{\left|(-1)^n \frac{1}{n+1}\right|} = \lim_{n\to\infty} \frac{n+1}{n} = 1$$

所以收敛区间为(0,2).

当 $x=0$ 时,幂级数为 $\sum\limits_{n=1}^{\infty}-\dfrac{1}{n}$,发散;当 $x=2$ 时,幂级数为 $\sum\limits_{n=1}^{\infty}(-1)^{n-1}\dfrac{1}{n}$,是收敛的交错级数.

因此,幂级数 $\sum\limits_{n=1}^{\infty}(-1)^{n-1}\dfrac{(x-1)^n}{n}$ 的收敛域为(0,2].

(3) 收敛半径为

$$R=\lim_{n\to\infty}\frac{|a_n|}{|a_{n+1}|}=\lim_{n\to\infty}\frac{\left|\dfrac{1}{n!}\right|}{\left|\dfrac{1}{(n+1)!}\right|}=\lim_{n\to\infty}(n+1)=+\infty$$

所以幂级数 $\sum\limits_{n=0}^{\infty}\dfrac{x^n}{n!}$ 的收敛域为$(-\infty,+\infty)$.

(4) 收敛半径为

$$R=\lim_{n\to\infty}\frac{|a_n|}{|a_{n+1}|}=\lim_{n\to\infty}\frac{|n^n|}{|(n+1)^{n+1}|}=\lim_{n\to\infty}\frac{1}{\left(1+\dfrac{1}{n}\right)^n(n+1)}=0$$

所以幂级数 $\sum\limits_{n=1}^{\infty}n^nx^n$ 仅在 $x=0$ 一点收敛.

(5) 将幂级数变为

$$\sum_{n=0}^{\infty}(-1)^n\frac{x^{2n+1}}{2n+1}=x\sum_{n=0}^{\infty}(-1)^n\frac{x^{2n}}{2n+1}$$

对于 $\sum\limits_{n=0}^{\infty}(-1)^n\dfrac{x^{2n}}{2n+1}$,作变换,令 $t=x^2$,则级数化为 $\sum\limits_{n=0}^{\infty}(-1)^n\dfrac{t^n}{2n+1}$. 这个关于 t 的幂级数的收敛半径为

$$R_t=\lim_{n\to\infty}\frac{|a_n|}{|a_{n+1}|}=\lim_{n\to\infty}\frac{\left|(-1)^n\dfrac{1}{2n+1}\right|}{\left|(-1)^{n+1}\dfrac{1}{2n+3}\right|}=\lim_{n\to\infty}\frac{2n+3}{2n+1}=1$$

当 $t=1$ 时,级数为 $\sum\limits_{n=0}^{\infty}(-1)^n\dfrac{1}{2n+1}$,收敛,故 $t(\geqslant 0)$ 的幂级数的收敛域为 $0\leqslant t\leqslant 1$. 因此,幂级数 $\sum\limits_{n=0}^{\infty}(-1)^n\dfrac{x^{2n}}{2n+1}$ 的收敛域是 $0\leqslant x^2\leqslant 1$,即 $-1\leqslant x\leqslant 1$. 从而原幂级数 $\sum\limits_{n=0}^{\infty}(-1)^n\dfrac{x^{2n+1}}{2n+1}$ 的收敛半径为 $R=1$,收敛域为$[-1,1]$.

2. 幂级数的运算性质

设幂级数 $\sum\limits_{n=0}^{\infty}a_nx^n=S(x)$, $\sum\limits_{n=0}^{\infty}b_nx^n=T(x)$,其收敛半径分别为 R_1 和 R_2,记

$R=\min\{R_1,R_2\}$,则对于任意 $x\in(-R,R)$ 有:

(1) $\sum\limits_{n=0}^{\infty}a_nx^n\pm\sum\limits_{n=0}^{\infty}b_nx^n=\sum\limits_{n=0}^{\infty}(a_n\pm b_n)x^n=S(x)\pm T(x)$,且在 $(-R,R)$ 内绝对收敛;

(2) $\left(\sum\limits_{n=0}^{\infty}a_nx^n\right)\cdot\left(\sum\limits_{n=0}^{\infty}b_nx^n\right)=\sum\limits_{n=0}^{\infty}(a_0b_n+a_1b_{n-1}+\cdots+a_nb_0)x^n=S(x)\cdot T(x)$,且在 $(-R,R)$ 内绝对收敛.

证明从略.

【例 2】 求幂级数 $\sum\limits_{n=1}^{\infty}(2^n+\sqrt{n})(x+1)^n$ 的收敛半径和收敛域.

解 将幂级数分成如下两个幂级数

$$\sum_{n=1}^{\infty}2^n(x+1)^n,\sum_{n=1}^{\infty}\sqrt{n}(x+1)^n$$

前者的收敛半径为

$$R_1=\lim_{n\to\infty}\frac{|2^n|}{|2^{n+1}|}=\frac{1}{2}$$

后者的收敛半径为

$$R_2=\lim_{n\to\infty}\frac{|\sqrt{n}|}{|\sqrt{n+1}|}=1$$

所以原幂级数的收敛半径为 $R=\min\left\{\frac{1}{2},1\right\}=\frac{1}{2}$,收敛区间为 $\left(-\frac{3}{2},-\frac{1}{2}\right)$. 又当 $x=-\frac{3}{2}$ 和 $x=-\frac{1}{2}$ 时,对应的数项级数分别为

$$\sum_{n=1}^{\infty}(-1)^n\frac{2^n+\sqrt{n}}{2^n},\sum_{n=1}^{\infty}\frac{2^n+\sqrt{n}}{2^n}$$

由于 $\lim\limits_{n\to\infty}\frac{2^n+\sqrt{n}}{2^n}\neq 0$, 所以这两个级数都发散, 故原级数的收敛域为 $\left(-\frac{3}{2},-\frac{1}{2}\right)$.

【例 3】 利用 $\sum\limits_{n=0}^{\infty}x^n=\frac{1}{1-x}$, $x\in(-1,1)$,计算幂级数 $\sum\limits_{n=0}^{\infty}(n+1)x^n$ 的和函数.

解 设所求幂级数的和函数为 $S(x)$,则

$$S(x)=\sum_{n=0}^{\infty}(n+1)x^n=\left(\sum_{n=0}^{\infty}x^n\right)\cdot\left(\sum_{n=0}^{\infty}x^n\right)=\frac{1}{(1-x)^2},x\in(-1,1)$$

3. 幂级数的分析性质

设幂级数 $\sum_{n=0}^{\infty} a_n x^n = S(x)$，其收敛半径为 R，则：

(1) $S(x)$ 在 $(-R,R)$ 内连续；

(2) $S(x)$ 在 $(-R,R)$ 内可导，且

$$S'(x) = \left(\sum_{n=0}^{\infty} a_n x^n\right)' = \sum_{n=0}^{\infty} (a_n x^n)' = \sum_{n=0}^{\infty} n a_n x^{n-1}, x \in (-R,R)$$

(3) $S(x)$ 在 $(-R,R)$ 内可积，且

$$\int_0^x S(t)\mathrm{d}t = \int_0^x \left(\sum_{n=0}^{\infty} a_n t^n\right)\mathrm{d}t = \sum_{n=0}^{\infty} \int_0^x a_n t^n \mathrm{d}t = \sum_{n=0}^{\infty} \frac{a_n}{n+1} x^{n+1}, x \in (-R,R)$$

证明从略.

【例 4】　求下列幂级数在其收敛区间内的和函数：

(1) $\sum_{n=1}^{\infty} \frac{x^n}{n}$；　　　　(2) $\sum_{n=1}^{\infty} n x^n$；

(3) $\sum_{n=0}^{\infty} (-1)^n \frac{x^{2n+1}}{2n+1}$.

解　(1) 容易求出该幂级数的收敛区间为 $(-1,1)$. 设其和函数为 $S(x)$，即

$$S(x) = \sum_{n=1}^{\infty} \frac{x^n}{n}, x \in (-1,1)$$

对其求导得

$$S'(x) = \left(\sum_{n=1}^{\infty} \frac{x^n}{n}\right)' = \sum_{n=1}^{\infty} \left(\frac{x^n}{n}\right)' = \sum_{n=1}^{\infty} x^{n-1} = \frac{1}{1-x}, x \in (-1,1)$$

从 0 到 x 积分，并注意到 $S(0) = 0$，得

$$S(x) = S(x) - S(0) = \int_0^x S'(t)\mathrm{d}t = \int_0^x \frac{1}{1-t}\mathrm{d}t = -\ln(1-x), x \in (-1,1)$$

(2) 容易求出该幂级数的收敛区间为 $(-1,1)$. 设其和函数为 $S(x)$，即

$$S(x) = \sum_{n=1}^{\infty} n x^n, x \in (-1,1)$$

将其写成

$$S(x) = \sum_{n=1}^{\infty} n x^n = x \sum_{n=1}^{\infty} n x^{n-1}$$

设幂级数 $\sum_{n=1}^{\infty} n x^{n-1}$ 的和函数为 $S_1(x)$，即

$$S_1(x) = \sum_{n=1}^{\infty} n x^{n-1}, x \in (-1,1)$$

对其从 0 到 x 积分得

$$\int_0^x S_1(t)\mathrm{d}t = \int_0^x \left(\sum_{n=0}^{\infty} nt^{n-1}\right)\mathrm{d}t = \sum_{n=0}^{\infty}\int_0^x nt^{n-1}\mathrm{d}t = \sum_{n=0}^{\infty} x^n = \frac{1}{1-x}, x \in (-1,1)$$

对上式两边求导得

$$S_1(x) = \frac{1}{(1-x)^2}, x \in (-1,1)$$

故所求和函数为

$$S(x) = x\sum_{n=1}^{\infty} nx^{n-1} = xS_1(x) = \frac{x}{(1-x)^2}, x \in (-1,1)$$

(3) 由例 1 中(5) 知,该幂级数的收敛区间为$(-1,1)$. 设其和函数为 $S(x)$,即

$$S(x) = \sum_{n=0}^{\infty}(-1)^n \frac{x^{2n+1}}{2n+1}, x \in (-1,1)$$

对其求导得

$$S'(x) = \left(\sum_{n=0}^{\infty}(-1)^n \frac{x^{2n+1}}{2n+1}\right)' = \sum_{n=0}^{\infty}\left((-1)^n \frac{x^{2n+1}}{2n+1}\right)' =$$

$$\sum_{n=0}^{\infty}(-1)^n x^{2n} = \frac{1}{1+x^2}, x \in (-1,1)$$

其中幂级数$\sum\limits_{n=0}^{\infty}(-1)^n x^{2n}$是公比为 $-x^2$ 的等比级数.对上式两边从 0 到 x 积分,并注意到 $S(0) = 0$,得

$$S(x) = S(x) - S(0) = \int_0^x S'(t)\mathrm{d}t = \int_0^x \frac{1}{1+t^2}\mathrm{d}t = \arctan x, x \in (-1,1)$$

为所求和函数.

习题 6.2

1.求下列幂级数的收敛半径与收敛域:

(1) $\sum\limits_{n=0}^{\infty}\frac{2^n}{n^2+1}x^n$;　　(2) $\sum\limits_{n=1}^{\infty}\frac{x^n}{n3^n}$;

(3) $\sum\limits_{n=1}^{\infty}\frac{(x-5)^n}{\sqrt{n}}$;　　(4) $\sum\limits_{n=1}^{\infty}(-1)^{n-1}\frac{(x-1)^n}{5n}$;

(5) $\sum\limits_{n=1}^{\infty}n(x+1)^n$;　　(6) $\sum\limits_{n=1}^{\infty}\frac{2^n+3^n}{n}x^n$;

(7) $\sum\limits_{n=1}^{\infty}\frac{n}{2^n}x^{2n}$;　　(8) $\sum\limits_{n=1}^{\infty}(-1)^n\frac{x^{2n+1}}{2^{n+1}}$.

2.求下列幂级数在其收敛区间内的和函数:

(1) $\sum\limits_{n=1}^{\infty}\frac{x^n}{n4^n}$;　　(2) $\sum\limits_{n=1}^{\infty}(-1)^{n-1}\frac{x^{2n}}{n(2n-1)}$;

(3) $\sum\limits_{n=2}^{\infty}(n-1)x^n$;　　(4) $\sum\limits_{n=1}^{\infty}\frac{2n-1}{2^n}x^{2n-2}$.

第 7 章　行列式、矩阵和向量

线性代数同微积分一样,是高等数学中的两大入门课程之一,它是研究变量间线性关系的数学学科,被广泛应用于科学技术的各个领域,尤其是计算机日益发展和普及的今天,使线性代数成为高等学校各专业学生所必备的基础理论知识和重要的数学工具.

从本章到第 9 章我们将讨论线性代数中的基本概念、理论和基本运算技能,主要包括行列式、矩阵、向量、线性方程组和特征值与特征向量等内容,为学习后继课程和进一步获得数学知识奠定必要的基础.

7.1　行列式

行列式是一种常用的数学工具,也是代数学中必不可少的基本概念,在数学和其他应用学科以及工程技术中有着广泛的应用.本节主要介绍行列式的概念、性质和计算方法.

7.1.1　行列式的定义

行列式的概念来源于对线性方程组的研究.

对于含有两个未知数 x_1,x_2 的线性方程组

$$\begin{cases} a_{11}x_1 + a_{12}x_2 = b_1 \\ a_{21}x_1 + a_{22}x_2 = b_2 \end{cases} \tag{7.1}$$

其中,b_1,b_2 是常数项,a_{ij} 是未知数x_j 的系数,$i = 1,2,j = 1,2$,且 $a_{11}a_{22} - a_{12}a_{21} \neq 0$.用熟知的消元法求解,可得

$$(a_{11}a_{22} - a_{12}a_{21})x_1 = b_1a_{22} - b_2a_{12}$$

$$(a_{11}a_{22} - a_{12}a_{21})x_2 = b_2a_{11} - b_1a_{21}$$

因为 $a_{11}a_{22} - a_{12}a_{21} \neq 0$,所以

$$\begin{cases} x_1 = \dfrac{b_1a_{22} - b_2a_{12}}{a_{11}a_{22} - a_{12}a_{21}} \\ x_2 = \dfrac{b_2a_{11} - b_1a_{21}}{a_{11}a_{22} - a_{12}a_{21}} \end{cases} \tag{7.2}$$

式(7.2) 就是方程组(7.1) 的求解公式.但(7.2) 难于记忆,应用时也不方便,因而有必要引进一个新的符号来表示它,这就是行列式的起源.我们看到 x_1,x_2 的表达

式中分母$a_{11}a_{22}-a_{12}a_{21}$是由方程组(7.1)的4个系数确定的,把这4个系数按照它们在方程组中原来的位置排成2行2列的数表(图7.1),则$a_{11}a_{22}-a_{12}a_{21}$是如下两项的和:一项是正方形中实对角线(叫行列式的主对角线)上两元素的乘积,取正号;另一项是虚对角线(叫行列式的次对角线)上两元素的乘积,取负号.

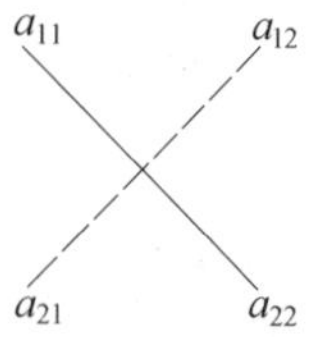

图7.1

引进符号

$$\begin{vmatrix} a_{11} & a_{12} \\ a_{21} & a_{22} \end{vmatrix} \tag{7.3}$$

来表示

$$a_{11}a_{22}-a_{12}a_{21} \tag{7.4}$$

称式(7.3)为二阶行列式,其中横排称行,竖排称列,$a_{ij}(i,j=1,2)$称为这个行列式的元素,a_{ij}的两个下角标i,j分别表示a_{ij}所在的行和列的标号.式(7.4)叫二阶行列式(7.3)的展开式.利用对角线把二阶行列式展开的方法叫对角线法则.

例如,$\begin{vmatrix} 2 & -1 \\ 3 & 6 \end{vmatrix}=2\times 6-(-1)\times 3=15.$

有了二阶行列式的概念,线性方程组(7.1)的解可表为

$$x_1=\frac{\begin{vmatrix} b_1 & a_{12} \\ b_2 & a_{22} \end{vmatrix}}{\begin{vmatrix} a_{11} & a_{12} \\ a_{21} & a_{22} \end{vmatrix}},\quad x_2=\frac{\begin{vmatrix} a_{11} & b_1 \\ a_{21} & b_2 \end{vmatrix}}{\begin{vmatrix} a_{11} & a_{12} \\ a_{21} & a_{22} \end{vmatrix}}$$

记$D=\begin{vmatrix} a_{11} & a_{12} \\ a_{21} & a_{22} \end{vmatrix}$,$D_1=\begin{vmatrix} b_1 & a_{12} \\ b_2 & a_{22} \end{vmatrix}$,$D_2=\begin{vmatrix} a_{11} & b_1 \\ a_{21} & b_2 \end{vmatrix}$,则

$$x_1=\frac{D_1}{D},\quad x_2=\frac{D_2}{D}$$

例如,对于线性方程组

$$\begin{cases} 2x_1-x_2=10 \\ x_1+3x_2=-2 \end{cases}$$

由于

$$D=\begin{vmatrix} 2 & -1 \\ 1 & 3 \end{vmatrix}=2\times 3-(-1)\times 1=7\neq 0$$

$$D_1=\begin{vmatrix} 10 & -1 \\ -2 & 3 \end{vmatrix}=10\times 3-(-1)\times(-2)=28$$

$$D_2=\begin{vmatrix} 2 & 10 \\ 1 & -2 \end{vmatrix}=2\times(-2)-10\times 1=-14$$

所以

$$\begin{cases} x_1 = \dfrac{D_1}{D} = \dfrac{28}{7} = 4 \\ x_2 = \dfrac{D_2}{D} = \dfrac{-14}{7} = -2 \end{cases}$$

对于三元线性方程组

$$\begin{cases} a_{11}x_1 + a_{12}x_2 + a_{13}x_3 = b_1 \\ a_{21}x_1 + a_{22}x_2 + a_{23}x_3 = b_2 \\ a_{31}x_1 + a_{32}x_2 + a_{33}x_3 = b_3 \end{cases} \tag{7.5}$$

由消元法可得

$$(a_{11}a_{22}a_{33} + a_{12}a_{23}a_{31} + a_{13}a_{21}a_{32} - a_{11}a_{23}a_{32} - a_{12}a_{21}a_{33} - a_{13}a_{22}a_{31})x_1 =$$
$$b_1a_{22}a_{33} + b_3a_{12}a_{23} + b_2a_{13}a_{32} - b_1a_{23}a_{32} - b_2a_{12}a_{33} - b_3a_{13}a_{22}$$

我们看到，x_1 的系数是由方程组(7.5) 的 9 个系数按照如下规律确定的：把这 9 个系数按照它们在方程组中原来的位置排成 3 行 3 列的数表(图 7.2)，主对角线上 3 个元素相乘；主对角线的平行线上两个元素与对角元素相乘，一共有 3 个乘积，都取正号；次对角线上 3 个元素相乘；次对角线的平行线上两个元素与对角元素相乘，又有 3 个乘积，都取负号.

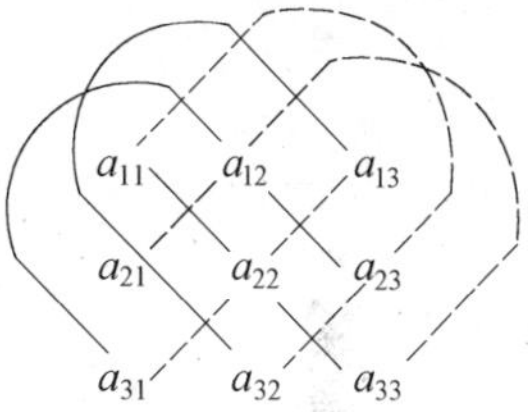

图 7.2

引进符号

$$\begin{vmatrix} a_{11} & a_{12} & a_{13} \\ a_{21} & a_{22} & a_{23} \\ a_{31} & a_{32} & a_{33} \end{vmatrix} \tag{7.6}$$

来表示

$$a_{11}a_{22}a_{33} + a_{12}a_{23}a_{31} + a_{21}a_{32}a_{13} - a_{11}a_{23}a_{32} - a_{12}a_{21}a_{33} - a_{13}a_{22}a_{31} \tag{7.7}$$

称式(7.6) 为三阶行列式，式(7.7) 为三阶行列式的展开式. 把三阶行列式展开的方法叫对角线法则.

例如

$$\begin{vmatrix} 2 & 5 & 8 \\ 0 & 3 & 6 \\ 1 & 1 & 0 \end{vmatrix} = 2\times3\times0 + 5\times6\times1 + 0\times1\times8 -$$
$$8\times3\times1 - 6\times1\times2 - 5\times0\times0 = -6$$

利用三阶行列式，可以把方程组(7.5) 的解表示成简洁的形式. 记

$$D = \begin{vmatrix} a_{11} & a_{12} & a_{13} \\ a_{21} & a_{22} & a_{23} \\ a_{31} & a_{32} & a_{33} \end{vmatrix} \neq 0, \quad D_1 = \begin{vmatrix} b_1 & a_{12} & a_{13} \\ b_2 & a_{22} & a_{23} \\ b_3 & a_{32} & a_{33} \end{vmatrix}$$

$$D_2 = \begin{vmatrix} a_{11} & b_1 & a_{13} \\ a_{21} & b_2 & a_{23} \\ a_{31} & b_3 & a_{33} \end{vmatrix}, \quad D_3 = \begin{vmatrix} a_{11} & a_{12} & b_1 \\ a_{21} & a_{22} & b_2 \\ a_{31} & a_{32} & b_3 \end{vmatrix}$$

则方程组(7.5)的解可表为

$$x_1 = \frac{D_1}{D}, \quad x_2 = \frac{D_2}{D}, \quad x_3 = \frac{D_3}{D}$$

将式(7.7)按行列式的第1行提取公因子可得

$$\begin{vmatrix} a_{11} & a_{12} & a_{13} \\ a_{21} & a_{22} & a_{23} \\ a_{31} & a_{32} & a_{33} \end{vmatrix} = a_{11}(a_{22}a_{33} - a_{23}a_{32}) - a_{12}(a_{21}a_{33} - a_{23}a_{31}) +$$

$$a_{13}(a_{21}a_{32} - a_{22}a_{31}) =$$

$$a_{11}\begin{vmatrix} a_{22} & a_{23} \\ a_{32} & a_{33} \end{vmatrix} - a_{12}\begin{vmatrix} a_{21} & a_{23} \\ a_{31} & a_{33} \end{vmatrix} + a_{13}\begin{vmatrix} a_{21} & a_{22} \\ a_{31} & a_{32} \end{vmatrix} \tag{7.8}$$

表达式(7.8)具有如下两个特点:

(1) 三阶行列式可表示为第1行元素分别与1个二阶行列式乘积的代数和;

(2) a_{11}, a_{12}, a_{13} 后面的二阶行列式是从原三阶行列式中分别划去元素 a_{11}, a_{12}, a_{13} 所在的行与列后余下的元素按原来顺序所组成的,分别称其为元素 a_{11}, a_{12}, a_{13} 的余子式,记为 M_{11}, M_{12}, M_{13},即

$$M_{11} = \begin{vmatrix} a_{22} & a_{23} \\ a_{32} & a_{33} \end{vmatrix}, \quad M_{12} = \begin{vmatrix} a_{21} & a_{23} \\ a_{31} & a_{33} \end{vmatrix}, \quad M_{13} = \begin{vmatrix} a_{21} & a_{22} \\ a_{31} & a_{32} \end{vmatrix}$$

令 $A_{ij} = (-1)^{i+j}M_{ij}$,称其为元素 a_{ij} 的代数余子式.

于是式(7.6)可写成

$$\begin{vmatrix} a_{11} & a_{12} & a_{13} \\ a_{21} & a_{22} & a_{23} \\ a_{31} & a_{32} & a_{33} \end{vmatrix} = a_{11}A_{11} + a_{12}A_{12} + a_{13}A_{13} = \sum_{k=1}^{3} a_{1k}A_{1k} \tag{7.9}$$

表达式(7.9)称为三阶行列式按第1行展开的展开式.

根据上述推导,可以得到三阶行列式按其他行或列展开的展开式.例如,三阶行列式按第2列展开的展开式为

$$\begin{vmatrix} a_{11} & a_{12} & a_{13} \\ a_{21} & a_{22} & a_{23} \\ a_{31} & a_{32} & a_{33} \end{vmatrix} = a_{12}A_{12} + a_{22}A_{22} + a_{32}A_{32} = \sum_{k=1}^{3} a_{k2}A_{k2}$$

以上二阶行列式到三阶行列式的定义蕴含了一种规律.人们自然会问,能否把行列式推广到四阶、五阶以至更一般的 n 阶行列式呢?回答是肯定的.我们同样用之来定义更高阶的行列式.这种规律可由归纳法表现出来.

定义 7.1　由 n^2 个数 $a_{ij}(i,j=1,2,\cdots,n)$ 组成的记号

$$\begin{vmatrix} a_{11} & a_{12} & \cdots & a_{1n} \\ a_{21} & a_{22} & \cdots & a_{2n} \\ \vdots & \vdots & & \vdots \\ a_{n1} & a_{n2} & \cdots & a_{nn} \end{vmatrix}$$

称为 n 阶行列式,记为 D,其中横排称为行,竖排称为列.它表示一个由确定的递推运算关系所得到的数.当 $n=1$ 时,规定 $D=|a_{11}|=a_{11}$;当 $n=2$ 时

$$D=\begin{vmatrix} a_{11} & a_{12} \\ a_{21} & a_{22} \end{vmatrix}=a_{11}a_{22}-a_{12}a_{21}$$

当 $n>2$ 时

$$D=a_{11}A_{11}+a_{12}A_{12}+\cdots+a_{1n}A_{1n}=\sum_{k=1}^{n}a_{1k}A_{1k} \tag{7.10}$$

其中 A_{ij} 称为元素 a_{ij} 的代数余子式,且

$$A_{ij}=(-1)^{i+j}M_{ij}$$

这里 M_{ij} 称为元素 a_{ij} 的余子式,它表示 D 划去元素 a_{ij} 所在的行与列后余下的元素按原来顺序所组成的 $n-1$ 阶行列式.

阶数大于 3 的行列式没有对角线法则.

【例 1】　证明四阶行列式

$$\begin{vmatrix} a_{11} & 0 & 0 & 0 \\ a_{21} & a_{22} & 0 & 0 \\ a_{31} & a_{32} & a_{33} & 0 \\ a_{41} & a_{42} & a_{43} & a_{44} \end{vmatrix}=a_{11}a_{22}a_{33}a_{44}$$

证明　按定义式(7.10)有

$$\begin{vmatrix} a_{11} & 0 & 0 & 0 \\ a_{21} & a_{22} & 0 & 0 \\ a_{31} & a_{32} & a_{33} & 0 \\ a_{41} & a_{42} & a_{43} & a_{44} \end{vmatrix}=a_{11}\begin{vmatrix} a_{22} & 0 & 0 \\ a_{32} & a_{33} & 0 \\ a_{42} & a_{43} & a_{44} \end{vmatrix}=a_{11}a_{22}\begin{vmatrix} a_{33} & 0 \\ a_{43} & a_{44} \end{vmatrix}=a_{11}a_{22}a_{33}a_{44}$$

同理可以证明

$$\begin{vmatrix} a_{11} & 0 & \cdots & 0 \\ a_{21} & a_{22} & & \vdots \\ \vdots & \vdots & \ddots & 0 \\ a_{n1} & a_{n2} & \cdots & a_{nn} \end{vmatrix} = a_{11}a_{22}\cdots a_{nn}$$

称这种主对角线(从左上角到右下角)以上(下)的元素都是 0 的行列式为下(上)三角行列式.

【例 2】 证明 n 阶行列式(其对角线上的元素是 λ_i,其余都为 0)

$$\begin{vmatrix} \lambda_1 & & & \mathbf{0} \\ & \lambda_2 & & \\ & & \ddots & \\ \mathbf{0} & & & \lambda_n \end{vmatrix} = \lambda_1\lambda_2\cdots\lambda_n$$

证明 由行列式定义有

$$\begin{vmatrix} \lambda_1 & & & \mathbf{0} \\ & \lambda_2 & & \\ & & \ddots & \\ \mathbf{0} & & & \lambda_n \end{vmatrix} = \lambda_1 \begin{vmatrix} \lambda_2 & & & \mathbf{0} \\ & \lambda_3 & & \\ & & \ddots & \\ \mathbf{0} & & & \lambda_n \end{vmatrix} =$$

$$\lambda_1\lambda_2 \begin{vmatrix} \lambda_3 & & & \mathbf{0} \\ & \lambda_4 & & \\ & & \ddots & \\ \mathbf{0} & & & \lambda_n \end{vmatrix} = \cdots = \lambda_1\lambda_2\cdots\lambda_n$$

称这种主对角线以外的元素都是 0 的行列式为对角行列式.

以上 n 阶行列式的定义式(7.10),是利用行列式的第 1 行元素来定义的,这个式子通常称为行列式按第 1 行展开的展开式.我们可以证明,行列式按第 1 列元素展开也有相同的结果,即

$$D = \begin{vmatrix} a_{11} & a_{12} & \cdots & a_{1n} \\ a_{21} & a_{22} & \cdots & a_{2n} \\ \vdots & \vdots & & \vdots \\ a_{n1} & a_{n2} & \cdots & a_{nn} \end{vmatrix} = a_{11}A_{11} + a_{21}A_{21} + \cdots + a_{n1}A_{n1} = \sum_{k=1}^{n} a_{k1}A_{k1} \tag{7.11}$$

事实上,行列式可由任意一行(列)的元素与其对应的代数余子式的乘积之和表示.

定理 7.1 n 阶行列式等于它的任意一行(列)的各元素与其对应的代数余子

式的乘积之和，即

$$D = \sum_{k=1}^{n} a_{ik}A_{ik}, \quad i = 1,2,\cdots,n \tag{7.12}$$

或

$$D = \sum_{k=1}^{n} a_{kj}A_{kj}, \quad j = 1,2,\cdots,n \tag{7.13}$$

证明从略.

该定理又称为行列式按某行(列)展开的定理.

【例 3】　计算行列式

$$D = \begin{vmatrix} 2 & -3 & 1 & 0 \\ 4 & -1 & 6 & 2 \\ 0 & 4 & 0 & 0 \\ 5 & 7 & -1 & 0 \end{vmatrix}$$

解　因为第 3 行所含的 0 元素多，所以按第 3 行展开可得

$$D = 4 \cdot (-1)^{3+2} \begin{vmatrix} 2 & 1 & 0 \\ 4 & 6 & 2 \\ 5 & -1 & 0 \end{vmatrix} = -4 \cdot 2(-1)^{2+3} \begin{vmatrix} 2 & 1 \\ 5 & -1 \end{vmatrix} = -56$$

【例 4】　计算行列式

$$D = \begin{vmatrix} 0 & a_{12} & 0 & 0 \\ 0 & 0 & 0 & a_{24} \\ a_{31} & 0 & 0 & 0 \\ 0 & 0 & a_{43} & 0 \end{vmatrix}$$

解　$D = a_{12} \cdot (-1)^{1+2} \begin{vmatrix} 0 & 0 & a_{24} \\ a_{31} & 0 & 0 \\ 0 & a_{43} & 0 \end{vmatrix} = -a_{12}a_{24}(-1)^{1+3} \begin{vmatrix} a_{31} & 0 \\ 0 & a_{43} \end{vmatrix} =$

$-a_{12}a_{24}a_{31}a_{43}$

7.1.2　行列式的性质

利用定义计算 n 阶行列式往往是非常复杂的. 因此，有必要进一步讨论行列式的性质，以便利用这些性质来简化行列式的计算. 下面引入转置行列式的概念.

设

$$D = \begin{vmatrix} a_{11} & a_{12} & \cdots & a_{1n} \\ a_{21} & a_{22} & \cdots & a_{2n} \\ \vdots & \vdots & & \vdots \\ a_{n1} & a_{n2} & \cdots & a_{nn} \end{vmatrix}$$

记

$$D^{\mathrm{T}} = \begin{vmatrix} a_{11} & a_{21} & \cdots & a_{n1} \\ a_{12} & a_{22} & \cdots & a_{n2} \\ \vdots & \vdots & & \vdots \\ a_{1n} & a_{2n} & \cdots & a_{nn} \end{vmatrix}$$

即 D^{T} 是这样得到的:把 D 中第 i 行作为 D^{T} 的第 i 列.这就是说,D^{T} 的第 i 行第 j 列处的元素恰为 D 的第 j 行第 i 列处的元素.称 D^{T}(或记为 D')为行列式 D 的转置行列式.

行列式具有如下性质:

性质 1　行列式与它的转置行列式相等,即 $D = D^{\mathrm{T}}$.

例如

$$D = \begin{vmatrix} 1 & 2 & 4 \\ 4 & 3 & 1 \\ 1 & 6 & -2 \end{vmatrix} = 90, \quad D^{\mathrm{T}} = \begin{vmatrix} 1 & 4 & 1 \\ 2 & 3 & 6 \\ 4 & 1 & -2 \end{vmatrix} = 90$$

性质 2　交换行列式的任意两行(列),行列式的值只改变符号.即设

$$D = \begin{vmatrix} a_{11} & a_{12} & \cdots & a_{1n} \\ \vdots & \vdots & & \vdots \\ a_{i1} & a_{i2} & \cdots & a_{in} \\ \vdots & \vdots & & \vdots \\ a_{j1} & a_{j2} & \cdots & a_{jn} \\ \vdots & \vdots & & \vdots \\ a_{n1} & a_{n2} & \cdots & a_{nn} \end{vmatrix}$$

交换 i,j 两行得行列式

$$\overline{D} = \begin{vmatrix} a_{11} & a_{12} & \cdots & a_{1n} \\ \vdots & \vdots & & \vdots \\ a_{j1} & a_{j2} & \cdots & a_{jn} \\ \vdots & \vdots & & \vdots \\ a_{i1} & a_{i2} & \cdots & a_{in} \\ \vdots & \vdots & & \vdots \\ a_{n1} & a_{n2} & \cdots & a_{nn} \end{vmatrix}$$

则 $D = -\overline{B}$.

例如 $D = \begin{vmatrix} 1 & 2 & 4 \\ 4 & 3 & 1 \\ 1 & 6 & -2 \end{vmatrix} = 90$,交换第二,第三这两行,得

$$\overline{D} = \begin{vmatrix} 1 & 2 & 4 \\ 1 & 6 & -2 \\ 4 & 3 & 1 \end{vmatrix} = -90$$

推论　如果行列式有两行(列)完全相同,则此行列式为零.

这是因为如我们交换行列式 D 中相同的两行(列),行列式并无改变,但由性质 2,它们又应当反号,即 $D = -\overline{D}$,从而 $2D = 0$,即 $D = 0$.

性质 3　把一个行列式的某一行(列)的所有元素都乘以同一个数 k,等于用数 k 乘以此行列式,即

$$\begin{vmatrix} a_{11} & a_{12} & \cdots & a_{1n} \\ \vdots & \vdots & & \vdots \\ ka_{i1} & ka_{i2} & \cdots & ka_{in} \\ \vdots & \vdots & & \vdots \\ a_{n1} & a_{n2} & \cdots & a_{nn} \end{vmatrix} = k \begin{vmatrix} a_{11} & a_{12} & \cdots & a_{1n} \\ \vdots & \vdots & & \vdots \\ a_{i1} & a_{i2} & \cdots & a_{in} \\ \vdots & \vdots & & \vdots \\ a_{n1} & a_{n2} & \cdots & a_{nn} \end{vmatrix}$$

推论　若行列式中有 2 行(列)元素成比例,则此行列式等于零.

性质 4　若行列式的某一列(行)的元素都是两数之和,设

$$D = \begin{vmatrix} a_{11} & a_{12} & \cdots & (b_{1i} + c_{1i}) & \cdots & a_{1n} \\ a_{21} & a_{22} & \cdots & (b_{2i} + c_{2i}) & \cdots & a_{2n} \\ \vdots & \vdots & & \vdots & & \vdots \\ a_{n1} & a_{n2} & \cdots & (b_{ni} + c_{ni}) & \cdots & a_{nn} \end{vmatrix}$$

则

$$D = \begin{vmatrix} a_{11} & a_{12} & \cdots & b_{1i} & \cdots & a_{1n} \\ a_{21} & a_{22} & \cdots & b_{2i} & \cdots & a_{2n} \\ \vdots & \vdots & & \vdots & & \vdots \\ a_{n1} & a_{n2} & \cdots & b_{ni} & \cdots & a_{nn} \end{vmatrix} + \begin{vmatrix} a_{11} & a_{12} & \cdots & c_{1i} & \cdots & a_{1n} \\ a_{21} & a_{22} & \cdots & c_{2i} & \cdots & a_{2n} \\ \vdots & \vdots & & \vdots & & \vdots \\ a_{n1} & a_{n2} & \cdots & c_{ni} & \cdots & a_{nn} \end{vmatrix}$$

例如,行列式

$$\begin{vmatrix} 1 & 0 & 2 \\ 2 & 1+\sqrt{2} & \sqrt{2}-1 \\ 1 & 1 & \sqrt{2} \end{vmatrix} = \begin{vmatrix} 1 & 0 & 2 \\ 1 & 1 & \sqrt{2} \\ 1 & 1 & \sqrt{2} \end{vmatrix} + \begin{vmatrix} 1 & 0 & 2 \\ 1 & \sqrt{2} & -1 \\ 1 & 1 & \sqrt{2} \end{vmatrix} = \begin{vmatrix} 1 & 0 & 2 \\ 1 & \sqrt{2} & -1 \\ 1 & 1 & \sqrt{2} \end{vmatrix} =$$

$$\begin{vmatrix} \sqrt{2} & -1 \\ 1 & \sqrt{2} \end{vmatrix} + 2\begin{vmatrix} 1 & \sqrt{2} \\ 1 & 1 \end{vmatrix} = 5 - 2\sqrt{2}$$

性质 5　把行列式的某一列(行)的各元素乘以同一数 k 后加到另一列(行)对应的元素上去,行列式的值不变.

例如,以数 k 乘第 j 列,加到第 i 列上,则有

$$\begin{vmatrix} a_{11} & a_{12} & \cdots & a_{1i} & \cdots & a_{1j} & \cdots & a_{1n} \\ a_{21} & a_{22} & \cdots & a_{2i} & \cdots & a_{2j} & \cdots & a_{2n} \\ \vdots & \vdots & & \vdots & & \vdots & & \vdots \\ a_{n1} & a_{n2} & \cdots & a_{ni} & \cdots & a_{nj} & \cdots & a_{nn} \end{vmatrix} =$$

$$\begin{vmatrix} a_{11} & a_{12} & \cdots & (a_{1i}+ka_{1j}) & \cdots & a_{1j} & \cdots & a_{1n} \\ a_{21} & a_{22} & \cdots & (a_{2i}+ka_{2j}) & \cdots & a_{2j} & \cdots & a_{2n} \\ \vdots & \vdots & & \vdots & & \vdots & & \vdots \\ a_{n1} & a_{n2} & \cdots & (a_{ni}+ka_{nj}) & \cdots & a_{nj} & \cdots & a_{nn} \end{vmatrix}.$$

性质6 行列式的任一行(列)的元素与另一行(列)的对应元素的代数余子式的乘积之和等于零,即

$$a_{i1}A_{j1} + a_{i2}A_{j2} + \cdots + a_{in}A_{jn} = 0, \quad i \neq j; i,j = 1,2,\cdots,n$$

$$a_{1i}A_{1j} + a_{2i}A_{2j} + \cdots + a_{ni}A_{nj} = 0, \quad i \neq j; i,j = 1,2,\cdots,n$$

将性质 6 与式(7.12) 和(7.13) 合并为下列结论

$$\sum_{k=1}^{n} a_{ik}A_{jk} = \begin{cases} D, & i = j \\ 0, & i \neq j \end{cases} \tag{7.14}$$

和

$$\sum_{k=1}^{n} a_{ki}A_{kj} = \begin{cases} D, & i = j \\ 0, & i \neq j \end{cases} \tag{7.15}$$

这些性质证明从略.利用这些性质可以简化行列式的计算.为清楚起见,交换行列式 i,j 两行(列),记作 $r_i \leftrightarrow r_j (c_i \leftrightarrow c_j)$;行列式第 i 行(列) 乘以 k,记作 $k \times r_i (k \times c_i)$;行列式第 i 行(列) 提出公因子 k,记作 $r_i \div k (c_i \div k)$;以数 k 乘行列式第 i 行(列) 加到第 j 行(列) 上,记作 $r_j + kr_i (c_j + kc_i)$.

【**例 5**】 计算

$$D = \begin{vmatrix} 2 & 1 & 1 & 1 \\ 1 & 2 & 1 & 1 \\ 1 & 1 & 2 & 1 \\ 1 & 1 & 1 & 2 \end{vmatrix}$$

解 $$D \xlongequal{c_1+c_2+c_3+c_4} \begin{vmatrix} 5 & 1 & 1 & 1 \\ 5 & 2 & 1 & 1 \\ 5 & 1 & 2 & 1 \\ 5 & 1 & 1 & 2 \end{vmatrix} \xlongequal{c_1 \div 5} 5\begin{vmatrix} 1 & 1 & 1 & 1 \\ 1 & 2 & 1 & 1 \\ 1 & 1 & 2 & 1 \\ 1 & 1 & 1 & 2 \end{vmatrix} \xlongequal[i=2,3,4]{r_i - r_1}$$

$$5\begin{vmatrix} 1 & 1 & 1 & 1 \\ 0 & 1 & 0 & 0 \\ 0 & 0 & 1 & 0 \\ 0 & 0 & 0 & 1 \end{vmatrix} = 5 \times 1 = 5$$

【例 6】　计算

$$D=\begin{vmatrix}2+x & 2 & 2 & 2\\ 2 & 2-x & 2 & 2\\ 2 & 2 & 2+y & 2\\ 2 & 2 & 2 & 2-y\end{vmatrix}$$

解　$$D\xlongequal[r_3-r_4]{r_1-r_2}\begin{vmatrix}x & x & 0 & 0\\ 2 & 2-x & 2 & 2\\ 0 & 0 & y & y\\ 2 & 2 & 2 & 2-y\end{vmatrix}\xlongequal[c_4-c_3]{c_2-c_1}\begin{vmatrix}x & 0 & 0 & 0\\ 2 & -x & 2 & 0\\ 0 & 0 & y & 0\\ 2 & 0 & 2 & -y\end{vmatrix}\xlongequal[\text{展开}]{\text{按第 1 行}}$$

$$x\begin{vmatrix}-x & 2 & 0\\ 0 & y & 0\\ 0 & 2 & -y\end{vmatrix}\xlongequal[\text{展开}]{\text{按第 1 列}}-x^2\begin{vmatrix}y & 0\\ 2 & -y\end{vmatrix}=x^2y^2$$

【例 7】　设行列式

$$D=\begin{vmatrix}3 & 6 & 9 & 12\\ 2 & 4 & 6 & 8\\ 1 & 2 & 0 & 3\\ 5 & 6 & 4 & 3\end{vmatrix}$$

试求 $A_{41}+2A_{42}+3A_{44}$，其中 A_{4j} 表示元素 $a_{4j}(j=1,2,3,4)$ 的代数余子式.

解　易见 $A_{41}+2A_{42}+3A_{44}=A_{41}+2A_{42}+0A_{43}+3A_{44}$，由于此式中 $A_{4j}(j=1,2,3,4)$ 的系数恰好为行列式第三行的对应元素. 根据性质 6 知

$$A_{41}+2A_{42}+3A_{44}=0$$

7.1.3　克莱姆法则

行列式的应用是多方面的. 现在，应用行列式解决一类线性方程组的求解问题. 在这里只考虑方程个数与未知数的个数相等的情形，至于更一般的情形留到后面讨论.

对于含有 n 个未知数 $x_1,x_2,\cdots,x_n$ 的 n 个线性方程的方程组

$$\begin{cases}a_{11}x_1+a_{12}x_2+\cdots+a_{1n}x_n=b_1\\ a_{21}x_1+a_{22}x_2+\cdots+a_{2n}x_2=b_2\\ \quad\vdots\\ a_{n1}x_1+a_{n2}x_2+\cdots+a_{nn}x_n=b_n\end{cases}\tag{7.16}$$

记它的系数行列式为 D，即

$$D=\begin{vmatrix} a_{11} & a_{12} & \cdots & a_{1n} \\ a_{21} & a_{22} & \cdots & a_{2n} \\ \vdots & \vdots & & \vdots \\ a_{n1} & a_{n2} & \cdots & a_{nn} \end{vmatrix}$$

与二、三元线性方程组相类似,它的解可以用 n 阶行列式表示.

定理 7.2(克莱姆(Cramer)法则) 如果线性方程组(7.16)的系数行列式 $D\neq 0$,则方程组(7.16)有解,并且解是唯一的,此时

$$x_1=\frac{D_1}{D},x_2=\frac{D_2}{D},\cdots,x_n=\frac{D_n}{D}$$

其中 $D_j(j=1,2,\cdots,n)$ 是把系数行列式 D 中的第 j 列的元素依次用方程组右端的常数代替后所得到的 n 阶行列式,即

$$D_j=\begin{vmatrix} a_{11} & \cdots & a_{1j-1} & b_1 & a_{1j+1} & \cdots & a_{1n} \\ a_{21} & \cdots & a_{2j-1} & b_2 & a_{2j+1} & \cdots & a_{2n} \\ \vdots & & \vdots & \vdots & \vdots & & \vdots \\ a_{n1} & \cdots & a_{nj-1} & b_n & a_{nj+1} & \cdots & a_{nn} \end{vmatrix}$$

证明从略.

【例 8】 求解线性方程组

$$\begin{cases} x_1-x_2+2x_4=-5 \\ 3x_1+2x_2-x_3-2x_4=6 \\ 4x_1+3x_2-x_3-x_4=0 \\ 2x_1-x_3=0 \end{cases}$$

解 系数行列式

$$D=\begin{vmatrix} 1 & -1 & 0 & 2 \\ 3 & 2 & -1 & -2 \\ 4 & 3 & -1 & -1 \\ 2 & 0 & -1 & 0 \end{vmatrix}\xlongequal[r_3-r_4]{r_2-r_4}\begin{vmatrix} 1 & -1 & 0 & 2 \\ 1 & 2 & 0 & -2 \\ 2 & 3 & 0 & -1 \\ 2 & 0 & -1 & 0 \end{vmatrix}\xlongequal[\text{展开}]{\text{按第3列}}\begin{vmatrix} 1 & -1 & 2 \\ 1 & 2 & -2 \\ 2 & 3 & -1 \end{vmatrix}\xlongequal[r_2-2r_3]{r_1+r_2}$$

$$\begin{vmatrix} 2 & 1 & 0 \\ -3 & -4 & 0 \\ 2 & 3 & -1 \end{vmatrix}=-\begin{vmatrix} 2 & 1 \\ -3 & -4 \end{vmatrix}=5\neq 0$$

同样可以计算

$$D_1 = \begin{vmatrix} -5 & -1 & 0 & 2 \\ 6 & 2 & -1 & -2 \\ 0 & 3 & -1 & -1 \\ 0 & 0 & -1 & 0 \end{vmatrix} = 10, \quad D_2 = \begin{vmatrix} 1 & -5 & 0 & 2 \\ 3 & 6 & -1 & -2 \\ 4 & 0 & -1 & -2 \\ 2 & 0 & -1 & 0 \end{vmatrix} = -15$$

$$D_3 = \begin{vmatrix} 1 & -1 & -5 & 2 \\ 3 & 2 & 6 & -2 \\ 4 & 3 & 0 & -1 \\ 2 & 0 & 0 & 0 \end{vmatrix} = 20, \quad D_4 = \begin{vmatrix} 1 & -1 & 0 & -5 \\ 3 & 2 & -1 & 6 \\ 4 & 3 & -1 & 0 \\ 2 & 0 & -1 & 0 \end{vmatrix} = -25$$

由克莱姆法则可知,方程组的解为

$$x_1 = \frac{D_1}{D} = 2, \quad x_2 = \frac{D_2}{D} = -3, \quad x_3 = \frac{D_3}{D} = 4, \quad x_4 = \frac{D_4}{D} = -5$$

【例 9】　求二次多项式 $f(x)$,使得

$$f(-1) = 6, \quad f(1) = 2, \quad f(2) = 3$$

解　设 $f(x) = ax^2 + bx + c$,于是由 $f(-1) = 6, f(1) = 2, f(2) = 3$ 可得

$$\begin{cases} a - b + c = 6 \\ a + b + c = 2 \\ 4a + 2b + c = 3 \end{cases}$$

系数行列式

$$D = \begin{vmatrix} 1 & -1 & 1 \\ 1 & 1 & 1 \\ 4 & 2 & 1 \end{vmatrix} = -6 \neq 0$$

同样可以计算

$$D_1 = \begin{vmatrix} 6 & -1 & 1 \\ 2 & 1 & 1 \\ 3 & 2 & 1 \end{vmatrix} = -6, D_2 = \begin{vmatrix} 1 & 6 & 1 \\ 1 & 2 & 1 \\ 4 & 3 & 1 \end{vmatrix} = 12, D_3 = \begin{vmatrix} 1 & -1 & 6 \\ 1 & 1 & 2 \\ 4 & 2 & 3 \end{vmatrix} = -18$$

由克莱姆法则可知

$$a = \frac{D_1}{D} = 1, \quad b = \frac{D_2}{D} = -2, \quad c = \frac{D_3}{D} = 3$$

故 $f(x) = x^2 - 2x + 3$.

若方程组(7.16)右端的常数全为零,即

$$\begin{cases} a_{11}x_1 + a_{12}x_2 + \cdots + a_{1n}x_n = 0 \\ a_{21}x_1 + a_{22}x_2 + \cdots + a_{2n}x_2 = 0 \\ \quad\vdots \\ a_{n1}x_1 + a_{n2}x_2 + \cdots + a_{nn}x_n = 0 \end{cases} \tag{7.17}$$

则称方程组(7.17)为齐次线性方程组. 当 $b_1, b_2, \cdots, b_n$ 不全为零时,称方程组

(7.16) 为非齐次线性方程组.

显然,齐次线性方程组总有解,$x_1 = x_2 = \cdots = x_n = 0$ 就是它的一组解,我们称其为零解.若有一组不全为零的数 $x_1, x_2, \cdots, x_n$ 是方程组(7.17) 的解,则称其为非零解.

若方程组(7.17) 的系数行列式 $D \neq 0$,则齐次线性方程组有唯一解.因 D_j 中有一列元素全为零,即 $D_j = 0$,这样

$$x_j = \frac{D_j}{D} = 0 \quad (j = 1,2,\cdots,n)$$

从而齐次线性方程组(7.17) 仅有零解.于是得到如下结论:

若齐次线性方程组(7.17) 有非零解,则它的系数行列式 $D = 0$.

习题 7.1

1.计算下列各行列式:

(1) $\begin{vmatrix} 1 & 2 \\ 4 & 5 \end{vmatrix}$;　　(2) $\begin{vmatrix} 1 & 1 & 1 \\ 3 & 1 & 4 \\ 8 & 9 & 5 \end{vmatrix}$;

(3) $\begin{vmatrix} x-1 & 1 \\ x^2 & x^2+x+1 \end{vmatrix}$;　　(4) $\begin{vmatrix} 0 & a & 0 \\ b & 0 & c \\ 0 & d & 0 \end{vmatrix}$;

(5) $\begin{vmatrix} 1 & 2 & 3 & 4 \\ 2 & 3 & 4 & 1 \\ 3 & 4 & 1 & 2 \\ 4 & 1 & 2 & 3 \end{vmatrix}$;　　(6) $\begin{vmatrix} 2 & 1 & 4 & 1 \\ 3 & -1 & 2 & 1 \\ 1 & 2 & 3 & 2 \\ 5 & 0 & 6 & 2 \end{vmatrix}$;

(7) $\begin{vmatrix} 1+a & b & c \\ a & 1+b & c \\ a & b & 1+c \end{vmatrix}$;　　(8) $\begin{vmatrix} a & 1 & 0 & 0 \\ -1 & b & 1 & 0 \\ 0 & -1 & c & 1 \\ 0 & 0 & -1 & d \end{vmatrix}$;

(9) $\begin{vmatrix} 0 & x & y & z \\ x & 0 & z & y \\ y & z & 0 & x \\ z & y & x & 0 \end{vmatrix}$;　　(10) $\begin{vmatrix} 2 & 4 & 4 & -3 \\ 1 & -6 & -2 & 1 \\ -3 & 5 & 2 & 0 \\ 4 & -12 & 0 & 3 \end{vmatrix}$;

(11) $\begin{vmatrix} 1 & 1 & 1 & 1 \\ 2 & 3 & 4 & 5 \\ 4 & 9 & 14 & 25 \\ 8 & 27 & 64 & 75 \end{vmatrix}$;　　(12) $\begin{vmatrix} 1 & 4 & 4 & 4 & 4 \\ 4 & 2 & 4 & 4 & 4 \\ 4 & 4 & 3 & 4 & 4 \\ 4 & 4 & 4 & 4 & 4 \\ 4 & 4 & 4 & 4 & 5 \end{vmatrix}$.

2. 已知

$$D=\begin{vmatrix}2&1&3&-5\\4&2&3&1\\1&1&1&2\\7&4&9&2\end{vmatrix}$$

求 $A_{41}+A_{42}+A_{43}+A_{44}$.

3. 解方程：

(1) $\begin{vmatrix}x&1&2\\3&x-2&6\\0&0&x-1\end{vmatrix}=0$;　　(2) $\begin{vmatrix}1&1&2&3\\1&2-x^2&2&3\\2&3&1&5\\2&3&1&9-x^2\end{vmatrix}=0$;

(3) $\begin{vmatrix}1&1&1&\cdots&1\\1&1-x&1&\cdots&1\\1&1&2-x&&1\\\vdots&\vdots&\vdots&&\vdots\\1&1&1&\cdots&n-x\end{vmatrix}=0$.

4. 用行列式的性质证明下列等式：

(1) $\begin{vmatrix}a^2&ab&b^2\\2a&a+b&2b\\1&1&1\end{vmatrix}=(a-b)^3$;

(2) $\begin{vmatrix}y+z&z+x&x+y\\x+y&y+z&z+x\\z+x&x+y&y+z\end{vmatrix}=2\begin{vmatrix}x&y&z\\z&x&y\\y&z&x\end{vmatrix}$.

5. 用克莱姆法则解下列方程组：

(1) $\begin{cases}2x+5y=1\\3x+7y=2\end{cases}$;　　(2) $\begin{cases}5x+4y=11\\6x+5y=20\end{cases}$;

(3) $\begin{cases}x+y+z=0\\2x-5y-3z=10\\4x+8y+2z=4\end{cases}$;　　(4) $\begin{cases}2x_1-x_2+3x_3+2x_4=6\\3x_1-3x_2+3x_3+2x_4=5\\3x_1-x_2-x_3+2x_4=3\\3x_1-x_2+3x_3-x_4=4\end{cases}$.

6. (1) 求 k 值，使齐次线性方程组

$$\begin{cases}kx+y-z=0\\x+ky-z=0\\2x-y+z=0\end{cases}$$

仅有零解；

(2) 求 k 值,使齐次线性方程组

$$\begin{cases}(1-k)x-2y+4z=0\\2x+(3-k)y+z=0\\x+y+(1-k)z=0\end{cases}$$

有非零解.

7.2 矩　阵

矩阵是线性代数中主要的研究对象之一,其概念和理论的发展与行列式和线性方程组的理论密切相关.线性代数的理论及其应用都离不开矩阵及其计算.矩阵论现已成为数学的一个重要分支,也是诸多应用领域的重要工具.本节主要介绍矩阵的相关概念,系统地讨论矩阵的加、减、数乘、乘运算及其性质,矩阵的秩,以及逆矩阵存在的充分必要条件及其求法.

7.2.1 矩阵的概念

定义 7.2 由 $m\times n$ 个数 $a_{ij}(i=1,2,\cdots,m;j=1,2,\cdots n)$ 排成的 m 行 n 列的数表

$$\begin{pmatrix}a_{11}&a_{12}&\cdots&a_{1n}\\a_{21}&a_{22}&\cdots&a_{2n}\\\vdots&\vdots&&\vdots\\a_{m1}&a_{m2}&\cdots&a_{mn}\end{pmatrix}\tag{7.18}$$

称为 m 行 n 列矩阵,简称 $m\times n$ 矩阵,记作 $\boldsymbol{A}$.这 $m\times n$ 个数叫矩阵 $\boldsymbol{A}$ 的元素,a_{ij} 叫矩阵 $\boldsymbol{A}$ 的第 i 行第 j 列元素.矩阵(7.18)简写为

$$\boldsymbol{A}=(a_{ij})_{m\times n}\quad 或\quad \boldsymbol{A}=(a_{ij})$$

设 $\boldsymbol{A}=(a_{ij})$ 与 $\boldsymbol{B}=(b_{ij})$ 都是 $m\times n$ 矩阵,并且它们的对应元素相等,即

$$a_{ij}=b_{ij},i=1,2,\cdots,m;j=1,2,\cdots,n$$

则称矩阵 $\boldsymbol{A}$ 与 $\boldsymbol{B}$ 相等,记作 $\boldsymbol{A}=\boldsymbol{B}$.

所有元素都是 0 的矩阵叫零矩阵,记为 $\boldsymbol{0}_{m\times n}$ 或 $\boldsymbol{0}$.

只有 1 行的矩阵 $\boldsymbol{A}=(a_1\quad a_2\quad\cdots\quad a_n)$ 叫行矩阵.

只有 1 列的矩阵 $\boldsymbol{A}=\begin{pmatrix}a_1\\a_2\\\vdots\\a_n\end{pmatrix}$ 叫列矩阵.

如果 $m=n$,则称 $\boldsymbol{A}$ 为 n 阶方阵.n 阶方阵从左上角元素到右下角元素间的连

线叫它的主对角线，$a_{11}, a_{22}, \cdots, a_{nn}$ 叫 $\boldsymbol{A}$ 的主对角元.

主对角线上方的元素都是 0 的方阵

$$\begin{pmatrix} a_{11} & 0 & \cdots & 0 \\ a_{21} & a_{22} & & \vdots \\ \vdots & \vdots & \ddots & 0 \\ a_{n1} & a_{n2} & \cdots & a_{nn} \end{pmatrix}$$

称为下三角形矩阵.

主对角线下方的元素都是 0 的方阵称为上三角形矩阵.

除了主对角线上的元素以外，其他元素全为 0 的方阵

$$\begin{pmatrix} a_1 & & & \boldsymbol{0} \\ & a_2 & & \\ & & \ddots & \\ \boldsymbol{0} & & & a_n \end{pmatrix}$$

叫对角矩阵（简称对角阵）.

主对角线元素都相等的对角阵

$$\begin{pmatrix} k & & & \boldsymbol{0} \\ & k & & \\ & & \ddots & \\ \boldsymbol{0} & & & k \end{pmatrix}$$

称为数量矩阵.

称 n 阶方阵

$$\begin{pmatrix} 1 & & & \boldsymbol{0} \\ & 1 & & \\ & & \ddots & \\ \boldsymbol{0} & & & 1 \end{pmatrix}$$

为 n 阶单位矩阵，简记为 $\boldsymbol{E}_n$ 或 $\boldsymbol{E}$.

7.2.2　矩阵的运算

1. 矩阵的加法

定义 7.3　设 $\boldsymbol{A} = (a_{ij})_{m \times n}$，$\boldsymbol{B} = (b_{ij})_{m \times n}$ 都是 $m \times n$ 矩阵，规定 $\boldsymbol{A}$ 与 $\boldsymbol{B}$ 的和为矩阵 $(a_{ij} + b_{ij})_{m \times n}$，记为 $\boldsymbol{A} + \boldsymbol{B}$，即

$$A + B = \begin{pmatrix} a_{11} + b_{11} & a_{12} + b_{12} & \cdots & a_{1n} + b_{1n} \\ a_{21} + b_{21} & a_{22} + b_{22} & \cdots & a_{2n} + b_{2n} \\ \vdots & \vdots & & \vdots \\ a_{m1} + b_{m1} & a_{m2} + b_{m2} & \cdots & a_{mn} + b_{mn} \end{pmatrix}$$

设 $\boldsymbol{A} = (a_{ij})_{m\times n}$,称矩阵$(-a_{ij})_{m\times n}$为$\boldsymbol{A}$的负矩阵,记为$-\boldsymbol{A}$,即

$$-A = \begin{pmatrix} -a_{11} & -a_{12} & \cdots & -a_{1n} \\ -a_{21} & -a_{22} & \cdots & -a_{2n} \\ \vdots & \vdots & & \vdots \\ -a_{m1} & -a_{m2} & \cdots & -a_{mn} \end{pmatrix}$$

有了负矩阵的概念,可定义两个 $m \times n$ 矩阵$\boldsymbol{A}$与$\boldsymbol{B}$的差为$\boldsymbol{A}-\boldsymbol{B}=\boldsymbol{A}+(-\boldsymbol{B})$.
例如

$$\begin{pmatrix} 2 & 7 \\ 0 & -2 \\ 9 & 1 \end{pmatrix} + \begin{pmatrix} 5 & 3 \\ 6 & 7 \\ -10 & 8 \end{pmatrix} = \begin{pmatrix} 2+5 & 7+3 \\ 0+6 & -2+7 \\ 9-10 & 1+8 \end{pmatrix} = \begin{pmatrix} 7 & 10 \\ 6 & 5 \\ -1 & 9 \end{pmatrix}$$

$$\begin{pmatrix} 2 & 7 \\ 0 & -2 \\ 9 & 1 \end{pmatrix} - \begin{pmatrix} 5 & 3 \\ 6 & 7 \\ -10 & 8 \end{pmatrix} = \begin{pmatrix} 2-5 & 7-3 \\ 0-6 & -2-7 \\ 9+10 & 1-8 \end{pmatrix} = \begin{pmatrix} -3 & 4 \\ -6 & -9 \\ 19 & -7 \end{pmatrix}$$

矩阵的加法满足($\boldsymbol{A},\boldsymbol{B},\boldsymbol{C}$ 都是 $m \times n$ 矩阵):

(1) 交换律:$\boldsymbol{A}+\boldsymbol{B}=\boldsymbol{B}+\boldsymbol{A}$;

(2) 结合律:$(\boldsymbol{A}+\boldsymbol{B})+\boldsymbol{C}=\boldsymbol{A}+(\boldsymbol{B}+\boldsymbol{C})$;

(3) 零矩阵的性质:$\boldsymbol{A}+\boldsymbol{0}_{m\times n}=\boldsymbol{A}$;

(4) 负矩阵的性质:$\boldsymbol{A}+(-\boldsymbol{A})=\boldsymbol{0}_{m\times n}$.

应当注意,只有当两个矩阵的行数相同且列数也相同时,这两个矩阵才能相加减.

2.数与矩阵相乘

定义 7.4 设 k 是一个数,$\boldsymbol{A}=(a_{ij})_{m\times n}$ 是一个 $m \times n$ 矩阵,规定 k 与$\boldsymbol{A}$的乘积为矩阵$(ka_{ij})_{m\times n}$,记为 $k\boldsymbol{A}$,即

$$kA = \begin{pmatrix} ka_{11} & ka_{12} & \cdots & ka_{1n} \\ ka_{21} & ka_{22} & \cdots & ka_{2n} \\ \vdots & \vdots & & \vdots \\ ka_{m1} & ka_{m2} & \cdots & ka_{mn} \end{pmatrix}$$

数与矩阵相乘简称为数乘.

例如,设 $\boldsymbol{A} = \begin{pmatrix} 1 & -4 & -3 \\ 2 & -1 & 0 \end{pmatrix}$,则

$$2\boldsymbol{A}=\begin{pmatrix}2\times1 & 2\times(-4) & 2\times(-3)\\ 2\times2 & 2\times(-1) & 2\times0\end{pmatrix}=\begin{pmatrix}2 & -8 & -6\\ 4 & -2 & 0\end{pmatrix}$$

矩阵的数乘满足($\boldsymbol{A},\boldsymbol{B}$ 都是 $m\times n$ 矩阵；k,l 为常数)：

(1)$(kl)\boldsymbol{A}=k(l\boldsymbol{A})$；

(2)$(k+l)\boldsymbol{A}=k\boldsymbol{A}+l\boldsymbol{A}$；

(3)$k(\boldsymbol{A}+\boldsymbol{B})=k\boldsymbol{A}+k\boldsymbol{B}$；

(4)$1\boldsymbol{A}=\boldsymbol{A}$.

矩阵的加法与数乘统称为矩阵的线性运算.

【例 1】　已知

$$\boldsymbol{A}=\begin{pmatrix}3 & -1 & 2 & 0\\ 1 & 5 & 7 & 9\\ 2 & 4 & 6 & 8\end{pmatrix},\quad \boldsymbol{B}=\begin{pmatrix}7 & 5 & -2 & 4\\ 5 & 1 & 9 & 7\\ 3 & 2 & -1 & 6\end{pmatrix}$$

且 $\boldsymbol{A}+2\boldsymbol{X}=\boldsymbol{B}$，求矩阵 $\boldsymbol{X}$.

解　$$\boldsymbol{X}=\frac{1}{2}(\boldsymbol{B}-\boldsymbol{A})=\frac{1}{2}\begin{pmatrix}4 & 6 & -4 & 4\\ 4 & -4 & 2 & -2\\ 1 & -2 & -7 & -2\end{pmatrix}=\begin{pmatrix}2 & 3 & -2 & 2\\ 2 & -2 & 1 & -1\\ \frac{1}{2} & -1 & -\frac{7}{2} & -1\end{pmatrix}$$

3. 矩阵与矩阵相乘

定义 7.5　设 $\boldsymbol{A}=(a_{ij})_{m\times s}$，$\boldsymbol{B}=(b_{ij})_{s\times n}$，则规定 $\boldsymbol{A}$ 与 $\boldsymbol{B}$ 的乘积是一个 $m\times n$ 矩阵 $\boldsymbol{C}=(c_{ij})_{m\times n}$，其中

$$c_{ij}=a_{i1}b_{1j}+a_{i2}b_{2j}+\cdots+a_{is}b_{sj}=\sum_{k=1}^{s}a_{ik}b_{kj},\ i=1,2,\cdots,m;j=1,2,\cdots,n$$

并记作 $\boldsymbol{C}=\boldsymbol{AB}$.

几点说明：

(1) 只有当左侧矩阵 $\boldsymbol{A}$ 的列数与右侧矩阵 $\boldsymbol{B}$ 的行数相同时，两矩阵才能相乘；

(2) $\boldsymbol{AB}$ 的行数等于 $\boldsymbol{A}$ 的行数，$\boldsymbol{AB}$ 的列数等于 $\boldsymbol{B}$ 的列数；

(3) $\boldsymbol{AB}$ 的第 i 行第 j 列处的元素 c_{ij} 等于 $\boldsymbol{A}$ 的第 i 行与 $\boldsymbol{B}$ 的第 j 列的对应元素乘积的和.

【例 2】　设 $\boldsymbol{A}=\begin{pmatrix}1 & 0 & 3\\ 2 & 1 & 0\end{pmatrix}$，$\boldsymbol{B}=\begin{pmatrix}4 & 1\\ -1 & 1\\ 2 & 0\end{pmatrix}$，求 $\boldsymbol{AB}$ 与 $\boldsymbol{BA}$.

解

$$\boldsymbol{AB}=\begin{pmatrix}1 & 0 & 3\\ 2 & 1 & 0\end{pmatrix}\begin{pmatrix}4 & 1\\ -1 & 1\\ 2 & 0\end{pmatrix}=$$

$$\begin{pmatrix} 1\times4+0\times(-1)+3\times2 & 1\times1+0\times1+3\times0 \\ 2\times4+1\times(-1)+0\times2 & 2\times1+1\times1+0\times0 \end{pmatrix} = \begin{pmatrix} 10 & 1 \\ 7 & 3 \end{pmatrix}$$

$$\boldsymbol{BA} = \begin{pmatrix} 4 & 1 \\ -1 & 1 \\ 2 & 0 \end{pmatrix}\begin{pmatrix} 1 & 0 & 3 \\ 2 & 1 & 0 \end{pmatrix} =$$

$$\begin{pmatrix} 4\times1+1\times2 & 4\times0+1\times1 & 4\times3+1\times0 \\ -1\times1+1\times2 & -1\times0+1\times1 & -1\times3+1\times0 \\ 2\times1+0\times2 & 2\times0+0\times1 & 2\times3+0\times0 \end{pmatrix} = \begin{pmatrix} 6 & 1 & 12 \\ 1 & 1 & -3 \\ 2 & 0 & 6 \end{pmatrix}$$

显然,$\boldsymbol{AB} \neq \boldsymbol{BA}$.

【例 3】 设 $\boldsymbol{A} = (3\quad 5\quad 7)$,$\boldsymbol{B} = \begin{pmatrix} 1 \\ 2 \\ -1 \end{pmatrix}$,求 $\boldsymbol{AB}$ 与 $\boldsymbol{BA}$.

解 $\boldsymbol{AB} = (3\quad 5\quad 7)\begin{pmatrix} 1 \\ 2 \\ -1 \end{pmatrix} = (3\times1+5\times2+7\times(-1)) = (6)$

$$\boldsymbol{BA} = \begin{pmatrix} 1 \\ 2 \\ -1 \end{pmatrix}(3\ 5\ 7) = \begin{pmatrix} 1\times3 & 1\times5 & 1\times7 \\ 2\times3 & 2\times5 & 2\times7 \\ (-1)\times3 & (-1)\times5 & (-1)\times7 \end{pmatrix} = \begin{pmatrix} 3 & 5 & 7 \\ 6 & 10 & 14 \\ -3 & -5 & -7 \end{pmatrix}$$

矩阵乘法满足(假定运算是可行的):

(1) 结合律:$(\boldsymbol{AB})\boldsymbol{C} = \boldsymbol{A}(\boldsymbol{BC})$;

(2) 左分配律:$\boldsymbol{A}(\boldsymbol{B}+\boldsymbol{C}) = \boldsymbol{AB}+\boldsymbol{AC}$;

　右分配律:$(\boldsymbol{B}+\boldsymbol{C})\boldsymbol{A} = \boldsymbol{BC}+\boldsymbol{CA}$;

(3) $k(\boldsymbol{AB}) = (k\boldsymbol{A})\boldsymbol{B} = \boldsymbol{A}(k\boldsymbol{B})$;

(4) 单位阵的性质:$\boldsymbol{E}_m\boldsymbol{A} = \boldsymbol{AE}_n = \boldsymbol{A}$($\boldsymbol{A}$ 是 $m\times n$ 矩阵);

(5) 零矩阵的性质:$\boldsymbol{0}_{p\times m}\boldsymbol{A} = \boldsymbol{0}_{p\times n}$,$\boldsymbol{A0}_{n\times q} = \boldsymbol{0}_{m\times q}$($\boldsymbol{A}$ 是 $m\times n$ 矩阵).

与通常数的乘法相比较,矩阵乘法有许多特殊性,主要有:

(1) 矩阵乘法不满足交换律,这有两层含义,其一是说,有时虽然 $\boldsymbol{AB}$ 有意义,但 $\boldsymbol{BA}$ 未必有意义;其二是说,即使 $\boldsymbol{AB}$,$\boldsymbol{BA}$ 都有意义,$\boldsymbol{AB}$ 与 $\boldsymbol{BA}$ 也未必相等.总之,一般说 $\boldsymbol{AB} \neq \boldsymbol{BA}$(如果对某些特定的矩阵 $\boldsymbol{A}$,$\boldsymbol{B}$ 有 $\boldsymbol{AB} = \boldsymbol{BA}$,则称 $\boldsymbol{A}$ 与 $\boldsymbol{B}$ 乘积可交换).

(2) 矩阵乘法不满足消去律,即在一般情况下,由 $\boldsymbol{AB} = \boldsymbol{AC}$ 不能断定 $\boldsymbol{B} = \boldsymbol{C}$.同样,由 $\boldsymbol{BA} = \boldsymbol{CA}$ 不能断定 $\boldsymbol{B} = \boldsymbol{C}$.

例如,设

$$\boldsymbol{A} = \begin{pmatrix} 2 & 4 \\ -3 & -6 \end{pmatrix},\quad \boldsymbol{B} = \begin{pmatrix} -2 & 4 \\ 1 & -2 \end{pmatrix},\quad \boldsymbol{C} = \begin{pmatrix} -6 & 12 \\ 3 & -6 \end{pmatrix}$$

则

$$AB = \begin{pmatrix} 2 & 4 \\ -3 & -6 \end{pmatrix}\begin{pmatrix} -2 & 4 \\ 1 & -2 \end{pmatrix} = \begin{pmatrix} 0 & 0 \\ 0 & 0 \end{pmatrix}$$

$$AC = \begin{pmatrix} 2 & 4 \\ -3 & -6 \end{pmatrix}\begin{pmatrix} -6 & 12 \\ 3 & -6 \end{pmatrix} = \begin{pmatrix} 0 & 0 \\ 0 & 0 \end{pmatrix}$$

即 $\boldsymbol{AB} = \boldsymbol{AC}$,但 $\boldsymbol{B} \neq \boldsymbol{C}$.

由这个例子还可以看出:

(3) 矩阵乘法有零因子,即存在矩阵 $\boldsymbol{A} \neq \boldsymbol{0}, \boldsymbol{B} \neq \boldsymbol{0}$,使得 $\boldsymbol{AB} = \boldsymbol{0}$. 因此,在一般情况下,不能由 $\boldsymbol{AB} = \boldsymbol{0}$ 断定 $\boldsymbol{A} = \boldsymbol{0}$ 或 $\boldsymbol{B} = \boldsymbol{0}$.

矩阵乘法有广泛的应用,许多复杂的问题都可用矩阵乘法表达得非常简洁.

考察线性方程组

$$\begin{cases} a_{11}x_1 + a_{12}x_2 + \cdots + a_{1n}x_n = b_1 \\ a_{21}x_1 + a_{22}x_2 + \cdots + a_{2n}x_n = b_2 \\ \quad\vdots \\ a_{m1}x_1 + a_{m2}x_2 + \cdots + a_{mn}x_n = b_m \end{cases}$$

令

$$\boldsymbol{A} = \begin{pmatrix} a_{11} & a_{12} & \cdots & a_{1n} \\ a_{21} & a_{22} & \cdots & a_{2n} \\ \vdots & \vdots & & \vdots \\ a_{m1} & a_{m2} & \cdots & a_{mn} \end{pmatrix}, \quad \boldsymbol{b} = \begin{pmatrix} b_1 \\ b_2 \\ \vdots \\ b_m \end{pmatrix}, \quad \boldsymbol{x} = \begin{pmatrix} x_1 \\ x_2 \\ \vdots \\ x_n \end{pmatrix}$$

则原方程组可化为矩阵方程

$$\boldsymbol{Ax} = \boldsymbol{b}$$

4. 方阵的幂

利用矩阵乘法,可定义方阵的幂. 设 $\boldsymbol{A}$ 是 n 阶方阵,则定义

$$\boldsymbol{A}^0 = \boldsymbol{E}_n, \boldsymbol{A}^1 = \boldsymbol{A}, \boldsymbol{A}^2 = \boldsymbol{A}^1\boldsymbol{A}^1, \cdots, \boldsymbol{A}^{k+1} = \boldsymbol{A}^k\boldsymbol{A}^1, \cdots$$

其中 k 是正整数,即 $\boldsymbol{A}^k$ 是 k 个 $\boldsymbol{A}$ 连乘.

显然,$\boldsymbol{A}^k\boldsymbol{A}$ 有意义的充分必要条件是 $\boldsymbol{A}$ 为方阵,故只有方阵才有幂.

方阵的幂满足($\boldsymbol{A}$ 为方阵,k,l 为正整数):

(1) $\boldsymbol{A}^k\boldsymbol{A}^l = \boldsymbol{A}^{k+l}$;

(2) $(\boldsymbol{A}^k)^l = \boldsymbol{A}^{kl}$.

但一般的,由于矩阵乘法不满足交换律,$(\boldsymbol{AB})^k \neq \boldsymbol{A}^k\boldsymbol{B}^k$,其中 $\boldsymbol{A},\boldsymbol{B}$ 为 n 阶方阵.

【例 4】 计算 $\begin{pmatrix} 1 & 1 \\ 0 & 1 \end{pmatrix}^n$.

解　设 $\boldsymbol{A}=\begin{pmatrix}1&1\\0&1\end{pmatrix}$,则

$$\boldsymbol{A}^2=\boldsymbol{A}\boldsymbol{A}=\begin{pmatrix}1&1\\0&1\end{pmatrix}\begin{pmatrix}1&1\\0&1\end{pmatrix}=\begin{pmatrix}1&2\\0&1\end{pmatrix}$$

$$\boldsymbol{A}^3=\boldsymbol{A}^2\boldsymbol{A}=\begin{pmatrix}1&2\\0&1\end{pmatrix}\begin{pmatrix}1&1\\0&1\end{pmatrix}=\begin{pmatrix}1&3\\0&1\end{pmatrix}$$

假设 $\boldsymbol{A}^{n-1}=\begin{pmatrix}1&n-1\\0&1\end{pmatrix}$,则

$$\boldsymbol{A}^n=\boldsymbol{A}^{n-1}\boldsymbol{A}=\begin{pmatrix}1&n-1\\0&1\end{pmatrix}\begin{pmatrix}1&1\\0&1\end{pmatrix}=\begin{pmatrix}1&n\\0&1\end{pmatrix}$$

于是由归纳法知,对于任意正整数 n 有

$$\begin{pmatrix}1&1\\0&1\end{pmatrix}^n=\begin{pmatrix}1&n\\0&1\end{pmatrix}$$

5.方阵的行列式

定义7.6　由 n 阶方阵 $\boldsymbol{A}$ 的元素所构成的 n 阶行列式(各元素的位置不变),称为方阵 $\boldsymbol{A}$ 的行列式,记作 $|\boldsymbol{A}|$ 或 $\det\boldsymbol{A}$.

例如,设

$$\boldsymbol{A}=\begin{pmatrix}1&2&1\\1&4&2\\0&1&1\end{pmatrix}$$

则

$$|\boldsymbol{A}|=\begin{vmatrix}1&2&1\\1&4&2\\0&1&1\end{vmatrix}=\begin{vmatrix}1&2&1\\0&2&1\\0&1&1\end{vmatrix}=1$$

由于行列式是 n 行 n 列的,如果矩阵 $\boldsymbol{A}$ 不是方阵,就不能对 $\boldsymbol{A}$ 取行列式.方阵与行列式不同,前者为数表,后者为数.

方阵 $\boldsymbol{A}$ 的行列式 $|\boldsymbol{A}|$ 满足下列运算规律($\boldsymbol{A}$ 为 n 阶方阵,k 为数):

(1) $|k\boldsymbol{A}|=k^n|\boldsymbol{A}|$;

(2) $|\boldsymbol{A}\boldsymbol{B}|=|\boldsymbol{A}||\boldsymbol{B}|$.

由(2)可知,对于 n 阶方阵 $\boldsymbol{A},\boldsymbol{B}$,一般 $\boldsymbol{A}\boldsymbol{B}\neq\boldsymbol{B}\boldsymbol{A}$,但都有 $|\boldsymbol{A}\boldsymbol{B}|=|\boldsymbol{B}\boldsymbol{A}|$.

【例5】　设

$$\boldsymbol{A}=\begin{pmatrix}1&2\\3&3\end{pmatrix},\quad\boldsymbol{B}=\begin{pmatrix}1&2\\-1&3\end{pmatrix}$$

求 $|\boldsymbol{A}\boldsymbol{B}|$.

解　因为 $\boldsymbol{AB}=\begin{pmatrix}-1 & 8\\ 0 & 15\end{pmatrix}$,所以

$$|\boldsymbol{AB}|=\begin{vmatrix}-1 & 8\\ 0 & 15\end{vmatrix}=-15$$

或

$$|\boldsymbol{AB}|=|\boldsymbol{A}||\boldsymbol{B}|=\begin{vmatrix}1 & 2\\ 3 & 3\end{vmatrix}\begin{vmatrix}1 & 2\\ -1 & 3\end{vmatrix}=(-3)\times 5=-15$$

6. 矩阵的转置

定义 7.7　把一个 $m\times n$ 矩阵 $\boldsymbol{A}$ 的各行均换成同序数的列所形成的一个 $n\times m$ 新矩阵,称为 $\boldsymbol{A}$ 的转置矩阵,记作 $\boldsymbol{A}^{\mathrm{T}}$(或 $\boldsymbol{A}'$).

例如,设

$$\boldsymbol{A}=\begin{pmatrix}2 & 0 & -3\\ 1 & 4 & 7\end{pmatrix}$$

则

$$\boldsymbol{A}^{\mathrm{T}}=\begin{pmatrix}2 & 1\\ 0 & 4\\ -3 & 7\end{pmatrix}$$

矩阵的转置满足(假设运算都可行):

(1) $(\boldsymbol{A}^{\mathrm{T}})^{\mathrm{T}}=\boldsymbol{A}$;

(2) $(\boldsymbol{A}+\boldsymbol{B})^{\mathrm{T}}=\boldsymbol{A}^{\mathrm{T}}+\boldsymbol{B}^{\mathrm{T}}$;

(3) $(k\boldsymbol{A})^{\mathrm{T}}=k\boldsymbol{A}^{\mathrm{T}}$, k 是常数;

(4) $(\boldsymbol{AB})^{\mathrm{T}}=\boldsymbol{B}^{\mathrm{T}}\boldsymbol{A}^{\mathrm{T}}$;

(5) $|\boldsymbol{A}^{\mathrm{T}}|=|\boldsymbol{A}|$.

设 $\boldsymbol{A}=(a_{ij})$ 为 n 阶方阵.若 $\boldsymbol{A}^{\mathrm{T}}=\boldsymbol{A}$($\boldsymbol{A}^{\mathrm{T}}=-\boldsymbol{A}$),则称 $\boldsymbol{A}$ 为对称矩阵(反对称阵).对称矩阵的特点是 $a_{ij}=a_{ji}$, $i,j=1,2,\cdots,n$,即 $\boldsymbol{A}$ 的元素以主对角线为对称轴对应相等.

例如

$$\boldsymbol{A}=\begin{pmatrix}3 & 1 & 0\\ 1 & 8 & 5\\ 0 & 5 & 1\end{pmatrix},\quad \boldsymbol{B}=\begin{pmatrix}3 & 4 & 0\\ 4 & 8 & 2\\ 0 & 2 & 1\end{pmatrix},\quad \boldsymbol{C}=\begin{pmatrix}3 & 0 & 0\\ 0 & 8 & 0\\ 0 & 0 & 1\end{pmatrix}$$

都是对称阵.

7.2.3　可逆矩阵

1. 概念与性质

在矩阵乘法中,单位矩阵 $\boldsymbol{E}$ 具有与数 1 在数的乘法中类似的性质.对于任意

n 阶 方阵$\boldsymbol{A}$ 都有$\boldsymbol{E}_n\boldsymbol{A} = \boldsymbol{A}\boldsymbol{E}_n = \boldsymbol{A}$,而对于任意数 a 都有$1 \cdot a = a \cdot 1 = a$.当$a \neq 0$时,$aa^{-1} = a^{-1}a = 1, a^{-1} = \dfrac{1}{a}$.类似地,可以引入可逆矩阵及逆矩阵的概念.

定义 7.8 设 $\boldsymbol{A}$ 为 n 阶方阵,若存在一个 n 阶方阵 $\boldsymbol{B}$,使得

$$\boldsymbol{AB} = \boldsymbol{BA} = \boldsymbol{E}$$

则称 $\boldsymbol{A}$ 是可逆矩阵,并称 $\boldsymbol{B}$ 是 $\boldsymbol{A}$ 的逆矩阵,记作 $\boldsymbol{A}^{-1} = \boldsymbol{B}$.

由于 $\boldsymbol{E}_n\boldsymbol{E}_n = \boldsymbol{E}_n$,所以 $\boldsymbol{E}_n$ 是可逆矩阵,且 $\boldsymbol{E}_n$ 的逆矩阵是$\boldsymbol{E}_n$.

可逆矩阵有如下性质:

性质 1 若 $\boldsymbol{A}^{-1}$ 存在,则 $\boldsymbol{A}^{-1}$ 必唯一.

证明 设 $\boldsymbol{B}$ 和 $\boldsymbol{C}$ 都是 $\boldsymbol{A}$ 的逆矩阵,则有

$$\boldsymbol{B} = \boldsymbol{BE} = \boldsymbol{B}(\boldsymbol{AC}) = (\boldsymbol{BA})\boldsymbol{C} = \boldsymbol{EC} = \boldsymbol{C}$$

性质 2 若 $\boldsymbol{A}$ 可逆,则 $\boldsymbol{A}^{-1}$ 也可逆,且$(\boldsymbol{A}^{-1})^{-1} = \boldsymbol{A}$.

证明 因为 $\boldsymbol{A}$ 可逆,所以 $\boldsymbol{AA}^{-1} = \boldsymbol{A}^{-1}\boldsymbol{A} = \boldsymbol{E}$,从而 $\boldsymbol{A}^{-1}$ 也可逆,且$(\boldsymbol{A}^{-1})^{-1} = \boldsymbol{A}$.

性质 3 若 $\boldsymbol{A}$ 可逆,则 $\boldsymbol{A}^{\mathrm{T}}$ 可逆,且$(\boldsymbol{A}^{\mathrm{T}})^{-1} = (\boldsymbol{A}^{-1})^{\mathrm{T}}$.

证明 因为 $\boldsymbol{A}^{-1}\boldsymbol{A} = \boldsymbol{AA}^{-1} = \boldsymbol{E}$,所以$(\boldsymbol{A}^{-1}\boldsymbol{A})^{\mathrm{T}} = (\boldsymbol{AA}^{-1})^{\mathrm{T}} = \boldsymbol{E}^{\mathrm{T}}$,从而

$$\boldsymbol{A}^{\mathrm{T}}(\boldsymbol{A}^{-1})^{\mathrm{T}} = (\boldsymbol{A}^{-1})^{\mathrm{T}}\boldsymbol{A}^{\mathrm{T}} = \boldsymbol{E}$$

于是$(\boldsymbol{A}^{\mathrm{T}})^{-1} = (\boldsymbol{A}^{-1})^{\mathrm{T}}$.

性质 4 若同阶方阵 $\boldsymbol{A}$ 与 $\boldsymbol{B}$ 都可逆,则 $\boldsymbol{AB}$ 也可逆,且$(\boldsymbol{AB})^{-1} = \boldsymbol{B}^{-1}\boldsymbol{A}^{-1}$.

证明 因为

$$(\boldsymbol{AB})(\boldsymbol{B}^{-1}\boldsymbol{A}^{-1}) = \boldsymbol{A}(\boldsymbol{BB}^{-1})\boldsymbol{A}^{-1} = \boldsymbol{AEA}^{-1} = \boldsymbol{AA}^{-1} = \boldsymbol{E}$$
$$(\boldsymbol{B}^{-1}\boldsymbol{A}^{-1})(\boldsymbol{AB}) = \boldsymbol{B}^{-1}(\boldsymbol{A}^{-1}\boldsymbol{A})\boldsymbol{B} = \boldsymbol{B}^{-1}\boldsymbol{EB} = \boldsymbol{B}^{-1}\boldsymbol{B} = \boldsymbol{E}$$

所以 $\boldsymbol{AB}$ 可逆,且$(\boldsymbol{AB})^{-1} = \boldsymbol{B}^{-1}\boldsymbol{A}^{-1}$.

性质 5 若 $\boldsymbol{A}$ 可逆,数 $k \neq 0$,则 $k\boldsymbol{A}$ 可逆,且$(k\boldsymbol{A})^{-1} = \dfrac{1}{k}\boldsymbol{A}^{-1}$.

2.方阵 A 可逆的充分必要条件、用伴随矩阵求逆矩阵

定义 7.9 设 n 阶方阵

$$\boldsymbol{A} = \begin{pmatrix} a_{11} & a_{12} & \cdots & a_{1n} \\ a_{21} & a_{22} & \cdots & a_{2n} \\ \vdots & \vdots & & \vdots \\ a_{n1} & a_{n2} & \cdots & a_{nn} \end{pmatrix}$$

把$|\boldsymbol{A}|$中各元素 a_{ij} 的代数余子式$A_{ij}(i,j = 1,2,\cdots,n)$所构成的 n 阶方阵

$$\boldsymbol{A}^* = \begin{pmatrix} A_{11} & A_{21} & \cdots & A_{n1} \\ A_{12} & A_{22} & \cdots & A_{n2} \\ \vdots & \vdots & & \vdots \\ A_{1n} & A_{2n} & \cdots & A_{nn} \end{pmatrix}$$

称为 $\boldsymbol{A}$ 的伴随矩阵.

注意,$\boldsymbol{A}^*$ 中第 i 行第 j 列处的元素是 A_{ji},而不是 A_{ij}.

【例 6】 设

$$\boldsymbol{A}=\begin{pmatrix}3&2&1\\1&2&2\\3&4&3\end{pmatrix}$$

求 $\boldsymbol{A}^*$.

解 因为

$$A_{11}=(-1)^{1+1}\begin{vmatrix}2&2\\4&3\end{vmatrix}=-2,\quad A_{12}=(-1)^{1+2}\begin{vmatrix}1&2\\3&3\end{vmatrix}=3$$

$$A_{13}=(-1)^{1+3}\begin{vmatrix}1&2\\3&4\end{vmatrix}=-2,\quad A_{21}=(-1)^{2+1}\begin{vmatrix}2&1\\4&3\end{vmatrix}=-2$$

$$A_{22}=(-1)^{2+2}\begin{vmatrix}3&1\\3&3\end{vmatrix}=6,\quad A_{23}=(-1)^{2+3}\begin{vmatrix}3&2\\3&4\end{vmatrix}=-6$$

$$A_{31}=(-1)^{3+1}\begin{vmatrix}2&1\\2&2\end{vmatrix}=2,\quad A_{32}=(-1)^{3+2}\begin{vmatrix}3&1\\1&2\end{vmatrix}=-5$$

$$A_{33}=(-1)^{3+3}\begin{vmatrix}3&2\\1&2\end{vmatrix}=4$$

所以 $\boldsymbol{A}$ 的伴随矩阵为

$$\boldsymbol{A}^*=\begin{pmatrix}A_{11}&A_{21}&A_{31}\\A_{12}&A_{22}&A_{32}\\A_{13}&A_{23}&A_{33}\end{pmatrix}=\begin{pmatrix}-2&-2&2\\3&6&-5\\-2&-6&4\end{pmatrix}$$

定理 7.3 n 阶方阵 $\boldsymbol{A}$ 可逆的充分必要条件是 $|\boldsymbol{A}|\neq 0$,且当 $\boldsymbol{A}$ 可逆时有

$$\boldsymbol{A}^{-1}=\frac{\boldsymbol{A}^*}{|\boldsymbol{A}|}$$

证明 (必要性)设 $\boldsymbol{A}$ 可逆,则 $\boldsymbol{A}\boldsymbol{A}^{-1}=\boldsymbol{E}$. 两边取行列式得 $|\boldsymbol{A}|\,|\boldsymbol{A}^{-1}|=|\boldsymbol{E}|=1$,故 $|\boldsymbol{A}|\neq 0$.

(充分性)由行列式的定义和性质可知

$$\sum_{k=1}^{n}a_{ik}\boldsymbol{A}_{jk}=\sum_{k=1}^{n}a_{ki}\boldsymbol{A}_{kj}=\begin{cases}|\boldsymbol{A}|, & i=j\\0, & i\neq j\end{cases}$$

于是

$$\boldsymbol{A}\boldsymbol{A}^*=\boldsymbol{A}^*\boldsymbol{A}=\begin{pmatrix}|\boldsymbol{A}|&0&\cdots&0\\0&|\boldsymbol{A}|&\cdots&0\\\vdots&\vdots&&\vdots\\0&0&\cdots&|\boldsymbol{A}|\end{pmatrix}=|\boldsymbol{A}|\boldsymbol{E}$$

因为 $|\boldsymbol{A}|\neq 0$,故有

$$A\frac{A^*}{|A|}=\frac{A^*}{|A|}\cdot A=E$$

从而 $A^{-1}=\frac{A^*}{|A|}$.

定理7.4 设 A,B 都是 n 阶方阵,若 $AB=E$,则 A,B 都可逆,并且 $B^{-1}=A$, $B=A^{-1}$.

证明 因为 $|AB|=|A||B|=|E|=1$,所以 $|A|\neq 0$,故 A^{-1} 存在. 于是

$$B=EB=(A^{-1}A)B=A^{-1}(AB)=A^{-1}E=A^{-1}$$

【例 7】 判断下列方阵

$$A=\begin{pmatrix}3&7&-3\\-2&-5&2\\-4&-10&3\end{pmatrix},\quad B=\begin{pmatrix}-1&3&2\\-11&15&1\\-3&3&-1\end{pmatrix}$$

是否可逆?若可逆,求其逆矩阵.

解 因为

$$|A|=\begin{vmatrix}3&7&-3\\-2&-5&2\\-4&-10&3\end{vmatrix}=1\neq 0,\quad |B|=\begin{vmatrix}-1&3&2\\-11&15&1\\-3&3&-1\end{vmatrix}=0$$

所以 B 不可逆,A 可逆. 对于矩阵 A,由于

$$A_{11}=(-1)^{1+1}\begin{vmatrix}-5&2\\-10&3\end{vmatrix}=5,\quad A_{12}=(-1)^{1+2}\begin{vmatrix}-2&2\\-4&3\end{vmatrix}=-2$$

$$A_{13}=(-1)^{1+3}\begin{vmatrix}-2&-5\\-4&-10\end{vmatrix}=0,\quad A_{21}=(-1)^{2+1}\begin{vmatrix}7&-3\\-10&3\end{vmatrix}=9$$

$$A_{22}=(-1)^{2+2}\begin{vmatrix}3&-3\\-4&3\end{vmatrix}=-3,\quad A_{23}=(-1)^{2+3}\begin{vmatrix}3&7\\-4&-10\end{vmatrix}=2$$

$$A_{31}=(-1)^{3+1}\begin{vmatrix}7&-3\\-5&2\end{vmatrix}=-1,\quad A_{32}=(-1)^{3+2}\begin{vmatrix}3&-3\\-2&2\end{vmatrix}=0$$

$$A_{33}=(-1)^{3+3}\begin{vmatrix}3&7\\-2&-5\end{vmatrix}=-1$$

所以

$$A^*=\begin{pmatrix}A_{11}&A_{21}&A_{31}\\A_{12}&A_{22}&A_{32}\\A_{13}&A_{23}&A_{33}\end{pmatrix}=\begin{pmatrix}5&9&-1\\-2&-3&0\\0&2&-1\end{pmatrix}$$

$$A^{-1}=\frac{A^*}{|A|}=A^*=\begin{pmatrix}5&9&-1\\-2&-3&0\\0&2&-1\end{pmatrix}$$

【例 8】 解下列矩阵方程

(1) $\begin{pmatrix}2&5\\1&3\end{pmatrix}\boldsymbol{X}=\begin{pmatrix}4&-6\\2&1\end{pmatrix}$;　(2) $\boldsymbol{X}\begin{pmatrix}2&1&-1\\2&1&0\\1&-1&1\end{pmatrix}=\begin{pmatrix}1&-1&3\\4&3&2\end{pmatrix}$.

解　(1) 设 $\boldsymbol{A}=\begin{pmatrix}2&5\\1&3\end{pmatrix}$，$\boldsymbol{B}=\begin{pmatrix}4&-6\\2&1\end{pmatrix}$，则原矩阵方程为 $\boldsymbol{AX}=\boldsymbol{B}$.

因为 $|\boldsymbol{A}|=\begin{vmatrix}2&5\\1&3\end{vmatrix}=1\neq 0$，故 $\boldsymbol{A}^{-1}$ 存在，且 $\boldsymbol{A}^{-1}=\dfrac{\boldsymbol{A}^*}{|\boldsymbol{A}|}=\begin{pmatrix}3&-5\\-1&2\end{pmatrix}$. 在方程两边同时左乘 $\boldsymbol{A}^{-1}$，得 $\boldsymbol{A}^{-1}\boldsymbol{AX}=\boldsymbol{A}^{-1}\boldsymbol{B}$，即 $\boldsymbol{X}=\boldsymbol{A}^{-1}\boldsymbol{B}$. 故

$$\boldsymbol{X}=\boldsymbol{A}^{-1}\boldsymbol{B}=\begin{pmatrix}3&-5\\-1&2\end{pmatrix}\begin{pmatrix}4&-6\\2&1\end{pmatrix}=\begin{pmatrix}2&-23\\0&8\end{pmatrix}$$

(2) 设

$$\boldsymbol{A}=\begin{pmatrix}2&1&-1\\2&1&0\\1&-1&1\end{pmatrix},\quad \boldsymbol{B}=\begin{pmatrix}1&-1&3\\4&3&2\end{pmatrix}$$

则原矩阵方程为 $\boldsymbol{XA}=\boldsymbol{B}$.

因为 $|\boldsymbol{A}|=\begin{vmatrix}2&1&-1\\2&1&0\\1&-1&1\end{vmatrix}=3\neq 0$，所以 $\boldsymbol{A}$ 是可逆矩阵，且 $\boldsymbol{A}^{-1}=\dfrac{\boldsymbol{A}^*}{|\boldsymbol{A}|}=\dfrac{1}{3}\begin{pmatrix}1&0&1\\-2&3&-2\\-3&3&0\end{pmatrix}$. 在方程 $\boldsymbol{XA}=\boldsymbol{B}$ 两边右乘 $\boldsymbol{A}^{-1}$，得 $\boldsymbol{XAA}^{-1}=\boldsymbol{BA}^{-1}$，即 $\boldsymbol{X}=\boldsymbol{BA}^{-1}$. 所以

$$\boldsymbol{X}=\boldsymbol{BA}^{-1}=\frac{1}{3}\begin{pmatrix}1&-1&3\\4&3&2\end{pmatrix}\begin{pmatrix}1&0&1\\-2&3&-2\\-3&3&0\end{pmatrix}=\begin{pmatrix}-2&2&1\\-\frac{8}{3}&5&-\frac{2}{3}\end{pmatrix}$$

7.2.4　矩阵的初等变换

矩阵的初等变换是求矩阵的逆矩阵的有利工具.

定义 7.10　以下关于矩阵的 3 种变换称为矩阵的初等行变换:

(1) 互换两行(互换 i,j 两行，记为 $r_i\leftrightarrow r_j$);

(2) 以数 $k(k\neq 0)$ 乘以某一行中的所有元素(用数 k 乘第 i 行，记为 $k\times r_i$);

(3) 把某一行所有元素的 k 倍加到另一行对应的元素上去(第 j 行的 k 倍加到第 i 行上，记为 r_i+kr_j).

若将定义中的“行”换成“列”，则称之为初等列变换，初等行变换和初等列变

换统称为初等变换.

定义 7.11 若矩阵 $\boldsymbol{A}$ 经有限次初等变换变成矩阵 $\boldsymbol{B}$,则称 $\boldsymbol{A}$ 与 $\boldsymbol{B}$ 等价,记为 $\boldsymbol{A} \to \boldsymbol{B}$ 或 $\boldsymbol{A} \sim \boldsymbol{B}$.

下面讨论利用矩阵的初等变换化简矩阵的问题.

一般的,称满足下列条件的矩阵 $\boldsymbol{A}$ 为行阶梯形矩阵:

(1) 若 $\boldsymbol{A}$ 有零行,那么零行全部位于非零行的下方;

(2) 各个非零行的左起第一个非零元的列序数由上至下严格递增.

例如

$$\boldsymbol{A} = \begin{pmatrix} 1 & 2 & 3 & 1 & 0 & 0 \\ 0 & 0 & 1 & 0 & 1 & 2 \\ 0 & 0 & 0 & 0 & 0 & 0 \end{pmatrix}, \quad \boldsymbol{B} = \begin{pmatrix} 3 & 1 & 1 & 0 & 6 \\ 0 & 5 & 3 & 1 & 2 \\ 0 & 0 & 0 & 1 & 4 \\ 0 & 0 & 0 & 0 & 8 \\ 0 & 0 & 0 & 0 & 0 \end{pmatrix}$$

都是行阶梯形矩阵.为方便,也称零矩阵为行阶梯形矩阵.

【例 9】 利用矩阵的初等行变换,将

$$\boldsymbol{A} = \begin{pmatrix} 3 & 2 & 9 & 6 \\ -1 & -3 & 4 & -17 \\ 1 & 4 & -7 & 3 \\ -1 & -4 & 7 & -3 \end{pmatrix}$$

化成行阶梯形矩阵.

解

$$\boldsymbol{A} = \begin{pmatrix} 3 & 2 & 9 & 6 \\ -1 & -3 & 4 & -17 \\ 1 & 4 & -7 & 3 \\ -1 & -4 & 7 & -3 \end{pmatrix} \xrightarrow{r_1 \leftrightarrow r_3} \begin{pmatrix} 1 & 4 & -7 & 3 \\ -1 & -3 & 4 & -17 \\ 3 & 2 & 9 & 6 \\ -1 & -4 & 7 & -3 \end{pmatrix} \xrightarrow[r_4 + r_1]{\substack{r_2 + r_1 \\ r_3 - 3r_1}}$$

$$\begin{pmatrix} 1 & 4 & -7 & 3 \\ 0 & 1 & -3 & -14 \\ 0 & -10 & 30 & -3 \\ 0 & 0 & 0 & 0 \end{pmatrix} \xrightarrow{r_3 + 10r_2} \begin{pmatrix} 1 & 4 & -7 & 3 \\ 0 & 1 & -3 & -14 \\ 0 & 0 & 0 & -143 \\ 0 & 0 & 0 & 0 \end{pmatrix} = \boldsymbol{B}$$

这里的矩阵 $\boldsymbol{B}$ 即为行阶梯形矩阵.

对例 9 中的矩阵 $\boldsymbol{B} = \begin{pmatrix} 1 & 4 & -7 & 3 \\ 0 & 1 & -3 & -14 \\ 0 & 0 & 0 & -143 \\ 0 & 0 & 0 & 0 \end{pmatrix}$ 再作初等行变换

$$B \xrightarrow{-\frac{1}{143}\times r_3} \begin{pmatrix} 1 & 4 & -7 & 3 \\ 0 & 1 & -3 & -14 \\ 0 & 0 & 0 & 1 \\ 0 & 0 & 0 & 0 \end{pmatrix} \xrightarrow[r_1-3r_3]{r_2+14r_3}$$

$$\begin{pmatrix} 1 & 4 & -7 & 0 \\ 0 & 1 & -3 & 0 \\ 0 & 0 & 0 & 1 \\ 0 & 0 & 0 & 0 \end{pmatrix} \xrightarrow{r_1-4r_2} \begin{pmatrix} 1 & 0 & 5 & 0 \\ 0 & 1 & -3 & 0 \\ 0 & 0 & 0 & 1 \\ 0 & 0 & 0 & 0 \end{pmatrix} = C$$

称这种特殊形状的行阶梯形矩阵 C 为行最简形矩阵.

一般的,称满足下列条件的行阶梯形矩阵 A 为行最简形矩阵:

(1)A 是行阶梯形矩阵;

(2)A 的非零行的首个非零元都是 1,并且这些 1 分别是它们所在列的唯一非零元.

如果对上述矩阵 $C = \begin{pmatrix} 1 & 0 & 5 & 0 \\ 0 & 1 & -3 & 0 \\ 0 & 0 & 0 & 1 \\ 0 & 0 & 0 & 0 \end{pmatrix}$再作初等列变换

$$C \xrightarrow[c_3+3c_2]{c_3-5c_1} \begin{pmatrix} 1 & 0 & 0 & 0 \\ 0 & 1 & 0 & 0 \\ 0 & 0 & 0 & 1 \\ 0 & 0 & 0 & 0 \end{pmatrix} \xrightarrow{c_3 \leftrightarrow c_4} \begin{pmatrix} 1 & 0 & 0 & 0 \\ 0 & 1 & 0 & 0 \\ 0 & 0 & 1 & 0 \\ 0 & 0 & 0 & 0 \end{pmatrix} = D$$

这里的矩阵 D 称为原矩阵A 的标准形.一般的,矩阵 A 的标准形D 具有如下特点:D 的左上角是一个单位矩阵,其余元素全为 0.可以证明:

定理7.5　任意一个 $m \times n$ 矩阵A 经过有限次初等变换,可以化为下列标准形矩阵

$$\underbrace{\begin{pmatrix} 1 & & & & & \\ & \ddots & & & & \\ & & 1 & & & \\ & & & 0 & & \\ & & & & \ddots & \\ & & & & & 0 \end{pmatrix}}_{n\text{ 列}} m\text{ 行} = \begin{pmatrix} E_r & 0_{r\times(n-r)} \\ 0_{(m-r)\times r} & 0_{(m-r)\times(n-r)} \end{pmatrix}$$

证明从略.

推论　n 阶可逆方阵 A 可以经过有限次初等变换化为 n 阶单位矩阵 E,即 $A \to E$.

综上所述,我们得到如下结论:

性质 1　任一矩阵 $\boldsymbol{A}$ 都可经初等行变换化成行阶梯形矩阵.

性质 2　任一矩阵 $\boldsymbol{A}$ 都可经初等行变换化成行最简形.

性质 3　任一矩阵 $\boldsymbol{A}$ 都可经初等变换化成标准形.

【例 10】　将矩阵

$$\boldsymbol{A}=\begin{pmatrix}2&1&2&3\\4&1&3&5\\2&0&1&2\end{pmatrix}$$

化为标准形.

解　
$$\boldsymbol{A}=\begin{pmatrix}2&1&2&3\\4&1&3&5\\2&0&1&2\end{pmatrix}\xrightarrow[r_3-r_1]{r_2-2r_1}\begin{pmatrix}2&1&2&3\\0&-1&-1&-1\\0&-1&-1&-1\end{pmatrix}\xrightarrow[c_4-\frac{3}{2}c_1]{c_2-\frac{1}{2}c_1,\ c_3-c_1}$$
$$\begin{pmatrix}2&0&0&0\\0&-1&-1&-1\\0&-1&-1&-1\end{pmatrix}\xrightarrow{\frac{1}{2}\times c_1}\begin{pmatrix}1&0&0&0\\0&-1&-1&-1\\0&0&0&0\end{pmatrix}\xrightarrow[c_4-c_2]{c_3-c_2}$$
$$\begin{pmatrix}1&0&0&0\\0&-1&0&0\\0&0&0&0\end{pmatrix}\xrightarrow{(-1)\times c_2}\begin{pmatrix}1&0&0&0\\0&1&0&0\\0&0&0&0\end{pmatrix}$$

定义 7.12　由单位矩阵 $\boldsymbol{E}$ 经过一次初等变换而得到的矩阵称为初等矩阵.

初等矩阵有下列三种:

(1) 把单位矩阵中第 i,j 两行(列)互换,得到初等矩阵

$$\boldsymbol{E}(i,j)=\begin{pmatrix}1&&&&&&\\&\ddots&&&&&\\&&0&\cdots&1&&\\&&\vdots&\ddots&\vdots&&\\&&1&\cdots&0&&\\&&&&&\ddots&\\&&&&&&1\end{pmatrix}$$

(2) 以数 $k\neq0$ 乘以单位矩阵的某行(列),得到初等矩阵

$$\boldsymbol{E}(i(k))=\begin{pmatrix}1&&&&\\&\ddots&&&\\&&k&&\\&&&\ddots&\\&&&&1\end{pmatrix}$$

(3) 以数 k 乘以单位矩阵的某一行(列)加到另一行(列),得到初等矩阵

$$E(i,j(k)) = \begin{pmatrix} 1 & & & & & & \\ & \ddots & & & & & \\ & & 1 & \cdots & k & & \\ & & & \ddots & \vdots & & \\ & & & & 1 & & \\ & & & & & \ddots & \\ & & & & & & 1 \end{pmatrix}$$

初等矩阵满足下面的性质:

(1) 初等矩阵都是可逆矩阵,并且初等矩阵的逆矩阵还是初等矩阵;

(2) 初等矩阵的转置矩阵还是初等矩阵;

(3) 设 $\boldsymbol{A}$ 是一个 $m \times n$ 矩阵,对 $\boldsymbol{A}$ 施行一次初等行变换,其结果等于用一个相应的初等矩阵在左边乘以 $\boldsymbol{A}$;对 $\boldsymbol{A}$ 施行一次初等列变换,其结果等于用一个相应的初等矩阵在右边乘以 $\boldsymbol{A}$.

例如,设矩阵 $\boldsymbol{A} = \begin{pmatrix} 3 & 0 & 1 \\ 1 & -1 & 2 \\ 0 & 1 & 1 \end{pmatrix}$,则

$$\boldsymbol{E}(1,2)\boldsymbol{A} = \begin{pmatrix} 0 & 1 & 0 \\ 1 & 0 & 0 \\ 0 & 0 & 1 \end{pmatrix}\begin{pmatrix} 3 & 0 & 1 \\ 1 & -1 & 2 \\ 0 & 1 & 1 \end{pmatrix} = \begin{pmatrix} 1 & -1 & 2 \\ 3 & 0 & 1 \\ 0 & 1 & 1 \end{pmatrix}$$

即用 $\boldsymbol{E}(1,2)$ 左乘 $\boldsymbol{A}$,相当于交换矩阵 $\boldsymbol{A}$ 的第1行和第2行.

如果 $\boldsymbol{A}$ 可逆,则 $\boldsymbol{A}$ 可以经过有限次初等行变换化为单位矩阵 $\boldsymbol{E}$,即存在初等矩阵 $\boldsymbol{P}_1,\boldsymbol{P}_2,\cdots,\boldsymbol{P}_s$,使得

$$\boldsymbol{P}_s\cdots\boldsymbol{P}_2\boldsymbol{P}_1\boldsymbol{A} = \boldsymbol{E} \tag{7.19}$$

在上式两边右乘矩阵 $\boldsymbol{A}^{-1}$,得

$$\boldsymbol{P}_s\cdots\boldsymbol{P}_2\boldsymbol{P}_1\boldsymbol{A}\boldsymbol{A}^{-1} = \boldsymbol{E}\boldsymbol{A}^{-1} = \boldsymbol{A}^{-1}$$

即

$$\boldsymbol{A}^{-1} = \boldsymbol{P}_s\cdots\boldsymbol{P}_2\boldsymbol{P}_1\boldsymbol{E} \tag{7.20}$$

式(7.19)和(7.20)表明,若经过一系列初等行变换可将 $\boldsymbol{A}$ 变成 $\boldsymbol{E}$,则施行同样的一系列初等行变换将把 $\boldsymbol{E}$ 变成 $\boldsymbol{A}^{-1}$.于是,对 $n \times 2n$ 矩阵 $(\boldsymbol{A}\ \boldsymbol{E})$(它是在 $\boldsymbol{A}$ 的右边添写一个 n 阶单位阵)施行初等行变换,当其中的矩阵 $\boldsymbol{A}$ 化为单位矩阵 $\boldsymbol{E}$ 时,$\boldsymbol{E}$ 就化成了 $\boldsymbol{A}^{-1}$.这就是求逆矩阵的初等变换法.

【例11】　设

$$\boldsymbol{A} = \begin{pmatrix} 2 & 5 \\ 1 & 3 \end{pmatrix}$$

试用初等变换法求 $\boldsymbol{A}^{-1}$.

解　$(\boldsymbol{A}\ \boldsymbol{E})=\begin{pmatrix}2&5&1&0\\1&3&0&1\end{pmatrix}\xrightarrow{r_1\leftrightarrow r_2}\begin{pmatrix}1&3&0&1\\2&5&1&0\end{pmatrix}\xrightarrow{r_2-2r_1}$

$$\begin{pmatrix}1&3&0&1\\0&-1&1&-2\end{pmatrix}\xrightarrow{r_1+3r_2}\begin{pmatrix}1&0&3&-5\\0&-1&1&-2\end{pmatrix}\xrightarrow{-r_2}$$

$$\begin{pmatrix}1&0&3&-5\\0&1&-1&2\end{pmatrix}$$

所以

$$\boldsymbol{A}^{-1}=\begin{pmatrix}3&-5\\-1&2\end{pmatrix}$$

【例 12】　设

$$\boldsymbol{A}=\begin{pmatrix}1&2&3\\2&1&2\\1&3&4\end{pmatrix}$$

用初等变换法求 $\boldsymbol{A}^{-1}$.

解　$(\boldsymbol{A}\ \boldsymbol{E})=\begin{pmatrix}1&2&3&1&0&0\\2&1&2&0&1&0\\1&3&4&0&0&1\end{pmatrix}\xrightarrow[r_3-r_1]{r_2-2r_1}$

$$\begin{pmatrix}1&2&3&1&0&0\\0&-3&-4&-2&1&0\\0&1&1&-1&0&1\end{pmatrix}\xrightarrow{r_2\leftrightarrow r_3}$$

$$\begin{pmatrix}1&2&3&1&0&0\\0&1&1&-1&0&1\\0&-3&-4&-2&1&0\end{pmatrix}\xrightarrow{r_3+3r_2}$$

$$\begin{pmatrix}1&2&3&1&0&0\\0&1&1&-1&0&1\\0&0&-1&-5&1&3\end{pmatrix}\xrightarrow[(-1)\times r_3]{r_1+3r_3,\ r_2+r_3}$$

$$\begin{pmatrix}1&2&0&-14&3&9\\0&1&0&-6&1&4\\0&0&1&5&-1&-3\end{pmatrix}\xrightarrow{r_1-2r_2}$$

$$\begin{pmatrix}1&0&0&-2&1&1\\0&1&0&-6&1&4\\0&0&1&5&-1&-3\end{pmatrix}$$

所以

$$A^{-1}=\begin{pmatrix}-2&1&1\\-6&1&4\\5&-1&-3\end{pmatrix}$$

7.2.5　矩阵的秩

矩阵的秩的概念是讨论线性方程组的解的存在性等问题的重要工具.

将矩阵 $\boldsymbol{A}$ 的某些行和某些列划去(可以只划某些行或某些列),剩下的元素按原来的顺序构成的新矩阵叫矩阵 $\boldsymbol{A}$ 的子矩阵. 为方便起见,把 $\boldsymbol{A}$ 也看做它自身的子矩阵.

例如,设 $\boldsymbol{A}=\begin{pmatrix}-2&1&1\\7&0&4\\2&-1&3\end{pmatrix}$,则$(2)$,$(-2\quad 1\quad 1)$,$\begin{pmatrix}-2&1\\7&0\end{pmatrix}$等都是 $\boldsymbol{A}$ 的子矩阵.

称 $\boldsymbol{A}$ 的 k 阶子方阵的行列式为 $\boldsymbol{A}$ 的 k 阶子式.

上例中,$\begin{vmatrix}-2&1\\7&0\end{vmatrix}$是 $\boldsymbol{A}=\begin{pmatrix}-2&1&1\\7&0&4\\2&-1&3\end{pmatrix}$的一个二阶子式.

定义 7.13　若 $m\times n$ 矩阵 $\boldsymbol{A}$ 中有一个 r 阶子式不为零,并且所有的 $r+1$ 阶子式全为零,则称 r 为矩阵 $\boldsymbol{A}$ 的秩. 矩阵 $\boldsymbol{A}$ 的秩记为 $R(\boldsymbol{A})$.

规定零矩阵的秩等于零.

【例 13】　求矩阵

$$\boldsymbol{A}=\begin{pmatrix}1&1&0&0\\1&0&1&1\\2&-1&3&3\end{pmatrix}$$

的秩.

解　存在一个 $\boldsymbol{A}$ 的 2 阶子式 $\begin{vmatrix}1&0\\0&1\end{vmatrix}=1\neq 0$,而 $\boldsymbol{A}$ 的所有三阶子式

$$\begin{vmatrix}1&1&0\\1&0&1\\2&-1&3\end{vmatrix}=0,\quad \begin{vmatrix}1&1&0\\1&0&1\\2&-1&3\end{vmatrix}=0,\quad \begin{vmatrix}1&0&0\\1&1&1\\2&3&3\end{vmatrix}=0,\quad \begin{vmatrix}1&0&0\\0&1&1\\-1&3&3\end{vmatrix}=0$$

所以 $R(\boldsymbol{A})=2$.

特别地,若 n 阶方阵 $\boldsymbol{A}$ 的行列式 $|\boldsymbol{A}|\neq 0$,则 $R(\boldsymbol{A})=n$;反之,当 n 阶方阵 $\boldsymbol{A}$ 的秩 $R(\boldsymbol{A})=n$,则 $|\boldsymbol{A}|\neq 0$. 因此,n 阶方阵可逆的充分必要条件是 $R(\boldsymbol{A})=n$.

显然,若 $\boldsymbol{A}$ 是 $m\times n$ 矩阵,则

(1)$0\leqslant R(\boldsymbol{A})\leqslant \min\{m,n\}$;

(2) $R(\boldsymbol{A}^{\mathrm{T}}) = R(\boldsymbol{A})$.

当 $R(\boldsymbol{A}) = \min\{m, n\}$ 时,称矩阵 $\boldsymbol{A}$ 为满秩矩阵,否则称为降秩矩阵.

例如,$\boldsymbol{A} = \begin{pmatrix} 1 & 2 & 3 & 4 \\ 0 & 1 & 1 & 1 \\ 0 & 0 & 1 & 3 \end{pmatrix}$,$0 \leqslant R(\boldsymbol{A}) \leqslant 3$,而 $\begin{vmatrix} 1 & 2 & 3 \\ 0 & 1 & 1 \\ 0 & 0 & 1 \end{vmatrix} \neq 0$,故 $R(\boldsymbol{A}) = 3$,$\boldsymbol{A}$ 为满秩矩阵.

定理 7.6 矩阵经初等变换后,其秩不变.

证明从略.

利用定理 7.6 可以简化求秩 $R(\boldsymbol{A})$ 的计算.由矩阵秩的定义不难看出,行阶梯形矩阵的秩等于其非零行的个数,例如

$$R\begin{pmatrix} 2 & 1 & 3 & 0 \\ 0 & 0 & 0 & 1 \\ 0 & 0 & 0 & 0 \end{pmatrix} = 2, \quad R\begin{pmatrix} 1 & 1 & 2 & 2 & 1 \\ 0 & 2 & 1 & 5 & -1 \\ 0 & 0 & -2 & 2 & -2 \\ 0 & 0 & 0 & 0 & 0 \end{pmatrix} = 3$$

这样,求矩阵 $\boldsymbol{A}$ 的秩时,只需将 $\boldsymbol{A}$ 经初等行变换化成行阶梯形矩阵,其非零行的个数就是 $\boldsymbol{A}$ 的秩.

【例 14】 设 $\boldsymbol{A} = \begin{pmatrix} 2 & -1 & 3 & 1 \\ 4 & -2 & 5 & 4 \\ 2 & -1 & 4 & -1 \end{pmatrix}$,求 $R(\boldsymbol{A})$.

解

$$\boldsymbol{A} \xrightarrow[r_3 - r_1]{r_2 - 2r_1} \begin{pmatrix} 2 & -1 & 3 & 1 \\ 0 & 0 & -1 & 2 \\ 0 & 0 & 1 & -2 \end{pmatrix} \xrightarrow{r_3 + r_2} \begin{pmatrix} 2 & -1 & 3 & 1 \\ 0 & 0 & -1 & 2 \\ 0 & 0 & 0 & 0 \end{pmatrix}$$

故

$$R(\boldsymbol{A}) = 2$$

【例 15】 求矩阵

$$\boldsymbol{A} = \begin{pmatrix} 1 & 1 & 2 & 2 & 1 \\ 0 & 2 & 1 & 5 & -1 \\ 2 & 0 & 3 & -1 & 3 \\ 1 & 1 & 0 & 4 & -1 \end{pmatrix}$$

的秩.

解

$$\boldsymbol{A} \xrightarrow[r_4 - r_1]{r_3 - 2r_1} \begin{pmatrix} 1 & 1 & 2 & 2 & 1 \\ 0 & 2 & 1 & 5 & -1 \\ 0 & -2 & -1 & -5 & 1 \\ 0 & 0 & -2 & 2 & -2 \end{pmatrix} \xrightarrow{r_3 + r_2} \begin{pmatrix} 1 & 1 & 2 & 2 & 1 \\ 0 & 2 & 1 & 5 & -1 \\ 0 & 0 & 0 & 0 & 0 \\ 0 & 0 & -2 & 2 & -2 \end{pmatrix} \xrightarrow{r_3 \leftrightarrow r_4}$$

$$\begin{pmatrix} 1 & 1 & 2 & 2 & 1 \\ 0 & 2 & 1 & 5 & -1 \\ 0 & 0 & -2 & 2 & -2 \\ 0 & 0 & 0 & 0 & 0 \end{pmatrix}$$

故

$$R(\boldsymbol{A}) = 3$$

习题 7.2

1. 计算矩阵：

(1) $\begin{pmatrix} 1 & 6 & 4 \\ -4 & 2 & 5 \end{pmatrix} + \begin{pmatrix} -2 & 0 & 1 \\ 2 & -3 & 4 \end{pmatrix}$；　(2) $3\begin{pmatrix} 1 & 2 \\ 0 & 1 \end{pmatrix} - 2\begin{pmatrix} 5 & 1 \\ -2 & 3 \end{pmatrix}$；

(3) $\begin{pmatrix} 1 & 1 \\ 0 & 1 \end{pmatrix}\begin{pmatrix} 3 & 1 \\ 4 & 2 \end{pmatrix}$；　(4) $\begin{pmatrix} 1 & 2 & 3 \\ -2 & 1 & 2 \end{pmatrix}\begin{pmatrix} 1 & 2 & 0 \\ 0 & 1 & 1 \\ 3 & 0 & -1 \end{pmatrix}$；

(5) $\begin{pmatrix} 3 \\ 2 \\ 1 \end{pmatrix}\begin{pmatrix} 1 & 2 & 3 \end{pmatrix}$；　(6) $\begin{pmatrix} x_1 & x_2 & x_3 \end{pmatrix}\begin{pmatrix} a_{11} & a_{12} & a_{13} \\ a_{21} & a_{22} & a_{23} \\ a_{31} & a_{32} & a_{33} \end{pmatrix}\begin{pmatrix} x_1 \\ x_2 \\ x_3 \end{pmatrix}$；

(7) $\begin{pmatrix} 1 & 0 \\ \lambda & 1 \end{pmatrix}^3$；　(8) $\begin{pmatrix} a & 0 & 0 \\ 0 & b & 0 \\ 0 & 0 & c \end{pmatrix}^n$；

(9) $\begin{pmatrix} 1 \\ 2 \\ 3 \end{pmatrix}^{\mathrm{T}}$；　(10) $\begin{pmatrix} -1 & 2 & 2 \\ 2 & 2 & 5 \end{pmatrix}^{\mathrm{T}}$.

2. 设 $\boldsymbol{A} = \begin{pmatrix} x & 0 \\ 7 & y \end{pmatrix}, \boldsymbol{B} = \begin{pmatrix} u & v \\ y & 2 \end{pmatrix}, \boldsymbol{C} = \begin{pmatrix} 3 & -4 \\ x & v \end{pmatrix}$，而且 $\boldsymbol{A} + 2\boldsymbol{B} - \boldsymbol{C} = 0$，求 x, y, u, v.

3. 设 $\boldsymbol{A} = \begin{pmatrix} 1 & 1 & 1 \\ 1 & 1 & -1 \\ 1 & -1 & 1 \end{pmatrix}, \boldsymbol{B} = \begin{pmatrix} 1 & 2 & 3 \\ -1 & -2 & 4 \\ 0 & 5 & 1 \end{pmatrix}$，求 $3\boldsymbol{AB} - 2\boldsymbol{A}$ 及 $\boldsymbol{A}^{\mathrm{T}}\boldsymbol{B}$.

4. 判定下列矩阵是否可逆，如可逆，用伴随矩阵法求出逆矩阵：

(1) $\begin{pmatrix} 1 & 2 \\ 2 & 4 \end{pmatrix}$；　(2) $\begin{pmatrix} a & b \\ c & d \end{pmatrix}(ad - bc \neq 0)$；

(3) $\begin{pmatrix} 2 & 0 & 3 \\ 1 & -1 & 1 \\ 0 & 1 & -2 \end{pmatrix}$；　(4) $\begin{pmatrix} 1 & 1 & 1 \\ 2 & 5 & 2 \\ 2 & 1 & 2 \end{pmatrix}$；

(5) $\begin{pmatrix} 1 & 2 & 3 & 4 \\ 0 & 1 & 2 & 3 \\ 0 & 0 & 1 & 2 \\ 0 & 0 & 0 & 1 \end{pmatrix}$.

5. 用初等变换法求下列矩阵的逆矩阵：

(1) $\begin{pmatrix} 0 & 1 & 2 \\ 1 & 1 & 4 \\ 2 & -1 & 0 \end{pmatrix}$；　　(2) $\begin{pmatrix} 3 & 2 & 1 \\ 3 & 1 & 5 \\ 3 & 2 & 3 \end{pmatrix}$；

(3) $\begin{pmatrix} 3 & -2 & 0 & -1 \\ 0 & 2 & 2 & 1 \\ 1 & -2 & -3 & -2 \\ 0 & 1 & 2 & 1 \end{pmatrix}$.

6. 利用逆矩阵解下列矩阵方程：

(1) $\boldsymbol{X}\begin{pmatrix} 2 & 5 \\ 1 & 3 \end{pmatrix} = \begin{pmatrix} 4 & -6 \\ 2 & 1 \end{pmatrix}$；　　(2) $\begin{pmatrix} 1 & 4 \\ -1 & 2 \end{pmatrix}\boldsymbol{X}\begin{pmatrix} 2 & 0 \\ -1 & 1 \end{pmatrix} = \begin{pmatrix} 3 & 1 \\ 0 & -1 \end{pmatrix}$.

7. 用初等变换将下列矩阵化为标准形.

(1) $\begin{pmatrix} 1 & -1 \\ 3 & 2 \end{pmatrix}$；　　(2) $\begin{pmatrix} 1 & -1 & 2 \\ 3 & 2 & 1 \\ 1 & -2 & 0 \end{pmatrix}$；

(3) $\begin{pmatrix} 1 & 0 & 2 & -1 \\ 2 & 0 & 3 & 1 \\ 3 & 0 & 4 & -3 \end{pmatrix}$；　　(4) $\begin{pmatrix} 2 & 3 & 1 & -3 & -7 \\ 1 & 2 & 0 & -2 & -4 \\ 3 & -2 & 8 & 3 & 0 \\ 2 & -3 & 7 & 4 & 3 \end{pmatrix}$.

8. 求下列矩阵的秩.

(1) $\begin{pmatrix} 1 & -2 & 0 \\ -2 & 4 & 1 \\ 3 & -6 & 3 \end{pmatrix}$；　　(2) $\begin{pmatrix} 3 & 2 & 3 & -5 \\ 1 & -2 & 2 & 3 \\ 2 & 10 & 4 & -7 \end{pmatrix}$；

(3) $\begin{pmatrix} 3 & 2 & -1 & -3 & -1 \\ 2 & -1 & 3 & 1 & -3 \\ 7 & 0 & 5 & -1 & -7 \end{pmatrix}$；　　(4) $\begin{pmatrix} 2 & 1 & 8 & 3 & 7 \\ 2 & -3 & 0 & 7 & -5 \\ 3 & -2 & 5 & 8 & 0 \\ 1 & 0 & 3 & 2 & 0 \end{pmatrix}$.

9. 讨论矩阵 $\boldsymbol{A} = \begin{pmatrix} 1 & 1 & 1 & 1 \\ 0 & 1 & -1 & b \\ 2 & 3 & a & 4 \\ 3 & 5 & 1 & 7 \end{pmatrix}$ 的秩.

7.3　向　量

为了进一步研究线性方程组的有解性和工程技术实际问题以及理论的需要，我们在本节研究向量的概念及其线性关系.

7.3.1　n 维向量的定义及线性运算

定义 7.14　n 个数 $a_1, a_2, \cdots, a_n$ 组成的有序数组

$$\boldsymbol{\alpha} = (a_1, a_2, \cdots, a_n)$$

或

$$\boldsymbol{\alpha} = \begin{pmatrix} a_1 \\ a_2 \\ \vdots \\ a_n \end{pmatrix}$$

称为 n 维向量.前一个表达式称为行向量，后一个表达式称为列向量，$a_i(i = 1, 2, \cdots, n)$ 称为 $\boldsymbol{\alpha}$ 的第 i 个分量(坐标).

为方便，以后用 $\boldsymbol{\alpha}, \boldsymbol{\beta}, \boldsymbol{\gamma}$ 等表示 n 维向量，而向量的分量用带下脚标的小写英文字母表示.

一个 n 维行向量可以看成一个 $1 \times n$ 矩阵，而 n 维列向量可以看成一个 $n \times 1$ 矩阵.

设 $\boldsymbol{\alpha} = (a_1, a_2, \cdots, a_n)$，$\boldsymbol{\beta} = (b_1, b_2, \cdots, b_n)$ 都是 n 维向量，当且仅当 $a_i = b_i(i = 1, 2, .\cdots, n)$ 时，称向量 $\boldsymbol{\alpha}$ 与 $\boldsymbol{\beta}$ 相等，记作 $\boldsymbol{\alpha} = \boldsymbol{\beta}$.

分量都是 0 的向量叫零向量，记作 $\mathbf{0} = (0, 0, \cdots, 0)$.

称向量$(-a_1, -a_2, \cdots, -a_n)$为 $\boldsymbol{\alpha} = (a_1, a_2, \cdots, a_n)$的负向量，记为 $-\boldsymbol{\alpha}$.

定义 7.15　设 $\boldsymbol{\alpha} = (a_1, a_2, \cdots, a_n)$，$\boldsymbol{\beta} = (b_1, b_2, \cdots, b_n)$ 都是 n 维向量，那么向量$(a_1 + b_1, a_2 + b_2, \cdots, a_n + b_n)$叫向量 $\boldsymbol{\alpha}$ 与 $\boldsymbol{\beta}$ 的和，记作 $\boldsymbol{\alpha} + \boldsymbol{\beta}$，即

$$\boldsymbol{\alpha} + \boldsymbol{\beta} = (a_1 + b_1, a_2 + b_2, \cdots, a_n + b_n)$$

向量$(a_1 - b_1, a_2 - b_2, \cdots, a_n - b_n)$称为向量 $\boldsymbol{\alpha}$ 与 $\boldsymbol{\beta}$ 的差，记作 $\boldsymbol{\alpha} - \boldsymbol{\beta}$，即

$$\boldsymbol{\alpha} - \boldsymbol{\beta} = (a_1 - b_1, a_2 - b_2, \cdots, a_n - b_n)$$

定义 7.16　设 $\boldsymbol{\alpha} = (a_1, a_2, \cdots, a_n)$ 是一个 n 维向量，k 为一数，那么向量$(ka_1, ka_2, \cdots, ka_n)$称为 k 与向量 $\boldsymbol{\alpha}$ 的乘积，记作 $k\boldsymbol{\alpha}$，即

$$k\boldsymbol{\alpha} = (ka_1, ka_2, \cdots, ka_n)$$

例如，设 $\boldsymbol{\alpha} = (1, 2, 3)$，$\boldsymbol{\beta} = (-2, 0, 4)$，则

$$\boldsymbol{\alpha} + \boldsymbol{\beta} = (1 - 2, 2 + 0, 3 + 4) = (-1, 2, 7)$$

$$\boldsymbol{\alpha}-\boldsymbol{\beta}=(1+2,2-0,3-4)=(3,2,-1)$$

$$3\boldsymbol{\alpha}=(3\times 1,3\times 2,3\times 3)=(3,6,9)$$

向量的加法、减法与数乘统称为向量的线性运算. n 维向量的线性运算满足如下八条运算律:

对任意 n 维向量 $\boldsymbol{\alpha},\boldsymbol{\beta},\boldsymbol{\gamma}$ 和数 k,l,有

(1) $\boldsymbol{\alpha}+\boldsymbol{\beta}=\boldsymbol{\beta}+\boldsymbol{\alpha}$;

(2) $(\boldsymbol{\alpha}+\boldsymbol{\beta})+\boldsymbol{\gamma}=\boldsymbol{\alpha}+(\boldsymbol{\beta}+\boldsymbol{\gamma})$;

(3) $\boldsymbol{\alpha}+\boldsymbol{0}=\boldsymbol{\alpha}$;

(4) $\boldsymbol{\alpha}+(-\boldsymbol{\alpha})=\boldsymbol{0}$;

(5) $1\boldsymbol{\alpha}=\boldsymbol{\alpha},(-1)\boldsymbol{\alpha}=-\boldsymbol{\alpha},0\boldsymbol{\alpha}=\boldsymbol{0}$;

(6) $k(l\boldsymbol{\alpha})=(kl)\boldsymbol{\alpha}$;

(7) $k(\boldsymbol{\alpha}+\boldsymbol{\beta})=k\boldsymbol{\alpha}+k\boldsymbol{\beta}$;

(8) $(k+l)\boldsymbol{\alpha}=k\boldsymbol{\alpha}+l\boldsymbol{\alpha}$.

7.3.2 线性相关性

定义 7.17 设 $\boldsymbol{\alpha}_1,\boldsymbol{\alpha}_2,\cdots,\boldsymbol{\alpha}_m,\boldsymbol{\beta}$ 是 $m+1$ 个 n 维向量,若存在一组实数 $k_1,k_2,\cdots,k_m$,使得

$$\boldsymbol{\beta}=k_1\boldsymbol{\alpha}_1+k_2\boldsymbol{\alpha}_2+\cdots+k_m\boldsymbol{\alpha}_m$$

则称 $\boldsymbol{\beta}$ 是 $\boldsymbol{\alpha}_1,\boldsymbol{\alpha}_2,\cdots,\boldsymbol{\alpha}_m$ 的线性组合或说 $\boldsymbol{\beta}$ 可由 $\boldsymbol{\alpha}_1,\boldsymbol{\alpha}_2,\cdots,\boldsymbol{\alpha}_m$ 线性表示(线性表出). 此时称 $k_1,k_2,\cdots,k_m$ 为组合系数或表示系数.

例如,设 $\boldsymbol{\alpha}_1=(1,0,0),\boldsymbol{\alpha}_2=(0,1,0),\boldsymbol{\alpha}_3=(0,0,1),\boldsymbol{\beta}=(1,3,4)$,则

$$\boldsymbol{\beta}=\boldsymbol{\alpha}_1+3\boldsymbol{\alpha}_2+4\boldsymbol{\alpha}_3$$

即 $\boldsymbol{\beta}$ 可由 $\boldsymbol{\alpha}_1,\boldsymbol{\alpha}_2,\boldsymbol{\alpha}_3$ 线性表示.

显然,n 维向量 $\boldsymbol{0}$ 可由任何一个 n 维向量组 $\boldsymbol{\alpha}_1,\boldsymbol{\alpha}_2,\cdots,\boldsymbol{\alpha}_m$ 线性表示. 事实上

$$\boldsymbol{0}=0\boldsymbol{\alpha}_1+0\boldsymbol{\alpha}_2+\cdots+0\boldsymbol{\alpha}_m$$

这里的表示系数全是零. 如果限定表示系数不全为零,有些向量组就不能表示 n 维零向量了. 因此,存在不全为零的系数表示 n 维零向量是某些 n 维向量组特有的属性. 我们利用这个性质定义向量组的相关性.

定义 7.18 对于向量组 $\boldsymbol{\alpha}_1,\boldsymbol{\alpha}_2,\cdots,\boldsymbol{\alpha}_m$,如果存在不全为 0 的数 $k_1,k_2,\cdots,k_m$,使得

$$k_1\boldsymbol{\alpha}_1+k_2\boldsymbol{\alpha}_2+\cdots+k_m\boldsymbol{\alpha}_m=\boldsymbol{0}$$

则称向量组 $\boldsymbol{\alpha}_1,\boldsymbol{\alpha}_2,\cdots,\boldsymbol{\alpha}_m$ 线性相关,否则称向量组 $\boldsymbol{\alpha}_1,\boldsymbol{\alpha}_2,\cdots,\boldsymbol{\alpha}_m$ 线性无关.

例如,在前面的例子中,因为 $\boldsymbol{\beta}=\boldsymbol{\alpha}_1+3\boldsymbol{\alpha}_2+4\boldsymbol{\alpha}_3$,所以 $\boldsymbol{\alpha}_1+3\boldsymbol{\alpha}_2+4\boldsymbol{\alpha}_3-\boldsymbol{\beta}=\boldsymbol{0}$,因而 $\boldsymbol{\alpha}_1,\boldsymbol{\alpha}_2,\boldsymbol{\alpha}_3,\boldsymbol{\beta}$ 线性相关.

【例1】 讨论 n 维向量组 $\boldsymbol{\alpha}_1=(1,0,0,\cdots,0),\boldsymbol{\alpha}_2=(0,1,0,\cdots,0),\cdots,\boldsymbol{\alpha}_n=(0,0,\cdots,0,1)$ 的线性相关性.

解 设有一组数 $k_1,k_2,\cdots,k_n$,使得

$$k_1\boldsymbol{\alpha}_1+k_2\boldsymbol{\alpha}_2+\cdots+k_n\boldsymbol{\alpha}_n=\mathbf{0}$$

则

$$(k_1,k_2,\cdots,k_n)=(0,0,\cdots,0)$$

于是 $k_1=k_2=\cdots=k_n=0$,从而 $\boldsymbol{\alpha}_1,\boldsymbol{\alpha}_2,\cdots,\boldsymbol{\alpha}_n$ 线性无关.

按矩阵记号,列向量 $\boldsymbol{\alpha}=\begin{pmatrix}a_1\\a_2\\\vdots\\a_n\end{pmatrix}$ 的转置 $\boldsymbol{\alpha}^{\mathrm{T}}=(a_1,a_2,\cdots,a_n)$ 就是行向量.因此,对于列向量得到的结论,经过适当改造,可以自然地成为关于行向量的结论,反之亦然.

向量组

$$\boldsymbol{\alpha}_1=\begin{pmatrix}a_{11}\\a_{21}\\\vdots\\a_{n1}\end{pmatrix},\boldsymbol{\alpha}_2=\begin{pmatrix}a_{12}\\a_{22}\\\vdots\\a_{n2}\end{pmatrix},\cdots,\boldsymbol{\alpha}_m=\begin{pmatrix}a_{1m}\\a_{2m}\\\vdots\\a_{nm}\end{pmatrix}\tag{7.21}$$

可以构成矩阵

$$\boldsymbol{A}=(\boldsymbol{\alpha}_1,\boldsymbol{\alpha}_2,\cdots,\boldsymbol{\alpha}_m)=\begin{pmatrix}a_{11}&a_{12}&\cdots&a_{1m}\\a_{21}&a_{22}&\cdots&a_{2m}\\\vdots&\vdots&&\vdots\\a_{n1}&a_2&\cdots&a_{nm}\end{pmatrix}$$

称 $\boldsymbol{A}$ 为向量组(7.21)对应的矩阵,所以一个含有有限个向量的列向量组,总可以看成由一个矩阵的全体列向量所构成.

下面给出向量组线性相关或无关的一些性质,这些也可用于判断一个向量组向量的线性相关性.

性质1 包含零向量的向量组必线性相关.

性质2 单个向量 $\boldsymbol{\alpha}$ 组成的向量组线性无关的充分必要条件是 $\boldsymbol{\alpha}\neq\mathbf{0}$.

性质3 n 维向量组 $\boldsymbol{\alpha}_1,\boldsymbol{\alpha}_2,\cdots,\boldsymbol{\alpha}_m(m\geqslant 2)$ 线性相关的充分必要条件是其中至少有一个向量是其余 $m-1$ 个向量的线性表示.

证明 (必要性)设 $\boldsymbol{\alpha}_1,\boldsymbol{\alpha}_2,\cdots,\boldsymbol{\alpha}_m$ 线性相关,则有不全为0的 $k_1,k_2,\cdots,k_m$ 使得

$$k_1\boldsymbol{\alpha}_1+k_2\boldsymbol{\alpha}_2+\cdots+k_m\boldsymbol{\alpha}_m=\mathbf{0}$$

不妨设 $k_1 \neq 0$,于是由上式得

$$\boldsymbol{\alpha}_1 = -\frac{k_2}{k_1}\boldsymbol{\alpha}_2 - \cdots - \frac{k_m}{k_1}\boldsymbol{\alpha}_m$$

即 $\boldsymbol{\alpha}_1$ 是 $\boldsymbol{\alpha}_2,\boldsymbol{\alpha}_3,\cdots,\boldsymbol{\alpha}_m$ 的线性表示.

(充分性) 设 $\boldsymbol{\alpha}_i$ 是 $\boldsymbol{\alpha}_1,\boldsymbol{\alpha}_2,\cdots,\boldsymbol{\alpha}_{i-1},\boldsymbol{\alpha}_{i+1},\cdots,\boldsymbol{\alpha}_m$ 的线性表示,则存在一组数 $k_1,k_2,\cdots,k_{i-1},k_{i+1},\cdots,k_m$ 使得

$$\boldsymbol{\alpha}_i = k_1\boldsymbol{\alpha}_1 + k_2\boldsymbol{\alpha}_2 + \cdots + k_{i-1}\boldsymbol{\alpha}_{i-1} + k_{i+1}\boldsymbol{\alpha}_{i+1} + \cdots + k_m\boldsymbol{\alpha}_m$$

于是

$$k_1\boldsymbol{\alpha}_1 + \cdots + k_{i-1}\boldsymbol{\alpha}_{i-1} + (-1)\boldsymbol{\alpha}_i + k_{i+1}\boldsymbol{\alpha}_{i+1} + \cdots + k_m\boldsymbol{\alpha}_m = \mathbf{0}$$

因为 $k_1,k_2,\cdots,k_{i-1},-1,k_{i+1},\cdots,k_m$ 不完全为 0,所以 $\boldsymbol{\alpha}_1,\boldsymbol{\alpha}_2,\cdots,\boldsymbol{\alpha}_m$ 线性相关.

性质 4　若 n 维向量 $\boldsymbol{\alpha}_1,\boldsymbol{\alpha}_2,\cdots,\boldsymbol{\alpha}_r$ 线性相关,则 $\boldsymbol{\alpha}_1,\boldsymbol{\alpha}_2,\cdots,\boldsymbol{\alpha}_r,\boldsymbol{\alpha}_{r+1},\cdots,\boldsymbol{\alpha}_m$ 也线性相关.

证明　因为 $\boldsymbol{\alpha}_1,\boldsymbol{\alpha}_2,\cdots,\boldsymbol{\alpha}_r$ 线性相关,所以存在不全为 0 的 $k_1,k_2,\cdots,k_r$,使得

$$k_1\boldsymbol{\alpha}_1 + k_2\boldsymbol{\alpha}_2 + \cdots + k_r\boldsymbol{\alpha}_r = \mathbf{0}$$

因此

$$k_1\boldsymbol{\alpha}_1 + k_2\boldsymbol{\alpha}_2 + \cdots + k_r\boldsymbol{\alpha}_r + 0\boldsymbol{\alpha}_{r+1} + \cdots + 0\boldsymbol{\alpha}_m = \mathbf{0}$$

所以 $\boldsymbol{\alpha}_1,\boldsymbol{\alpha}_2,\cdots,\boldsymbol{\alpha}_r,\boldsymbol{\alpha}_{r+1},\cdots,\boldsymbol{\alpha}_m$ 线性相关.

推论　若向量组 $\boldsymbol{\alpha}_1,\boldsymbol{\alpha}_2,\cdots,\boldsymbol{\alpha}_m$ 线性无关,则它的任何一部分向量也线性无关.

性质 5　设 m 个 n 维向量 $\boldsymbol{\alpha}_1 = (a_{11},a_{12},\cdots,a_{1n}),\boldsymbol{\alpha}_2 = (a_{21},a_{22},\cdots,a_{2n}),\cdots,\boldsymbol{\alpha}_m = (a_{m1},a_{m2},\cdots,a_{mn})$,则 $\alpha_1,\alpha_2,\cdots,\alpha_m$ 线性相关的充分必要条件是线性方程组

$$\begin{cases} a_{11}x_1 + a_{21}x_2 + \cdots + a_{m1}x_m = 0 \\ a_{12}x_1 + a_{22}x_2 + \cdots + a_{m2}x_m = 0 \\ \quad\vdots \\ a_{1n}x_1 + a_{2n}x_2 + \cdots + a_{mn}x_m = 0 \end{cases} \tag{7.22}$$

有非零解.

证明　(必要性) 有不全为 0 的数 $k_1,k_2,\cdots,k_m$,使得

$$k_1\boldsymbol{\alpha}_1 + k_2\boldsymbol{\alpha}_2 + \cdots + k_m\boldsymbol{\alpha}_m = \mathbf{0}$$

因此

$$k_1\boldsymbol{\alpha}_1^{\mathrm{T}} + k_2\boldsymbol{\alpha}_2^{\mathrm{T}} + \cdots + k_m\boldsymbol{\alpha}_m^{\mathrm{T}} = \mathbf{0}$$

即

$$k_1\begin{pmatrix} a_{11} \\ a_{12} \\ \vdots \\ a_{1n} \end{pmatrix} + k_2\begin{pmatrix} a_{21} \\ a_{22} \\ \vdots \\ a_{2n} \end{pmatrix} + \cdots + k_m\begin{pmatrix} a_{m1} \\ a_{m2} \\ \vdots \\ a_{mn} \end{pmatrix} = \begin{pmatrix} 0 \\ 0 \\ \vdots \\ 0 \end{pmatrix}$$

亦即

$$\begin{cases} a_{11}k_1 + a_{21}k_2 + \cdots + a_{m1}k_m = 0 \\ a_{12}k_1 + a_{22}k_2 + \cdots + a_{m2}k_m = 0 \\ \quad\vdots \\ a_{1n}k_1 + a_{2n}k_2 + \cdots + a_{mn}k_m = 0 \end{cases} \tag{7.23}$$

所以 $k_1,k_2,\cdots,k_m$ 是方程组(7.22)的一组非零解.

(充分性)设 $k_1,k_2,\cdots,k_m$ 是方程组(7.22)的一组非零解,则 $k_1,k_2,\cdots,k_m$ 满足方程组(7.23),从而这组不全为零的数 $k_1,k_2,\cdots,k_m$ 使得 $k_1\boldsymbol{\alpha}_1 + k_2\boldsymbol{\alpha}_2 + \cdots + k_m\boldsymbol{\alpha}_m = \mathbf{0}$ 成立,所以 $\boldsymbol{\alpha}_1,\boldsymbol{\alpha}_2,\cdots,\boldsymbol{\alpha}_m$ 线性相关.

推论 1 向量组中向量的个数超过向量的维数时,向量组必线性相关.

推论 2 n 个 n 维向量 $\boldsymbol{\alpha}_i = (a_{i1},a_{i2},\cdots,a_{in})(i = 1,2,\cdots,n)$ 线性相关的充分必要条件是

$$\begin{vmatrix} a_{11} & a_{12} & \cdots & a_{1n} \\ a_{21} & a_{22} & \cdots & a_{2n} \\ \vdots & \vdots & & \vdots \\ a_{n1} & a_{n2} & \cdots & a_{nn} \end{vmatrix} = 0$$

推论 3 若 n 维向量组 $\boldsymbol{\alpha}_1,\boldsymbol{\alpha}_2,\cdots,\boldsymbol{\alpha}_m$ 线性无关,则每一个向量上添加 r 个分量所得到的 $n+r$ 维向量组 $\boldsymbol{\beta}_1,\boldsymbol{\beta}_2,\cdots,\boldsymbol{\beta}_m$ 也线性无关.

【例 2】 讨论向量组 $\boldsymbol{\alpha}_1 = (1,0,2),\boldsymbol{\alpha}_2 = (1,2,4),\boldsymbol{\alpha}_3 = (1,5,7)$ 的线性相关性.

解 由于

$$\begin{vmatrix} 1 & 0 & 2 \\ 1 & 2 & 4 \\ 1 & 5 & 7 \end{vmatrix} \xlongequal[\text{展开}]{\text{按第 1 行}} (-1)^{1+1}\begin{vmatrix} 2 & 4 \\ 5 & 7 \end{vmatrix} + 2 \times (-1)^{1+3}\begin{vmatrix} 1 & 2 \\ 1 & 5 \end{vmatrix} = (-6) + 6 = 0$$

根据性质 5 的推论 2 可知,向量组 $\boldsymbol{\alpha}_1 = (1,0,2),\boldsymbol{\alpha}_2 = (1,2,4),\boldsymbol{\alpha}_3 = (1,5,7)$ 线性相关.

【例 3】 设向量组 $\boldsymbol{\alpha}_1,\boldsymbol{\alpha}_2,\boldsymbol{\alpha}_3$ 线性无关,且

$$\boldsymbol{\beta}_1 = \boldsymbol{\alpha}_1 + 2\boldsymbol{\alpha}_2, \quad \boldsymbol{\beta}_2 = \boldsymbol{\alpha}_2 - \boldsymbol{\alpha}_3, \quad \boldsymbol{\beta}_3 = 4\boldsymbol{\alpha}_3 + 3\boldsymbol{\alpha}_1$$

试证向量组 $\boldsymbol{\beta}_1,\boldsymbol{\beta}_2,\boldsymbol{\beta}_3$ 线性无关.

证明 设有 x_1,x_2,x_3,使得 $x_1\boldsymbol{\beta}_1 + x_2\boldsymbol{\beta}_2 + x_3\boldsymbol{\beta}_3 = \mathbf{0}$,代入题设条件,有

$$x_1(\boldsymbol{\alpha}_1 + 2\boldsymbol{\alpha}_2) + x_2(\boldsymbol{\alpha}_2 - \boldsymbol{\alpha}_3) + x_3(4\boldsymbol{\alpha}_3 - 3\boldsymbol{\alpha}_1) = \mathbf{0}$$

整理后得

$$(x_1 - 3x_3)\boldsymbol{\alpha}_1 + (2x_1 + x_2)\boldsymbol{\alpha}_2 + (-x_2 + 4x_3)\boldsymbol{\alpha}_3 = \mathbf{0}$$

因为 $\boldsymbol{\alpha}_1,\boldsymbol{\alpha}_2,\boldsymbol{\alpha}_3$ 线性无关,所以

$$\begin{cases} x_1 - 3x_3 = 0 \\ 2x_1 + x_2 = 0 \\ -x_2 + 4x_3 = 0 \end{cases}$$

又因为此方程组的系数行列式 $\begin{vmatrix} 1 & 0 & -3 \\ 2 & 1 & 0 \\ 0 & -1 & 4 \end{vmatrix} = 10 \neq 0$,所以方程组只有零解,即 $x_1 = x_2 = x_3 = 0$.所以 $\boldsymbol{\beta}_1,\boldsymbol{\beta}_2,\boldsymbol{\beta}_3$ 线性无关.

7.3.3 向量组的秩

首先讨论向量组之间的一些关系.

定义 7.19 设有两组向量(1)$\boldsymbol{\alpha}_1,\boldsymbol{\alpha}_2,\cdots,\boldsymbol{\alpha}_r$;(2)$\boldsymbol{\beta}_1,\boldsymbol{\beta}_2,\cdots,\boldsymbol{\beta}_s$.如果向量组(1)中的每个向量都可由向量组(2)线性表示,则称向量组(1)可由向量组(2)线性表示;如果向量组(1)和(2)可以互相线性表示,则称向量组(1)与向量组(2)等价.

设有三个向量组(1),(2),(3).容易看出,如果向量组(1)可由(2)线性表示,且向量组(2)可由(3)线性表示,则向量组(1)可由(3)线性表示.因此,向量组的等价具有传递性,即如果向量组(1)与(2)等价,且向量组(2)与(3)等价,则向量组(1)与(3)也等价.

定义 7.20 设 S 是 n 维向量构成的向量组,在 S 中选取 r 个向量 $\boldsymbol{\alpha}_1,\boldsymbol{\alpha}_2,\cdots,\boldsymbol{\alpha}_r$,如果满足:

(1)$\boldsymbol{\alpha}_1,\boldsymbol{\alpha}_2,\cdots,\boldsymbol{\alpha}_r$ 线性无关;

(2)S 中任一向量 $\boldsymbol{\alpha}$,总有 $\boldsymbol{\alpha}_1,\boldsymbol{\alpha}_2,\cdots,\boldsymbol{\alpha}_r,\boldsymbol{\alpha}$ 线性相关,则称向量组 $\boldsymbol{\alpha}_1,\boldsymbol{\alpha}_2,\cdots,\boldsymbol{\alpha}_r$ 是向量组 S 的一个极大线性无关向量组(简称极大无关组).

例如,设向量 $\boldsymbol{\alpha}_1 = (1,0,0),\boldsymbol{\alpha}_2 = (0,1,0),\boldsymbol{\alpha}_3 = (1,1,0)$.容易验证 $\boldsymbol{\alpha}_1,\boldsymbol{\alpha}_2$ 线性无关,且 $\boldsymbol{\alpha}_1,\boldsymbol{\alpha}_2,\boldsymbol{\alpha}_3$ 线性相关,故 $\boldsymbol{\alpha}_1,\boldsymbol{\alpha}_2$ 是 $\boldsymbol{\alpha}_1,\boldsymbol{\alpha}_2,\boldsymbol{\alpha}_3$ 的一个极大无关组.同时可以验证,$\boldsymbol{\alpha}_1,\boldsymbol{\alpha}_3$ 和 $\boldsymbol{\alpha}_2,\boldsymbol{\alpha}_3$ 都是 $\boldsymbol{\alpha}_1,\boldsymbol{\alpha}_2,\boldsymbol{\alpha}_3$ 的极大无关组.

由此可见,向量组的极大无关组一般是不唯一的.

定理 7.7 若 n 维向量组 $\boldsymbol{\alpha}_1,\boldsymbol{\alpha}_2,\cdots,\boldsymbol{\alpha}_m$ 线性无关,而向量组 $\boldsymbol{\alpha}_1,\boldsymbol{\alpha}_2,\cdots,\boldsymbol{\alpha}_m,\boldsymbol{\beta}$ 线性相关,则 $\boldsymbol{\beta}$ 可由 $\boldsymbol{\alpha}_1,\boldsymbol{\alpha}_2,\cdots,\boldsymbol{\alpha}_m$ 线性表示,且表法唯一.

证明从略.

定理 7.7 表明,向量组 S 中任一向量 $\boldsymbol{\alpha}$ 都可由 S 的极大无关组线性表示.反之,由于向量组 S 的极大无关组 $\boldsymbol{\alpha}_1,\boldsymbol{\alpha}_2,\cdots,\boldsymbol{\alpha}_m$ 中任一向量都取自于 S,所以 $\boldsymbol{\alpha}_1,\boldsymbol{\alpha}_2,\cdots,\boldsymbol{\alpha}_m$ 中任一向量都可由 S 中向量线性表示.因此,一个向量组与它的任一极大无关组等价.

推论 向量组的任意两个极大无关组等价.

定理 7.8　设有两个 n 维向量组:(1)$\boldsymbol{\alpha}_1,\boldsymbol{\alpha}_2,\cdots,\boldsymbol{\alpha}_r$;(2)$\boldsymbol{\beta}_1,\boldsymbol{\beta}_2,\cdots,\boldsymbol{\beta}_s$. 如果向量组(1) 线性无关,且向量组(1) 可由向量组(2) 线性表示,则 $r \leqslant s$.

证明从略.

推论　向量组的任意两个极大无关组所含向量个数相同.

定义 7.21　向量组 $\boldsymbol{\alpha}_1,\boldsymbol{\alpha}_2,\cdots,\boldsymbol{\alpha}_m$ 的极大无关组所含向量的个数称为这个向量组的秩,记作 $R(\boldsymbol{\alpha}_1,\boldsymbol{\alpha}_2,\cdots,\boldsymbol{\alpha}_m)$.

由向量组秩的定义可知,向量组 $\boldsymbol{\alpha}_1,\boldsymbol{\alpha}_2,\cdots,\boldsymbol{\alpha}_m$ 线性无关的充分必要条件是这个向量组的秩等于它所含向量的个数 m.

推论　等价向量组有相同的秩.

定理 7.9　设 $\boldsymbol{A}$ 是 $n \times m$ 矩阵,则 $\boldsymbol{A}$ 的列向量组 $\boldsymbol{\alpha}_1,\boldsymbol{\alpha}_2,\cdots,\boldsymbol{\alpha}_m$ 的秩等于矩阵 $\boldsymbol{A}$ 的行向量组的秩,等于矩阵 $\boldsymbol{A}$ 的秩.

证明从略.

利用定理 7.9 可将求向量组的秩转化为求矩阵的秩.

【例 4】　求向量组

$$\boldsymbol{\alpha}_1=\begin{pmatrix}1\\0\\1\\0\end{pmatrix},\quad \boldsymbol{\alpha}_2=\begin{pmatrix}1\\1\\0\\0\end{pmatrix},\quad \boldsymbol{\alpha}_3=\begin{pmatrix}2\\1\\1\\0\end{pmatrix},\quad \boldsymbol{\alpha}_4=\begin{pmatrix}0\\0\\1\\1\end{pmatrix}$$

的秩,并求一个极大无关组.

解　设

$$\boldsymbol{A}=(\boldsymbol{\alpha}_1,\boldsymbol{\alpha}_2,\boldsymbol{\alpha}_3,\boldsymbol{\alpha}_4)=\begin{pmatrix}1&1&2&0\\0&1&1&0\\1&0&1&1\\0&0&0&1\end{pmatrix}$$

对 $\boldsymbol{A}$ 实施初等行变换化为行阶梯形矩阵

$$\boldsymbol{A}\xrightarrow{r_3-r_1}\begin{pmatrix}1&1&2&0\\0&1&1&0\\0&-1&-1&1\\0&0&0&1\end{pmatrix}\xrightarrow{r_3+r_2}\begin{pmatrix}1&1&2&0\\0&1&1&0\\0&0&0&1\\0&0&0&1\end{pmatrix}\xrightarrow{r_4-r_3}\begin{pmatrix}1&1&2&0\\0&1&1&0\\0&0&0&1\\0&0&0&0\end{pmatrix}=\boldsymbol{B}$$

所以 $R(\boldsymbol{A})=3$. 由定理 7.9,$R(\boldsymbol{\alpha}_1,\boldsymbol{\alpha}_2,\boldsymbol{\alpha}_3,\boldsymbol{\alpha}_4)=3$. 因为 $\boldsymbol{B}$ 的第 1,2,4 列构成的矩阵的秩是 3,而由 $\boldsymbol{A}$ 到 $\boldsymbol{B}$ 只用了初等行变换,所以 $\boldsymbol{A}$ 的第 1,2,4 列构成的矩阵的秩也是 3. 于是 $\boldsymbol{A}$ 的第 1,2,4 列 $\boldsymbol{\alpha}_1,\boldsymbol{\alpha}_2,\boldsymbol{\alpha}_4$ 线性无关,故 $\boldsymbol{\alpha}_1,\boldsymbol{\alpha}_2,\boldsymbol{\alpha}_4$ 是 $\boldsymbol{\alpha}_1,\boldsymbol{\alpha}_2,\boldsymbol{\alpha}_3,\boldsymbol{\alpha}_4$ 的一个极大无关组.

习题 7.3

1. 已知向量 $\boldsymbol{\alpha}=(1,-1,2)^{\mathrm{T}},\boldsymbol{\beta}=(3,1,0)^{\mathrm{T}},\boldsymbol{\gamma}=(4,-5,7)^{\mathrm{T}}$,试计算:

(1)$\boldsymbol{\alpha}-\boldsymbol{\beta}$;

(2)$3\boldsymbol{\alpha}+\boldsymbol{\beta}-2\boldsymbol{\gamma}$.

2.试判别向量 $\boldsymbol{\beta}$ 能否由向量组$\boldsymbol{\alpha}_1,\boldsymbol{\alpha}_2,\boldsymbol{\alpha}_3$线性表出,若能,请写出一个表达式:

(1)$\boldsymbol{\beta}=(-1,7,-6)^{\mathrm{T}},\boldsymbol{\alpha}_1=(1,1,0)^{\mathrm{T}},\boldsymbol{\alpha}_2=(0,-1,2)^{\mathrm{T}},\boldsymbol{\alpha}_3=(-3,2,0)^{\mathrm{T}}$;

(2)$\boldsymbol{\beta}=(-3,2,1)^{\mathrm{T}},\boldsymbol{\alpha}_1=(2,5,-1)^{\mathrm{T}},\boldsymbol{\alpha}_2=(0,1,-1)^{\mathrm{T}},\boldsymbol{\alpha}_3=(1,3,-1)^{\mathrm{T}}$.

3.判别下列向量组的线性相关性:

(1)$\boldsymbol{\alpha}_1=\begin{pmatrix}-1\\0\\1\end{pmatrix},\boldsymbol{\alpha}_2=\begin{pmatrix}1\\2\\1\end{pmatrix},\boldsymbol{\alpha}_3=\begin{pmatrix}3\\2\\-1\end{pmatrix}$;

(2)$\boldsymbol{\alpha}_1=\begin{pmatrix}2\\3\\0\end{pmatrix},\boldsymbol{\alpha}_2=\begin{pmatrix}0\\0\\2\end{pmatrix},\boldsymbol{\alpha}_3=\begin{pmatrix}-1\\4\\0\end{pmatrix}$;

(3)$\boldsymbol{\alpha}_1=\begin{pmatrix}0\\1\\2\\3\end{pmatrix},\boldsymbol{\alpha}_2=\begin{pmatrix}3\\0\\1\\2\end{pmatrix},\boldsymbol{\alpha}_3=\begin{pmatrix}2\\3\\0\\1\end{pmatrix},\boldsymbol{\alpha}_4=\begin{pmatrix}2\\1\\1\\2\end{pmatrix}$.

4.求下列向量组的秩.说明向量组是线性相关还是线性无关,若是线性相关,求它的一个极大无关组,并将多余向量用极大无关组线性表示:

(1)$\boldsymbol{\alpha}_1=\begin{pmatrix}-1\\3\\1\end{pmatrix},\boldsymbol{\alpha}_2=\begin{pmatrix}2\\1\\0\end{pmatrix},\boldsymbol{\alpha}_3=\begin{pmatrix}1\\4\\1\end{pmatrix}$;

(2)$\boldsymbol{\alpha}_1=\begin{pmatrix}1\\1\\3\\1\end{pmatrix},\boldsymbol{\alpha}_2=\begin{pmatrix}-1\\1\\-1\\3\end{pmatrix},\boldsymbol{\alpha}_3=\begin{pmatrix}5\\-2\\8\\-9\end{pmatrix},\boldsymbol{\alpha}_4=\begin{pmatrix}-1\\3\\1\\7\end{pmatrix}$.

5.设向量组 $\boldsymbol{\alpha}_1,\boldsymbol{\alpha}_2,\boldsymbol{\alpha}_3$ 线性无关,且

$$\boldsymbol{b}_1=2\boldsymbol{\alpha}_1+3\boldsymbol{\alpha}_2,\quad \boldsymbol{b}_2=\boldsymbol{\alpha}_2+2\boldsymbol{\alpha}_3,\quad \boldsymbol{b}_3=7\boldsymbol{\alpha}_3+\boldsymbol{\alpha}_1$$

试证明:向量组 $\boldsymbol{b}_1,\boldsymbol{b}_2,\boldsymbol{b}_3$ 也线性无关.

第 8 章　线性方程组和二次型

8.1　线性方程组

线性方程组是线性代数的一个重要研究课题，是解决很多实际问题的有力工具. 在科学技术的许多分支，如工程技术、经济活动分析、最优化理论等方面都有广泛的应用. 大量的科学技术问题，最终往往归结为解线性方程组，线性方程组理论已成为应用领域不可缺少的重要工具. 关于线性方程组，我们关心的主要问题是判定其是否有解、有解时解的结构及解的求法. 利用向量组的线性相关性理论，这些问题简洁又清晰地得以解决.

在 7.1.3 中我们介绍了线性方程求解的克莱姆法则. 克莱姆法则要求方程的个数与未知数的个数相等，且要求系数行列式的值不等于零，但是在实际中所遇到的方程组并不都是这样. 有时遇到方程的个数与未知数的个数不相等；有时方程的个数与未知数的个数虽然相等，但系数行列式的值等于零. 在这种情况下，克莱姆法则已不适用，需要引进新的概念和计算方法. 本节我们将讨论一般线性方程组是否有解以及如何求解等问题.

8.1.1　齐次线性方程组

设有齐次线性方程组

$$\begin{cases} a_{11}x_1 + a_{12}x_2 + \cdots + a_{1n}x_n = 0 \\ a_{21}x_1 + a_{22}x_2 + \cdots + a_{2n}x_n = 0 \\ \quad \vdots \\ a_{m1}x_1 + a_{m2}x_2 + \cdots + a_{mn}x_n = 0 \end{cases} \tag{8.1}$$

其中 $x_1, x_2, \cdots, x_n$ 是 n 个未知量，m 是方程的个数. 分别记

$$\boldsymbol{A} = \begin{pmatrix} a_{11} & a_{12} & \cdots & a_{1n} \\ a_{21} & a_{22} & \cdots & a_{2n} \\ \vdots & \vdots & & \vdots \\ a_{m1} & a_{m2} & \cdots & a_{mn} \end{pmatrix}, \quad \boldsymbol{x} = \begin{pmatrix} x_1 \\ x_2 \\ \vdots \\ x_n \end{pmatrix}, \quad \boldsymbol{0} = \begin{pmatrix} 0 \\ 0 \\ \vdots \\ 0 \end{pmatrix}$$

称矩阵 $\boldsymbol{A}$ 为方程组(8.1) 的系数矩阵，方程组(8.1) 可写成矩阵形式

$$\boldsymbol{Ax} = \boldsymbol{0} \tag{8.2}$$

定理 8.1 对于齐次线性方程组(8.1):

(1) 当 $R(\boldsymbol{A}) = n$ 时,方程组有唯一零解;

(2) 当 $R(\boldsymbol{A}) < n$ 时,方程组有无穷多解.

证明从略.

定理 8.2 对于齐次线性方程组(8.1),当 $R(\boldsymbol{A}) = r < n$ 时,方程组有 $n - r$ 个线性无关的解 $\boldsymbol{\alpha}_1,\boldsymbol{\alpha}_2,\cdots,\boldsymbol{\alpha}_{n-r}$,且方程组的一般解可由这 $n - r$ 个线性无关的解线性表示,即一般解的形式为

$$\boldsymbol{\alpha} = k_1\boldsymbol{\alpha}_1 + k_2\boldsymbol{\alpha}_2 + \cdots\cdots + k_{n-r}\boldsymbol{\alpha}_{n-r}$$

其中 $k_1,\cdots,k_{n-r}$ 为任意常数.称 $\boldsymbol{\alpha}_1,\boldsymbol{\alpha}_2,\cdots,\boldsymbol{\alpha}_{n-r}$ 为方程组(8.1)的一个基础解系.

证明从略.

中学代数已介绍过如何用消元法解二元、三元线性方程组,看下面的例子.

【例 1】 用消元法解线性方程组

$$\begin{cases} 2x_1 + x_2 - 2x_3 - 2x_4 = 0 \\ x_1 + 2x_2 + 2x_3 + x_4 = 0 \\ x_1 - x_2 - 4x_3 - 3x_4 = 0 \end{cases} \tag{8.3}$$

解 交换第一、二两个方程

$$\begin{cases} x_1 + 2x_2 + 2x_3 + x_4 = 0 & (1) \\ 2x_1 + x_2 - 2x_3 - 2x_4 = 0 & (2) \\ x_1 - x_2 - 4x_3 - 3x_4 = 0 & (3) \end{cases}$$

将方程(1)两边分别乘以 -2 和 -1 加到方程(2)和(3)上,得同解方程组

$$\begin{cases} x_1 + 2x_2 + 2x_3 + x_4 = 0 & (1') \\ -3x_2 - 6x_3 - 4x_4 = 0 & (2') \\ -3x_2 - 6x_3 - 4x_4 = 0 & (3') \end{cases}$$

将方程(2′)两边乘以 -1 加到方程(3′)上,(2′)两边再乘以 $-\dfrac{1}{3}$,得同解方程组

$$\begin{cases} x_1 + 2x_2 + 2x_3 + x_4 = 0 & (1'') \\ x_2 + 2x_3 + \dfrac{4}{3}x_4 = 0 & (2'') \end{cases} \tag{8.4}$$

即

$$\begin{cases} x_1 + 2x_2 = -2x_3 - x_4 \\ x_2 = -2x_3 - \dfrac{4}{3}x_4 \end{cases}$$

令 $x_3 = 1, x_4 = 0$,得 $x_1 = 2, x_2 = -2$;令 $x_3 = 0, x_4 = 1$,得 $x_1 = \dfrac{5}{3}, x_2 = -\dfrac{4}{3}$,则原方程组(8.3)的一般解为

$$\begin{pmatrix} x_1 \\ x_2 \\ x_3 \\ x_4 \end{pmatrix} = k_1 \begin{pmatrix} 2 \\ -2 \\ 1 \\ 0 \end{pmatrix} + k_2 \begin{pmatrix} \frac{5}{3} \\ -\frac{4}{3} \\ 0 \\ 1 \end{pmatrix}$$

其中 k_1, k_2 为任意常数.

从以上解题过程可以看出,用消元法求解线性方程组的具体做法就是对方程组反复作以下三种变换:

(1) 交换两个方程的位置;

(2) 用一个非零数乘某个方程的两边;

(3) 将某一方程乘以 k 倍后加到另一个方程上去.

以上三种变换称为线性方程组的初等变换.若称形如(8.4) 的方程组为行阶梯形方程组,那么消元法的目的就是利用方程组的初等变换将原方程组化为同解的行阶梯形方程组,而这个过程实际上就是将齐次线性方程组的系数矩阵化为行阶梯形矩阵的过程.因此,在求解齐次线性方程组时,可将其系数矩阵化为行阶梯形矩阵,便可通过其同解的行阶梯形方程组求出原方程组的基础解系和一般解.

对于齐次线性方程组(8.1),当 $R(\boldsymbol{A}) = r < n$ 时,其基础解系和一般解的求法如下:

不妨设 $\boldsymbol{A}$ 的前 r 个列向量线性无关,对 $\boldsymbol{A}$ 作初等行变换可得

$$\boldsymbol{A} \to \begin{pmatrix} 1 & \cdots & 0 & b_{11} & \cdots & b_{1n-r} \\ \vdots & & \vdots & \vdots & & \vdots \\ 0 & \cdots & 1 & b_{r1} & \cdots & b_{rn-r} \\ 0 & \cdots & 0 & 0 & \cdots & 0 \\ \vdots & & \vdots & \vdots & & \vdots \\ 0 & \cdots & 0 & 0 & \cdots & 0 \end{pmatrix}$$

则

$$\boldsymbol{Ax} = \boldsymbol{0} \Leftrightarrow \begin{pmatrix} 1 & \cdots & 0 & b_{11} & \cdots & b_{1n-r} \\ \vdots & & \vdots & \vdots & & \vdots \\ 0 & \cdots & 1 & b_{r1} & \cdots & b_{rn-r} \\ 0 & \cdots & 0 & 0 & \cdots & 0 \\ \vdots & & \vdots & \vdots & & \vdots \\ 0 & \cdots & 0 & 0 & \cdots & 0 \end{pmatrix} \begin{pmatrix} x_1 \\ x_2 \\ \vdots \\ \vdots \\ \vdots \\ x_n \end{pmatrix} = \boldsymbol{0} \Leftrightarrow$$

$$\begin{cases} x_1 = -b_{11}x_{r+1} - \cdots - b_{1\,n-r}x_n \\ \quad\vdots \\ x_r = -b_{r1}x_{r+1} - \cdots - b_{r\,n-r}x_n \end{cases} \tag{8.5}$$

其中 $x_{r+1},x_{r+2},\cdots,x_n$ 为自由未知量(可以取任意数的未知量). 令 $\begin{pmatrix} x_{r+1} \\ x_{r+2} \\ \vdots \\ x_n \end{pmatrix}$ 分别取 $\begin{pmatrix} 1 \\ 0 \\ \vdots \\ 0 \end{pmatrix},\begin{pmatrix} 0 \\ 1 \\ \vdots \\ 0 \end{pmatrix},\cdots,\begin{pmatrix} 0 \\ 0 \\ \vdots \\ 1 \end{pmatrix}$,并分别带入到式(8.5),得到 $\begin{pmatrix} x_1 \\ x_2 \\ \vdots \\ x_r \end{pmatrix}$ 分别为

$$\begin{pmatrix} -b_{11} \\ -b_{21} \\ \vdots \\ -b_{r1} \end{pmatrix},\begin{pmatrix} -b_{12} \\ -b_{22} \\ \vdots \\ -b_{r2} \end{pmatrix},\cdots,\begin{pmatrix} -b_{1n-r} \\ -b_{2n-r} \\ \vdots \\ -b_{rn-r} \end{pmatrix}$$

从而得到方程组(8.1) 的 $n-r$ 个解

$$\boldsymbol{\alpha}_1 = \begin{pmatrix} -b_{11} \\ -b_{21} \\ \vdots \\ -b_{r1} \\ 1 \\ 0 \\ \vdots \\ 0 \end{pmatrix},\boldsymbol{\alpha}_2 = \begin{pmatrix} -b_{12} \\ -b_{22} \\ \vdots \\ -b_{r2} \\ 0 \\ 1 \\ \vdots \\ 0 \end{pmatrix},\cdots,\boldsymbol{\alpha}_{n-r} = \begin{pmatrix} -b_{1\,n-r} \\ -b_{2\,n-r} \\ \vdots \\ -b_{r\,n-r} \\ 0 \\ \vdots \\ 0 \\ 1 \end{pmatrix}$$

可以证明,$\boldsymbol{\alpha}_1,\boldsymbol{\alpha}_2,\cdots,\boldsymbol{\alpha}_{n-r}$ 就是方程组(8.1)一个基础解系,一般解可表示为

$$\boldsymbol{\alpha} = k_1\boldsymbol{\alpha}_1 + k_2\boldsymbol{\alpha}_2 + \cdots + k_{n-r}\boldsymbol{\alpha}_{n-r}$$

其中 $k_1,\cdots,k_{n-r}$ 为任意常数.

【例 2】 求齐次线性方程组

$$\begin{cases} x_1 + 2x_2 - x_3 - 2x_4 = 0 \\ 2x_1 - x_2 - x_3 + x_4 = 0 \\ 3x_1 + x_2 - 2x_3 - x_4 = 0 \end{cases}$$

的一个基础解系与一般解.

解 对方程组的系数矩阵 $\boldsymbol{A}$ 施行初等行变换可得

$$
A=\begin{pmatrix}1&2&-1&-2\\2&-1&-1&1\\3&1&-2&-1\end{pmatrix}\xrightarrow[r_3-3r_1]{r_2-2r_1}\begin{pmatrix}1&2&-1&-2\\0&-5&1&5\\0&-5&1&5\end{pmatrix}\xrightarrow{r_3-r_2}
$$

$$
\begin{pmatrix}1&2&-1&-2\\0&-5&1&5\\0&0&0&0\end{pmatrix}\xrightarrow{r_1+\frac{2}{5}r_2}\begin{pmatrix}1&0&-\frac{3}{5}&0\\0&-5&1&5\\0&0&0&0\end{pmatrix}\xrightarrow{(-\frac{1}{5})\times r_2}
$$

$$
\begin{pmatrix}1&0&-\frac{3}{5}&0\\0&1&-\frac{1}{5}&-1\\0&0&0&0\end{pmatrix}
$$

原方程组同解于

$$
\begin{cases}x_1=\dfrac{3}{5}x_3\\x_2=\dfrac{1}{5}x_3+x_4\end{cases}
$$

令$\begin{pmatrix}x_3\\x_4\end{pmatrix}$分别取$\begin{pmatrix}1\\0\end{pmatrix},\begin{pmatrix}0\\1\end{pmatrix}$,则$\begin{pmatrix}x_1\\x_2\end{pmatrix}$分别得$\begin{pmatrix}\frac{3}{5}\\\frac{1}{5}\end{pmatrix},\begin{pmatrix}0\\1\end{pmatrix}$. 于是 $\boldsymbol{\alpha}_1=\begin{pmatrix}\frac{3}{5}\\\frac{1}{5}\\1\\0\end{pmatrix},\boldsymbol{\alpha}_2=\begin{pmatrix}0\\1\\0\\1\end{pmatrix}$为原方程组的一个基础解系,所以原方程的一般解为

$$
\boldsymbol{\alpha}=k_1\boldsymbol{\alpha}_1+k_2\boldsymbol{\alpha}_2=k_1\begin{pmatrix}\frac{3}{5}\\\frac{1}{5}\\1\\0\end{pmatrix}+k_2\begin{pmatrix}0\\1\\0\\1\end{pmatrix}
$$

其中 k_1,k_2 为任意常数.

【例 3】　求解齐次线性方程组

$$
\begin{cases}x_1-x_2+5x_3-x_4=0\\x_1+x_2-2x_3+3x_4=0\\3x_1-x_2+8x_3+x_4=0\\x_1+3x_2-9x_3+7x_4=0\end{cases}
$$

解　对系数矩阵 $\boldsymbol{A}$ 施行初等行变换得

$$A=\begin{pmatrix}1&-1&5&-1\\1&1&-2&3\\3&-1&8&1\\1&3&-9&7\end{pmatrix}\xrightarrow[r_4-r_1]{\substack{r_2-r_1\\r_3-3r_1}}\begin{pmatrix}1&-1&5&-1\\0&2&-7&4\\0&2&-7&4\\0&4&-14&8\end{pmatrix}\xrightarrow[r_4-2r_2]{r_3-r_2}$$

$$\begin{pmatrix}1&-1&5&-1\\0&2&-7&4\\0&0&0&0\\0&0&0&0\end{pmatrix}\xrightarrow{r_1+\frac{1}{2}r_2}\begin{pmatrix}1&0&\frac{3}{2}&1\\0&2&-7&4\\0&0&0&0\\0&0&0&0\end{pmatrix}\xrightarrow{\frac{1}{2}\times r_2}$$

$$\begin{pmatrix}1&0&\frac{3}{2}&1\\0&1&-\frac{7}{2}&2\\0&0&0&0\\0&0&0&0\end{pmatrix}$$

原方程组同解于

$$\begin{cases}x_1=-\dfrac{3}{2}x_3-x_4\\x_2=\dfrac{7}{2}x_3-2x_4\end{cases}$$

令$\begin{pmatrix}x_3\\x_4\end{pmatrix}$分别取$\begin{pmatrix}1\\0\end{pmatrix}$，$\begin{pmatrix}0\\1\end{pmatrix}$，则$\begin{pmatrix}x_1\\x_2\end{pmatrix}$分别得$\begin{pmatrix}-\frac{3}{2}\\\frac{7}{2}\end{pmatrix}$，$\begin{pmatrix}-1\\-2\end{pmatrix}$. 于是 $\boldsymbol{\alpha}_1=\begin{pmatrix}-\frac{3}{2}\\\frac{7}{2}\\1\\0\end{pmatrix}$，

$\boldsymbol{\alpha}_2=\begin{pmatrix}-1\\-2\\0\\1\end{pmatrix}$为原方程组的一个基础解系，所以原方程的一般解为

$$\boldsymbol{\alpha}=k_1\boldsymbol{\alpha}_1+k_2\boldsymbol{\alpha}_2=k_1\begin{pmatrix}-\frac{3}{2}\\\frac{7}{2}\\1\\0\end{pmatrix}+k_2\begin{pmatrix}-1\\-2\\0\\1\end{pmatrix}$$

其中 k_1,k_2 为任意常数.

8.1.2　非齐次线性方程组

考虑非齐次线性方程组

$$\begin{cases} a_{11}x_1 + a_{12}x_2 + \cdots + a_{1n}x_n = b_1 \\ a_{21}x_1 + a_{22}x_2 + \cdots + a_{2n}x_n = b_2 \\ \quad\vdots \\ a_{m1}x_1 + a_{m2}x_2 + \cdots + a_{mn}x_n = b_m \end{cases} \tag{8.6}$$

称齐次线性方程组(8.1)为非齐次线性方程组(8.6)的导出组,或称方程组(8.1)为非齐次线性方程组(8.6)相对应的齐次线性方程组.记

$$\boldsymbol{B} = \begin{pmatrix} a_{11} & a_{12} & \cdots & a_{1n} & b_1 \\ a_{21} & a_{22} & \cdots & a_{2n} & b_2 \\ \vdots & \vdots & & \vdots & \vdots \\ a_{m1} & a_{m2} & \cdots & a_{mn} & b_m \end{pmatrix}$$

称 $\boldsymbol{B}$ 为方程组(8.6)的增广矩阵.

为简便,方程组(8.6)和(8.1)分别记为 $\boldsymbol{Ax} = \boldsymbol{\beta}$ 和 $\boldsymbol{Ax} = \boldsymbol{0}$,其中

$$\boldsymbol{A} = \begin{pmatrix} a_{11} & a_{12} & \cdots & a_{1n} \\ a_{21} & a_{22} & \cdots & a_{2n} \\ \vdots & \vdots & & \vdots \\ a_{m1} & a_{m2} & \cdots & a_{mn} \end{pmatrix},\quad \boldsymbol{x} = \begin{pmatrix} x_1 \\ x_2 \\ \vdots \\ x_n \end{pmatrix},\quad \boldsymbol{\beta} = \begin{pmatrix} b_1 \\ b_2 \\ \vdots \\ b_m \end{pmatrix},\quad \boldsymbol{0} = \begin{pmatrix} 0 \\ 0 \\ \vdots \\ 0 \end{pmatrix}$$

齐次线性方程组总是有解的,因为零向量就是它的解.对于非齐次线性方程组,我们有下述定理.

定理 8.3　非齐次线性方程组(8.6)有解的充要条件是它的系数矩阵 $\boldsymbol{A}$ 的秩与增广矩阵 $\boldsymbol{B}$ 的秩相等,即 $R(\boldsymbol{A}) = R(\boldsymbol{B})$,且

(1) $R(\boldsymbol{A}) = R(\boldsymbol{B}) = n$ 时,方程组有唯一解;

(2) $R(\boldsymbol{A}) = R(\boldsymbol{B}) < n$ 时,方程组有无穷多解.

证明从略.

【例 4】　讨论线性方程组 $\begin{cases} x_1 + x_2 + 2x_3 + 3x_4 = 1 \\ x_2 + x_3 - 4x_4 = 1 \\ x_1 + 2x_2 + 3x_3 - x_4 = 4 \\ 2x_1 + 3x_2 - x_3 - x_4 = -6 \end{cases}$ 解的存在性.

解　对增广矩阵 $\boldsymbol{B}$ 施行初等行变换可得

$$B=\begin{pmatrix}1&1&2&3&1\\0&1&1&-4&1\\1&2&3&-1&4\\2&3&-1&-1&-6\end{pmatrix}\xrightarrow[r_4-2r_1]{r_3-r_1}\begin{pmatrix}1&1&2&3&1\\0&1&1&-4&1\\0&1&1&-4&3\\0&1&-5&-7&-8\end{pmatrix}\xrightarrow[r_4-r_2]{r_3-r_2}$$

$$\begin{pmatrix}1&1&2&3&1\\0&1&1&-4&1\\0&0&0&0&2\\0&0&-6&-3&-9\end{pmatrix}\xrightarrow{r_3\leftrightarrow r_1}\begin{pmatrix}1&1&2&3&1\\0&1&1&-4&1\\0&0&-6&-3&-9\\0&0&0&0&2\end{pmatrix}$$

显然 $R(\boldsymbol{A})=3,R(\boldsymbol{B})=4$,由定理 8.3 可知,原方程组无解.

【例 5】 当 a,b 取何值时,下面的线性方程组无解?有唯一解?有无穷多解?

$$\begin{cases}x_1+2x_2+ax_3=4\\x_1+bx_2+x_3=3\\x_1+2x_2+x_3=3\end{cases}$$

解 设 $\boldsymbol{A}$ 为方程组的系数矩阵,$\boldsymbol{B}$ 为增广矩阵.对增广矩阵施行初等行变换,得

$$\boldsymbol{B}=\begin{pmatrix}1&2&a&4\\1&b&1&3\\1&2&1&3\end{pmatrix}\xrightarrow[r_3-r_1]{r_2-r_1}\begin{pmatrix}1&2&a&4\\0&b-2&1-a&-1\\0&0&1-a&-1\end{pmatrix}\xrightarrow{r_2-r_3}$$

$$\begin{pmatrix}1&2&a&4\\0&b-2&0&0\\0&0&1-a&-1\end{pmatrix}=\boldsymbol{C}$$

在矩阵 $\boldsymbol{C}$ 中,当 $a\neq1,b\neq2$ 时,$R(\boldsymbol{A})=R(\boldsymbol{B})=3$,此时方程组有唯一解;当 $a\neq1,b=2$ 时,$R(\boldsymbol{A})=R(\boldsymbol{B})=2$,此时方程组有无穷多解;当 $a=1$ 时,无论 b 为何值,$R(\boldsymbol{A})<R(\boldsymbol{B})$,此时方程组无解.

定理 8.4 对于非齐次线性方程组(8.6),当 $R(\boldsymbol{A})=R(\boldsymbol{B})=r<n$ 时,设 $\boldsymbol{\alpha}_0$ 是方程组(8.6)的一个解,$\boldsymbol{\alpha}_1,\boldsymbol{\alpha}_2\cdots,\boldsymbol{\alpha}_{n-r}$ 是导出组(8.1)的一个基础解系,则方程组(8.6)的一般解为

$$\boldsymbol{\alpha}=\boldsymbol{\alpha}_0+k_1\boldsymbol{\alpha}_1+k_2\boldsymbol{\alpha}_2+\cdots+k_{n-r}\boldsymbol{\alpha}_{n-r}$$

其中 $k_1,k_2,\cdots,k_{n-r}$ 为任意常数.

证明从略.

对于求解非齐次线性方程组(8.6),根据定理 8.4,就转化为求它的一个解及它的导出组(8.1)的基础解系的问题,而且求方程组(8.6)的一个解及(8.1)的基础解系可以在一个步骤中完成.

【例 6】 求解非齐次线性方程组$\begin{cases} x_1+5x_2-x_3-x_4=-1 \\ x_1-2x_2+x_3+3x_4=3 \\ 3x_1+8x_2-x_3+x_4=1 \\ x_1-9x_2+3x_3+7x_4=7 \end{cases}$.

解　利用初等行变换把方程组的增广矩阵 $\boldsymbol{B}$ 化为行最简形矩阵

$$\boldsymbol{B}=\begin{pmatrix} 1 & 5 & -1 & -1 & -1 \\ 1 & -2 & 1 & 3 & 3 \\ 3 & 8 & -1 & 1 & 1 \\ 1 & -9 & 3 & 7 & 7 \end{pmatrix} \xrightarrow[r_4-r_1]{\substack{r_2-r_1 \\ r_3-3r_1}} \begin{pmatrix} 1 & 5 & -1 & -1 & -1 \\ 0 & -7 & 2 & 4 & 4 \\ 0 & -7 & 2 & 4 & 4 \\ 0 & -14 & 4 & 8 & 8 \end{pmatrix} \xrightarrow{\substack{r_3-r_2 \\ r_4-2r_2}}$$

$$\begin{pmatrix} 1 & 5 & -1 & -1 & -1 \\ 0 & -7 & 2 & 4 & 4 \\ 0 & 0 & 0 & 0 & 0 \\ 0 & 0 & 0 & 0 & 0 \end{pmatrix} \xrightarrow{(-7)\times r_2} \begin{pmatrix} 1 & 5 & -1 & -1 & -1 \\ 0 & 1 & -\frac{2}{7} & -\frac{4}{7} & -\frac{4}{7} \\ 0 & 0 & 0 & 0 & 0 \\ 0 & 0 & 0 & 0 & 0 \end{pmatrix} \xrightarrow{r_1-5r_2}$$

$$\begin{pmatrix} 1 & 0 & \frac{3}{7} & \frac{13}{7} & \frac{13}{7} \\ 0 & 1 & -\frac{2}{7} & -\frac{4}{7} & -\frac{4}{7} \\ 0 & 0 & 0 & 0 & 0 \\ 0 & 0 & 0 & 0 & 0 \end{pmatrix}$$

由此得到原方程组的同解方程组

$$\begin{cases} x_1=-\frac{3}{7}x_3-\frac{13}{7}x_4+\frac{13}{7} \\ x_2=\frac{2}{7}x_3+\frac{4}{7}x_4-\frac{4}{7} \end{cases}$$

令 $x_3=0, x_4=0$,得 $x_1=\frac{13}{7}, x_2=-\frac{4}{7}$,故方程组的一个解为$\begin{pmatrix} \frac{13}{7} \\ -\frac{4}{7} \\ 0 \\ 0 \end{pmatrix}$.

再考虑导出组

$$\begin{cases} x_1=-\frac{3}{7}x_3-\frac{13}{7}x_4 \\ x_2=\frac{2}{7}x_3+\frac{4}{7}x_4 \end{cases}$$

令 $x_3=1, x_4=0$,得 $x_1=-\frac{3}{7}, x_2=\frac{2}{7}$;令 $x_3=0, x_4=1, x_1=-\frac{13}{7}, x_2=\frac{4}{7}$,得

到导出组的基础解系为 $\boldsymbol{\alpha}_1=\begin{pmatrix}-\frac{3}{7}\\ \frac{2}{7}\\ 1\\ 0\end{pmatrix},\boldsymbol{\alpha}_2=\begin{pmatrix}-\frac{13}{7}\\ \frac{4}{7}\\ 0\\ 1\end{pmatrix}$,故原方程组的一般解为

$$\begin{pmatrix}x_1\\x_2\\x_3\\x_4\end{pmatrix}=\begin{pmatrix}\frac{13}{7}\\ -\frac{4}{7}\\ 0\\ 0\end{pmatrix}+k_1\begin{pmatrix}-\frac{3}{7}\\ \frac{2}{7}\\ 1\\ 0\end{pmatrix}+k_2\begin{pmatrix}-\frac{13}{7}\\ \frac{4}{7}\\ 0\\ 1\end{pmatrix}$$

其中 k_1,k_2 为任意常数.

【例 7】 求解非齐次线性方程组 $\begin{cases}x_1+x_2-2x_3-x_4=4\\3x_1-2x_2-x_3+2x_4=2\\5x_2+7x_3+3x_4=-2\\2x_1-3x_2-5x_3-x_4=4\end{cases}$.

解 对方程组的增广矩阵 $\boldsymbol{B}$ 施行初等行变换,得

$$\boldsymbol{B}=\begin{pmatrix}1&1&-2&-1&4\\3&-2&-1&2&2\\0&5&7&3&-2\\2&-3&-5&-1&4\end{pmatrix}\xrightarrow[r_4-2r_1]{r_2-3r_1}\begin{pmatrix}1&1&-2&-1&4\\0&-5&5&5&-10\\0&5&7&3&-2\\0&-5&-1&1&-4\end{pmatrix}\xrightarrow[r_4-r_2]{r_3+r_2}$$

$$\begin{pmatrix}1&1&-2&-1&4\\0&-5&5&5&-10\\0&0&12&8&-12\\0&0&-6&-4&6\end{pmatrix}\xrightarrow[\frac{1}{4}\times r_3]{(-\frac{1}{5})\times r_2,\ r_4+\frac{1}{2}r_3}\begin{pmatrix}1&1&-2&-1&4\\0&1&-1&-1&2\\0&0&3&2&-3\\0&0&0&0&0\end{pmatrix}\xrightarrow[\frac{1}{3}\times r_3]{r_1-r_2,\ r_2+\frac{1}{3}r_3}$$

$$\begin{pmatrix}1&0&-1&0&2\\0&1&0&-\frac{1}{3}&1\\0&0&1&\frac{2}{3}&-1\\0&0&0&0&0\end{pmatrix}\xrightarrow{r_1+r_3}\begin{pmatrix}1&0&0&\frac{2}{3}&1\\0&1&0&-\frac{1}{3}&1\\0&0&1&\frac{2}{3}&-1\\0&0&0&0&0\end{pmatrix}$$

由此得到原方程组的同解方程组

$$\begin{cases} x_1 = -\dfrac{2}{3}x_4 + 1 \\ x_2 = \dfrac{1}{3}x_4 + 1 \\ x_3 = -\dfrac{2}{3}x_4 - 1 \end{cases}$$

令 $x_4 = 0$,则 $x_1 = 1, x_2 = 1, x_3 = -1$,得到原方程组的一个解$\begin{pmatrix} 1 \\ 1 \\ -1 \\ 0 \end{pmatrix}$.

再考虑导出组$\begin{cases} x_1 = -\dfrac{2}{3}x_4 \\ x_2 = \dfrac{1}{3}x_4 \\ x_3 = -\dfrac{2}{3}x_4 \end{cases}$令 $x_4 = 1$,得到导出组的基础解系为$\begin{pmatrix} -\dfrac{2}{3} \\ \dfrac{1}{3} \\ -\dfrac{2}{3} \\ 1 \end{pmatrix}$,原方程组的一般解为

$$\begin{pmatrix} x_1 \\ x_2 \\ x_3 \\ x_4 \end{pmatrix} = \begin{pmatrix} 1 \\ 1 \\ -1 \\ 0 \end{pmatrix} + k\begin{pmatrix} -\dfrac{2}{3} \\ \dfrac{1}{3} \\ -\dfrac{2}{3} \\ 1 \end{pmatrix}$$

其中 k 为任意常数.

【例 8】　讨论非齐次线性方程组

$$\begin{cases} -2x_1 + x_2 + x_3 = -2 \\ x_1 - 2x_2 + x_3 = \lambda \\ x_1 + x_2 - 2x_3 = \lambda^2 \end{cases}$$

当 λ 取何值时有解?并求出它的解.

解　$$\boldsymbol{B} = \begin{pmatrix} -2 & 1 & 1 & -2 \\ 1 & -2 & 1 & \lambda \\ 1 & 1 & -2 & \lambda^2 \end{pmatrix} \xrightarrow{r_1 \leftrightarrow r_2} \begin{pmatrix} 1 & -2 & 1 & \lambda \\ -2 & 1 & 1 & -2 \\ 1 & 1 & -2 & \lambda^2 \end{pmatrix} \xrightarrow[r_3 - r_1]{r_2 + 2r_1}$$

$$\begin{pmatrix} 1 & -2 & 1 & \lambda \\ 0 & -3 & 3 & -2 + 2\lambda \\ 0 & 3 & -3 & \lambda^2 - \lambda \end{pmatrix} \xrightarrow[-\frac{1}{3} \times r_2]{r_3 + r_2}$$

$$\begin{pmatrix} 1 & -2 & 1 & \lambda \\ 0 & 1 & -1 & -\frac{2}{3}(\lambda-1) \\ 0 & 0 & 0 & (\lambda-1)(\lambda+2) \end{pmatrix} \xrightarrow{r_1+2r_2}$$

$$\begin{pmatrix} 1 & 0 & -1 & \lambda-\frac{4}{3}(\lambda-1) \\ 0 & 1 & -1 & -\frac{2}{3}(\lambda-1) \\ 0 & 0 & 0 & (\lambda-1)(\lambda+2) \end{pmatrix}$$

若要方程组有解,须$(\lambda-1)(\lambda+2)=0$,即$\lambda=1$或$\lambda=-2$.

当$\lambda=1$时,原方程组的同解方程组为

$$\begin{cases} x_1 = x_3+1 \\ x_2 = x_3 \end{cases}$$

令$x_3=0$,可求得原方程组的一个解为$\begin{pmatrix}1\\0\\0\end{pmatrix}$;令$x_3=1$,可求得导出组的一个基础解系为$\begin{pmatrix}1\\1\\1\end{pmatrix}$,故原方程组的一般解为

$$\begin{pmatrix}x_1\\x_2\\x_3\end{pmatrix}=\begin{pmatrix}1\\0\\0\end{pmatrix}+k\begin{pmatrix}1\\1\\1\end{pmatrix}$$

其中k为任意常数.

同理可求得,当$\lambda=-2$时,方程组的一般解为

$$\begin{pmatrix}x_1\\x_2\\x_3\end{pmatrix}=\begin{pmatrix}2\\2\\0\end{pmatrix}+k\begin{pmatrix}1\\1\\1\end{pmatrix}$$

其k为任意常数.

习题 8.1

1. 求解下列齐次线性方程组:

(1)$\begin{cases} 3x_1-5x_2+x_3-2x_4=0 \\ 2x_1+3x_2-5x_3+x_4=0 \\ -x_1+7x_2-4x_3+3x_4=0 \\ 4x_1+15x_2-7x_3+9x_4=0 \end{cases}$;

(2) $\begin{cases} x_1 - 8x_2 + 10x_3 + 2x_4 = 0 \\ 2x_1 + 4x_2 + 5x_3 - x_4 = 0 \\ 3x_1 + 8x_2 + 6x_3 - 2x_4 = 0; \end{cases}$

(3) $\begin{cases} 2x_1 + 3x_2 - x_3 + 5x_4 = 0 \\ 3x_1 + x_2 + 2x_3 - 7x_4 = 0 \\ 4x_1 + x_2 - 3x_3 + 6x_4 = 0 \\ x_1 - 2x_2 + 4x_3 - 7x_4 = 0 \end{cases}$;

(4) $\begin{cases} 3x_1 + 4x_2 - 5x_3 + 7x_4 = 0 \\ 2x_1 - 3x_2 + 3x_3 - 2x_4 = 0 \\ 4x_1 + 11x_2 - 13x_3 + 16x_4 = 0 \\ 7x_1 - 2x_2 + x_3 + 3x_4 = 0 \end{cases}$;

(5) $\begin{cases} 2x_1 - 4x_2 + 5x_3 + 3x_4 = 0 \\ 3x_1 - 6x_2 + 4x_3 + 2x_4 = 0 \\ 4x_1 - 8x_2 + 17x_3 + 11x_4 = 0 \end{cases}$;

(6) $\begin{cases} x_1 + x_2 + x_3 + x_4 + x_5 = 0 \\ 3x_1 + 2x_2 + x_3 + x_4 - 3x_5 = 0 \\ x_2 + 2x_3 + 2x_4 + 6x_5 = 0 \\ 5x_1 + 4x_2 + 3x_3 + 3x_4 - x_5 = 0 \end{cases}$

2.求解下列非齐次线性方程组：

(1) $\begin{cases} 4x_1 + 2x_2 - x_3 = 2 \\ 3x_1 - x_2 + 2x_3 = 10; \\ 11x_1 + 3x_2 = 8 \end{cases}$

(2) $\begin{cases} 2x_1 + 3x_2 + x_3 = 4 \\ x_1 - 2x_2 + 4x_3 = -5 \\ 3x_1 + 8x_2 - 2x_3 = 13 \\ 4x_1 - x_2 + 9x_3 = -6 \end{cases}$;

(3) $\begin{cases} x_1 + x_2 = 5 \\ 2x_1 + x_2 + x_3 + 2x_4 = 1 \\ 5x_1 + 3x_2 + 2x_3 + 2x_4 = 3 \end{cases}$;

(4) $\begin{cases} x_1 - 5x_2 + 2x_3 - 3x_4 = 11 \\ 5x_1 + 3x_2 + 6x_3 - x_4 = -1; \\ 2x_1 + 4x_2 + 2x_3 + x_4 = -6 \end{cases}$

(5) $\begin{cases} x_1 + x_2 - 3x_4 - x_5 = 2 \\ x_1 - x_2 + 2x_3 - x_4 = 1 \\ 4x_1 - 2x_2 + 6x_3 + 3x_4 - 4x_5 = 8 \\ 2x_1 + 4x_2 - 2x_3 + 4x_4 - 7x_5 = 9 \end{cases}$

(6) $\begin{cases} x_1 + 2x_2 + x_3 - 3x_4 + 2x_5 = 1 \\ 2x_1 + x_2 + x_3 + x_4 - 3x_5 = 6 \\ x_1 + x_2 + 2x_3 + 2x_4 - 2x_5 = 2 \\ 2x_1 + 3x_2 - 5x_3 - 17x_4 + 10x_5 = 5 \end{cases}$

3. 当参数 λ 取何值时,非齐次线性方程组

$$\begin{cases} \lambda x_1 + x_2 + x_3 = 1 \\ x_1 + \lambda x_2 + x_3 = \lambda \\ x_1 + x_2 + \lambda x_3 = \lambda^2 \end{cases}$$

(1) 有唯一解;(2) 无解;(3) 有无穷个解?

4. 设 $\begin{cases} (2-\lambda)x_1 + 2x_2 - 2x_3 = 1 \\ 2x_1 + (5-\lambda)x_2 - 4x_3 = 2 \\ -2x_1 - 4x_2 + (5-\lambda)x_3 = -\lambda - 1 \end{cases}$,当 λ 为何值时,此方程组有唯一解、无解或有无穷多解?并在有无穷多解时求出其一般解.

8.2 二次型

二次型也称为二次形式,源于对二次曲线和二次曲面分类问题的讨论.二次型的一个基本问题如同中心在原点的一般二次曲线方程化为标准方程那样,把一般的二次齐次多项式化为只含纯平方项的代数和.二次型在许多理论或实际问题中都有着应用,例如,在求等效网络的网络问题,在发电厂发出的电势不符合正弦形而需转化成正弦形问题,等等.本节主要讨论二次型的相关概念及其性质.

8.2.1 二次型的概念

在解析几何中,圆、椭圆、双曲线都是有心二次曲线,研究曲线的几何性质是平面解析几何的基本问题.当坐标原点与一条有心二次曲线的中心重合时,其一般方程为

$$ax^2 + 2bxy + cy^2 = f \tag{8.7}$$

其中 a,b,c,f 都是常数.此时,从式(8.7)中我们并不容易看出该二次曲线的几何特征.为了识别曲线的类型,更好的研究曲线的几何性质,我们常常作如下的坐标变换(旋转变换)

$$\begin{cases} x = x_0\cos\theta - y_0\sin\theta \\ y = x_0\sin\theta + y_0\cos\theta \end{cases} \tag{8.8}$$

把方程(8.7) 化为不含 x,y 混合项的标准方程

$$\lambda_1 x_0^2 + \lambda_2 y_0^2 = f \tag{8.9}$$

在这个过程中,方程的右边没有变,改变的是方程的左边.在这里,方程(8.7)的左边是一个关于 x,y 的二次齐次多项式(称为二元二次型),它经过坐标变换(8.8) 化成了标准方程(8.9),这样就可以直接看出方程(8.7) 的几何性质.

上述问题的实质是:通过适当的选择坐标变换,将二次齐次多项式 $ax^2 + 2bxy + cy^2$ 化为只含平方项的形式 $\lambda_1 x_0^2 + \lambda_2 y_0^2$.这样的代数问题不仅在平面几何的二次曲线和立体几何的二次曲面的研究中会遇到,在其他许多问题中也会遇到.比如多元函数极值问题及物理中的刚体转动问题等都涉及这类问题.

1.二次型的定义及其矩阵表示

定义 8.1　含有 n 个变量 $x_1,x_2,\cdots,x_n$ 的二次齐次多项式

$$\begin{aligned} f(x_1,x_2,\cdots,x_n) = {} & a_{11}x_1^2 + 2a_{12}x_1x_2 + 2a_{13}x_1x_3 + \cdots + 2a_{1n}x_1x_n + \\ & a_{22}x_2^2 + 2a_{23}x_2x_3 + \cdots + 2a_{2n}x_2x_n + \cdots + a_{nn}x_n^2 \end{aligned} \tag{8.10}$$

称为一个 n 元二次型,简称二次型.

当 $a_{ij}(i,j = 1,2,\cdots,n)$ 中有复数时,二次型(8.10) 称为复二次型;当 $a_{ij}(i,j = 1,2,\cdots,n)$ 全为实数时,二次型(8.10) 称为实二次型.本章我们仅讨论 n 元实二次型.

例如

$$f = x_1^2 + 3x_1x_2 - 2x_1x_3 + 2x_2^2 - x_3^2$$

$$f = x_1x_2 - 2x_1x_3 + 4x_2x_3$$

都是二次型.

为了讨论方便,在式(8.10) 中,我们将 x_ix_j 的系数写成 $2a_{ij}$.若记 x_ix_j 的系数为 a_{ij},x_jx_i 的系数为 a_{ji},则 $a_{ji} = a_{ij}$,即 $2a_{ij}x_ix_j = a_{ij}x_ix_j + a_{ji}x_jx_i$.于是二次型(8.10) 可以改写为如下形式

$$\begin{aligned} f(x_1,x_2,\cdots,x_n) = {} & a_{11}x_1^2 + a_{12}x_1x_2 + \cdots + a_{1n}x_1x_n + \\ & a_{21}x_2x_1 + a_{22}x_2^2 + \cdots + a_{2n}x_2x_n + \cdots + \\ & a_{n1}x_nx_1 + a_{n2}x_nx_2 + \cdots + a_{nn}x_n^2 = \\ & x_1(a_{11}x_1 + a_{12}x_2 + \cdots + a_{1n}x_n) + \\ & x_2(a_{21}x_1 + a_{22}x_2 + \cdots + a_{2n}x_n) + \cdots + \\ & x_n(a_{n1}x + a_{n2}x_2 + \cdots + a_{nn}x_n) = \\ & \sum_{i=1}^{n}(x_i\sum_{j=1}^{n}a_{ij}x_j) = \sum_{i=1}^{n}\sum_{j=1}^{n}a_{ij}x_ix_j = \end{aligned}$$

$$(x_1, x_2, \cdots x_n)\begin{pmatrix} a_{11}x_1 + a_{12}x_2 + \cdots + a_{1n}x_n \\ a_{21}x_1 + a_{22}x_2 + \cdots + a_{2n}x_n \\ \vdots \\ a_{n1}x_1 + a_{12}x_2 + \cdots + a_{nn}x_n \end{pmatrix} =$$

$$(x_1, x_2, \cdots x_n)\begin{pmatrix} a_{11} & a_{12} & \cdots & a_{1n} \\ a_{21} & a_{22} & \cdots & a_{2n} \\ \vdots & \vdots & & \vdots \\ a_{n1} & a_{n2} & \cdots & a_{nn} \end{pmatrix}\begin{pmatrix} x_1 \\ x_2 \\ \vdots \\ x_n \end{pmatrix} =$$

$$\boldsymbol{x}^{\mathrm{T}}\boldsymbol{A}\boldsymbol{x}$$

其中 $x = (x_1, x_2, \cdots x_n)^{\mathrm{T}}, \boldsymbol{A} = (a_{ij})_{n\times n}$. 由于 $a_{ij} = a_{ji}(i, j = 1, 2, \cdots, n)$,所以 $\boldsymbol{A}$ 是对称矩阵,并且 n 元二次型与 n 阶对称矩阵一一对应. 我们把对称矩阵 $\boldsymbol{A}$ 叫做二次型 f(对应)的矩阵,也把 f 叫做对称矩阵 $\boldsymbol{A}$ 的二次型,对称矩阵 $\boldsymbol{A}$ 的秩就叫做二次型 f 的秩.

例如,二次型 $f(x_1, x_2, x_3) = x_1^2 + 4x_1x_2 - 2x_1x_3 + 2x_2^2 - x_3^2$ 的矩阵为

$$\begin{pmatrix} 1 & 2 & -1 \\ 2 & 2 & 0 \\ -1 & 0 & -1 \end{pmatrix}$$

其矩阵形式为

$$f = (x_1 \quad x_2 \quad x_3)\begin{pmatrix} 1 & 2 & -1 \\ 2 & 2 & 0 \\ -1 & 0 & -1 \end{pmatrix}\begin{pmatrix} x_1 \\ x_2 \\ x_3 \end{pmatrix}$$

二次型 $f(x_1, x_2, x_3) = x_1^2 + 2x_2^2 - 3x_3^2$ 的矩阵为

$$\begin{pmatrix} 1 & 0 & 0 \\ 0 & 2 & 0 \\ 0 & 0 & -3 \end{pmatrix}$$

其矩阵形式为

$$f = (x_1 \quad x_2 \quad x_3)\begin{pmatrix} 1 & 0 & 0 \\ 0 & 2 & 0 \\ 0 & 0 & -3 \end{pmatrix}\begin{pmatrix} x_1 \\ x_2 \\ x_3 \end{pmatrix}$$

2. 二次型的标准形

对于二次型,本节我们讨论的中心问题是:用适当的坐标变换化简二次型,使得它仅含平方项.

设有 n 元实二次型 $f(x_1, x_2, \cdots, x_n) = \boldsymbol{x}^{\mathrm{T}}\boldsymbol{A}\boldsymbol{x}, \boldsymbol{C} = (c_{ij})_{n\times n}$ 是可逆的 n 阶方阵,作坐标变换 $\boldsymbol{x} = \boldsymbol{C}\boldsymbol{y}$(通常称为可逆线性变换),即

$$\begin{cases} x_1 = c_{11}y_1 + c_{12}y_2 + \cdots + c_{1n}y_n \\ x_2 = c_{21}y_1 + c_{22}y_2 + \cdots + c_{2n}y_n \\ \quad\vdots \\ x_n = c_{n1}y_1 + c_{n2}y_2 + \cdots + c_{nn}y_n \end{cases}$$

其中 $y = (y_1, y_2, \cdots, y_n)^{\mathrm{T}}$，则二次型 $f = x^{\mathrm{T}}Ax$ 将变为关于新变量 $y_1, y_2, \cdots, y_n$ 的二次型，即

$$f = b_1y_1^2 + b_2y_2^2 + \cdots + b_ny_n^2 = (y_1, y_2, \cdots, y_n)\begin{pmatrix} b_1 & & & \\ & b_2 & & \\ & & \ddots & \\ & & & b_n \end{pmatrix}\begin{pmatrix} y_1 \\ y_2 \\ \vdots \\ y_n \end{pmatrix} = \boldsymbol{y}^{\mathrm{T}}\boldsymbol{B}\boldsymbol{y} \tag{8.11}$$

且二次型的矩阵为

$$\boldsymbol{B} = \boldsymbol{C}^{\mathrm{T}}\boldsymbol{A}\boldsymbol{C}$$

事实上，将 $\boldsymbol{x} = \boldsymbol{C}\boldsymbol{y}$ 代入二次型 $\boldsymbol{x}^{\mathrm{T}}\boldsymbol{A}\boldsymbol{x}$，即有

$$f = \boldsymbol{x}^{\mathrm{T}}\boldsymbol{A}\boldsymbol{x} = (\boldsymbol{C}\boldsymbol{y})^{\mathrm{T}}\boldsymbol{A}(\boldsymbol{C}\boldsymbol{y}) = \boldsymbol{y}^{\mathrm{T}}(\boldsymbol{C}^{\mathrm{T}}\boldsymbol{A}\boldsymbol{C})\boldsymbol{y} = \boldsymbol{y}^{\mathrm{T}}\boldsymbol{B}\boldsymbol{y}$$

定义 8.2　对于两个矩阵 $\boldsymbol{A}$ 和 $\boldsymbol{B}$，如果存在可逆矩阵 $\boldsymbol{C}$，使得 $\boldsymbol{C}^{\mathrm{T}}\boldsymbol{A}\boldsymbol{C} = \boldsymbol{B}$，就称矩阵 $\boldsymbol{A}$ 与 $\boldsymbol{B}$ 合同，记作 $\boldsymbol{A} \simeq \boldsymbol{B}$.

容易验证矩阵之间的合同关系也具有反身性、对称性和传递性，即

(1) $\boldsymbol{A} \simeq \boldsymbol{A}$；

(2) $\boldsymbol{A} \simeq \boldsymbol{B} \Rightarrow \boldsymbol{B} \simeq \boldsymbol{A}$；

(3) $\boldsymbol{A} \simeq \boldsymbol{B}, \boldsymbol{B} \simeq \boldsymbol{C} \Rightarrow \boldsymbol{A} \simeq \boldsymbol{C}$.

定理 8.5　设 $\boldsymbol{A}$ 为对称阵，且 $\boldsymbol{A}$ 与 $\boldsymbol{B}$ 合同，则 $\boldsymbol{B}$ 也为对称阵，且 $R(\boldsymbol{B}) = R(\boldsymbol{A})$.

证明从略.

定义 8.3　只含平方项(不含交叉项)的二次型称为标准形式的二次型，简称标准形.

显然，一个二次型为标准形的充分必要条件是它的矩阵为对角矩阵.

在二次型的应用中，常常要将二次型通过可逆线性变换化为标准形，以便分析二次型的有关性质.这个化标准形的过程从矩阵的角度来说，就是对于对称矩阵 $\boldsymbol{A}$，寻找一个可逆矩阵 $\boldsymbol{C}$，使 $\boldsymbol{C}^{\mathrm{T}}\boldsymbol{A}\boldsymbol{C}$ 为对角阵.这样的矩阵 $\boldsymbol{C}$ 是否必定存在呢?我们不加证明地给出如下结论.

定理 8.6　设 $\boldsymbol{A}$ 为 n 阶对称矩阵，二次型 $f(x) = \boldsymbol{x}^{\mathrm{T}}\boldsymbol{A}\boldsymbol{x}$ 能用可逆线性变换 $\boldsymbol{x} = \boldsymbol{C}\boldsymbol{y}$ 化为标准形的充分必要条件是存在 n 阶可逆矩阵 $\boldsymbol{C}$ 使 $\boldsymbol{C}^{\mathrm{T}}\boldsymbol{A}\boldsymbol{C} = \boldsymbol{B}$ 为对角矩阵.

定理告诉我们,二次型经过可逆线性变换化为标准形的问题与对称矩阵经过合同变换化为对角矩阵的问题实质上是同一个问题.

8.2.2 化二次型为标准形

化二次型为标准形的方法有很多种,如正交变换法、配方法、初等变换法等.这里我们只介绍一种简单的化二次型为标准形的方法:配方法.配方法就是中学代数中讲的把二次多项式配成完全平方的方法.对此我们通过实例加以说明.

【例 9】 用配方法把三元二次型

$$f(x_1,x_2,x_3) = x_1^2 + x_2^2 + 3x_3^2 + 4x_1x_2 + 2x_1x_3 + 2x_2x_3$$

化为标准形,并求所用的坐标变换 $\boldsymbol{x} = \boldsymbol{C}\boldsymbol{y}$ 及变换矩阵 $\boldsymbol{C}$.

解 先将含有 x_1 的各项合并在一起,配成完全平方项,得

$$\begin{aligned} f(x_1,x_2,x_3) = {} & x_1^2 + 2x_1(2x_2 + x_3) + x_2^2 + 3x_3^2 + 2x_2x_3 = \\ & (x_1 + 2x_2 + x_3)^2 - 4x_2^2 - x_3^2 - 4x_2x_3 + x_2^2 + 3x_3^2 + 2x_2x_3 = \\ & (x_1 + 2x_2 + x_3)^2 - 3x_2^2 + 2x_3^2 - 2x_2x_3 \end{aligned}$$

再将余下的含有 x_2 的项合并在一起配成完全平方项

$$\begin{aligned} f(x_1,x_2,x_3) = {} & (x_1 + 2x_2 + x_3)^2 - 3(x_2 + \frac{1}{3}x_3)^2 + \frac{1}{3}x_3^2 + 2x_3^2 = \\ & (x_1 + 2x_2 + x_3)^2 - 3(x_2 + \frac{1}{3}x_3)^2 + \frac{7}{3}x_3^2 \end{aligned}$$

令

$$\begin{cases} y_1 = x_1 + 2x_2 + x_3 \\ y_2 = x_2 + \frac{1}{3}x_3 \\ y_3 = x_3 \end{cases}$$

亦即

$$\begin{cases} x_1 = y_1 - 2y_2 - \frac{1}{3}y_3 \\ x_2 = y_2 - \frac{1}{3}y_3 \\ x_3 = y_3 \end{cases}$$

这一可逆线性变换便可将二次型 f 化为标准形

$$f(x_1,x_2,x_3) = y_1^2 - 3y_2^2 + \frac{7}{3}y_2^2$$

所用坐标变换 $\boldsymbol{x} = \boldsymbol{C}\boldsymbol{y}$ 为

$$\begin{pmatrix} x_1 \\ x_2 \\ x_3 \end{pmatrix} = \begin{pmatrix} 1 & -2 & -\frac{1}{3} \\ 0 & 1 & -\frac{1}{3} \\ 0 & 0 & 1 \end{pmatrix} \begin{pmatrix} y_1 \\ y_2 \\ y_3 \end{pmatrix}$$

所用变换矩阵为

$$\boldsymbol{C} = \begin{pmatrix} 1 & -2 & -\frac{1}{3} \\ 0 & 1 & -\frac{1}{3} \\ 0 & 0 & 1 \end{pmatrix} \quad (|\boldsymbol{C}| = 1 \neq 0)$$

本题在化标准形时,是按 x 的下标的顺序配完全平方的,当然也可以不按此顺序,而是按配方的难易程度来选择次序.例如本题先按 x_1 配方后,再将余下的含有 x_3 的项合并在一起,配成完全平方,则计算如下

$$\begin{aligned} f(x_1,x_2,x_3) &= (x_1 + 2x_2 + x_3)^2 - 3x_2 + 2x_3^2 - 2x_2x_3 = \\ &(x_1 + 2x_2 + x_3)^2 + 2(x_3 - \frac{1}{2}x_2)^2 - \frac{1}{2}x_2^2 - 3x_2^2 = \\ &(x_1 + 2x_2 + x_3)^2 + 2(x_3 - \frac{1}{2}x_2)^2 - \frac{7}{2}x_2^2 \end{aligned}$$

令

$$\begin{cases} y_1 = x_1 + 2x_2 + x_3 \\ y_2 = x_3 - \frac{1}{2}x_2 \\ y_3 = x_2 \end{cases}$$

即

$$\begin{cases} x_1 = y_1 + y_2 - \frac{5}{2}y_3 \\ x_2 = y_3 \\ x_3 = y_2 + \frac{1}{2}y_3 \end{cases}$$

得二次型的标准形为

$$f(x_1,x_2,x_3) = y_1^2 + 2y_2^2 - \frac{7}{2}y_3^2$$

所用坐标变换 $\boldsymbol{x} = \boldsymbol{C}\boldsymbol{y}$ 为

$$\begin{pmatrix} x_1 \\ x_2 \\ x_3 \end{pmatrix} = \begin{pmatrix} 1 & -1 & -\frac{5}{2} \\ 0 & 0 & 1 \\ 0 & 1 & \frac{1}{2} \end{pmatrix} \begin{pmatrix} y_1 \\ y_2 \\ y_3 \end{pmatrix}$$

所用变换矩阵为

$$\boldsymbol{C} = \begin{pmatrix} 1 & -1 & -\frac{5}{2} \\ 0 & 0 & 1 \\ 0 & 1 & \frac{1}{2} \end{pmatrix} \quad (|\boldsymbol{C}| = 1 \neq 0)$$

【例 10】　化二次型

$$f(x_1, x_2, x_3) = 2x_1x_2 + 2x_1x_3 - 6x_2x_3$$

为标准形,并求出所用的可逆线性变换.

解　由于 f 中所有平方项的系数全为零,再注意到 x_1x_2 项的系数非零,故先做可逆线性变换

$$\begin{cases} x_1 = y_1 + y_2 \\ x_2 = y_1 - y_2 \\ x_3 = y_3 \end{cases}$$

即

$$\begin{pmatrix} x_1 \\ x_2 \\ x_3 \end{pmatrix} = \begin{pmatrix} 1 & 1 & 0 \\ 1 & -1 & 0 \\ 0 & 0 & 1 \end{pmatrix} \begin{pmatrix} y_1 \\ y_2 \\ y_3 \end{pmatrix}$$

代入二次型,可得

$$f(x_1, x_2, x_3) = 2(y_1^2 - 2y_1y_3 - y_2^2 + 4y_2y_3)$$

再配方得

$$f(x_1, x_2, x_3) = 2[(y_1 - y_3)^2 - (y_2 - 2y_3)^2 + 3y_3^2]$$

令

$$\begin{cases} z_1 = y_1 - y_3 \\ z_2 = y_2 - 2y_3 \\ z_3 = y_3 \end{cases}$$

即

$$\begin{pmatrix} y_1 \\ y_2 \\ y_3 \end{pmatrix} = \begin{pmatrix} 1 & 0 & 1 \\ 0 & 1 & 2 \\ 0 & 0 & 1 \end{pmatrix} \begin{pmatrix} z_1 \\ z_2 \\ z_3 \end{pmatrix}$$

则 f 化为标准形

$$2z_1^2 - 2z_2^2 + 6z_3^2$$

所用的可逆变换为

$$\begin{pmatrix} x_1 \\ x_2 \\ x_3 \end{pmatrix} = \begin{pmatrix} 1 & 1 & 0 \\ 1 & -1 & 0 \\ 0 & 0 & 1 \end{pmatrix}\begin{pmatrix} 1 & 0 & 1 \\ 0 & 1 & 2 \\ 0 & 0 & 1 \end{pmatrix}\begin{pmatrix} z_1 \\ z_2 \\ z_3 \end{pmatrix} = \begin{pmatrix} 1 & 1 & 3 \\ 1 & -1 & -1 \\ 0 & 0 & 1 \end{pmatrix}\begin{pmatrix} z_1 \\ z_2 \\ z_3 \end{pmatrix}$$

值得注意的是,用配方法求可逆的线性变换把二次型化为标准形,即

$$\boldsymbol{x}^{\mathrm{T}}\boldsymbol{A}\boldsymbol{x} \xlongequal{x = C_1 y} \boldsymbol{y}^{\mathrm{T}}\boldsymbol{B}\boldsymbol{y} \xlongequal{x = C_2 z} \boldsymbol{z}^{\mathrm{T}}\boldsymbol{\Lambda}\boldsymbol{z}\text{(其中 }\boldsymbol{\Lambda}\text{ 为对角阵)}$$

每一步都要保证变换矩阵为可逆矩阵.一般地,任何一个二次型都可以用上面两个例子中所讲的方法找到可逆变换,将其化为标准形.

总结上述结论可得下面的定理(我们略去了冗繁的一般性证明):

定理 8.7　任何二次型必可经过可逆线性变换化为标准形.

8.2.3　二次型的规范形

从前面的例子可以看到,二次型的标准形不是唯一的,对应的可逆线性变换也不是唯一的.但实对称矩阵经过实数域上的合同变换化为对角矩阵后,还可进一步用实数域上的合同变换把主对角元素中的正数都化为 1,负数都化为 -1,并且可以调整主对角元素的相互位置顺序,使主对角上的元素从左上到右下依次为若干个 1、若干个 -1、若干个 0.即有一般性结论:任何实对称矩阵 $\boldsymbol{A}$ 必可经实数域上的合同变换化为如下形式的矩阵

$$\begin{pmatrix} 1 &&&&&&& \\ & \ddots &&&&&& \\ && 1 &&&&& \\ &&& -1 &&&& \\ &&&& \ddots &&& \\ &&&&& -1 && \\ &&&&&& 0 & \\ &&&&&&& \ddots & \\ &&&&&&&& 0 \end{pmatrix} \tag{8.12}$$

矩阵(8.12)称为实对称矩阵 $\boldsymbol{A}$ 的规范形.于是实二次型 $f = \boldsymbol{x}^{\mathrm{T}}\boldsymbol{A}\boldsymbol{x}$ 就可以用可逆线性变换化为

$$f = y_1^2 + y_2^2 + \cdots + y_p^2 - y_{p+1}^2 - y_{p+2}^2 - \cdots - y_{p+q}^2 \tag{8.13}$$

其中 $p \geqslant 0, q \geqslant 0, 0 \leqslant p + q \leqslant n$.式(8.13)称为二次型 f 的规范形(即实规范形).式(8.13)中正平方项的项数 p 称为二次型 f 的正惯性指数,负平方项的项数 q 称为

负惯性指数.并且实二次形的规范形是唯一的.这里的唯一性的含义是 p,q 的值由 f 唯一决定,与 f 化为规范形时所使用的可逆线性变换及规范形中所使用的变量名称无关.简要概括以上结论,即得下面的定理:

定理 8.8(惯性定理) 对于一个实二次型 $f = \boldsymbol{x}^{\mathrm{T}}\boldsymbol{A}\boldsymbol{x}$,它的秩为 r,不论做怎样的坐标变换使之化为规范形,其中正平方项的项数是唯一确定的,即对两个实可逆线性变换

$$\boldsymbol{x} = \boldsymbol{C}_1\boldsymbol{y} \quad 和 \quad \boldsymbol{x} = \boldsymbol{C}_2\boldsymbol{y}$$

使

$$f = y_1^2 + y_2^2 + \cdots + y_p^2 - y_{p+1}^2 - y_{p+2}^2 - \cdots - y_r^2$$
$$f = y_1^2 + y_2^2 + \cdots + y_s^2 - y_{s+1}^2 - y_{s+2}^2 - \cdots - y_r^2$$

则

$$p = s$$

例如,例 9 中二次型

$$f(x_1,x_2,x_3) = x_1^2 + x_2^2 + 3x_3^2 + 4x_1x_2 + 2x_1x_3 + 2x_2x_3$$

用配方法可化为标准形

$$f(x_1,x_2,x_3) = y_1^2 + 2y_2^2 - \frac{7}{2}y_3^2 \tag{8.14}$$

因为在实数域中,正实数总可以开平方,所以再作一可逆线性变换

$$\begin{cases} y_1 = z_1 \\ y_2 = \dfrac{\sqrt{2}}{2}z_2 \\ y_3 = \dfrac{\sqrt{14}}{7}z_3 \end{cases}$$

(8.14) 就变成

$$z_1^2 + z_2^2 - z_3^2 \tag{8.15}$$

式(8.15) 就称为上述实二次型 $f(x_1,x_2,x_3)$ 的规范形,这里正惯性指数是 2,负惯性指数是 1.

习题 8.2

1.写出下列二次型的矩阵,并求其秩.

(1) $f = x_1^2 + 2x_2^2 + 2x_1x_2 - 2x_1x_3$;

(2) $f = 2x_1x_2 - 2x_3x_4$;

(3) $f = x_1^2 + 3x_2^2 - x_3^2 + x_1x_2 - 2x_1x_3 + 3x_2x_3$;

(4) $f = x_1^2 + x_2^2 + 2x_4^2 + 4x_1x_2 + 2x_1x_3 + 4x_1x_4 + 2x_2x_3 + 6x_2x_4 + 4x_3x_4$.

2.用配方法把下列二次型化为标准形,并求出所用的可逆线性变换:

(1) $x_1^2 + 2x_2^2 + 2x_1x_2 - 2x_1x_3$;

(2) $x_1^2 + 4x_3^2 - x_2x_3 + 4x_1x_3$.

3. 已知二次型 $f = 5x_1^2 + 5x_2^2 + cx_3^2 - 2x_1x_2 + 6x_1x_3 - 6x_2x_3$ 的秩为 2.

(1) 求参数 c 及二次型对应矩阵的特征值;

(2) $f(x_1, x_2, x_3) = 1$ 表示什么曲面.

第 9 章　矩阵的特征值与特征向量

矩阵的特征值与特征向量是线性代数中最基本的概念之一,在理论上有非常重要的地位,在实际中也有广泛的应用.工程技术和经济领域中的许多定量分析问题,如振动问题、稳定性问题以及动态经济模型,常可通过求一个矩阵的特征值和特征向量来解决;数学中矩阵对角化以及解微分方程组等问题,也都要用到特征值的理论.

本章介绍特征值和特征向量的概念、计算方法及它们的一些基本性质,并讨论矩阵在相似意义下化为对角矩阵的问题.

9.1　矩阵的特征值与特征向量的概念

1. 特征值与特征向量的定义

定义 9.1　设 $\boldsymbol{A}$ 为 n 阶方阵,若存在 n 维非零列向量 $\boldsymbol{x}$,使得

$$\boldsymbol{A}\boldsymbol{x} = \lambda\boldsymbol{x} \tag{9.1}$$

则称数 λ 是矩阵 $\boldsymbol{A}$ 的特征值,而称非零向量 $\boldsymbol{x}$ 是矩阵 $\boldsymbol{A}$ 的属于(或对应于)特征值 λ 的特征向量.

例如,$\begin{pmatrix} 3 & -4 \\ 2 & -3 \end{pmatrix}\begin{pmatrix} 2 \\ 1 \end{pmatrix} = 1 \cdot \begin{pmatrix} 2 \\ 1 \end{pmatrix}$,则 $\lambda = 1$ 为 $\boldsymbol{A} = \begin{pmatrix} 3 & -4 \\ 2 & -3 \end{pmatrix}$ 的特征值,$\boldsymbol{x} = \begin{pmatrix} 2 \\ 1 \end{pmatrix}$ 为 $\boldsymbol{A}$ 的属于特征值 $\lambda = 1$ 的特征向量.

由定义可知,特征值和特征向量是对方阵而言的,且特征向量 $\boldsymbol{x} \neq \boldsymbol{0}$,而特征值不一定非零.

特征向量不是被特征值所唯一确定的.因为如果 $\boldsymbol{x}$ 是矩阵 $\boldsymbol{A}$ 的属于特征值 λ 的特征向量,则对任何非零的数 k,非零向量 $k\boldsymbol{x}$ 也是矩阵 $\boldsymbol{A}$ 的属于特征值 λ 的特征向量.但是对于特征值却是被特征向量所唯一确定的,即一个特征向量只能属于一个特征值.事实上,若 $\boldsymbol{x}$ 是矩阵 $\boldsymbol{A}$ 的属于两个特征值的特征向量,即

$$\boldsymbol{A}\boldsymbol{x} = \lambda_1\boldsymbol{x}, \quad \boldsymbol{A}\boldsymbol{x} = \lambda_2\boldsymbol{x}$$

于是 $(\lambda_1 - \lambda_2)\boldsymbol{x} = \boldsymbol{0}$.由于 $\boldsymbol{x} \neq \boldsymbol{0}$,所以 $\lambda_1 = \lambda_2$.

2. 特征值与特征向量的计算

当给定 n 阶矩阵 $\boldsymbol{A}$ 时,如何求它的特征值与特征向量呢?

首先,若记 $\boldsymbol{A} = (a_{ij})_{n\times n}$,特征向量 $\boldsymbol{x} = (x_1, x_2, \cdots, x_n)^{\mathrm{T}}$.式(9.1)可写为

$$(\lambda \boldsymbol{E} - \boldsymbol{A})\boldsymbol{x} = \boldsymbol{0}$$

这是齐次线性方程组,它有非零解的充要条件是系数行列式 $|\lambda \boldsymbol{E} - \boldsymbol{A}| = 0$,即

$$\begin{vmatrix} \lambda - a_{11} & -a_{12} & \cdots & -a_{1n} \\ -a_{21} & \lambda - a_{22} & \cdots & -a_{2n} \\ \vdots & \vdots & & \vdots \\ -a_{n1} & -a_{n2} & \cdots & \lambda - a_{nn} \end{vmatrix} = 0 \tag{9.2}$$

式(9.2)是以 λ 为变量的一元 n 次方程,称为矩阵 $\boldsymbol{A}$ 的特征方程,左端 $|\lambda \boldsymbol{E} - \boldsymbol{A}|$ 是 λ 的 n 次多项式,记作 $f_A(\lambda)$,称为矩阵 $\boldsymbol{A}$ 的特征多项式.显然,$\boldsymbol{A}$ 的全部特征值就是特征方程的所有根;$\boldsymbol{A}$ 的属于特征值 λ 的全部特征向量恰好是特征方程组 $(\lambda \boldsymbol{E} - \boldsymbol{A})\boldsymbol{x} = \boldsymbol{0}$ 的全部非零解.

根据代数学基本定理,在复数域内一元 n 次方程 $f_A(\lambda) = 0$ 恰好有 n 个根(重根按重数计算),因此,n 阶方阵 $\boldsymbol{A}$ 在复数域上恰有 n 个特征值.

综上所述,可以得到计算 n 阶方阵 $\boldsymbol{A}$ 的特征值与特征向量的步骤:

(1) 计算 $\boldsymbol{A}$ 的特征多项式 $|\lambda \boldsymbol{E} - \boldsymbol{A}|$;

(2) 求出 $|\lambda \boldsymbol{E} - \boldsymbol{A}| = 0$ 的所有根 $\lambda_1, \lambda_2, \cdots, \lambda_n$,它们是 $\boldsymbol{A}$ 的全部特征值;对每个 $\lambda_i (i = 1, 2, \cdots, n)$,如果 λ_i 为特征方程的单根,则称 λ_i 为 $\boldsymbol{A}$ 的单特征值;如果 λ_i 为特征方程的 k 重根,则称 λ_i 为 $\boldsymbol{A}$ 的重特征值,并称 k 为 λ_i 的重数.

(3) 对每个 $\lambda_i (i = 1, 2, \cdots, n)$,解齐次线性方程组 $(\lambda_i \boldsymbol{E} - \boldsymbol{A})\boldsymbol{x} = \boldsymbol{0}$,它的非零解都是属于特征值 λ_i 的特征向量.

【例 1】　求矩阵 $\boldsymbol{A} = \begin{pmatrix} 3 & -1 \\ -1 & 3 \end{pmatrix}$ 的特征值与特征向量.

解　先求 A 的特征值,由

$$|\lambda \boldsymbol{E} - \boldsymbol{A}| = \begin{vmatrix} \lambda - 3 & 1 \\ 1 & \lambda - 3 \end{vmatrix} = (\lambda - 3)^2 - 1 = (\lambda - 2)(\lambda - 4) = 0$$

得,$\boldsymbol{A}$ 的特征值为

$$\lambda_1 = 2, \lambda_2 = 4$$

把特征值 $\lambda_1 = 2$ 代入方程组 $(\lambda \boldsymbol{E} - \boldsymbol{A})\boldsymbol{x} = \boldsymbol{0}$,得

$$(2\boldsymbol{E} - \boldsymbol{A})\boldsymbol{x} = \begin{pmatrix} 2-3 & 1 \\ 1 & 2-3 \end{pmatrix}\begin{pmatrix} x_1 \\ x_2 \end{pmatrix} = \begin{pmatrix} -1 & 1 \\ 1 & -1 \end{pmatrix}\begin{pmatrix} x_1 \\ x_2 \end{pmatrix} = \begin{pmatrix} 0 \\ 0 \end{pmatrix}$$

易见它的基础解系为 $\boldsymbol{\alpha}_1 = \begin{pmatrix} 1 \\ 1 \end{pmatrix}$,取 $\boldsymbol{\alpha}_1 = \begin{pmatrix} 1 \\ 1 \end{pmatrix}$ 为特征向量即可.

把特征值 $\lambda_2 = 4$ 代入方程组 $(\lambda \boldsymbol{E} - \boldsymbol{A})\boldsymbol{x} = \boldsymbol{0}$,得

$$(4\boldsymbol{E} - \boldsymbol{A})\boldsymbol{x} = \begin{pmatrix} 4-3 & 1 \\ 1 & 4-3 \end{pmatrix}\begin{pmatrix} x_1 \\ x_2 \end{pmatrix} = \begin{pmatrix} 1 & 1 \\ 1 & 1 \end{pmatrix}\begin{pmatrix} x_1 \\ x_2 \end{pmatrix} = \begin{pmatrix} 0 \\ 0 \end{pmatrix}$$

易见它的基础解系 $\boldsymbol{\alpha}_2 = \begin{pmatrix} -1 \\ 1 \end{pmatrix}$,取 $\boldsymbol{\alpha}_2 = \begin{pmatrix} -1 \\ 1 \end{pmatrix}$为其特征向量即可.

显然,若 $\boldsymbol{\alpha}_i$ 为方阵$\boldsymbol{A}$ 的对应于特征值λ_i 的特征向量,则 $k\boldsymbol{\alpha}_i(k \neq 0)$ 也是对应于特征值 λ_i 的特征向量(特征向量不唯一).

【例 2】 求矩阵 $\boldsymbol{A} = \begin{pmatrix} -1 & 1 & 0 \\ -4 & 3 & 0 \\ 1 & 0 & 2 \end{pmatrix}$的特征值与特征向量.

解 先求 $\boldsymbol{A}$ 的特征值,由

$$|\lambda\boldsymbol{E} - \boldsymbol{A}| = \begin{vmatrix} \lambda+1 & -1 & 0 \\ 4 & \lambda-3 & 0 \\ -1 & 0 & \lambda-2 \end{vmatrix} = (\lambda-2)(\lambda-1)^2 = 0$$

得,$\boldsymbol{A}$ 的特征值为

$$\lambda_1 = 2,\quad \lambda_2 = \lambda_3 = 1$$

把特征值 $\lambda_1 = 2$ 代入方程组$(\lambda\boldsymbol{E} - \boldsymbol{A})\boldsymbol{x} = \boldsymbol{0}$,得

$$(2\boldsymbol{E} - \boldsymbol{A})\boldsymbol{x} = \begin{pmatrix} 3 & -1 & 0 \\ 4 & -1 & 0 \\ -1 & 0 & 0 \end{pmatrix}\begin{pmatrix} x_1 \\ x_2 \\ x_3 \end{pmatrix} = \begin{pmatrix} 0 \\ 0 \\ 0 \end{pmatrix}$$

由

$$2\boldsymbol{E} - \boldsymbol{A} = \begin{pmatrix} 3 & -1 & 0 \\ 4 & -1 & 0 \\ -1 & 0 & 0 \end{pmatrix} \xrightarrow{\text{初等行变换}} \begin{pmatrix} 1 & 0 & 0 \\ 0 & 1 & 0 \\ 0 & 0 & 0 \end{pmatrix}$$

知原方程组同解于

$$\begin{cases} x_1 = 0 \\ x_2 = 0 \end{cases}$$

可取 $\boldsymbol{\alpha}_1 = \begin{pmatrix} 0 \\ 0 \\ 1 \end{pmatrix}$为原方程组的一个基础解系,则 $k_1\boldsymbol{\alpha}_1(k_1 \neq 0$,为任意常数) 为对应于 $\lambda_1 = 2$ 的全部特征向量.

把特征值 $\lambda_2 = \lambda_3 = 1$ 代入方程组$(\lambda\boldsymbol{E} - \boldsymbol{A})\boldsymbol{x} = \boldsymbol{0}$,得

$$(\boldsymbol{E} - \boldsymbol{A})\boldsymbol{x} = \begin{pmatrix} 2 & -1 & 0 \\ 4 & -2 & 0 \\ -1 & 0 & -1 \end{pmatrix}\begin{pmatrix} x_1 \\ x_2 \\ x_3 \end{pmatrix} = \begin{pmatrix} 0 \\ 0 \\ 0 \end{pmatrix}$$

由

$$E - A = \begin{pmatrix} 2 & -1 & 0 \\ 4 & -2 & 0 \\ -1 & 0 & -1 \end{pmatrix} \xrightarrow{\text{初等行变换}} \begin{pmatrix} 1 & 0 & 1 \\ 0 & 1 & 2 \\ 0 & 0 & 0 \end{pmatrix}$$

知原方程组同解于

$$\begin{cases} x_1 = -x_3 \\ x_2 = -2x_3 \end{cases}$$

可取 $\boldsymbol{\alpha}_2 = \begin{pmatrix} -1 \\ -2 \\ 1 \end{pmatrix}$ 为原方程组的一个基础解系，则 $k_2\boldsymbol{\alpha}_2$（$k_2 \neq 0$，为任意常数）为对应于 $\lambda_2 = \lambda_3 = 1$ 的全部特征向量.

【例 3】 求矩阵 $\boldsymbol{A} = \begin{pmatrix} 4 & 6 & 0 \\ -3 & -5 & 0 \\ -3 & -6 & 1 \end{pmatrix}$ 的特征值与特征向量.

解　由

$$|\lambda \boldsymbol{E} - \boldsymbol{A}| = \begin{vmatrix} \lambda - 4 & -6 & 0 \\ 3 & \lambda + 5 & 0 \\ 3 & 6 & \lambda - 1 \end{vmatrix} = (\lambda + 2)(\lambda - 1)^2 = 0$$

得，$\boldsymbol{A}$ 的特征值为

$$\lambda_1 = -2, \quad \lambda_2 = \lambda_3 = 1$$

把特征值 $\lambda_1 = -2$ 代入方程组 $(\lambda \boldsymbol{E} - \boldsymbol{A})x = \boldsymbol{0}$，得

$$(-2\boldsymbol{E} - \boldsymbol{A})x = \begin{pmatrix} -6 & -6 & 0 \\ 3 & 3 & 0 \\ 3 & 6 & -3 \end{pmatrix} \begin{pmatrix} x_1 \\ x_2 \\ x_3 \end{pmatrix} = \begin{pmatrix} 0 \\ 0 \\ 0 \end{pmatrix}$$

由

$$-2\boldsymbol{E} - \boldsymbol{A} = \begin{pmatrix} -6 & -6 & 0 \\ 3 & 3 & 0 \\ 3 & -6 & -3 \end{pmatrix} \xrightarrow{\text{初等行变换}} \begin{pmatrix} 1 & 0 & 1 \\ 0 & 1 & -1 \\ 0 & 0 & 0 \end{pmatrix}$$

知原方程组同解于

$$\begin{cases} x_1 = -x_3 \\ x_2 = x_3 \end{cases}$$

可取 $\boldsymbol{\alpha}_1 = \begin{pmatrix} -1 \\ 1 \\ 1 \end{pmatrix}$ 为原方程组的一个基础解系，则 $k_1\boldsymbol{\alpha}_1$（$k_1 \neq 0$，为任意常数）为对应于 $\lambda_1 = -2$ 的全部特征向量.

把特征值 $\lambda_2 = \lambda_3 = 1$ 代入方程组 $(\lambda \boldsymbol{E} - \boldsymbol{A})\boldsymbol{x} = \boldsymbol{0}$，得

$$(\boldsymbol{E}-\boldsymbol{A})\boldsymbol{x}=\begin{pmatrix}-3&-6&0\\3&6&0\\3&6&0\end{pmatrix}\begin{pmatrix}x_1\\x_2\\x_3\end{pmatrix}=\begin{pmatrix}0\\0\\0\end{pmatrix}$$

由

$$\boldsymbol{E}-\boldsymbol{A}=\begin{pmatrix}-3&-6&0\\3&6&0\\3&6&0\end{pmatrix}\xrightarrow{\text{初等行变换}}\begin{pmatrix}1&2&0\\0&0&0\\0&0&0\end{pmatrix}$$

知原方程组同解于

$$x_1=-2x_2$$

可取 $\boldsymbol{\alpha}_2=\begin{pmatrix}-2\\1\\0\end{pmatrix},\boldsymbol{\alpha}_3=\begin{pmatrix}0\\0\\1\end{pmatrix}$为原方程组的一个基础解系,则 $k_2\boldsymbol{\alpha}_2+k_3\boldsymbol{\alpha}_3$($k_2,k_3$ 为不全为零的任意常数)为对应于 $\lambda_2=\lambda_3=1$ 的全部特征向量.

3.特征值与特征向量的基本性质

定理 9.1 方阵 $\boldsymbol{A}$ 与 $\boldsymbol{A}^{\mathrm{T}}$ 有相同的特征值.

证明 因为 $|\lambda\boldsymbol{E}-\boldsymbol{A}^{\mathrm{T}}|=|(\lambda\boldsymbol{E}-\boldsymbol{A})^{\mathrm{T}}|=|\lambda\boldsymbol{E}-\boldsymbol{A}|$,所以 $\boldsymbol{A}$ 与 $\boldsymbol{A}^{\mathrm{T}}$ 的特征多项式相同,故有相同的特征值.

定理 9.2 设 $\lambda_1,\lambda_2,\cdots,\lambda_n$ 是矩阵 $\boldsymbol{A}=(a_{ij})_{n\times n}$ 的全部特征值,则必有

(1) $\sum\limits_{i=1}^{n}\lambda_i=\sum\limits_{i=1}^{n}a_{ii}$;

(2) $\lambda_1\lambda_2\cdots\lambda_n=|A|$.

证明从略.

推论 方阵 $\boldsymbol{A}$ 可逆的充分必要条件是 $\boldsymbol{A}$ 的所有特征值都不为零.

没有零特征值和有零特征值是可逆方阵与不可逆方阵的根本性差异.对此读者应该牢记.

定理 9.3 设 $\lambda_1,\lambda_2,\cdots,\lambda_s$ 是矩阵 $\boldsymbol{A}$ 的互异特征值,$\boldsymbol{\alpha}_1,\boldsymbol{\alpha}_2,\cdots,\boldsymbol{\alpha}_s$ 分别是属于它们的特征向量,则 $\boldsymbol{\alpha}_1,\boldsymbol{\alpha}_2,\cdots,\boldsymbol{\alpha}_s$ 线性无关.

证明从略.

【例 4】 设矩阵 $\boldsymbol{A}$ 的特征值为 $\lambda_1,\lambda_2,\lambda_1\neq\lambda_2$,且对应的特征向量为 $\boldsymbol{\alpha}_1,\boldsymbol{\alpha}_2$,证明 $\boldsymbol{\alpha}_1+\boldsymbol{\alpha}_2$ 不是 $\boldsymbol{A}$ 的特征向量.

证明 (反证法)假设 $\boldsymbol{\alpha}_1+\boldsymbol{\alpha}_2$ 是 $\boldsymbol{A}$ 的特征向量,则有数 λ,使得

$$\boldsymbol{A}(\boldsymbol{\alpha}_1+\boldsymbol{\alpha}_2)=\lambda(\boldsymbol{\alpha}_1+\boldsymbol{\alpha}_2).$$

而

$$\boldsymbol{A}\boldsymbol{\alpha}_1=\lambda_1\boldsymbol{\alpha}_1,\boldsymbol{A}\boldsymbol{\alpha}_2=\lambda_2\boldsymbol{\alpha}_2$$

则有

$$(\lambda-\lambda_1)\boldsymbol{\alpha}_1+(\lambda-\lambda_2)\boldsymbol{\alpha}_2=\mathbf{0}$$

因为 $\lambda_1\neq\lambda_2$,所以由定理 9.3 知 $\boldsymbol{\alpha}_1,\boldsymbol{\alpha}_2$ 线性无关,故 $\lambda-\lambda_1=\lambda-\lambda_2=1$,即 $\lambda_1=\lambda_2$ 与题设矛盾,所以 $\boldsymbol{\alpha}_1+\boldsymbol{\alpha}_2$ 不是 $\boldsymbol{A}$ 的特征向量.

习题 9.1

1. 求下列矩阵的特征值和特征向量:

(1) $\begin{pmatrix}1&6\\5&2\end{pmatrix}$;　(2) $\begin{pmatrix}1&0&0\\2&4&5\\3&0&6\end{pmatrix}$;

(3) $\begin{pmatrix}-1&-1&0\\1&-3&0\\-1&0&-2\end{pmatrix}$;　(4) $\begin{pmatrix}-2&3&-1\\-6&7&-2\\-9&9&-2\end{pmatrix}$;

(5) $\begin{pmatrix}1&3&1&2\\0&-1&1&3\\0&0&2&5\\0&0&0&2\end{pmatrix}$.

9.2　相似矩阵与矩阵的对角化

对角矩阵是最简单的一类矩阵,如果一个矩阵 $\boldsymbol{A}$ 能与一个对角矩阵建立某种关系,同时二者又有很多共同的性质,那么就可以通过研究对角矩阵的性质,来得到矩阵 $\boldsymbol{A}$ 的性质.本节我们要研究如何将一个矩阵 $\boldsymbol{A}$ 转化为一个对角矩阵,即矩阵的对角化问题.

9.2.1　相似矩阵及其性质

定义 9.2　设 $\boldsymbol{A}$ 和 $\boldsymbol{B}$ 都是 n 阶方阵,若存在可逆矩阵 $\boldsymbol{P}$,使得

$$\boldsymbol{P}^{-1}\boldsymbol{A}\boldsymbol{P}=\boldsymbol{B}$$

则称 $\boldsymbol{B}$ 是 $\boldsymbol{A}$ 的相似矩阵,或说 $\boldsymbol{A}$ 与 $\boldsymbol{B}$ 相似,记为:$\boldsymbol{A}\sim\boldsymbol{B}$.对 $\boldsymbol{A}$ 施行运算 $\boldsymbol{P}^{-1}\boldsymbol{A}\boldsymbol{P}$ 称为对 $\boldsymbol{A}$ 进行相似变换,可逆矩阵 $\boldsymbol{P}$ 称为把 $\boldsymbol{A}$ 化为 $\boldsymbol{B}$ 的相似变换矩阵.

相似是矩阵间的一种关系,它具有以下性质:

(1) 反身性:对任一 n 阶矩阵 $\boldsymbol{A}$,有 $\boldsymbol{A}\sim\boldsymbol{A}$;

事实上,这只要由 $\boldsymbol{A}=\boldsymbol{E}^{-1}\boldsymbol{A}\boldsymbol{E}$ 即可看出.

(2) 对称性:若 $\boldsymbol{A}\sim\boldsymbol{B}$,则 $\boldsymbol{B}\sim\boldsymbol{A}$;

事实上,若 $\boldsymbol{B}=\boldsymbol{P}^{-1}\boldsymbol{A}\boldsymbol{P}$,有 $\boldsymbol{A}=(\boldsymbol{P}^{-1})^{-1}\boldsymbol{B}(\boldsymbol{P}^{-1})$,结论显然成立.

(3) 传递性:若 $\boldsymbol{A} \sim \boldsymbol{B},\boldsymbol{B} \sim \boldsymbol{C}$,则 $\boldsymbol{A} \sim \boldsymbol{C}$;

事实上，因为 $\boldsymbol{B} = \boldsymbol{P}_1^{-1}\boldsymbol{A}\boldsymbol{P}_1,\boldsymbol{C} = \boldsymbol{P}_2^{-1}\boldsymbol{B}\boldsymbol{P}_2$，可得 $\boldsymbol{C} = \boldsymbol{P}_2^{-1}\boldsymbol{P}_1^{-1}\boldsymbol{A}\boldsymbol{P}_1\boldsymbol{P}_2 = (\boldsymbol{P}_1\boldsymbol{P}_2)^{-1}\boldsymbol{A}(\boldsymbol{P}_1\boldsymbol{P}_2)$,则 $\boldsymbol{A} \sim \boldsymbol{C}$.

(4) 相似矩阵有相同的秩;

(5) 相似矩阵的同次幂仍相似.即若 $\boldsymbol{A} \sim \boldsymbol{B}$,则 $\boldsymbol{A}^k \sim \boldsymbol{B}^k$($k$ 为非负整数).

事实上,因为 $\boldsymbol{B} = \boldsymbol{P}^{-1}\boldsymbol{A}\boldsymbol{P}$,则有

$$\boldsymbol{B}^k = (\boldsymbol{P}^{-1}\boldsymbol{A}\boldsymbol{P})(\boldsymbol{P}^{-1}\boldsymbol{A}\boldsymbol{P})\cdots(\boldsymbol{P}^{-1}\boldsymbol{A}\boldsymbol{P}) = \boldsymbol{P}^{-1}\boldsymbol{A}^k\boldsymbol{P}.$$

(6) 相似矩阵有相同的特征多项式,从而有相同的特征值和相同的行列式.

证明 若 $\boldsymbol{A} \sim \boldsymbol{B}$,则存在可逆转矩阵 $\boldsymbol{P}$,使 $\boldsymbol{B} = \boldsymbol{P}^{-1}\boldsymbol{A}\boldsymbol{P}$,从而

$$\begin{aligned}|\lambda\boldsymbol{E} - \boldsymbol{B}| &= |\lambda\boldsymbol{E} - \boldsymbol{P}^{-1}\boldsymbol{A}\boldsymbol{P}| = |\boldsymbol{P}^{-1}(\lambda\boldsymbol{E})\boldsymbol{P} - \boldsymbol{P}^{-1}\boldsymbol{A}\boldsymbol{P}| = \\ &|\boldsymbol{P}^{-1}(\lambda\boldsymbol{E} - \boldsymbol{A})\boldsymbol{P}| = |\boldsymbol{P}^{-1}||\lambda\boldsymbol{E} - \boldsymbol{A}||\boldsymbol{P}| = \\ &|\lambda\boldsymbol{E} - A|\end{aligned}$$

即 $\boldsymbol{A}$ 与 $\boldsymbol{B}$ 有相同的特征多项式.于是,$\boldsymbol{A}$ 与 $\boldsymbol{B}$ 有相同的特征值和相同的行列式.

9.2.2 矩阵与对角矩阵相似的条件

对角矩阵可以认为是矩阵中最简单的一种,现在我们来观察,究竟哪些矩阵与对角矩阵相似.

定理 9.4(方阵相似于对角矩阵的充要条件) n 阶矩阵 $\boldsymbol{A}$ 相似于对角矩阵的充要条件是 $\boldsymbol{A}$ 有 n 个线性无关的特征向量,且当 $\boldsymbol{A}$ 相似于对角矩阵 $\boldsymbol{B}$ 时,$\boldsymbol{B}$ 的主对角线元素就是 $\boldsymbol{A}$ 的全部特征值.

证明 (必要性) 设 $\boldsymbol{A}$ 与对角矩阵相似,则有

$$\boldsymbol{P}^{-1}\boldsymbol{A}\boldsymbol{P} = \begin{pmatrix}\lambda_1 & & & \\ & \lambda_2 & & \\ & & \ddots & \\ & & & \lambda_n\end{pmatrix}$$

或写为

$$\boldsymbol{A}\boldsymbol{P} = \boldsymbol{P}\begin{pmatrix}\lambda_1 & & & \\ & \lambda_2 & & \\ & & \ddots & \\ & & & \lambda_n\end{pmatrix}$$

设 $\boldsymbol{P} = (\alpha_1,\alpha_2,\cdots\alpha_n)$,于是有

$$(\boldsymbol{A}\boldsymbol{\alpha}_1,\boldsymbol{A}\boldsymbol{\alpha}_2,\cdots,\boldsymbol{A}\boldsymbol{\alpha}_n) = (\lambda_1\boldsymbol{\alpha}_1,\lambda_2\boldsymbol{\alpha}_2,\cdots,\lambda_n\boldsymbol{\alpha}_n)$$

即

$$\boldsymbol{A}\boldsymbol{\alpha}_i = \lambda_i\boldsymbol{\alpha}_i \quad (i = 1,2,\cdots,n)$$

可见,λ_i 是 $\boldsymbol{A}$ 的特征值,$\boldsymbol{\alpha}_i$ 是属于其特征值 λ_i 的特征向量.由于 $\boldsymbol{P}$ 可逆,故 $\boldsymbol{\alpha}_1$,

$\boldsymbol{\alpha}_2,\cdots,\boldsymbol{\alpha}_n$ 是 $\boldsymbol{A}$ 的 n 个线性无关的特征向量.

(充分性) 设 $\boldsymbol{A}$ 有 n 个线性无关的特征向量 $\boldsymbol{\alpha}_1,\boldsymbol{\alpha}_2,\cdots,\boldsymbol{\alpha}_n$,对应的特征值分别为 $\lambda_1,\lambda_2,\cdots,\lambda_n$,则有

$$\boldsymbol{A}\boldsymbol{\alpha}_i = \lambda_i\boldsymbol{\alpha}_i \quad (i = 1,2,\cdots,n)$$

令 $\boldsymbol{P} = (\boldsymbol{\alpha}_1,\boldsymbol{\alpha}_2,\cdots,\boldsymbol{\alpha}_n)$,显然 $\boldsymbol{P}$ 是可逆的,且

$$\boldsymbol{AP} = (\boldsymbol{A}\boldsymbol{\alpha}_1,\boldsymbol{A}\boldsymbol{\alpha}_2,\cdots,\boldsymbol{A}\boldsymbol{\alpha}_n) = (\lambda_1\boldsymbol{\alpha}_1,\lambda_2\boldsymbol{\alpha}_2,\cdots,\lambda_n\boldsymbol{\alpha}_n) =$$

$$(\boldsymbol{\alpha}_1,\boldsymbol{\alpha}_2,\cdots,\boldsymbol{\alpha}_n)\begin{pmatrix}\lambda_1 & & & \\ & \lambda_2 & & \\ & & \ddots & \\ & & & \lambda_n\end{pmatrix} = \boldsymbol{P}\begin{pmatrix}\lambda_1 & & & \\ & \lambda_2 & & \\ & & \ddots & \\ & & & \lambda_n\end{pmatrix}$$

即

$$\boldsymbol{P}^{-1}\boldsymbol{AP} = \begin{pmatrix}\lambda_1 & & & \\ & \lambda_2 & & \\ & & \ddots & \\ & & & \lambda_n\end{pmatrix}$$

因此,$\boldsymbol{A}$ 与对角矩阵相似.

推论 1(方阵相似于对角矩阵的充分条件)　如果 n 阶矩阵 $\boldsymbol{A}$ 有 n 个互异的特征值,则 $\boldsymbol{A}$ 必相似于对角矩阵.

推论 2　n 阶矩阵 $\boldsymbol{A}$ 相似于对角矩阵的充分必要条件是,$\boldsymbol{A}$ 对应于每个特征值的线性无关的特征向量个数正好等于该特征值的重数.

上述定理的证明过程已经给出了求可逆矩阵 $\boldsymbol{P}$ 的方法,现将求矩阵对角化的主要步骤归纳如下:

(1) 求出 $\boldsymbol{A}$ 的所有互异的特征值;

(2) 求出 $\boldsymbol{A}$ 的属于每个特征值的线性无关的一组特征向量;

(3) 把求出的属于每个特征值的线性无关的特征向量放在一起,得到一个由 n 个向量构成的向量组,设为 $\boldsymbol{\alpha}_1,\boldsymbol{\alpha}_2,\cdots,\boldsymbol{\alpha}_n$. 令 $\boldsymbol{P} = (\boldsymbol{\alpha}_1,\boldsymbol{\alpha}_2,\cdots,\boldsymbol{\alpha}_n)$,此即为所求的可逆矩阵,且

$$\boldsymbol{P}^{-1}\boldsymbol{AP} = \begin{pmatrix}\lambda_1 & & & \\ & \lambda_2 & & \\ & & \ddots & \\ & & & \lambda_n\end{pmatrix}$$

其中,$\lambda_i(i = 1,2,\cdots,n)$ 是 $\boldsymbol{A}$ 的对应于特征向量 $\boldsymbol{\alpha}_i(i = 1,2,\cdots,n)$ 的特征值.

【例 5】　化矩阵 $\boldsymbol{A} = \begin{pmatrix}3 & -1 \\ -1 & 3\end{pmatrix}$ 为对角矩阵.

解　由例 1 知,$\boldsymbol{A}$ 的特征值为 $\lambda_1 = 2,\lambda_2 = 4$,$\boldsymbol{\alpha}_1 = \begin{pmatrix}1 \\ 1\end{pmatrix}$,$\boldsymbol{\alpha}_2 = \begin{pmatrix}-1 \\ 1\end{pmatrix}$ 是其对应

的特征向量,于是 $P=\begin{pmatrix}1 & -1\\1 & 1\end{pmatrix}$,则

$$P^{-1}AP=\begin{pmatrix}2 & 0\\0 & 4\end{pmatrix}$$

【例 6】 化矩阵 $A=\begin{pmatrix}1 & 2 & 2\\2 & 1 & 2\\2 & 2 & 1\end{pmatrix}$为对角矩阵.

解 矩阵 A 的特征方程为

$$|\lambda E-A|=\begin{vmatrix}\lambda-1 & -2 & -2\\-2 & \lambda-1 & -2\\-2 & -2 & \lambda-1\end{vmatrix}=0$$

化简得 $(\lambda-5)(\lambda+1)^2=0$. 因此 $\lambda_1=5,\lambda_2=\lambda_3=-1$ 是 A 的特征值. 对于 $\lambda_1=5$,解齐次线性方程组 $(5E-A)x=\mathbf{0}$,得一个基础解系为:$\alpha_1=\begin{pmatrix}1\\1\\1\end{pmatrix}$,即 $\lambda_1=5$ 所对应的特征向量是$\begin{pmatrix}1\\1\\1\end{pmatrix}$.

同样,可以求出 $\lambda_2=-1$ 所对应的特征向量为

$$\alpha_2=\begin{pmatrix}1\\0\\-1\end{pmatrix},\alpha_3=\begin{pmatrix}0\\1\\-1\end{pmatrix}$$

于是,令

$$P=\begin{pmatrix}1 & 1 & 0\\1 & 0 & 1\\1 & -1 & -1\end{pmatrix}$$

则

$$P^{-1}AP=\begin{pmatrix}5 & & \\ & -1 & \\ & & -1\end{pmatrix}$$

【例 7】 设

$$A=\begin{pmatrix}-5 & -3 & 0\\6 & 4 & 0\\6 & 3 & 1\end{pmatrix}$$

求 A^{100}.

解 矩阵 A 的特征方程为

$$|\lambda E - A| = \begin{vmatrix} \lambda + 5 & 3 & 0 \\ -6 & \lambda - 4 & 0 \\ -6 & -3 & \lambda - 1 \end{vmatrix} = (\lambda - 1)[(\lambda - 4)(\lambda + 5) + 18] =$$

$$(\lambda - 1)^2(\lambda + 2) = 0$$

因此 A 的特征值是 $\lambda_1 = \lambda_2 = 1, \lambda_3 = -2$.

对于特征值 $\lambda_1 = \lambda_2 = 1$,解齐次线性方程组 $(E - A)x = 0$,得一个基础解系

$$\boldsymbol{\alpha}_1 = \begin{pmatrix} 1 \\ 2 \\ 0 \end{pmatrix}, \boldsymbol{\alpha}_2 = \begin{pmatrix} 0 \\ 0 \\ 1 \end{pmatrix}$$

为其对应的特征向量.

对于特征值 $\lambda_3 = -2$,解齐次线性方程组 $(-2E - A)x = 0$,得一个基础解系

$$\boldsymbol{\alpha}_3 = \begin{pmatrix} -1 \\ 1 \\ 1 \end{pmatrix}$$

为其对应的特征向量.

于是,令

$$P = \begin{pmatrix} -1 & 0 & -1 \\ 2 & 0 & 1 \\ 0 & 1 & 1 \end{pmatrix}$$

则

$$P^{-1}AP = \begin{pmatrix} 1 & & \\ & 1 & \\ & & -2 \end{pmatrix}$$

即

$$A = P\begin{pmatrix} 1 & 0 & 0 \\ 0 & 1 & 0 \\ 0 & 0 & -2 \end{pmatrix}P^{-1}$$

于是

$$A^{100} = P\begin{pmatrix} 1 & 0 & 0 \\ 0 & 1 & 0 \\ 0 & 0 & -2 \end{pmatrix}^{100} P^{-1} = P\begin{pmatrix} 1 & 0 & 0 \\ 0 & 1 & 0 \\ 0 & 0 & (-2)^{100} \end{pmatrix}P^{-1} =$$

$$\begin{pmatrix} -1 & 0 & -1 \\ 2 & 0 & 1 \\ 0 & 1 & 1 \end{pmatrix}\begin{pmatrix} 1 & 0 & 0 \\ 0 & 1 & 0 \\ 0 & 0 & 2^{100} \end{pmatrix}\begin{pmatrix} 1 & 1 & 0 \\ 2 & 1 & 1 \\ -2 & -1 & 0 \end{pmatrix} = \begin{pmatrix} 2^{101} - 1 & 2^{100} - 1 & 0 \\ -2^{101} + 2 & -2^{100} + 2 & 0 \\ -2^{101} + 2 & -2^{100} + 1 & 1 \end{pmatrix}$$

习题 9.2

1. 判断下列矩阵是否能对角化(相似意义下)，若可对角化，求出可逆矩阵 $\boldsymbol{P}$，使 $\boldsymbol{P}^{-1}\boldsymbol{AP}$ 为对角矩阵：

(1) $\boldsymbol{A}=\begin{pmatrix}1&0\\1&-1\end{pmatrix}$；　　(2) $\boldsymbol{A}=\begin{pmatrix}0&0&1\\0&1&0\\1&0&0\end{pmatrix}$；

(3) $\boldsymbol{A}=\begin{pmatrix}2&1&1\\-2&5&1\\-3&2&5\end{pmatrix}$；　　(4) $\boldsymbol{A}=\begin{pmatrix}1&1&1&1\\1&1&-1&-1\\1&-1&1&-1\\1&-1&-1&1\end{pmatrix}$.

2. 设三阶矩阵 $\boldsymbol{A}$ 的特征值 $\lambda_1=1,\lambda_2=0,\lambda_3=-1$，对应的特征向量分别为 $\boldsymbol{\alpha}_1=\begin{pmatrix}1\\2\\2\end{pmatrix},\boldsymbol{\alpha}_2=\begin{pmatrix}2\\-2\\1\end{pmatrix},\boldsymbol{\alpha}_3=\begin{pmatrix}-2\\-1\\2\end{pmatrix}$，求矩阵 $\boldsymbol{A}$.

3. 试证：

(1) 设矩阵 $\boldsymbol{A}$ 满足 $\boldsymbol{A}^2=\boldsymbol{A}$(这样的矩阵叫做幂等矩阵)，证明 $\boldsymbol{A}$ 的特征值只能是 0 或者 1.

(2) 设 $\boldsymbol{A},\boldsymbol{B}$ 均为 n 阶矩阵且 $\boldsymbol{A}$ 可逆，则 $\boldsymbol{AB}\sim\boldsymbol{BA}$.

第 10 章　概率论

概率论是研究现实世界中一类不确定性现象(随机现象)及其规律性的一门数学学科.人们既可以通过试验来观察随机现象,揭示其规律性,也可以根据实际问题的具体情况找出随机现象的规律,作出决策.

10.1　随机事件与概率

10.1.1　随机事件与样本空间

自然界和社会生活中普遍存在着两类现象:一类是可事前预言的,即在相同条件下重复试验,所得结果总是确定的.例如,标准大气压力下,水加热到 100℃必然沸腾;向空中抛掷一颗石子,石子必然会下落;太阳每天必然从东边升起,西边落下等等.称这一类现象为确定性现象或必然现象.

另一类则是不可事前预言的,即在相同条件下重复试验,所得结果不一定相同的现象.例如,在相同条件下,抛掷一枚硬币,其结果可能是正面朝上,也可能是反面朝上,并且在每次抛掷之前无法确定抛掷的结果是什么,称这一类现象为随机现象.

人们经过长期实践和深入研究之后,发现随机现象在个别试验中,偶然性起着支配作用,呈现出不确定性,但在相同条件下的大量重复试验中,却呈现出某种规律性.这种规律性称之为随机现象的统计规律性.

对随机现象的研究,总是要进行观察、测量或做各种科学试验.例如,掷一枚硬币,观察哪面朝上;从一批产品中随机抽一产品,检查它是否合格;记录某地温度,确定最高温和最低温,等等.这些都是试验,而且这些试验有如下共同特点:

(1) 试验可以在相同的条件下重复进行;

(2) 试验的全部可能结果不止一个,并且在试验之前能明确知道所有的可能结果;

(3) 每次试验必发生全部可能结果中的一个且仅发生一个,但某一次试验究竟发生哪一个可能结果在试验之前不能预言.

我们把满足上述三个条件的试验称为随机试验,简称试验,用字母 E 表示.

尽管一个随机试验将要出现的结果是不确定的,但其所有可能结果是明确的.随机试验的每一个可能结果称为基本事件,也称为样本点,用 e 表示.全体基本事件的集合称为样本空间,记为 S.

在讨论一个随机试验时,首先要明确它的样本空间.对一个具体的试验来说,其样本空间可以由试验的具体内容确定.下面看几个例子.

【例 1】 掷一均匀对称的硬币,观察正反面出现情况.此试验有两个可能结果,正(正面朝上)和反(反面朝上).样本空间

$$S = \{正,反\}$$

【例 2】 在一批灯泡中任意抽取一只,测试该灯泡的寿命.设 t 表示寿命,则样本空间

$$S = \{t : t \geqslant 0\}$$

【例 3】 观察某地区一昼夜最低温度 x 和最高温度 y.设这个地区的温度不会小于 T_0 也不会大于 T_1,则样本空间

$$S = \{(x,y) : T_0 \leqslant x < y \leqslant T_1\}$$

【例 4】 将一枚均匀对称硬币连续掷两次,观察反正面出现的情况,可能有四个结果:(正正)、(正反)、(反正)、(反反),故样本空间

$$S = \{(正正),(正反),(反正),(反反)\}$$

在试验中可能发生也可能不发生的事件称为随机事件,简称事件,以字母 A,B,C… 表示.有了样本空间的概念,便可以用集合的语言来定义事件.下面从一个例子来分析.

【例 5】 在例 4 中,若设事件 A =“第一次出现正面”,则在一次试验中,A 发生当且仅当在这次试验中出现基本事件(正正)、(正反)中的一个.这样,可以认为 A 是由(正正)、(正反)组成的,而将 A 定义为它们组成的集合

$$A = \{(正正),(正反)\}$$

类似地,事件 C =“至少有一次出现正面”,可定义为集合

$$C = \{(正正),(正反),(反正)\}$$

从集合论的观点看,随机事件就是样本空间 S 的子集.特别地,基本事件就是样本空间的单元素子集.称事件 A 发生,当且仅当 A 中某一事件出现.

样本空间 S 和空集 $\varnothing$ 作为 S 的子集也看作事件.由于 S 包含所有的基本事件,故在每次试验中,必有一个基本事件 $e \in S$ 发生,即在试验中,事件 S 必然发生.因此,S 是必然事件.又因为 $\varnothing$ 中不包含任何一个基本事件,故在任一试验中,$\varnothing$ 永远不会发生.因此,$\varnothing$ 是不可能事件.

必然事件与不可能事件可以说不是随机事件,但为了今后研究的方便,还是把它们作为随机事件的两个极端情形来处理.

我们再看一个例子.

【例 6】 在抛骰子试验中,样本空间为 $S = \{1,2,3,4,5,6\}$.事件 A =“点数为 3”可表示为 $A = \{3\}$;事件 B =“点数小于 4”可表示为 $B = \{1,2,3\}$.

10.1.2　事件的关系和运算

因为事件就是样本空间的一个子集,因此可用集合的语言来叙述和研究事件的关系和运算.

1. 事件的关系

(1) 事件的包含　若事件 A 发生必然导致事件 B 发生,则称事件 B 包含事件 A,或 A 含于 B(图 10.1),记为 $A \subset B$ 或 $B \supset A$.

(2) 事件的相等　若事件 $A \subset B$ 且 $B \supset A$,则称 A 与 B 相等(图 10.2),记为 $A = B$.

(3) 事件的和(或并)　两个事件 A 与 B 中至少发生一个的事件称为事件 A 与 B 的和(或并)(图 10.3),记作 $A \cup B$ 或 $A + B$,简单地说就是"A 或 B 发生"的事件为 A 与 B 的并.

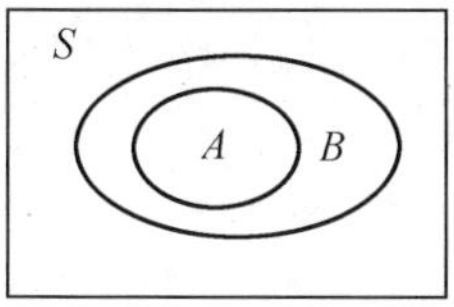

图 10.1

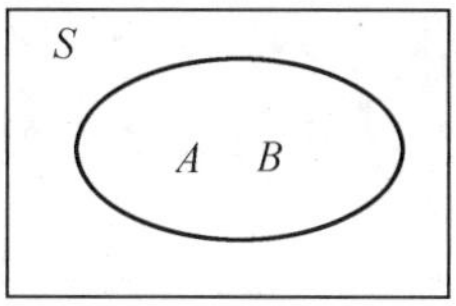

图 10.2

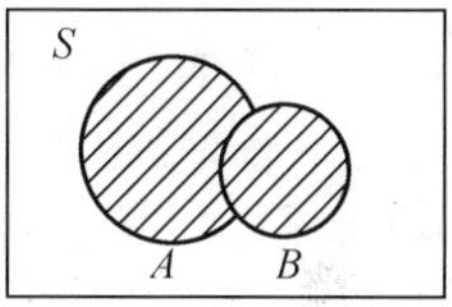

图 10.3

(4) 事件的积(或交)　两个事件 A 与 B 同时发生的事件称为 A 与 B 的积(或交)(图 10.4),记为 $A \cap B$ 或 AB.

(5) 事件的差　事件 A 发生而 B 不发生的事件称为 A 与 B 的差(图 10.5),记为 $A - B$.

(6) 互不相容事件　若事件 A,B 满足 $AB = \varnothing$,即 A,B 不能同时发生,则称 A 与 B 互不相容(或互斥)(图 10.6).如有 n 个事件 $A_1,A_2,\cdots,A_n$,它们中的任意两个互不相容,则称 $A_1,A_2,\cdots,A_n$ 是互不相容的.

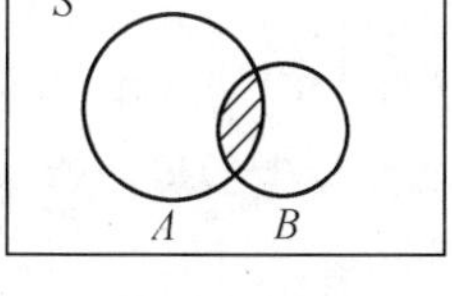

图 10.4

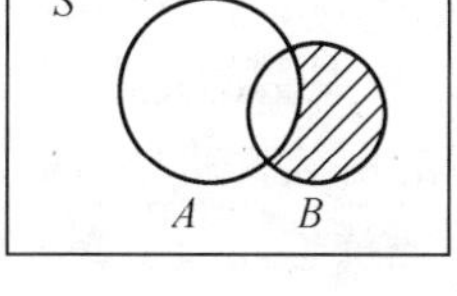

图 10.5

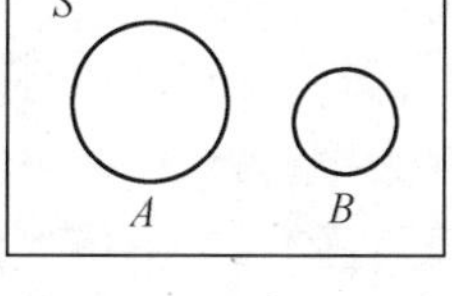

图 10.6

(7) 对立事件　对于事件 A,由所有不包含在 A 中的样本点所组成的事件称为 A 的对立事件,或称 A 的逆事件(图 10.7),记为 $\bar{A}$.如果 $\bar{A} = B,\bar{B} = A$,即 $AB =$

$\varnothing, A \cup B = S$,则称 A 与 B 互逆或对立.

如 A 与 B 互逆,则一定互不相容;反之未必.

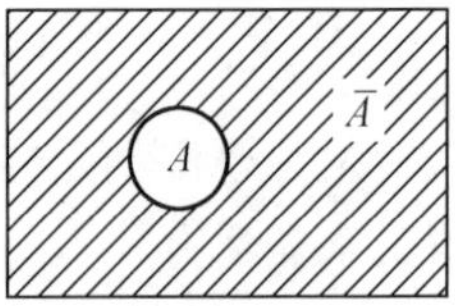

图 10.7

2. 事件的运算

事件的运算类似于集合的运算,故由集合的运算性质可推知相应的事件运算性质如下:

性质 1 (交换律)$AB = BA, A \cup B = B \cup A$.

性质 2 (结合律)$(A \cup B) \cup C = A \cup (B \cup C), (AB)C = A(BC)$.

性质 3 (分配律)$(A \cup B) \cap C = (A \cap C) \cup (B \cap C), (A \cap B) \cup C = (A \cup C) \cap (B \cup C)$.

性质 4 (对偶律)$\overline{A \cup B} = \bar{A} \cap \bar{B}, \overline{A \cap B} = \bar{A} \cup \bar{B}$.

【例 7】 掷一颗骰子,观察出现的点数.事件 A 表示"奇数点";B 表示"点数小于5";C 表示"小于 5 的偶数点".用集合的列举法表示下列事件:$S, A, B, C, A \cup B, A - B, AB, AC, C - A, \bar{A} \cup B$.

解
$$S = \{1,2,3,4,5,6\}, \quad A = \{1,3,5\}, \quad B = \{1,2,3,4\}$$
$$C = \{2,4\}, \quad A \cup B = \{1,2,3,4,5\}, \quad A - B = \{5\}$$
$$AB = \{1,3\}, \quad AC = \varnothing, \quad C - A = \{2,4\}, \quad \bar{A} \cup B = \{1,2,3,4,6\}$$

【例 8】 设 A, B, C 是三事件,用 A, B, C 的运算关系表示下列事件:

(1)B, C 都发生,而 A 不发生;

(2)A, B, C 中至少有一个发生;

(3)A, B, C 中恰有一个发生;

(4)A, B, C 中恰有两个发生;

(5)A, B, C 中不多于一个发生;

(6)A, B, C 中不多于两个发生.

解 (1) $\bar{A}BC$; (2)$A \cup B \cup C$; (3)$A\bar{B}\bar{C} \cup \bar{A}B\bar{C} \cup \bar{A}\bar{B}C$; (4)$AB\bar{C} \cup A\bar{B}C \cup \bar{A}BC$; (5) $\bar{A}\bar{B}\bar{C} \cup A\bar{B}\bar{C} \cup \bar{A}B\bar{C} \cup \bar{A}\bar{B}C$; (6) $\bar{A} \cup \bar{B} \cup \bar{C}$.

10.1.3　随机事件的概率

对于一个随机试验的各种事件,就其一次具体的试验而言,其结果带有很大的偶然性,似乎没有规律可言.但是在大量的重复试验中,就会发现某些事件发生的可能性大些,另外一些事件发生的可能性小些.所以一个事件发生的可能性大小是它本身所固有的,不依人们的主观意志而改变的一种客观度量,进而,可以用一个数量来刻画.人们就把这种刻画事件发生的可能性大小的数值叫该事件发生的概率.事件 $A, B, C, \cdots$ 的概率分别用 $P(A), P(B), P(C), \cdots$ 来表示.由此可知,概率是随机事件的函数.

在概率论的发展过程中,人们从不同的角度给出了概率的定义和相应的计算方法.

1. 古典概率

首先看下面的例子.

【例9】 从10名学生中随机抽一人考试.显然,每个人都可能被抽到,即有10个结果,而且由于抽到10名学生中的任何一名机会均等,故抽到每名学生的可能性都是$\frac{1}{10}$.

这个例子具有以下两个特点:

(1) 样本空间由有限多个基本事件构成;

(2) 每个基本事件发生的可能性相同.

称具有这两个特点的试验为古典概型.

根据古典概型的特征,我们给出以下定义:

定义10.1 设E为古典概型试验,共有n个基本事件,其中事件A包含m个基本事件,则事件A的概率定义为

$$P(A)=\frac{A\text{所包含的基本事件的个数}}{\text{基本事件的总数}}=\frac{m}{n}$$

【例10】 在一场数学智力竞赛中,试题袋中共有10道密封题,其中有4道题为打"$*$"号者,参赛者从袋中任抽3道题当场回答,问恰好抽到2道打"$*$"号题目的可能性有多大?

解 设从袋中任抽3道题,恰好有2道带"$*$"号题的事件为A.依题意,基本事件总数$n=C_{10}^3$,A中所含基本事件数$m=C_4^2C_6^1$,故有

$$P=\frac{C_4^2C_6^1}{C_{10}^3}=0.3$$

根据古典概率定义,容易得到如下性质:

性质1 对任何事件A,有$0\leqslant P(A)\leqslant 1$.

性质2 $P(S)=1$.

性质3 若A,B互不相容,则$P(A\cup B)=P(A)+P(B)$.

性质4 $P(\bar{A})=1-P(A)$.

性质5 $P(\varnothing)=0$.

性质6 若$A\subset B$,则$P(A)\leqslant P(B)$,且$P(B-A)=P(B)-P(A)$.

性质7 对任意两事件A,B有$P(A\cup B)=P(A)+P(B)-P(AB)$.

【例11】 设A与B是两个互不相容的事件,已知$P(A)=0.2$,$P(B)=0.7$,求$P(\bar{A})$,$P(A+B)$,$P(A\bar{B})$,$P(\bar{A}\bar{B})$和$P(\bar{A}\cup\bar{B})$.

解 $$P(\bar{A})=1-P(A)=1-0.2=0.8$$

因A与B互不相容,故$P(AB)=0$,于是有

$$P(A+B)=P(A)+P(B)=0.2+0.7=0.9$$
$$P(A\bar{B})=P(A-B)=P(A-AB)=P(A)-P(AB)=0.2-0=0.2$$
$$P(\bar{A}\bar{B})=P(\overline{A\cup B})=1-P(A\cup B)=1-0.9=0.1$$
$$P(\bar{A}\cup\bar{B})=P(\overline{A\cap B})=1-P(AB)=1-0=1$$

【例 12】 设有一批产品共有 100 件,其中 5 件次品,其余均为正品.今从中不放回地任取 50 件,求事件 A =“取出的 50 件中恰有 2 件次品”的概率.

解 将从 100 件产品中任取 50 件为一组的每一可能组合作为基本事件,总数为 C_{100}^{50}.导致事件 A 发生的基本事件为从 5 件次品中取出 2 件,从 95 件正品中取出 48 件构成的组合,有 $C_5^2\cdot C_{95}^{48}$ 个,故所求概率为

$$P(A)=\frac{C_5^2\cdot C_{95}^{48}}{C_{100}^{50}}=0.32$$

2.概率的统计定义

古典概率是以等可能性为基础的.实际中有很多试验,它们的结果不具备等可能性,古典概率就不适用了.下面介绍适用于一般试验的统计概率定义,先介绍频率的概念.

定义 10.2 设事件 A 在 n 次试验中出现 n_A 次,比值

$$f_n(A)=\frac{n_A}{n}$$

叫事件 A 在这 n 次试验中出现的频率.

经验表明,虽然在 n 次试验中,事件 A 出现的次数 n_A 不确定,因而事件 A 的频率 $\frac{n_A}{n}$ 也不确定,但是当试验重复多次时,事件 A 出现的频率具有一定的稳定性.这就是说,当试验次数充分多时,事件 A 出现的频率常在一个确定的数字附近摆动.这个频率所稳定的数值就是相应事件发生可能性大小的一个客观的定量度量,称之为相应事件的概率.

定义 10.3 在不变的一组条件下,重复作 n 次试验,事件 A 发生的频率 $\frac{n_A}{n}$ 稳定地在某一常数 P 附近摆动,且一般说来,n 越大,摆动幅度越小,则称常数 P 为事件 A 发生的概率,记作 $P(A)$.

根据这个定义,古典概率的性质 1 到性质 7 对于统计概率来说也都成立.

3.概率的公理化定义

古典概率只适用于“有限个结果”、“等可能”的情形.统计概率的定义不是严格的数学语言,而且要求做大量试验,试验次数无限大无法实现.但我们看到它们从各自的定义出发具有共同性质,这些从客观事实总结出来的共同属性,可以作为建立概率的数学理论的基础.

定义 10.4　设 E 是随机试验，S 是样本空间. 如果对于 E 的每一随机事件 A，有确定的实数 $P(A)$ 与之对应，并且满足如下三条：

(1)(非负性) 对于每一事件 A，$0 \leqslant P(A) \leqslant 1$；

(2)(规范性) $P(S) = 1$；

(3)(可列可加性) 对于互不相容的事件 $A_1, A_2, \cdots, A_n, \cdots$ 有 $P(\bigcup_{i=1}^{\infty} A_i) = \sum_{i=1}^{\infty} P(A_i)$，则称实数 $P(A)$ 为事件 A 的概率.

根据概率的定义不难证明，概率有如下性质：

性质 1　设 $\bar{A}$ 是 A 的对立事件，则 $P(A) = 1 - P(\bar{A})$.

性质 2　$P(\varnothing) = 0$.

性质 3　设 A, B 为两事件，若 $A \subset B$，则 $P(B - A) = P(B) - P(A)$.

特别地，若 $A \subset B$，则 $P(A) \leqslant P(B)$.

性质 4　设 A, B 为两事件，则

$$P(A \cup B) = P(A) + P(B) - P(AB)$$

特别地，$P(A \cup B) \leqslant P(A) + P(B)$.

性质 4 还可以用数学归纳法推广到任意有限个事件的情形：

$$P(A_1 \cup A_2 \cup \cdots \cup A_n) = \sum_{i=1}^{n} P(A_i) - \sum_{i<j=2}^{n} P(A_iA_j) + \sum_{i<j<k=3}^{n} P(A_iA_jA_k) + \cdots + (-1)^{n-1} P(A_1A_2\cdots A_n)$$

习题 10.1

1. 试说明随机试验应具有的三个特点.

2. 将一枚均匀的硬币抛两次，设事件 $A = \{$第一次出现正面$\}$，事件 $B = \{$两次出现同一面$\}$，事件 $C = \{$至少有一次出现正面$\}$. 写出试验的样本空间及事件 A, B, C 中的样本点.

3. 设某人打靶 3 次，用 A_i 表示"第 i 次射击击中靶子"($i = 1,2,3$)，试用语言描述事件：

(1) $\overline{A_1} \cup \overline{A_2} \cup \overline{A_3}$；　(2) $\overline{A_1 \cup A_2}$.

4. 10 把钥匙中有 3 把能打开门，现任取 2 把，求能打开门的概率.

5. 甲，乙两城市在某季节内下雨的概率分别为 0.4 和 0.35，同时下雨的概率为 0.15，问在此季节内甲、乙两城市中至少有一个城市下雨的概率.

6. 设 A, B, C 为三个事件，已知 $P(A) = P(B) = P(C) = 0.25$，$P(AB) = 0$，$P(AC) = 0$，$P(BC) = 0.125$，求 A, B, C 至少有一个发生的概率.

10.2　条件概率与独立性

10.2.1　条件概率与乘法定理

在实际问题中,有时需要给一个事件 A 附加一个条件 B 后再来求它的概率,这样的概率称为条件概率,记为 $P(A \mid B)$.条件概率本质上仍是一个概率,只不过在附加条件下,样本空间变小,其计算公式稍有变化.看下面的例子.

某师范大学教育系一年级共有学生 100 人,其中女生 80 人,来自甲省的 40 人中有女生 35 人.设事件 A 为"从全年级学生中任抽一人为女生",事件 B 为"从全年级学生中任抽一人来自甲省",求从来自甲省的学生中任抽一人为女生的概率.

显然 $P(A) = 0.8$, $P(B) = 0.4$,而 $P(A \mid B) = \frac{35}{40} \neq P(A)$,即附加条件 B 之后,A 的概率发生了变化.

于是,我们给出以下定义.

定义 10.5　设 A 和 B 为任意两事件,且 $P(B) > 0$,称

$$P(A \mid B) = \frac{P(AB)}{P(B)}$$

为事件 A 在事件 B 发生的条件下的条件概率.

容易验证,条件概率也满足概率的公理化定义,因此,它也可与一般概率一样进行运算.

由条件概率定义,立即得到下面的乘法定理.

定理 10.1　两个事件的积的概率等于其中一个事件的概率与另一事件在前一事件发生条件下的条件概率的乘积,即

$$P(AB) = P(B)P(A \mid B) = P(A)P(B \mid A)$$

【例 1】　设某种动物由出生算起活 20 岁以上的概率为 0.8,活 25 岁以上的概率为 0.4.现有一个 20 岁的这种动物,它能活到 25 岁以上的概率是多少?

解　设 A = "能活 20 岁以上",B = "能活 25 岁以上",则 $P(A) = 0.8$, $P(B) = 0.4$,所求概率为

$$P(B \mid A) = \frac{P(AB)}{P(A)}$$

由于 $B \subset A$,故 $AB = B$,于是

$$P(B \mid A) = \frac{P(AB)}{P(A)} = \frac{P(B)}{P(A)} = \frac{0.4}{0.8} = 0.5$$

【例 2】　某工厂有一批零件共 100 个,其中有 10 个次品.从这批零件中随机抽两次,每次抽取一件,取后不放回,求两次都取得正品的概率.

解　设 A_i 为第 i 次抽到正品($i=1,2$),则两次都取得正品的事件为 A_1A_2,由乘法公式有

$$P(A_1A_2)=P(A_1)P(A_2\mid A_1)=\frac{90}{100}\times\frac{89}{99}=0.809$$

10.2.2　全概率公式和贝叶斯公式

1.全概率公式

在实际生活中,人们希望通过已知的简单事件的概率去求未知的较复杂事件的概率,在这里,全概率公式起了很重要的作用.

定理 10.2　(全概率公式)设 $A_1,A_2,\cdots,A_n$ 是互不相容的事件,且 $P(A_i)>0$ ($i=1,2,\cdots,n$),若对任一事件 B,有 $B\subset A_1\cup A_2\cup\cdots\cup A_n$,则得全概率公式

$$P(B)=\sum_{i=1}^{n}P(A_i)P(B\mid A_i)$$

证明从略.

全概率公式对于求解一些复杂事件的概率是十分有用的.运用全概率公式的关键是要求复杂事件 B 能且仅能与简单事件 A_i($i=1,2,\cdots,n$)之一同时发生.

【例 3】　某厂有四个分厂生产同一种产品,这四个分厂的产量分别占总产量的 15%,20%,30%,35%.又知这四个分厂的次品率依次为 0.05,0.04,0.03,0.02.现从该厂产品中任取一件,恰好抽到次品的概率为多少?

解　令 B 为任取一件为次品,A_i 为任取一件为第 i 个分厂生产的产品($i=1,2,3,4$),则由全概率公式得

$$\begin{aligned}P(B)=&\sum_{i=1}^{4}P(A_i)P(B\mid A_i)=\\&0.15\times0.05+0.2\times0.04+0.3\times0.03+0.35\times0.02=\\&0.031\,5=3.15\%\end{aligned}$$

2.贝叶斯公式

先看下面的例子.

【例 4】　在例 3 中,若该厂规定,出了次品要追究有关分厂的责任.现在从生产产品中任取一件发现为次品,但该件产品是哪一分厂生产的标志已脱落,问厂方如何处理这件次品较为合理?换句话说,哪个分厂的责任应该较大?

解　从概率的角度考虑,显然按 $P(A_i\mid B)$ 的大小追究各分厂的责任较为合理.由条件概率定义以及全概公式可知

$$P(A_i\mid B)=\frac{P(A_iB)}{P(B)}=\frac{P(A_i)P(B\mid A_i)}{\sum\limits_{i=1}^{4}P(A_i)P(B\mid A_i)}$$

如若考虑第 1 分厂应承担的责任,则

$$P(A_1 \mid B) = \frac{0.15 \times 0.05}{0.0315} = 0.238$$

即第 1 分厂应承担 23.8% 的责任.同理可算出

$$P(A_2 \mid B) = 0.254, \quad P(A_3 \mid B) = 0.286, \quad P(A_4 \mid B) = 0.222$$

即第 2,3,4 分厂分别应承担 25.4%,28.6% 和 22.2% 的责任,所以第 3 分厂的责任大.

由上例可得到一般结论,就是下面的贝叶斯公式.

定理 10.3 (贝叶斯公式)设 $A_1, A_2, \cdots, A_n$ 是互不相容的事件,且 $P(A_i) > 0$ $(i = 1,2,\cdots,n)$,若对任一事件 B 有 $B \subset A_1 + A_2 + \cdots + A_n$,且 $P(B) > 0$,则得贝叶斯公式

$$P(A_i \mid B) = \frac{P(A_i)P(B \mid A_i)}{\sum_{j=1}^{n} P(A_j)P(B \mid A_j)}, \quad i = 1,2,\cdots,n$$

证明从略.

10.2.3 事件的独立性

1. 两个事件的独立性

设 A, B 是两事件,若 $P(A) > 0$,可以定义 $P(B \mid A)$.一般情况下,A 的发生对 B 发生的概率是有影响的,这时 $P(B \mid A) \neq P(B)$.一个事件的概率也有可能不受另一个事件发生与否的影响,我们称此为两个事件独立.若 A 的发生对 B 发生的概率没有影响,则有 $P(B \mid A) = P(B)$,这时有

$$P(AB) = P(A)P(B \mid A) = P(A)P(B)$$

定义 10.6 设 A, B 是两事件,如果有等式

$$P(AB) = P(A)P(B)$$

则称 A, B 为相互独立的事件.

定理 10.4 若事件 A 与事件 B 相互独立且 $P(A) > 0$,则 $P(B \mid A) = P(B)$.

定理 10.5 若事件 A 与事件 B 相互独立,则 A 与 $\bar{B}$,$\bar{A}$ 与 B,$\bar{A}$ 与 $\bar{B}$ 也相互独立.

以上两定理证明从略.

这样,当两事件相互独立时,两事件乘积的概率等于各自概率的乘积.在实际问题中,判断两事件的独立性常常可凭经验,只要一个事件发生与否不影响另一事件发生的概率,就可以认为这两个事件相互独立.

2. 多个事件的独立性

定义 10.7 设 $A_1, A_2, \cdots, A_n$ 是 n 个事件,如果对于任意的 $1 \leqslant i < j \leqslant n$ 有

$$P(A_iA_j) = P(A_i)P(A_j)$$

则称这 n 个事件 $A_1,A_2,\cdots,A_n$ 是两两独立的.

定义 10.8　设 $A_1,A_2,\cdots,A_n$ 是 n 个事件,如果对于任意 $k(1 < k \leqslant n)$,任意 $1 \leqslant i_1 < i_2 < \cdots < i_k \leqslant n$,满足等式

$$P(A_{i_1}A_{i_2}\cdots A_{i_k}) = P(A_{i_1})P(A_{i_2})\cdots P(A_{i_k})$$

则称 $A_1,A_2,\cdots,A_n$ 为相互独立的.

定理 10.6　若 n 个事件 $A_1,A_2,\cdots,A_n$ 相互独立,则有

(1) 其中任意 k 个事件也相互独立;

(2) 将 $A_1,A_2,\cdots,A_n$ 中任意一个换成它们各自的对立事件,所得的 n 个事件仍相互独立.

证明从略.

【例 5】　有三名射击队员彼此独立地向同一目标射击,击中率分别为 0.9,0.8,0.7,求目标被击中的概率.

解　设第 i 个人击中目标为 $A_i(i = 1,2,3)$,目标被击中为 B,由题意可知 $B = A_1 \cup A_2 \cup A_3$,则

$$P(B) = 1 - P(\bar{B}) = 1 - P(\bar{A}_1\bar{A}_2\bar{A}_3) = 1 - P(\bar{A}_1)P(\bar{A}_2)P(\bar{A}_3) =$$
$$1 - (1 - P(A_1))(1 - P(A_2))(1 - P(A_3)) =$$
$$1 - 0.1 \times 0.2 \times 0.3 = 0.994$$

10.2.4　伯努利概型

定义 10.9　若一个试验只有两个结果:A 和 $\bar{A}$,则称这个试验为伯努利试验.将伯努利试验在相同条件下独立地重复进行 n 次,称这一串重复的试验为 n 重伯努利试验.

伯努利试验是一个很重要的数学模型,应用广泛,其特点是:事件 A 在每次试验中发生的概率均为 p,且不受其他各次试验中 A 发生与否的影响.

在 n 重伯努利试验中,事件 A 可能发生 $0,1,\cdots,n$ 次.关于恰好发生 $k(0 \leqslant k \leqslant n)$ 次的概率 $P_n(k)$,有下面的定理:

定理 10.7　设在一次试验中,事件 A 发生的概率为 $p(0 < p < 1)$,则在 n 重伯努利试验中,事件 A 恰好发生 k 次的概率为

$$P_n(k) = \mathrm{C}_n^k p^k q^{n-k} \tag{10.1}$$

其中 $p + q = 1, k = 0,1,\cdots,n$.

证明从略.

推论　$\sum\limits_{k=0}^{n} P_n(k) = 1$.

注意到 $C_n^k p^k q^{n-k}(k=0,1,\cdots,n)$ 恰好是 $(p+q)^n$ 展开的各项,所以公式(10.1)称为二项概率公式.

【例 6】 某射手打靶,每次命中的概率都是 0.8,求 5 次射击中:

(1) 前两次命中,后三次没命中的概率;

(2) 恰有两次命中的概率.

解 5 次射击可以看成是 5 重伯努利试验.记 $A=\{$一次射击时命中$\}$,则

$$P(A)=p=0.8,\quad P(\bar{A})=q=0.2$$

(1) 记事件 $B=\{$前两次命中,后三次不命中$\}$,则前两次命中,后三次不命中的概率为

$$P(B)=[P(A)]^2[P(A)]^3=p^2q^3=0.005\ 12$$

(2) 记事件 $B_2=\{$恰有两次命中$\}$,共有 C_5^2 种不同的情况,且每种情况发生的概率都是 p^2q^3,按照概率加法定理,得恰有两次命中的概率为

$$P(B_2)=C_5^2p^2q^3=0.051\ 2$$

习题 10.2

1. 某工厂有职工 500 人,男女各占一半,男女职工中技术优秀的分别为 40 人与 10 人.现从中选一名职工,试问:

(1) 该职工为技术优秀的概率是多少?

(2) 已知选出的是女职工,她为技术优秀的概率是多少?

2. 甲、乙两车间各生产 50 件产品,其中分别含有次品 3 件与 5 件.现从这 100 件产品中任取 1 件,在已知取到甲车间产品的条件下,求取得次品的概率.

3. 一批零件共 100 件,其中有 10 件次品,采用不放回抽样依次抽取 3 次,求第 3 次才抽到合格品的概率.

4. 盒中有 12 只新乒乓球,每次比赛时取出 3 只,用后放回,求第 3 次比赛时取到的 3 只球都是新球的概率.

5. 袋中有 3 个白球 2 个黑球,现从袋中(1) 有放回;(2) 无放回的取两次球,每次取一球,令 $A=\{$第一次取出的是白球$\}$,$B=\{$第二次取出的是白球$\}$,问 A,B 是否独立?

6. 三人独立地破译一个密码,他们能译出的概率分别为 $\frac{1}{5},\frac{1}{3},\frac{1}{4}$,求密码能被译出的概率.

10.3　随机变量及其分布

10.3.1　随机变量的概念

有些随机事件本身就表现为一种数量，如投掷骰子，在观察出现点数的试验中，试验的结果就可分别由 1,2,3,4,5,6 来表示．而有些事件不表现为数量，掷一次硬币是出现“正面”还是“反面”等，但可以给它们以数量标识，比如“正面”记为 1，“反面”记为 0．这样，如果把试验中所观察的对象用 X 来表示，那么 X 就具有这样的特点：随着试验的重复 X 可以取不同的值，并且在每次试验中究竟取什么值无法事先预言，带有随机性．由此，就称 X 为随机变量．它是随着基本事件 e 不同而变化的，因此，X 是 e 的函数．

定义 10.10　设 E 是随机试验，S 是它的样本空间．如果对 S 中每个基本事件 e，都有唯一的实数值 $X(e)$ 与之对应，则称 $X(e)$ 为随机变量，简记为 X．

随机变量一般用 X,Y,Z 来表示．

引入随机变量以后，就可以用随机变量 X 来描述随机事件．例如，在“掷硬币”这个试验中，可定义

$$X=\begin{cases}1, & \text{出现正面时}\\ 0, & \text{出现反面时}\end{cases}$$

则 $X=1$ 和 $X=0$ 就分别表示了事件{出现正面}和{出现反面}，且有 $P(X=1)=P\{\text{出现正面}\}=\dfrac{1}{2}$，$P(X=0)=P\{\text{出现反面}\}=\dfrac{1}{2}$．

在随机变量中，有的随机变量所能取的值是有限个或可列无限多个．例如，投掷骰子出现的点数、交换台接到的呼叫次数等，这两种随机变量称为离散型随机变量．而像灯泡寿命这样的随机变量，它的取值连续地充满一个区间，这样的随机变量称为连续型随机变量，它是非离散型随机变量中最重要的类型．

10.3.2　离散型随机变量

定义 10.11　如果随机变量 X 所有可能取的值只有有限个或可列无限多个，则称 X 为离散型随机变量．

研究离散型随机变量，一是要知道它取什么值，二是要知道它取这些值的概率有多大，这样才能掌握它取值分布的规律．通常用概率分布（或分布列）来描述这种规律．

定义 10.12　设离散型随机变量 X 的取值为 $x_1,x_2,\cdots,x_n,\cdots$，取这些值相应的概率为 $p_1,p_2,\cdots,p_n,\cdots$，则称 $P(X=x_i)(i=1,2,\cdots,n,\cdots)$ 为离散型随机变量 X

的概率分布列,或称为分布列,又称为分布律.它也可用表 10.1 表示.

表 10.1

X	x_1	x_2	$\cdots$	x_n	$\cdots$
P	p_1	p_2	$\cdots$	p_n	$\cdots$

由概率的基本性质可知,对任一分布列都有下面的性质:

性质 1　$p_i \geqslant 0(i = 1,2,\cdots)$.

性质 2　$\sum\limits_{i} p_i = 1$.

下面介绍几种常见离散型随机变量的概率分布.

两点分布(0 ~ 1 分布或伯努利分布)

若随机变量 X 只可能取两个值,它的分布列如表 10.2 所示.

表 10.2

X	x_1	x_2
P	p	$1 - p$

则称 X 服从两点分布.特别地,$x_1 = 1, x_2 = 0$,又称为0 ~ 1分布或伯努利分布,记为 $X \sim B(1,p)$.显然,伯努利试验可用 0 ~ 1 分布来描述.

【例 1】　某学生凭机遇做一道四选一题目,“做对”记为1分,“做错”记为0分,令 X 为做这道题的得分,则 X 服从 0 ~ 1 分布,其概率分布如表 10.3 所示.

表 10.3

X	0	1
P	$\frac{3}{4}$	$\frac{1}{4}$

二项分布

二项分布是离散型随机变量分布中的一种重要类型,在教育考试的统计分析以及统计推断中有着重要的应用.我们通过下例来导出二项分布的表达式.

【例 2】　考生凭猜测答四选一的选择题,问在猜答 3 道这样的题目中,猜对 2 道题的概率有多大?

解　考生每答一道四选一的选择题看作一次试验,这种试验仅有两种结果,或对(记为 A)或错(记为 $\bar{A}$),显然现考生猜3道题,可看成3次试验,而在每次试验中,“猜对”的概率均为$\frac{1}{4}$.设“猜对 2 道”这一事件为 B.显然

$$B = AA\bar{A} + A\bar{A}A + \bar{A}AA$$

由可加性及独立情形下的乘法公式,有

$$P(B) = P(A)P(A)P(\bar{A}) + P(A)P(\bar{A})P(A) + P(\bar{A})P(A)P(A) = \mathrm{C}_3^2(P(A))^2(P(\bar{A}))^{3-2} = \mathrm{C}_3^2\left(\frac{1}{4}\right)^2\left(\frac{3}{4}\right)^{3-2} = 0.14$$

由此特例,我们可以归纳出一般情形:在猜测 n 道选一题目的试验中,设猜对的题数为 X,则猜对 k 道的概率为

$$P(X = k) = \mathrm{C}_n^k\left(\frac{1}{4}\right)^k\left(1 - \frac{1}{4}\right)^{n-k},\quad k = 0,1,\cdots,n$$

一般的,若随机变量 X 的分布列满足

$$P(X = k) = \mathrm{C}_n^k p^k q^{n-k},\quad k = 0,1,\cdots,n \tag{10.2}$$

其中 $0 < p < 1, q = 1 - p$,则称 X 服从二项分布,记为 $X \sim B(n,p)$.特别地,当 $n = 1$ 时,式(10.2)成为

$$P(X = k) = p^k q^{1-k},\quad k = 0,1$$

即为 $0 \sim 1$ 分布.

因为

$$\sum_{k=0}^{n} P(X = k) = \sum_{k=0}^{n} \mathrm{C}_n^k p^k q^{n-k} = 1$$

$$P(X = k) = \mathrm{C}_n^k p^k q^{n-k} \geqslant 0,\quad k = 0,1,\cdots,n$$

故概率分布列的两个性质对于二项分布来说都成立.

【例3】　设有 N 件产品,其中有 M 件次品,现进行 n 次有放回的抽样,每次抽取一件,求这 n 次中共抽到的次品数 X 的概率分布.

解　由于抽样是有放回的,因此这是 n 重伯努利试验.若以 A 表示一次抽样中抽到次品这一事件,则

$$P(A) = \frac{M}{N}$$

故 $X \sim B\left(n,\frac{M}{N}\right)$,所以

$$P(X = k) = \mathrm{C}_n^k\left(\frac{M}{N}\right)^k\left(1 - \frac{M}{N}\right)^{n-k},\quad k = 0,1,\cdots,n$$

10.3.3　随机变量的分布函数

对于离散型随机变量,分布律可以用来表示其取各个可能值的概率,但在实际问题中有许多非离散型的随机变量,这一类随机变量的取值是不可列的,例如,灯泡的寿命是一个可以在某一个区间上任意取值的随机变量 X,它的值就不是集中在有限个或可列无穷多个点上,因而不能像离散型随机变量那样可以用分布律来描述.这时,只有确切知道 X 在任一区间上取值的概率才能掌握它取值的概率分布,为此我们引入分布函数的概念.

由于对任意数 $x_1 < x_2$,有

$$P(x_1 < X \leqslant x_2) = P(X \leqslant x_2) - P(X \leqslant x_1)$$

故研究 X 在任一区间上的概率问题就转化为研究 $P(X \leqslant x)$ 的问题了.而 $P(X \leqslant x)$ 是 x 的函数,从而导出下面的定义.

定义 10.13 设 X 是一随机变量,称

$$F(x) = P(X \leqslant x), \quad -\infty < x < +\infty$$

为 X 的分布函数.

随机变量 X 落在任意区间 $(a,b]$ 内的概率可以由分布函数表示为

$$P(a < X \leqslant b) = P(X \leqslant b) - P(X \leqslant a) = F(b) - F(a)$$

分布函数是一个普通函数,所以我们能用微积分的工具来研究随机变量.

设离散型随机变量 X 的分布列为

$$P(X = x_i) = p_i, \quad i = 1,2,\cdots$$

则 X 的分布函数为

$$F(x) = P(X \leqslant x) = \sum_{x_i \leqslant x} P(X = x_i)$$

其中和式是对所有满足 $x_i < x$ 的 i 求和.

分布函数具有如下性质:

性质 1 $0 \leqslant F(x) \leqslant 1$.

性质 2 $F(x)$ 关于 x 单调不减的,即当 $x_1 < x_2$ 时,$F(x_1) \leqslant F(x_2)$.

性质 3 $F(-\infty) = \lim\limits_{x \to -\infty} F(x) = 0, F(+\infty) = \lim\limits_{x \to +\infty} F(x) = 1$.

性质 4 $F(x)$ 关于 x 右连续.

【例 4】 设随机变量 X 的分布函数为

$$F(x) = \begin{cases} A + \dfrac{B}{2}e^{-3x}, & x > 0 \\ 0, & x \leqslant 0 \end{cases}$$

求:(1) 常数 A,B; (2)$P(2 < X \leqslant 3)$.

解 (1) 由题意可知

$$\begin{cases} \lim\limits_{x \to +\infty}\left(A + \dfrac{B}{2}e^{-3x}\right) = 1 \\ \lim\limits_{x \to 0^+}\left(A + \dfrac{B}{2}e^{-3x}\right) = F(0) \end{cases}$$

即 $\begin{cases} A = 1 \\ A + \dfrac{B}{2} = 0 \end{cases}$,解得 $\begin{cases} A = 1 \\ B = -2 \end{cases}$,故

$$F(x) = \begin{cases} 1 - e^{-3x}, & x > 0 \\ 0, & x \leqslant 0 \end{cases}$$

(2) $P(2 < X \leqslant 3) = F(3) - F(2) =$

$$(1 - e^{-9}) - (1 - e^{-6}) = e^{-6} - e^{-9}$$

10.3.4　连续型随机变量

若随机变量 X 的分布函数 $F(x)$ 是可微的,则其导数

$$f(x) = F'(x) = \lim_{\Delta x \to 0^+} \frac{F(x + \Delta x) - F(x)}{\Delta x} = \lim_{\Delta x \to 0^+} \frac{P(x < X \leqslant x + \Delta x)}{\Delta x} \geqslant 0$$

若 $f(x)$ 还是连续的,则有

$$F(x) = \int_{-\infty}^{x} f(t)\mathrm{d}t \tag{10.3}$$

一般的,随机变量 X 的分布函数 $F(x)$ 不一定处处可微,但在实际中经常遇到这样一些随机变量,也存在一非负函数 $f(x)$ 使得式(10.3)成立.为了描述这一类随机变量的概率分布规律,引入以下定义.

定义 10.14　设 $F(x)$ 是随机变量 X 的分布函数.若存在一个非负的函数 $f(x)$,使得对任何数 x,有

$$F(x) = \int_{-\infty}^{x} f(t)\mathrm{d}t$$

则称 X 为连续型随机变量,$f(x)$ 称为 X 的概率密度函数,简称概率密度.

概率密度 $f(x)$ 具有如下的性质:

性质 1　$f(x) \geqslant 0$.

性质 2　$\int_{-\infty}^{+\infty} f(x)\mathrm{d}x = 1$.

性质 3　$P(x_1 < X \leqslant x_2) = F(x_2) - F(x_1) = \int_{x_1}^{x_2} f(x)\mathrm{d}x$.

概率密度 $f(x)$ 不是 X 取 x 的概率,而是它在点 x 概率分布的密集程度,反映了 X 在 x 附近取值的概率大小.但对连续型随机变量而言,$P(X = x)$ 不能描述 X 取 x 值的概率分布规律,因为对任何 x,总有 $P(X = x) = 0$.事实上,设 X 的分布函数为 $F(x)$,则有

$$0 \leqslant P(X = x) \leqslant P(x - \Delta x < X \leqslant x) = F(x) - F(x - \Delta x), \Delta x > 0$$

由于连续型随机变量的分布函数是连续的,所以

$$\lim_{\Delta x \to 0}(F(x) - F(x - \Delta x)) = 0$$

故

$$P(X = x) = 0$$

由此得到

$$P(x_1 \leqslant X < x_2) = P(x_1 < X \leqslant x_2) = P(x_1 < X < x_2) = P(x_1 \leqslant X \leqslant x_2)$$

【例 5】 已知连续型随机变量 X 具有概率密度

$$f(x) = \begin{cases} kx + 1, & 0 \leqslant x \leqslant 2 \\ 0, & \text{其他} \end{cases}$$

求系数 k 及分布函数 $F(x)$,并计算 $P(1.5 \leqslant X \leqslant 2.5)$.

解 由概率密度 $f(x)$ 的性质可知

$$\int_{-\infty}^{+\infty} f(x)\mathrm{d}x = \int_{-\infty}^{0} f(x)\mathrm{d}x + \int_{0}^{2} f(x)\mathrm{d}x + \int_{2}^{+\infty} f(x)\mathrm{d}x = \int_{-\infty}^{0} 0\mathrm{d}x + \int_{0}^{2}(kx + 1)\mathrm{d}x + \int_{2}^{+\infty} 0\mathrm{d}x = \int_{0}^{2}(kx + 1)\mathrm{d}x = 1$$

即

$$\left(\frac{k}{2}x^2 + x\right)\Big|_0^2 = 2k + 2 = 1$$

解得 $k = -\frac{1}{2}$.所以

$$f(x) = \begin{cases} -\frac{1}{2}x + 1, & 0 \leqslant x \leqslant 2 \\ 0, & \text{其他} \end{cases}$$

当 $x \leqslant 0$ 时, $F(x) = \int_{-\infty}^{0} 0\mathrm{d}x = 0$.

当 $0 < x \leqslant 2$ 时

$$F(x) = \int_{-\infty}^{x} f(x)\mathrm{d}x = \int_{-\infty}^{0} 0\mathrm{d}x + \int_{0}^{x}\left(-\frac{x}{2} + 1\right)\mathrm{d}x = -\frac{x^2}{4} + x$$

当 $x > 2$ 时

$$F(x) = \int_{-\infty}^{0} 0\mathrm{d}x + \int_{0}^{2}\left(-\frac{x}{2} + 1\right)\mathrm{d}x + \int_{2}^{x} 0\mathrm{d}x = -\frac{x^2}{4} + x\Big|_0^2 = 1$$

所以

$$F(x) = \int_{-\infty}^{x} f(x)\mathrm{d}x = \begin{cases} 0, & x \leqslant 0 \\ -\frac{1}{4}x^2 + x, & 0 < x \leqslant 2 \\ 1, & x > 2 \end{cases}$$

$$P(1.5 \leqslant X \leqslant 2.5) = F(2.5) - F(1.5) = 0.062\,5$$

下面介绍几种常见的连续型随机变量的概率分布.

均匀分布

设 X 具有概率密度

$$f(x)=\begin{cases}\dfrac{1}{b-a}, & a\leqslant x\leqslant b\\ 0, & \text{其他}\end{cases}$$

则称 X 在区间 $[a,b]$ 上服从均匀分布,记为 $X\sim U[a,b]$.

相应的分布函数为

$$F(x)=\begin{cases}0, & x<a\\ \dfrac{x-a}{b-a}, & a\leqslant x<b\\ 1, & x\geqslant b\end{cases}$$

由于 $f(x)\geqslant 0,\int_{-\infty}^{+\infty}f(x)\mathrm{d}x=\int_a^b\dfrac{1}{b-a}\mathrm{d}x=1$,故 $f(x)$ 满足概率密度的性质 1 和性质 2.

若 $X\sim U[a,b]$,(x_1,x_2) 为 $[a,b]$ 中的任一子区间,则

$$P(x_1<X\leqslant x_2)=\int_{x_1}^{x_2}\frac{1}{b-a}\mathrm{d}x=\frac{1}{b-a}(x_2-x_1)$$

这说明 X 落在子区间上的概率与子区间的长度成正比,而与子区间位置无关,故 X 落在长度相等的各个子区间的可能性是相等的.“均匀分布”中的“均匀”就是“等可能”的意思.

【例 6】 已知某路公共汽车每 5 min 一趟,设 X 表示乘客在某站口的候车时间,求乘客候车时间不超过 3 min 的概率.

解 显然,连续型随机变量 X 在 $[0,5]$ 内均匀取值,即 X 在 $[0,5]$ 内服从均匀分布,故

$$f(x)=\begin{cases}\dfrac{1}{5}, & 0\leqslant x\leqslant 5\\ 0, & \text{其他}\end{cases}$$

因而,$P(0<X\leqslant 3)=\int_0^3\dfrac{1}{5}\mathrm{d}x=\dfrac{3}{5}$,即候车时间不超过 3 min 的概率为 $\dfrac{3}{5}$.

正态分布

正态分布是概率统计中最重要的一种连续型分布,这是因为自然界及社会现象中,许多随机变量的取值都是有“中间大,两头小,左右对称”的这种特性.例如,一大群人的身高,在正常状态下,个子很高或很矮的是少数,而大多数是中等身高.再如农作物的单位面积产量、海洋波浪的高度等都具有这种特性.一般来说,一个随机变量如果受到许多因素的影响,而其中每一个因素都不起主导作用,则它服从正态分布.这是正态分布得以广泛应用的原因.

设 X 具有概率密度

$$f(x)=\frac{1}{\sigma\sqrt{2\pi}}\mathrm{e}^{-\frac{(x-\mu)^2}{2\sigma^2}},\quad -\infty<x<+\infty$$

其中 μ,σ 为常数,且 $\sigma>0$,则称 X 服从正态分布,记为 $X\sim N(\mu,\sigma^2)$.

可以验证,正态分布的概率密度满足概率密度的性质 1 和性质 2.

正态概率密度 $f(x)$ 的图形(图 10.8) 有以下特征:

(1)$f(x)$ 相对于直线 $x=\mu$ 对称,在 $x=\mu\pm\sigma$ 处有拐点,且在 $x=\mu$ 处达到极大值;

(2) 当 x 趋于无穷时,曲线以 $y=0$ 为渐近线;

(3) 在 μ 固定时,σ 越大,曲线越平缓;σ 越小,曲线越陡峭,且对称中心不变.

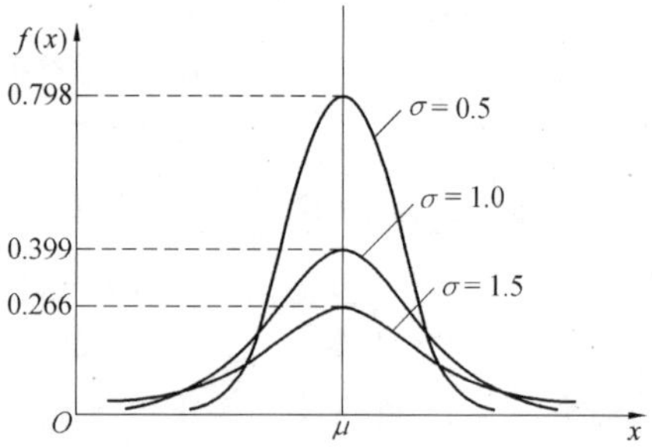

图 10.8

由正态分布的定义可知,x 的分布函数

$$F(X)=\frac{1}{\sigma\sqrt{2\pi}}\int_{-\infty}^{x}\mathrm{e}^{-\frac{(t-\mu)^2}{2\sigma^2}}\mathrm{d}t$$

当正态分布 $N(\mu,\sigma^2)$ 中的参数 $\mu=0,\sigma=1$ 时,则得到 $N(0,1)$,称这样的正态分布为标准正态分布,其概率密度和分布函数分别为

$$\varphi(x)=\frac{1}{\sqrt{2\pi}}\mathrm{e}^{-\frac{x^2}{2}},\quad -\infty<x<+\infty$$

$$\Phi(x)=\frac{1}{\sqrt{2\pi}}\int_{-\infty}^{x}\mathrm{e}^{-\frac{t^2}{2}}\mathrm{d}t,\quad -\infty<x<+\infty$$

由于 $\varphi(-x)=\varphi(x)$,且

$$\varphi(-x)=\int_{-\infty}^{-x}\varphi(t)\mathrm{d}t\xlongequal{令\,t=-u}\int_{x}^{+\infty}\varphi(u)\mathrm{d}u=$$

$$\int_{-\infty}^{+\infty}\varphi(u)\mathrm{d}u-\int_{-\infty}^{x}\varphi(u)\mathrm{d}u=1-\Phi(x)$$

故对 $\varphi(x)$ 和 $\Phi(x)$ 来说,当自变量取负值时所对应的函数值可用自变量取相应的正值时所对应的函数值来表示.而当 $x\geqslant 0$ 时,$\Phi(x)$ 的值可查表 10.4.

表 10.4　标准正态分布表

$$\Phi(x) = \int_{-\infty}^{x} \frac{1}{\sqrt{2\pi}} e^{-\frac{t^2}{2}} dt = P(X \leqslant x)$$

x	0.00	0.01	0.02	0.03	0.04	0.05	0.06	0.07	0.08	0.09
0.0	0.500 0	0.504 0	0.508 0	0.512 0	0.516 0	0.519 9	0.523 9	0.527 9	0.531 9	0.535 9
0.1	0.539 8	0.543 8	0.547 8	0.551 7	0.555 7	0.559 6	0.563 6	0.567 5	0.571 4	0.575 3
0.2	0.579 3	0.583 2	0.587 1	0.591 0	0.594 8	0.598 7	0.602 6	0.606 4	0.610 3	0.614 1
0.3	0.617 9	0.621 7	0.625 5	0.629 3	0.633 1	0.636 8	0.640 4	0.644 3	0.648 0	0.651 7
0.4	0.655 4	0.659 1	0.662 8	0.666 4	0.670 0	0.673 6	0.677 2	0.680 8	0.684 4	0.687 9
0.5	0.691 5	0.695 0	0.698 5	0.701 9	0.705 4	0.708 8	0.712 3	0.715 7	0.719 0	0.722 4
0.6	0.725 7	0.729 1	0.732 4	0.735 7	0.738 9	0.742 2	0.745 4	0.748 6	0.751 7	0.754 9
0.7	0.758 0	0.761 1	0.764 2	0.767 3	0.770 3	0.773 4	0.776 4	0.779 4	0.782 3	0.785 2
0.8	0.788 1	0.791 0	0.793 9	0.796 7	0.799 5	0.802 3	0.805 1	0.807 8	0.810 6	0.813 3
0.9	0.815 9	0.818 6	0.821 2	0.823 8	0.826 4	0.828 9	0.835 5	0.834 0	0.836 5	0.838 9
1.0	0.841 3	0.843 8	0.846 1	0.848 5	0.850 8	0.853 1	0.855 4	0.857 7	0.859 9	0.862 1
1.1	0.864 3	0.866 5	0.868 6	0.870 8	0.872 9	0.874 9	0.877 0	0.879 0	0.881 0	0.883 0
1.2	0.884 9	0.886 9	0.888 8	0.890 7	0.892 5	0.894 4	0.896 2	0.898 0	0.899 7	0.901 5
1.3	0.903 2	0.904 9	0.906 6	0.908 2	0.909 9	0.911 5	0.913 1	0.914 7	0.916 2	0.917 7
1.4	0.919 2	0.920 7	0.922 2	0.923 6	0.925 1	0.926 5	0.927 9	0.929 2	0.930 6	0.931 9
1.5	0.933 2	0.934 5	0.935 7	0.937 0	0.938 2	0.939 4	0.940 6	0.941 8	0.943 0	0.944 1
1.6	0.945 2	0.946 3	0.947 4	0.948 4	0.949 5	0.950 5	0.951 5	0.952 5	0.953 5	0.953 5
1.7	0.955 4	0.956 4	0.957 3	0.958 2	0.959 1	0.959 9	0.960 8	0.961 6	0.962 5	0.963 3
1.8	0.964 1	0.964 8	0.965 6	0.966 4	0.967 2	0.967 8	0.968 6	0.969 3	0.970 0	0.970 6
1.9	0.971 3	0.971 9	0.972 6	0.973 2	0.973 8	0.974 4	0.975 0	0.975 6	0.976 2	0.976 7
2.0	0.977 2	0.977 8	0.978 3	0.978 8	0.979 3	0.979 8	0.980 3	0.980 8	0.981 2	0.981 7
2.1	0.982 1	0.982 6	0.983 0	0.983 4	0.983 8	0.984 2	0.984 6	0.985 0	0.985 4	0.985 7
2.2	0.986 1	0.986 4	0.986 8	0.987 1	0.987 4	0.987 8	0.988 1	0.988 4	0.988 7	0.989 0
2.3	0.989 3	0.989 6	0.989 8	0.990 1	0.990 4	0.990 6	0.990 9	0.991 1	0.991 3	0.991 6
2.4	0.991 8	0.992 0	0.992 2	0.992 5	0.992 7	0.992 9	0.993 1	0.993 2	0.993 4	0.993 6
2.5	0.993 8	0.994 0	0.994 1	0.994 3	0.994 5	0.994 6	0.994 8	0.994 9	0.995 1	0.995 2
2.6	0.995 3	0.995 5	0.995 6	0.995 7	0.995 9	0.996 0	0.996 1	0.996 2	0.996 3	0.996 4
2.7	0.996 5	0.996 6	0.996 7	0.996 8	0.996 9	0.997 0	0.997 1	0.997 2	0.997 3	0.997 4
2.8	0.997 4	0.997 5	0.997 6	0.997 7	0.997 7	0.997 8	0.997 9	0.997 9	0.998 0	0.998 1
2.9	0.998 1	0.998 2	0.998 2	0.998 3	0.998 4	0.998 4	0.998 5	0.998 5	0.998 6	0.998 6
3.0	0.998 7	0.999 0	0.999 3	0.999 5	0.999 7	0.999 8	0.999 8	0.999 9	0.999 9	1.000 0

标准正态分布的重要性在于,任何一个一般的正态分布都可以通过线性变换化为标准正态分布.一般的正态分布 $N(\mu,\sigma^2)$ 的分布函数 $F(x)$ 与标准正态分布的分布函数 $\Phi(x)$,有下面的关系

$$F(x) = \Phi\left(\frac{x-\mu}{\sigma}\right) \tag{10.4}$$

这是因为

$$F(x) = \frac{1}{\sigma\sqrt{2\pi}}\int_{-\infty}^{x} e^{-\frac{(t-\mu)^2}{2\sigma^2}}dt \xlongequal{令 u=\frac{t-\mu}{\sigma}} \frac{1}{\sqrt{2\pi}}\int_{-\infty}^{\frac{x-\mu}{\sigma}} e^{-\frac{u^2}{2}}du = \Phi\left(\frac{x-\mu}{\sigma}\right)$$

由式(10.4),对随机变量 $X \sim N(\mu,\sigma^2)$,可得到下面的结果

$$P(x_1 < X < x_2) = F(x_2) - F(x_1) = \Phi\left(\frac{x_2-\mu}{\sigma}\right) - \Phi\left(\frac{x_1-\mu}{\sigma}\right) \tag{10.5}$$

【例 7】 设 $X \sim N(\mu,\sigma^2)$,求 $P(|X-\mu|<\sigma)$,$P(|X-\mu|<2\sigma)$.

解 由式(10.5)及表 10.4 有

$$P(|X-\mu|<\sigma) = P(\mu-\sigma<X<\mu+\sigma) = \Phi\left(\frac{\mu+\sigma-\mu}{\sigma}\right) - \Phi\left(\frac{\mu-\sigma-\mu}{\sigma}\right) = \Phi(1)-\Phi(-1) = \Phi(1)-[1-\Phi(1)] = 2\Phi(1)-1 = 0.682\,6$$

同理有

$$P(|X-\mu|<2\sigma) = 0.954\,4$$

【例 8】 已知某区 5 000 名初二学生,数学统考成绩 X 服从正态分布 $N(65,15^2)$,求 50 分至 80 分之间的学生人数.

解 根据式(10.5)及表 10.4,有

$$P(50<X<80) = F(80)-F(50) = \Phi\left(\frac{80-65}{15}\right) - \Phi\left(\frac{50-65}{15}\right) = \Phi(1)-\Phi(-1) = \Phi(1)-[1-\Phi(1)] = 2\Phi(1)-1 = 0.682\,6$$

这样,在 50 分至 80 分之间学生人数为

$$5\,000 \times 0.682\,6 = 3\,413(人)$$

10.3.5 随机变量的数字特征

前面讨论了随机变量的概率分布.我们看到随机变量的概率分布能够完整地描述随机变量的统计规律,但在许多实际问题中,人们并不需要去全面考察随机变量的变化情况,而只要知道它的某些数字特征即可.数字特征能较集中地反映随机变量的某些统计特性,而且很多重要分布中的参数都与数字特征有关,因而它在概率论与数理统计中占有重要地位.

1. 随机变量的数学期望

平均值是日常生活中最常用的一个数字特征，它对评判事物、做出决策等具有重要作用. 例如，某商场计划搞一次促销活动，统计资料表明，如果在商场内搞促销活动，可获得经济效益 3 万元；在商场外搞促销，如果不遇到雨天，可获得经济效益 12 万元，遇到雨天则会损失 5 万元. 若前一天的天气预报称当日有雨的概率为 40%，那么商场应如何选择促销方式？

显然，商场该日在商场外搞促销活动预期获得的经济效益 X 是一个随机变量，其概率分布为

$$P(X = x_1) = P(X = 12) = 0.6 = p_1$$

$$P(X = x_2) = P(X = -5) = 0.4 = p_2$$

要做出决策就要将此时的平均效益与 3 万元进行比较，如何求平均效益呢？既要考虑 X 的所有取值，又要考虑 X 取每一个值时的概率，即为

$$\sum_{i=1}^{2} x_i p_i = 12 \times 0.6 + (-5) \times 0.4 = 5.2(\text{万元})$$

称这个平均效益 5.2 万元为随机变量 X 的数学期望. 一般的，离散型随机变量的数学期望定义如下：

定义 10.15　设离散型随机变量 X 的概率分布为

$$P(X = x_i) = p_i, \quad i = 1,2,\cdots,n,\cdots$$

则称和式 $\sum\limits_{i=1}^{\infty} x_i p_i$ 为 X 的数学期望或均值，记为 $E(X)$，即

$$E(X) = \sum_{i=1}^{\infty} x_i p_i$$

【例 9】　有两名学生在军训射击比赛中，得分分别为 X_1, X_2，其分布列如表 10.5，表 10.6 所示.

表 10.5

X_1	0	1	2
p_i	0.0	0.2	0.8

表 10.6

X_2	0	1	2
p_i	0.6	0.3	0.1

评定他们成绩的好坏.

解　X_1 的数学期望为

$$E(X_1) = 0 \times 0 + 1 \times 0.2 + 2 \times 0.8 = 1.8(\text{分})$$

X_2 的数学期望为

$$E(X_2) = 0 \times 0.6 + 1 \times 0.3 + 2 \times 0.1 = 0.5(\text{分})$$

这说明如果进行很多次的射击,第一名学生的分数的均值就接近 1.8,而第二名学生的分数的均值就接近 0.5,所以第一名学生的成绩好.

如何将离散型随机变量的期望值推广到连续型随机变量?我们用类比的方法来推广.

对于以 $f(x)$ 为概率密度的连续型随机变量 X 而言,x 和 $f(x)\mathrm{d}x$ 相当于 x_i 和 p_i,由此可以得到连续型随机变量期望值的定义.

定义 10.16 设连续型随机变量 X 具有概率密度函数 $f(x)$,则称积分 $\int_{-\infty}^{+\infty} xf(x)\mathrm{d}x$ 为 X 的数学期望或均值,记为 $E(X)$,即

$$E(X) = \int_{-\infty}^{+\infty} xf(x)\mathrm{d}x$$

【例 10】 (正态分布的期望值)设 X 服从正态分布 $N(\mu,\sigma^2)$,求 $E(X)$.

解 $$E(X) = \int_{-\infty}^{+\infty} x\frac{1}{\sigma\sqrt{2\pi}}\mathrm{e}^{-\frac{(x-\mu)^2}{2\sigma^2}}\mathrm{d}x \xlongequal{\text{令}t=\frac{x-\mu}{\sigma}} \int_{-\infty}^{+\infty}\frac{\mu+\sigma t}{\sqrt{2\pi}}\mathrm{e}^{-\frac{t^2}{2}}\mathrm{d}t =$$

$$\frac{\mu}{\sqrt{2\pi}}\int_{-\infty}^{+\infty}\mathrm{e}^{-\frac{t^2}{2}}\mathrm{d}t + \frac{\sigma}{\sqrt{2\pi}}\int_{-\infty}^{+\infty}t\mathrm{e}^{-\frac{t^2}{2}}\mathrm{d}t = \mu$$

故正态分布中的参数 μ 表示相应随机变量 X 的数学期望.

数学期望的性质:

性质 1 (常数性)$E(C) = C$,其中 C 为常数.

性质 2 (齐次性)$E(CX) = CE(X)$,其中 C 为常数.

性质 3 (可加性)$E(X_1 + X_2) = E(X_1) + E(X_2)$.

性质 4 (乘积性)若 X,Y 相互独立,则 $E(XY) = E(X)E(Y)$.

性质 3 和性质 4 均可推广到任意有限个随机变量的情形.

利用期望值的有关性质,可简化某些运算.

【例 11】 某射击队共有 9 名队员,技术不相上下,每人射击中靶的概率均为 0.8. 进行射击时,各自打中靶为止,但限制每人最多只打 3 次,问大约要为他们准备多少发子弹?

解 设 X_i 为第 i 名队员所需子弹数,由数学期望的性质 3,9 名队员所需子弹数目 X 的数学期望为 $E(X) = E(\sum_{i=1}^{9} X_i) = \sum_{i=1}^{9} EX_i$,因此,只需求出 $E(X_i)$. 因为 X_i 的概率分布如表 10.7 所示.

表 10.7

X_i	1	2	3
p_i	0.8	0.2×0.8	$0.2 \times 0.2 \times 0.8$

故

$$E(X_i) = 1 \times 0.8 + 2 \times 0.16 + 3 \times 0.032 = 1.216$$

因此

$$E(X) = 9 \times 1.216 = 10.944$$

即大约需为他们准备 11 发子弹.

2. 随机变量的方差

数学期望反映了随机变量的平均值,它是一个很重要的数字特征.而随机变量取值的稳定性是判断随机现象性质的另一个十分重要的指标.

先看一个例子.

有两组学生(每组 3 人),一次数学考试成绩如下(单位:分):

甲组 3 人得分分别为　60　80　100

乙组 3 人得分分别为　79　80　81

显然,甲组学生和乙组学生的平均分均为 80.但是,这两组学生分数有很大的差异,甲组学生的成绩波动较大,相对于平均分数的差异较大,即平均偏离程度(离中趋势)较大;而乙组学生的成绩波动较小,相对于平均分数的差异较小,即平均偏离程度小.因此,我们仅用平均值来描述一组分数的特征是不够的,还要考虑一组分数相对于平均值的差异的大小,即偏离程度的大小.

用什么来衡量这种平均偏离程度呢?人们自然会想到 $|X - E(X)|$ 的平均值 $E|X - E(X)|$.但是,此式带有绝对值号,不便于运算,故采用 $[X - E(X)^2]$ 的平均值 $E[X - E(X)]^2$ 来代替.显然,$E[X - E(X)]^2$ 的大小是完全能够反映 X 离开 $E(X)$ 的平均偏离大小的,这个值就称为 X 的方差.

定义 10.17　设 X 为一随机变量.若 $E[X - E(X)]^2$ 存在,则称 $E[X - E(X)]^2$ 是 X 的方差,记为 $D(X)$,即

$$D(X) = E[X - E(X)]^2$$

同时,称 $\sqrt{D(X)}$ 是 X 的标准差或均方差,它与 X 有相同的度量单位,在实际应用中常被采用.

根据随机变量函数的数学期望的计算公式,若 X 为离散型随机变量,则

$$D(X) = E[X - E(X)]^2 = \sum_{i=1}^{\infty} [x_i - E(X)]^2 p_i \tag{10.6}$$

若 X 为连续型随机变量,则

$$D(X) = E[X - E(X)]^2 = \int_{-\infty}^{+\infty} [x - E(X)]^2 f(x)\mathrm{d}x \tag{10.7}$$

式(10.6)和(10.7)是计算 $D(X)$ 的理论公式，实际计算很麻烦. 为了简化 $D(X)$ 的计算，我们可以利用数学期望的性质推导出计算 $D(X)$ 的简化公式

$$D(X) = E(X^2) - [E(X)]^2 \tag{10.8}$$

【例 12】 在产品质量管理中，有两台车床生产出的零件尺寸分别记为 X_1，X_2，其概率分布如表 10.8 所示.

表 10.8

X_1	10	11	12	13	14
p_i	0.1	0.2	0.4	0.2	0.1
X_2	10	11	12	13	14
p_i	0.15	0.2	0.3	0.2	0.15

试对两台车床生产的零件的质量进行评判.

解 经计算 $E(X_1) = E(X_2) = 12$，表明两台车床都是按国家规定标准进行生产的，但并不能说两台车床产品质量一样. 因为 $X - E(X)$ 越小越好，当然 $[X - E(X)]^2$ 也越小越好，平均起来 $E[X - E(X)]^2$ 也越小越好. 经计算 $D(X_1) = 1.2$，$D(X_2) = 1.6$，故说明第一台车床产品质量较好.

【例 13】 (0 ~ 1 分布的方差) 设 X 服从(0 ~ 1)分布，求 $D(X)$.

解 $D(X) = E(X^2) - [E(X)]^2 = \sum_{i=0}^{1} i^2 p_i - [E(X)]^2 =$

$p - p^2 = p(1 - p)$

可以证明，若设 X 服从正态分布 $N(\mu,\sigma^2)$，则 $D(X) = \sigma^2$，可见正态分布 $N(\mu,\sigma^2)$ 中第二个参数 σ^2 正好是 X 的方差.

方差有如下的性质：

性质 1 (常数性) $D(C) = 0$，其中 C 为常数.

性质 2 (二次性) $D(CX) = C^2 D(X)$，其中 C 为常数.

性质 3 (可加性) 若 X_1，X_2 相互独立，则 $D(X_1 + X_2) = D(X_1) + D(X_2)$.

性质 3 可以推广到任意有限个随机变量的情形.

【例 14】 利用方差性质，计算二项分布的方差.

解 设 $X \sim B(n,p)$，而二项分布可看作为 n 个(0 ~ 1)分布的和，记为

$$X = \sum_{i=1}^{n} X_i$$

则

$$D(X) = D(X_1 + X_2 + \cdots + X_n) = D(X_1) + D(X_2) + \cdots + D(X_n) =$$

$$p(1-p)+p(1-p)+\cdots+p(1-p)=np(1-p)$$

习题 10.3

1. 设袋中装着分别标有 $-1,2,2,2,3,3$ 数字的六个球,现从袋中任取一球,令 X 表示取得球上所标的数字,求 X 的分布律.

2. 设 $X \sim N(0,1)$,求 $p(-1<x<2)$ 及 $p(|x|<1)$.

3. 从某地到火车站途中有 6 个交通岗,假设在各个交通岗是否遇到红灯相互独立,并且遇到红灯的概率都是 $\frac{1}{3}$.

(1) 设 X 是汽车行驶途中遇到的红灯数,求 X 的分布律;

(2) 求汽车行驶途中至少遇到两次红灯的概率.

4. 设一个汽车站上,某路汽车每 5 min 到达一辆.设乘客在 5 min 内任一时间到达是等可能的,计算在汽车站候车的 10 位乘客中只有 1 位等待时间超过 4 min 的概率.

5. 从某地乘车前往火车站搭火车,有两条路可走:(1) 走市区路程短,但交通拥挤,所需时间 $X_1 \sim N(50,100)$;(2) 走郊区路程长,但意外阻塞少,所需时间 $X_2 \sim N(60,16)$.问若有 70 min 可用,应走哪条路线?

6. 假设某地区成年男性的身高(单位:cm)$X \sim N(170,7.69^2)$,求该地区成年男性的身高超过 175 cm 的概率.

7. 设随机变量 X 的分布列如表 10.9 所示.

表 10.9

X	-1	3
p	2/3	1/3

求 $E(X)$.

8. 设随机变量 X 的密度函数为

$$f(x)=\begin{cases}1+x, & -1 \leqslant x \leqslant 0 \\ 1-x, & 0<x \leqslant 1\end{cases}$$

求 $D(X)$.

习题答案

习题 1.1

1. (1) $(-\infty,0)$;　(2) $(-\infty,0]\cup[1,+\infty)$;
(3) $(0,1)\cup(1,+\infty)$;　(4) $[-4,-\pi]\cup[0,\pi]$.

2. (1) $f(2)=0,f(-2)=-4,f(0)=2,f(a+b)=\dfrac{|a+b-2|}{a+b+1}$;
(2) $f(1)=0,f(\frac{\pi}{4})=\dfrac{\sqrt{2}}{2},f(-2)=0,f(-\frac{\pi}{4})=\dfrac{\sqrt{2}}{2}$;
(3) $f(x-1)=\dfrac{1}{x^2-2x+2},f(\frac{1}{x^2})=\dfrac{x^4}{x^4+1},f(f(x)-1)=\dfrac{x^4+2x^2+1}{2x^4+2x^2+1}$.

3. (1) 不相等,定义域不同;　(2) 不相等,定义域不同.

4. (1) 奇函数;　(2) 偶函数;
(3) 非奇非偶;　(4) 奇函数.

5. (1) 是,周期为 π;　(2) 是,周期为 2;
(3) 不是;　(4) 不是.

6. (1) 在 $(-\infty,0)$ 上严格单调减少,在 $(0,+\infty)$ 上严格单调减少,无界;
(2) 在 $(-\infty,+\infty)$ 上严格单调增加,有界;
(3) 在 $(-\infty,0)$ 上严格单调减少,在 $[0,+\infty)$ 上为常数,无界;
(4) 在 $[-1,0)$ 上严格单调增加,在 $[0,1]$ 上严格单调减少,有界.

7. (1) $y=\dfrac{x+2}{3},(-\infty,+\infty)$;　(2) $y=\dfrac{x+1}{x-1},(-\infty,1)\cup(1,+\infty)$;
(3) $y=\log_2\dfrac{x}{1-x},(0,1)$;　(4) $y=\sin[\frac{1}{4}(x^2-\pi)],[0,\sqrt{3\pi}]$.

8. (1) $y=\sqrt{u},u=2+x^2$;　(2) $y=\sin u,u=2x$;
(3) $y=\dfrac{1}{u},u=\cos v,v=x-1$;　(4) $y=\ln u,u=\ln v,v=x-3$;
(5) $y=\sin u,u=\dfrac{1}{v},v=x-1$;　(6) $y=2^u,u=\arctan v,v=\sqrt{x}$.

习题 1.2

1. (1) 2;　(2) ∞,无极限;

(3)1;　　(4)0.

5.(1) 无穷小;　　(2) 正无穷大;

(3) 负无穷大;　　(4) 无穷小.

6.(1)2;　　(2)0;　　(3) $\frac{1}{5}$;　　(4)2;

(5) $\frac{\sqrt{3}}{6}$;　　(6)0.

7.(1) $\frac{3}{2}$;　　(2) $\frac{1}{2}$;　　(3) $\frac{1}{4}$;　　(4) $\frac{1}{2}$.

8.(1)e^{-3};　　(2)e;　　(3)e;　　(4)e^{-1};

(5)e;　　(6)e^2.

9. $a = \ln 3$.

10.(1) 同阶,但不等价无穷小;　　(2) 等价无穷小.

11.(1) $\frac{2}{3}$ 阶;　　(2)1 阶;　　(3)2 阶;　　(4)3 阶.

12.(1)2;　　(2) $\frac{2}{3}$;　　(3) $\frac{1}{2}$;　　(4) $-\frac{1}{2}$.

习题 1.3

1.(1)$x = 1$ 是可去间断点,$x = 2$ 是第二类间断点;

(2)$x = 0$ 是可去间断点,$x = k\pi, k = \pm 1, \pm 2, \cdots$ 都是第二类间断点;

(3)$x = 0$ 是第二类间断点;

(4)$x = 0$ 是跳跃间断点;

(5) 无间断点;

(6)$x = 0$ 和 $x = 1$ 都是可去间断点,$x = -1$ 是第二类间断点.

2.(1) 当 $b = 1$,a 为任意实数时,极限$\lim\limits_{x\to 0} f(x)$ 存在,且极限值为 1;

(2) 当 $a = b = 1$ 时,$f(x)$ 在 $x = 0$ 处连养.

习题 2.1

1.(1)12;　　(2)4.

2.(1) $\frac{1}{2\sqrt{x}}$;　　(2) $-\sin x$.

3.(1) 连续,可导;　　(2) 连续,不可导.

4.(1)$3x^2 + \sin x$;　　(2)$\cos x - \frac{1}{x}$;

(3) $\frac{3}{4}\frac{1}{x^{\frac{1}{4}}}$;　(4) $na_0x^{n-1}+(n-1)a_1x^{n-2}+\cdots+a_{n-1}$;

(5) $2x\ln x+\frac{1}{x}$;　(6) $2^x\arctan x\ln 2+\frac{2^x}{1+x^2}$;

(7) $\sin x\ln x+x\cos x\ln x+\sin x$;　(8) $-\frac{4}{(x-2)^2}$;

(9) $\frac{-2}{1+\sin x}$;　(10) $\log_2 x+\frac{1}{x}+\frac{1}{\ln 2}$

(11) $\sec x\tan^2 x+\sec^3 x$;　(12) $-\csc x\cot^2 x-\csc^3 x$.

5. (1) $-\frac{x}{\sqrt{1-x^2}}$;　(2) $\cot x$;

(3) $-(2x+1)\sin(x^2+x+1)$;　(4) $30(x-1)(3x^2-6x+1)^4$;

(5) $3e^{\sin 3x}\cos 3x$;　(6) $\frac{2}{1+x^2}$;

(7) $\frac{3(\arcsin\frac{x}{2})^2}{\sqrt{4-x^2}}$;

(8) $\frac{1}{2\sqrt{x+\sqrt{x+\sqrt{x}}}}[1+\frac{1}{2\sqrt{x+\sqrt{x}}}(1+\frac{1}{2\sqrt{x}})]$;

(9) $-\frac{3x\cos^2\sqrt{1+x^2}}{\sqrt{1+x^2}\sin^4\sqrt{1+x^2}}$;　(10) $4xe^{x^2+1}\sec^2 e^{x^2+1}\tan e^{x^2+1}$;

(11) $2xe^{-x^2}(e^{-x^2}\sin e^{-x^2}-\cos e^{-x^2})$;　(12) $\frac{4}{(e^x+e^{-x})^2}$;

(13) $(1-\tan^2 x+\tan^4 x)\sec^2 x$;　(14) $\frac{2}{\cos x\sqrt{\sin x}}$.

6. $4x+y-3=0$.

7. (1) 400 个;　(2) 约为 159 个/天.

8. (1) $y'=\frac{y}{y-1}$;　(2) $y'=-\sqrt{\frac{y}{x}}$;

(3) $y'=\frac{(2^{x+y}-2^x)\ln 2}{2-2^{x+y}\ln 2}$;　(4) $y'=\frac{x+y}{x-y}$.

9. (1) $\frac{2}{5}$;　(2) $-\frac{1}{2}$.

10. (1) $(\ln x)^x(\ln\ln x+\frac{1}{\ln x})$;　(2) $\frac{1}{3}\sqrt[3]{\frac{x(x^2+1)}{(x^2-1)^2}}[\frac{1}{x}+\frac{2x}{x^2+1}-\frac{4x}{x^2-1}]$.

11. (1) $-\frac{1}{\sqrt{(x^2-1)^3}}$;　(2) $\frac{1}{\sqrt{x^2+1}}$.

12. $y''=-\frac{1}{4y^3}$.

14.(1) $y^{(n)} = (-1)^{n+1}\dfrac{(n-1)!}{(1+x)^n}$; (2) $y^{(n)} = \sin(x + \dfrac{n\pi}{2})$.

15.(1) $dy = (-\sin x + \dfrac{1}{x})dx$; (2) $dy = 2(x + x^2)e^{2x}dx$;

(3) $dy = \dfrac{1}{2}\cot\dfrac{x}{2}dx$; (4) $dy = \dfrac{y}{1-y}dx$.

16.(1) $2x + C$; (2) $\dfrac{1}{2}x^2 + C$;

(3) $\ln x + C$; (4) $-\cos x + C$;

(5) $-\dfrac{1}{x} + C$; (6) $2\sqrt{x} + C$;

(7) $\arcsin x + C$; (8) $\tan x + C$;

(9) $\dfrac{2}{3}x^{\frac{3}{2}} + C$; (10) $-\dfrac{1}{2}e^{-2x} + C$;

(11) $\dfrac{1}{1+e^{4x}}$ (12) $\dfrac{\cos\sqrt{\cos x}}{2\sqrt{\cos x}}$

习题 2.2

1.(1) 满足; (2) 不满足.

2.(1) 是, $\xi = -\dfrac{\sqrt{3}}{3}$; (2) 是, $\xi = -\ln\ln 2$.

5.(1) 1; (2) $-\dfrac{1}{6}$; (3) 1; (4) 0;

(5) $\dfrac{1}{2}$; (6) $\dfrac{2}{\pi}$; (7) e; (8) 1.

6.(1) 在 $(-\infty, -1)$ 和 $(3, +\infty)$ 上单调增加, 在 $(-1,3)$ 上单调减少, 极大值 $f(-1) = 17$, 极小值 $f(3) = -47$;

(2) 在 $(0,1)$ 上单调增加, 在 $(-\infty,0)$ 和 $(1, +\infty)$ 上单调减少, 极大值 $f(0) = 0$, 极小值 $f(1) = -\dfrac{1}{2}$;

(3) 在 $(0,e)$ 上单调减少, 在 $(e, +\infty)$ 上单调增加, 极小值 $f(e) = e$;

(4) 在 $(-\infty,0)$ 和 $(\dfrac{1}{e}, +\infty)$ 上单调增加, 在 $(0,\dfrac{1}{e})$ 上单调减少, 极大值 $f(0) = 0$, 极小值 $f(\dfrac{1}{e}) = -\dfrac{1}{e}$.

7. 当 $a = 2$ 时, 极大值 $f(\dfrac{\pi}{3}) = \sqrt{3}$.

8.(1) 最大值 $f(4) = 8$, 最小值 $f(0) = 0$;

(2) 最大值 $f(1) = 2$, 最小值 $f(-1) = -10$.

10. 底半径为 $r=\sqrt[3]{\dfrac{V}{2\pi}}$，高为 $h=2\sqrt[3]{\dfrac{V}{2\pi}}$，用料最省.

11. (1) 凸区间 $\left(-\infty,-\dfrac{\sqrt{3}}{3}\right)$ 和 $\left(\dfrac{\sqrt{3}}{3},+\infty\right)$，凹区间 $\left(-\dfrac{\sqrt{3}}{3},\dfrac{\sqrt{3}}{3}\right)$，拐点为 $\left(-\dfrac{\sqrt{3}}{3},\dfrac{23}{18}\right)$ 和 $\left(\dfrac{\sqrt{3}}{3},\dfrac{23}{18}\right)$；

(2) 凸区间 $(-\infty,-1)$ 和 $(1,+\infty)$，凹区间 $(-1,1)$，拐点为 $(-1,\ln 2)$ 和 $(1,\ln 2)$；

(3) 凸区间 $(1,+\infty)$，凹区间 $(-\infty,1)$，拐点为 $(1,-1)$.

12. $a=-\dfrac{3}{2}$，$b=\dfrac{9}{2}$.

习题 3.1

1. (1) $x-\dfrac{x^2}{2}+\dfrac{x^4}{4}-3x^{\frac{1}{3}}+C$；　(2) $\dfrac{x^2}{2}+4x^{\frac{1}{2}}-\dfrac{1}{x}+C$；

(3) $\dfrac{2^x}{\ln 2}+\dfrac{3^x}{\ln 3}+C$；　(4) $5\ln|x|-3e^x+\sin x+C$；

(5) $-\dfrac{2}{3}x^{-\frac{3}{2}}-e^{-x}+\ln|x|+C$；　(6) $-\dfrac{3}{2}x^4+\dfrac{11}{3}x^3-3x^2+x+C$；

(7) $x-\dfrac{x^3}{3}+\arctan x+C$；　(8) $\dfrac{1}{1+2\ln 3}3^{2x}e^x+C$；

(9) $-\dfrac{1}{x}+\arctan x+C$；　(10) $\dfrac{1}{2}(x-\sin x)+C$；

(11) $\sin x+\cos x+C$；　(12) $\tan x-x+C$.

2. (1) $\dfrac{1}{3}\sin(3x+4)+C$；　(2) $\dfrac{1}{2}\ln|2x+1|+C$；

(3) $\dfrac{1}{505}(5x-3)^{101}+C$；　(4) $\dfrac{1}{2}e^{x^2}+C$；

(5) $2\sin\sqrt{x}+C$；　(6) $\ln|x+1|+\dfrac{1}{x+1}+C$；

(7) $\ln|\ln x|+C$；　(8) $\dfrac{1}{3}\arctan^3 x+C$；

(9) $\dfrac{1}{\sqrt{5}}\arcsin\sqrt{\dfrac{5}{7}}x+C$；　(10) $-e^{\frac{1}{x}}+C$；

(11) $\dfrac{3}{\sqrt{35}}\arctan\sqrt{\dfrac{5}{7}}x-\dfrac{1}{5}\ln(5x^2+7)+C$；

(12) $\dfrac{1}{8}\ln(1+4x^2)-\dfrac{1}{3}(\arctan 2x)^{\frac{3}{2}}+C$；

(13) $\dfrac{1}{3}\tan 3x+\dfrac{1}{3\cos 3x}+C$；　(14) $\ln|x+\cos x|+C$；

(15) $-\cot\frac{x}{2}+C$; (16) $-\frac{1}{3\ln 2}\ln(1+3\cdot 2^{-x})+C$;

(17) $\tan x+\frac{1}{3}\tan^3 x+C$; (18) $\frac{1}{3}\sec^3 x+C$;

(19) $(\arctan\sqrt{x})^2+C$; (20) $\ln|\ln\sin x|+C$.

3. (1) $2[\sqrt{1+x}-\ln(1+\sqrt{1+x})]+C$;

(2) $\frac{1}{2}\arcsin x-\frac{x}{2}\sqrt{1-x^2}+C$;

(3) $\ln(x+\sqrt{x^2+a^2})-\frac{\sqrt{x^2+a^2}}{x}+C$;

(4) $\sqrt{x^2-a^2}-a\arccos\frac{a}{x}+C$.

4. (1) $\sin x-x\cos x+C$; (2) $\frac{1}{3}x^2\ln x-\frac{1}{9}x^3+C$;

(3) $x^2\sin x+2(x\cos x-\sin x)+C$; (4) $\frac{e^{3x}}{27}(9x^2-6x+2)+C$;

(5) $-(x+1)e^{-x}+C$; (6) $-\frac{1}{2x^2}(\ln x+\frac{1}{2})+C$;

(7) $x\arcsin x+\sqrt{1-x^2}+C$; (8) $\frac{1}{2}(x^2+1)\arctan x-\frac{x}{2}+C$;

(9) $x\ln^2 x-2x\ln x+2x+C$; (10) $-x\tan x+\ln|\sin x|+C$;

(11) $2\sqrt{1+x}\arcsin x+4\sqrt{1-x}+C$; (12) $\frac{1}{2}e^x(\sin x-\cos x)+C$;

(13) $\frac{x}{2}(\sin\ln x-\cos\ln x)+C$; (14) $\frac{x}{2}+\frac{\sqrt{x}}{2}\sin 2\sqrt{x}+\frac{1}{4}\cos 2\sqrt{x}+C$.

习题 3.2

1. (1) $\int_0^1 x^2\mathrm{d}x>\int_0^1 x^3\mathrm{d}x$; (2) $\int_1^2 x^2\mathrm{d}x<\int_1^2 x^3\mathrm{d}x$;

(3) $\int_1^2\ln x\mathrm{d}x<\int_1^2 x\mathrm{d}x$; (4) $\int_0^{\pi}\sin x\mathrm{d}x>\int_0^{2\pi}\sin x\mathrm{d}x$.

2. $0<\int_{\frac{\pi}{2}}^{\pi}\frac{\sin x}{x}\mathrm{d}x<1$.

3. (1) $\frac{\sin x}{1+x^2}$; (2) $-\sqrt{1+x^2}$;

(3) $2xe^{-x^4}-e^{-x^2}$; (4) $\int_{e^x}^{2x}\ln t\mathrm{d}t+x[2\ln(2x)-xe^x]$.

4. (1) $\frac{1}{4}$; (2) e.

5. 极小值 $F(0)=0$.

6. (1) $\frac{32}{5}$; (2) $2e-1$; (3) 1; (4) $\frac{\pi}{3}$;
(5) $\frac{1}{2}\ln\frac{8}{5}$; (6) $\frac{3}{2}$; (7) $2\sqrt{2}-2$; (8) $\frac{29}{6}$.

7. $\frac{17}{12}$.

8. (1) $\frac{2}{3}$; (2) $\frac{2}{\pi}$.

9. $f(x)=3x-\frac{3}{2}\sqrt{1-x^2}$ 或 $f(x)=3x-3\sqrt{1-x^2}$.

10. (1) $7+2\ln 2$; (2) $2-\frac{\pi}{2}$; (3) $1-\frac{\pi}{4}$; (4) $\frac{\pi}{12}$.

12. $F'(x)=f(x+1)-f(x)$.

13. (1) $2\ln 2-1$; (2) π; (3) $\frac{1}{4}+\frac{\pi^2}{16}$; (4) $\frac{1}{5}(e^{\pi}-2)$;
(5) $\frac{2\pi}{3}-\frac{\sqrt{3}}{2}$; (6) $2(e^2+1)$; (7) $2(1-\frac{1}{e})$; (8) 2.

14. 2.

15. $-\pi\ln\pi-\sin 1$.

16. (1) 收敛于 1; (2) 收敛于 $-\frac{1}{2}$; (3) 发散; (4) 收敛于 $\frac{\pi}{2}$.

17. $e+\frac{1}{e}-2$.

18. $\frac{32}{3}$.

19. $V_x=2\pi(e^2+1)$, $V_y=\frac{\pi}{2}(e^4-1)$.

20. $44\,550\pi$ J.

习题 4.1

1. (1) $\{(x,y)\mid x\geqslant\sqrt{y}$, 且 $y\geqslant 0\}$; (2) $\{(x,y)\mid x^2+y^2\leqslant 4$, 且 $xy>0\}$;
(3) $\{(x,y)\mid 9x^2+4y^2<36\}$; (4) $\{(x,y)\mid |x|\leqslant 1$, 且 $|y|\geqslant 1\}$.

2. 2.

3. 函数在原点 $O(0,0)$ 处连续.

4. 1.

5. (1) $\frac{\partial z}{\partial x}=2x-y-3$, $\frac{\partial z}{\partial y}=-x+4y$;
(2) $\frac{\partial z}{\partial x}=y^2\cos(xy^2)+\sec^2(x-y)$, $\frac{\partial z}{\partial y}=2xy\cos(xy^2)-\sec^2(x-y)$;

(3) $\frac{\partial z}{\partial x} = e^{-x}[\cos(x+2y) - \sin(x+2y)], \frac{\partial z}{\partial y} = 2e^{-x}\cos(x+2y)$;

(4) $\frac{\partial z}{\partial x} = yx^{y-1}\arctan y, \frac{\partial z}{\partial y} = x^y\ln x\arctan y + \frac{x^y}{1+y^2}$.

6. (1) $\frac{\partial^2 z}{\partial x^2} = -y^2\cos xy, \frac{\partial^2 z}{\partial x\partial y} = -\sin xy - xy\cos xy, \frac{\partial^2 z}{\partial y^2} = -x^2\cos xy$;

(2) $\frac{\partial^2 z}{\partial x^2} = 2y(2y-1)x^{2y-2}, \frac{\partial^2 z}{\partial x\partial y} = 2x^{2y-1}(1+2y\ln x), \frac{\partial^2 z}{\partial y^2} = 4x^{2y}\ln^2 x$;

(3) $\frac{\partial^2 z}{\partial x^2} = e^x\cos y, \frac{\partial^2 z}{\partial x\partial y} = -e^x\sin y, \frac{\partial^2 z}{\partial y^2} = -e^x\cos y$;

(4) $\frac{\partial^2 z}{\partial x^2} = \frac{e^{x+y}}{(e^x+e^y)^2}, \frac{\partial^2 z}{\partial x\partial y} = -\frac{e^{x+y}}{(e^x+e^y)^2}, \frac{\partial^2 z}{\partial y^2} = \frac{e^{x+y}}{(e^x+e^y)^2}$.

8. (1) $dz = 2xy^3dx + 3x^2y^2dy$;

(2) $dz = [1+\ln(xy)]dx + \frac{x}{y}dy$.

9. $e^{\sin t - 2t^3}(\cos t - 6t^2)$.

10. (1) 令 $u = x+y, v = x^2+y^2$，则$\frac{\partial z}{\partial x} = \frac{\partial f}{\partial u} + 2x\frac{\partial f}{\partial v}, \frac{\partial z}{\partial y} = \frac{\partial f}{\partial u} + 2y\frac{\partial f}{\partial v}$;

(2) 令 $u = x^y v = y^x$，则$\frac{\partial z}{\partial x} = yx^{y-1}\frac{\partial f}{\partial u} + y^x\ln y\frac{\partial f}{\partial v}, \frac{\partial z}{\partial y} = x^y\ln x\frac{\partial f}{\partial u} + xy^{x-1}\frac{\partial f}{\partial v}$;

(3) $\frac{\partial z}{\partial x} = yf'(xy), \frac{\partial z}{\partial y} = xf'(xy)$;

(4) 令 $u = \frac{x}{y}v = \frac{y}{x}$，则$\frac{\partial z}{\partial x} = \frac{x^2}{y}\frac{\partial f}{\partial u} - y\frac{\partial f}{\partial v} + 2xf, \frac{\partial z}{\partial y} = -\frac{x^3}{y^2}\frac{\partial f}{\partial u} + x\frac{\partial f}{\partial v}$.

11. 令 $u = x+y, v = xy$，则$\frac{\partial z}{\partial x} = \frac{\partial f}{\partial u} + y\frac{\partial f}{\partial v}, \frac{\partial^2 z}{\partial x\partial y} = \frac{\partial^2 f}{\partial u^2} + (x+y)\frac{\partial^2 f}{\partial u\partial v} + xy\frac{\partial^2 f}{\partial v^2} + \frac{\partial f}{\partial v}$.

12. 令 $u = xy, v = \frac{y}{x}$，则$\frac{\partial z}{\partial y} = x^4\frac{\partial f}{\partial u} + x^2\frac{\partial f}{\partial v}, \frac{\partial^2 z}{\partial y^2} = x^5\frac{\partial^2 f}{\partial u^2} + 2x^3\frac{\partial^2 f}{\partial u\partial v} + x\frac{\partial^2 f}{\partial v^2}$,

$\frac{\partial^2 z}{\partial x\partial y} = x^4y\frac{\partial^2 f}{\partial u^2} - y\frac{\partial^2 f}{\partial v^2} + 4x^3\frac{\partial f}{\partial u} + 2x\frac{\partial f}{\partial v}$.

14. (1) 极小值 $f(-1,1) = 2$;　　(2) 极小值 $f(\frac{1}{2}, -1) = -\frac{e}{2}$.

15. 最大值 $f(2,1) = 3$，最小值 $f(-2,1) = -37$.

习题 4.2

1. (1) $\iint\limits_D (x+y)^2 d\sigma < \iint\limits_D (x+y)^3 d\sigma$;

(2) $\iint\limits_D \ln(x+y)\mathrm{d}\sigma < \iint\limits_D xy\mathrm{d}\sigma$.

2. (1) $\frac{1}{24}$;　(2) $\frac{13}{6}$;　(3) $\frac{27}{64}$;　(4) -2;

(5) $\frac{1}{2}(1-\sin 1)$;(6) $\frac{2}{15}(4\sqrt{2}-1)$.

3. (1) $\int_0^1 \mathrm{d}y\int_{\mathrm{e}^y}^{\mathrm{e}} f(x,y)\mathrm{d}x$;

(2) $\int_0^1 \mathrm{d}y\int_{\frac{y}{2}}^{y} f(x,y)\mathrm{d}x + \int_1^2 \mathrm{d}y\int_{\frac{y}{2}}^{1} f(x,y)\mathrm{d}x$;

(3) $\int_0^1 \mathrm{d}x\int_{x^3}^{x^2} f(x,y)\mathrm{d}y$;

(4) $\int_{-1}^1 \mathrm{d}x\int_0^{\sqrt{1-x^2}} f(x,y)\mathrm{d}y$;

(5) $\int_{\frac{1}{2}}^1 \mathrm{d}y\int_y^{\sqrt{y}} f(x,y)\mathrm{d}x$;

(6) $\int_0^a \mathrm{d}x\int_{\frac{a^2-x^2}{2a}}^{\sqrt{a^2-x^2}} f(x,y)\mathrm{d}y$.

4. $\frac{1}{3}(\sqrt{2}-1)$.

5. $\frac{88}{105}$.

习题 5.1

1. (1) 特解;　(2) 不是解;　(3) 通解.

2. (1) $y = 2-\cos x$;　(2) $y = x^2+2x$.

习题 5.2

1. (1) $y = \mathrm{e}^{Cx}$;　(2) $2\mathrm{e}^y - \mathrm{e}^{2x} = C$;

(3) $(x+\sqrt{x^2+1})y = C$;　(4) $y^2-1 = C(x-y)^2$.

2. (1) $\ln|x| + \mathrm{e}^{-\frac{y}{x}} = C$;　(2) $\sqrt{x^2+y^2} = C\mathrm{e}^{-\arctan\frac{y}{x}}$;

(3) $y^2\mathrm{e}^{\frac{x}{y}} = Cx$.

3. (1) $y = (x+1)^2\left[\frac{2}{3}(x+1)^{\frac{3}{2}} + C\right]$;

(2) $y = e^{-\sin x}(x + C)$;

(3) $y = \frac{1}{x^2+1}\left(\frac{4}{3}x^3 + C\right)$; (4) $x = -ye^y + Cy$.

4.(1) $y = \frac{4}{x^2}$; (2) $y = \frac{1}{1 + \ln|x+1|}$;

(3) $y^2 = x^2(2\ln|x| + 1)$; (4) $y = \frac{2}{3}(4 - e^{-3x})$;

(5) $y = \frac{e^x}{x}$; (6) $y = 2(1 - e^{\frac{x^2}{2}})$.

5. $y = 2(e^x - x - 1)$.

习题 5.3

1.(1) $y = \frac{x}{2}\ln^2 x - x\ln x + C_1x + C_2$;

(2) $y = (1 + C_1^2)\ln\left|1 + \frac{x}{C_1}\right| - C_1x + C_2$;

(3) $4(C_1y - 1) = C_1^2(x + C_2)^2$; (4) $y = -\ln\left|\cos x + C_1\right| + C_2$.

2.(1) $y = x\arctan x - \ln\sqrt{1 + x^2} - x + 1$;

(2) $y = -\ln|x - 1|$.

习题 5.4

1.(1) $y = C_1e^x + C_2e^{-2x}$; (2) $y = C_1 + C_2e^{2x}$;

(3) $y = e^{-x}(C_1\cos 3x + C_2\sin 3x)$; (4) $y = (C_1 + C_2x)e^{2x}$.

2.(1) $y = e^{-\frac{x}{2}}(C_1\cos\frac{\sqrt{3}}{2}x + C_2\sin\frac{\sqrt{3}}{2}x) + 3x^2 - 6x$;

(2) $y = C_1 + C_2e^{-\frac{5}{2}x} + \frac{1}{3}x^3 - \frac{3}{5}x^2 + \frac{7}{25}x$;

(3) $y = C_1e^{\frac{x}{2}} + C_2e^{-x} + e^x$;

(4) $y = (C_1 + C_2x + \frac{1}{2}x^2 + \frac{1}{6}x^3)e^{3x}$;

(5) $y = e^x(C_1\cos 2x + C_2\sin 2x) - \frac{x}{4}e^x\cos 2x$;

(6) $y = (C_1 + C_2x)e^{2x} + \frac{x^2}{2}e^{2x} + \frac{1}{8}\cos 2x$.

3.(1) $y = 4e^x + 2e^{3x}$; (2) $y = (x - 1)e^{x-2}$;

(3) $y = 22\sin\frac{x}{2} - 6x\cos\frac{x}{2}$; (4) $y = e^{-x}(x - \sin x)$.

习题 6.1

1.(1) $u_n = \dfrac{2}{n(n+1)}$;　　(2) $\lim\limits_{n\to\infty} S_n = 2$,级数收敛.

2.(1) 收敛;　　(2) 发散;
(3) 收敛;　　(4) 发散;
(5) 发散.

3.(1) 发散;　　(2) 收敛;
(3) 发散;　　(4)当$0 < \alpha \leqslant 1$时,发散;当 $a > 1$时,收敛.

4.(1) 收敛;　　(2) 收敛;
(3) 收敛;　　(4) 收敛;
(5) 收敛.

5.略

6.(1) 条件收敛;　　(2) 绝对收敛;
(3) 绝对收敛;　　(4) 发散;
(5) 条件收敛;　　(6) 绝对收敛.

习题 6.2

1.(1) $[-\frac{1}{2},\frac{1}{2}]$;　　(2) $[-3,3)$;
(3)$[4,6)$;　　(4)$(0,2]$;
(5)$(-2,0)$;　　(6)$[-\frac{1}{3},\frac{1}{3})$;
(7)$(-\sqrt{2},\sqrt{2})$;　　(8)$(-\sqrt{2},\sqrt{2})$.

2.(1)$S(x) = -\ln\left(1-\dfrac{x}{4}\right), x \in (-4,4)$;
(2)$S(x) = 2x\arctan x - \ln(1+x^2), x \in (-1,1)$;
(3)$S(x) = \dfrac{x^2}{(1-x)^2}, x \in (-1,1)$;
(4)$S(x) = \dfrac{2+x^2}{(2-x^2)^2}, x \in (-\sqrt{2},\sqrt{2})$.

习题 7.1

1.(1) -3;　　(2) 5;

(3) x^3-x^2-1; (4) 0;

(5) 160; (6) 0;

(7) $1+a+b+c$; (8) $abcd+ab+ad+cd+1$;

(9) $(x-y-z)(y-x-z)(z-x-y)(x+y+z)$; (10) -144;

(11) 24; (12) -24.

2. $A_{41}+A_{42}+A_{43}+A_{44}=-A_{44}=-3$.

3. (1) $x_1=-1, x_2=1, x_3=3$; (2) $x_1=-1, x_2=1, x_3=-2, x_4=2$;

(3) $x_1=0, x_2=1, \cdots, x_n=n-1$.

5. (1) $x=3, y=-1$; (2) $x=-25, y=34$;

(3) $x=2, y=0, z=-2$; (4) $x_1=x_2=x_3=x_4=1$.

6. (1) $k\neq 2$ 或 $k\neq 1$; (2) $k=0$ 或 $k=2$ 或 $k=3$.

习题 7.2

1. (1) $\begin{pmatrix}-1&6&5\\-2&-1&9\end{pmatrix}$; (2) $\begin{pmatrix}-7&4\\4&-3\end{pmatrix}$;

(3) $\begin{pmatrix}7&3\\4&2\end{pmatrix}$; (4) $\begin{pmatrix}10&4&-1\\4&-3&-1\end{pmatrix}$;

(5) $\begin{pmatrix}3&6&9\\2&4&6\\1&2&3\end{pmatrix}$; (6) $a_{11}x_1^2+a_{22}x_2^2+a_{33}x_3^2+2a_{12}x_1x_2+2a_{13}x_1x_3+2a_{23}x_2x_3$;

(7) $\begin{pmatrix}1&0\\3\lambda&1\end{pmatrix}$; (8) $\begin{pmatrix}a^n&0&0\\0&b^n&0\\0&0&c^n\end{pmatrix}$;

(9) $(1\quad 2\quad 3)$; (10) $\begin{pmatrix}-1&2\\2&2\\2&5\end{pmatrix}$.

2. $x=-5, y=-6, u=4, v=-2$.

3. $3\boldsymbol{AB}-2\boldsymbol{A}=\begin{pmatrix}-2&13&22\\-2&-17&20\\4&29&-2\end{pmatrix}$; $\boldsymbol{A}^{\mathrm{T}}\boldsymbol{B}=\begin{pmatrix}0&5&8\\0&-5&8\\2&9&0\end{pmatrix}$.

4. (1) 不可逆; (2) 逆矩阵为$\dfrac{1}{ad-bc}\begin{pmatrix}d&-b\\-c&a\end{pmatrix}$;

(3) 逆矩阵为$\begin{pmatrix} \frac{1}{5} & \frac{3}{5} & \frac{3}{5} \\ \frac{2}{5} & -\frac{4}{5} & \frac{1}{5} \\ \frac{1}{5} & -\frac{2}{5} & -\frac{2}{5} \end{pmatrix}$; (4) 逆矩阵为 $\frac{1}{2}\begin{pmatrix} 6 & -1 & -1 \\ 4 & 0 & -2 \\ -8 & 1 & 3 \end{pmatrix}$;

(5) 逆矩阵为$\begin{pmatrix} 1 & -2 & 1 & 0 \\ 0 & 1 & -2 & 1 \\ 0 & 0 & 1 & -2 \\ 0 & 0 & 0 & 1 \end{pmatrix}$.

5. (1)$\begin{pmatrix} 2 & -1 & 1 \\ 4 & -2 & 1 \\ -\frac{3}{2} & 1 & -\frac{1}{2} \end{pmatrix}$; (2)$\begin{pmatrix} \frac{7}{6} & \frac{2}{3} & -\frac{3}{2} \\ -1 & -1 & 2 \\ -\frac{1}{2} & 0 & \frac{1}{2} \end{pmatrix}$;

(3)$\begin{pmatrix} 1 & 1 & -2 & -4 \\ 0 & 1 & 0 & -1 \\ -1 & -1 & 3 & 6 \\ 2 & 1 & -6 & -10 \end{pmatrix}$.

6. (1)$\boldsymbol{X} = \begin{pmatrix} 18 & -32 \\ 5 & -8 \end{pmatrix}$; (2) $X = \begin{pmatrix} 1 & 1 \\ \frac{1}{4} & 0 \end{pmatrix}$.

7. (1)$\begin{pmatrix} 1 & 0 \\ 0 & 1 \end{pmatrix}$; (2)$\begin{pmatrix} 1 & 0 & 0 \\ 0 & 1 & 0 \\ 0 & 0 & 1 \end{pmatrix}$;

(3)$\begin{pmatrix} 1 & 0 & 0 & 0 \\ 0 & 1 & 0 & 0 \\ 0 & 0 & 1 & 0 \end{pmatrix}$; (4)$\begin{pmatrix} 1 & 0 & 0 & 0 & 0 \\ 0 & 1 & 0 & 0 & 0 \\ 0 & 0 & 1 & 0 & 0 \\ 0 & 0 & 0 & 0 & 0 \end{pmatrix}$.

8. (1)2; (2)3; (3) 2; (4)3.

9. 当 $a \neq 1$ 且 $b \neq 2$ 时，$r(\boldsymbol{A}) = 4$；当 $a \neq 1, b = 2$ 或 $a = 1$ 且 $b \neq 2$ 时，$r(\boldsymbol{A}) = 3$；当 $a = 1$ 且 $b = 2$ 时，$r(\boldsymbol{A}) = 2$.

习题 7.3

1. (1)$\boldsymbol{\alpha} - \boldsymbol{\beta} = (-2, -2, 2)^{\mathrm{T}}$; (2) $3\boldsymbol{\alpha} + \boldsymbol{\beta} - 2\boldsymbol{\gamma} = (-2, 8, -8)^{\mathrm{T}}$.

2. (1)$\boldsymbol{\beta} = 2\boldsymbol{\alpha}_1 - 3\boldsymbol{\alpha}_2 + \boldsymbol{\alpha}_3$; (2) 不能线性表示.

3. (1) 线性相关； (2) 线性无关；

(3) 线性相关.

4. (1) 秩为 2,线性相关,它的一个极大无关组为 $\boldsymbol{\alpha}_1,\boldsymbol{\alpha}_2$,且 $\boldsymbol{\alpha}_3=\boldsymbol{\alpha}_1+\boldsymbol{\alpha}_2$；

(2) 秩为 2,线性相关,它的一个极大无关组为 $\boldsymbol{\alpha}_1,\boldsymbol{\alpha}_2$,且 $\boldsymbol{\alpha}_3=\frac{3}{2}\boldsymbol{\alpha}_1-\frac{7}{2}\boldsymbol{\alpha}_2,\boldsymbol{\alpha}_4=\boldsymbol{\alpha}_1+2\boldsymbol{\alpha}_2$.

习题 8.1

1. (1) $\begin{pmatrix}x_1\\x_2\\x_3\\x_4\end{pmatrix}=k\begin{pmatrix}1\\2\\1\\-3\end{pmatrix}$, k 为任意常数；

(2) $\begin{pmatrix}x_1\\x_2\\x_3\\x_4\end{pmatrix}=k_1\begin{pmatrix}0\\1\\0\\4\end{pmatrix}+k_2\begin{pmatrix}-4\\0\\1\\-3\end{pmatrix}$, k_1,k_2 为任意常数；

(3) $\begin{pmatrix}x_1\\x_2\\x_3\\x_4\end{pmatrix}=\begin{pmatrix}0\\0\\0\\0\end{pmatrix}$；

(4) $\begin{pmatrix}x_1\\x_2\\x_3\\x_4\end{pmatrix}=k_1\begin{pmatrix}\frac{3}{17}\\\frac{19}{17}\\1\\0\end{pmatrix}+k_2\begin{pmatrix}-\frac{13}{17}\\-\frac{20}{17}\\0\\1\end{pmatrix}$, k_1,k_2 为任意常数；

(5) $\begin{pmatrix}x_1\\x_2\\x_3\\x_4\end{pmatrix}=k_1\begin{pmatrix}2\\1\\0\\0\end{pmatrix}+k_2\begin{pmatrix}\frac{2}{7}\\0\\-\frac{5}{7}\\0\end{pmatrix}$, k_1,k_2 为任意常数；

(6) $\begin{pmatrix} x_1 \\ x_2 \\ x_3 \\ x_4 \\ x_5 \end{pmatrix} = k_1 \begin{pmatrix} 1 \\ -2 \\ 1 \\ 0 \\ 0 \end{pmatrix} + k_2 \begin{pmatrix} 1 \\ -2 \\ 0 \\ 1 \\ 0 \end{pmatrix} + k_3 \begin{pmatrix} 5 \\ -6 \\ 0 \\ 0 \\ 1 \end{pmatrix}$, k_1, k_2, k_3 为任意常数.

2. (1) 方程组无解;

(2) $\begin{pmatrix} x_1 \\ x_2 \\ x_3 \end{pmatrix} = \begin{pmatrix} -1 \\ 2 \\ 0 \end{pmatrix} + k \begin{pmatrix} -2 \\ 1 \\ 1 \end{pmatrix}$, k 为任意常数;

(3) $\begin{pmatrix} x_1 \\ x_2 \\ x_3 \\ x_4 \end{pmatrix} = \begin{pmatrix} -8 \\ 13 \\ 0 \\ 2 \end{pmatrix} + k \begin{pmatrix} -1 \\ 1 \\ 1 \\ 0 \end{pmatrix}$, k 为任意常数;

(4) $\begin{pmatrix} x_1 \\ x_2 \\ x_3 \\ x_4 \end{pmatrix} = \begin{pmatrix} -17 \\ 0 \\ 14 \\ 0 \end{pmatrix} + k_1 \begin{pmatrix} -9 \\ 1 \\ 7 \\ 0 \end{pmatrix} + k_2 \begin{pmatrix} -4 \\ 0 \\ \frac{7}{2} \\ 1 \end{pmatrix}$, k_1, k_2 为任意常数;

(5) $\begin{pmatrix} x_1 \\ x_2 \\ x_3 \\ x_4 \\ x_5 \end{pmatrix} = \begin{pmatrix} \frac{13}{6} \\ \frac{5}{6} \\ 0 \\ \frac{1}{3} \\ 0 \end{pmatrix} + k_1 \begin{pmatrix} -1 \\ 1 \\ 1 \\ 0 \\ 0 \end{pmatrix} + k_2 \begin{pmatrix} \frac{7}{6} \\ \frac{5}{6} \\ 0 \\ \frac{1}{3} \\ 1 \end{pmatrix}$, k_1, k_2 为任意常数;

(6) $\begin{pmatrix} x_1 \\ x_2 \\ x_3 \\ x_4 \\ x_5 \end{pmatrix} = \begin{pmatrix} \frac{15}{4} \\ -\frac{5}{4} \\ -\frac{1}{4} \\ 0 \\ 0 \end{pmatrix} + k_1 \begin{pmatrix} -1 \\ 3 \\ -2 \\ 1 \\ 0 \end{pmatrix} + k_2 \begin{pmatrix} \frac{9}{4} \\ -\frac{11}{4} \\ \frac{5}{4} \\ 0 \\ 1 \end{pmatrix}$, k_1, k_2 为任意常数.

3. (1) $\lambda \neq 1$ 且 $\lambda \neq -2$ 时,方程组有唯一解;

(2) $\lambda = -2$ 时,方程组无解;

(3)$\lambda = 1$时,方程组有无穷多个解.

4. 当 $\lambda \neq 1$ 且 $\lambda \neq 10$ 时,方程组有唯一解;当 $\lambda = 1$ 时,方程组有无穷多解,此时通解为

$$\begin{pmatrix} x_1 \\ x_2 \\ x_3 \end{pmatrix} = k_1 \begin{pmatrix} -2 \\ 1 \\ 0 \end{pmatrix} + k_2 \begin{pmatrix} 2 \\ 1 \\ 0 \end{pmatrix} + \begin{pmatrix} 1 \\ 0 \\ 0 \end{pmatrix}$$;当 $\lambda = 10$ 时,方程组无解.

习题 8.2

1. (1) $\begin{pmatrix} 1 & 1 & -1 \\ 1 & 2 & 0 \\ -1 & 0 & 0 \end{pmatrix}$, 3;　(2) $\begin{pmatrix} 0 & 1 & 0 & 0 \\ 1 & 0 & 0 & 0 \\ 0 & 0 & 0 & -1 \\ 0 & 0 & -1 & 0 \end{pmatrix}$, 4;

(3) $\begin{pmatrix} 1 & \frac{1}{2} & -1 \\ \frac{1}{2} & 3 & \frac{3}{2} \\ -1 & \frac{3}{2} & -1 \end{pmatrix}$, 3;　(4) $\begin{pmatrix} 1 & 2 & 1 & 2 \\ 2 & 1 & 1 & 3 \\ 1 & 1 & 0 & 2 \\ 2 & 3 & 2 & 2 \end{pmatrix}$, 4

2. (答案不唯一)

(1) 可逆线性变换

$$\begin{cases} y_1 = x_1 + x_2 - x_3 \\ y_2 = x_2 + x_3 \\ y_3 = x_3 \end{cases}, \text{即} \begin{cases} x_1 = y_1 - y_2 + 2y_3 \\ x_2 = y_2 - y_3 \\ x_3 = y_3 \end{cases}$$

标准形为 $y_1^2 + y_2^2 - 2y_3^2$.

(2) 可逆线性变换

$$\begin{cases} x_1 = z_1 - 2z_2 + 2z_3 \\ x_2 = z_2 + z_3 \\ x_3 = z_2 - z_3 \end{cases}$$

标准形为 $z_1^2 - z_2^2 + z_3^2$.

3. (1) $c = 3$,特征值为 $\lambda_1 = 4, \lambda_2 = 9, \lambda_3 = 0$; (2) 椭圆柱面.

习题 9.1

1. (1) 特征值为 $\lambda_1 = 7, \lambda_2 = -4$；特征向量分别为 $k_1\begin{pmatrix}1\\1\end{pmatrix}(k_1 \neq 0)$，$k_2\begin{pmatrix}-6\\5\end{pmatrix}(k_2 \neq 0)$.

(2) 特征值为 $\lambda_1 = 1, \lambda_2 = 4, \lambda_3 = 6$；特征向量分别为

$$k_1\begin{pmatrix}-\frac{5}{3}\\-\frac{5}{9}\\1\end{pmatrix}(k_1 \neq 0), k_2\begin{pmatrix}0\\1\\0\end{pmatrix}(k_2 \neq 0), k_3\begin{pmatrix}0\\5\\2\end{pmatrix}(k_3 \neq 0)$$

(3) 特征值为 $\lambda_1 = \lambda_2 = \lambda_3 = -2$；对应的特征向量为 $k\begin{pmatrix}0\\0\\1\end{pmatrix}(k \neq 0)$.

(4) 特征值为 $\lambda_1 = \lambda_2 = \lambda_3 = 1$；对应的特征向量为 $k_1\begin{pmatrix}0\\1\\3\end{pmatrix} + k_2\begin{pmatrix}1\\0\\-3\end{pmatrix}$（$k_1$ 和 k_2 不全为 0）.

(5) $\lambda_1 = 1$ 对应的特征向量为 $k_1\begin{pmatrix}1\\0\\0\\0\end{pmatrix}(k_1 \neq 0)$；$\lambda_2 = -1$ 对应的特征向量为 $k_2\begin{pmatrix}-\frac{3}{2}\\1\\0\\0\end{pmatrix}(k_2 \neq 0)$；$\lambda_3 = \lambda_4 = 2$ 对应的特征向量为 $k_3\begin{pmatrix}6\\1\\3\\0\end{pmatrix}(k_3 \neq 0)$.

习题 9.2

1. (1) 可以，$\boldsymbol{P} = \begin{pmatrix}0 & 2\\1 & 1\end{pmatrix}$；　　(2) 可以，$\boldsymbol{P} = \begin{pmatrix}0 & 1 & -1\\1 & 0 & 0\\0 & 1 & 1\end{pmatrix}$；

(3) 不可以；　　(4) 可以，$\boldsymbol{P}=\begin{pmatrix}1&1&1&-1\\1&0&0&1\\0&1&0&1\\0&0&1&1\end{pmatrix}$.

2. $\boldsymbol{A}=\begin{pmatrix}1&\frac{11}{9}&-2\\0&\frac{1}{9}&\frac{4}{3}\\0&\frac{4}{9}&\frac{1}{3}\end{pmatrix}$.

习题 10.1

1. (1) 试验可以在相同的条件下重复进行；
(2) 试验的全部可能结果不止一个，并且在试验之前能明确知道所有的可能结果；
(3) 每次试验必发生全部可能结果中的一个且仅发生一个，但某一次试验究竟发生哪一个可能结果在试验之前不能预言.
2. $S=\{$(正正)，(正反)，(反正)，(反反)$\}$；$A=\{$(正正)，(正反)$\}$；$B=\{$(正正)，(反反)$\}$；$C=\{$(正正)，(正反)，(反正)$\}$.
3. (1) 表示 3 次射击中至少有一次没击中靶子；(2) 表示前两次射击都没有击中靶子.
4. $\frac{8}{15}$.
5. 0.6.
6. $\frac{5}{8}$.

习题 10.2

1. (1) $\frac{1}{10}$；　　(2) $\frac{1}{25}$.
2. 0.06.
3. 0.008 3.
4. 0.146.
5. (1) 有放回时 A,B 独立；　　(2) 无放回时 A,B 不独立.
6. 0.6.

习题 10.3

1.

X	-1	2	3
P	$\frac{1}{6}$	$\frac{1}{2}$	$\frac{1}{3}$

2. 0.81855;0.6826.

3. (1) $P=(X=k)=C_6^k\left(\frac{1}{3}\right)^k\left(\frac{2}{3}\right)^{6-k}, k=0,1,\cdots,6$;

(2) 约为 0.65.

4. 约为 0.268.

5. 走郊区路线.

6. 0.2578.

7. $\frac{1}{3}$.

8. $\frac{1}{6}$.

参考文献

[1] 张宗达.工科数学分析[M].2版.北京:高等教育出版社,2003.
[2] 张传义,包革军,张彪.工科数学分析[M].北京:科学出版社,2001.
[3] 王勇.概率论与数理统计[M].北京:高等教育出版社,2007.
[4] 郑宝东.线性代数与空间解析几何[M].3版.北京:高等教育出版社,2008.
[5] 王章雄.大学文科数学[M].北京:中国人民大学出版社,2007.
[6] 刘光旭,萧永霞,樊鸿康.文科高等数学[M].天津:南开大学出版社,1996.
[7] 吴赣昌.大学文科数学[M].北京:中国人民大学出版社,2007.
[8] 陈光曙,徐新亚.大学文科数学[M].上海:同济大学出版社,2006.
[9] 谭国律.文科高等数学[M].北京:北京航空航天大学出版社,2009.
[10] 张国楚,徐本顺,王立冬.大学文科数学[M].2版.北京:高等教育出版社,2007.
[11] 周德才,林益.大学数学(文科)[M].北京:北京邮电大学出版社,2008.
[12] 张饴慈.大学文科数学[M].2版.北京:科学出版社,2008.
[13] 尤正书,冉兆平.线性代数[M].2版.上海:上海财经大学出版社,2010.
[14] 朱兴萍,杨玲,徐鹏.大学数学[M].武汉:华中科技大学出版社,2008.
[15] 褚宝增,王祖朝.线性代数[M].北京:北京大学出版社,2009.
[16] 陈殿友,术洪亮,戴天时.大学数学——线性代数[M].2版.北京:高等教育出版社,2009.